Deepen Your Mind

Deepen Your Mind

前言

Preface

在巨量資料、人工智慧應用越來越普遍的今天，Python 可以說是當下世界上最熱門、應用最廣泛的程式語言之一，人工智慧、爬蟲、資料分析、遊戲、自動化運行維護等各方面，無處不見其身影。這些開發的前提是需要介面來進行支撐的，PyQt5 作為最強大的 GUI 介面開發函數庫之一，無疑成為 Python 開發人員的必備基礎。

本書內容

本書提供了從 PyQt5 入門到程式設計高手所必需的各類知識，共分 4 篇，大致結構以下圖所示。

第 1 篇：基礎知識。本篇主要包括 PyQt5 入門、Python 的下載與安裝、架設 PyQt5 開發環境、Python 語言基礎、Python 中的序列、Python 物件導向基礎、創建第一個 PyQt5 程式以及 PyQt5 視窗設計基礎等內容。本篇結合大量的圖示、實例等，讓讀者快速掌握 PyQt5 開發的必備知識，為以後程式設計奠定堅實的基礎。

第 2 篇：核心技術。本篇介紹 PyQt5 常用控制項的使用，PyQt5 佈局管理，選單、工具列和狀態列，PyQt5 進階控制項的使用，對話方塊的使用，使用 Python 操作資料庫，表格控制項的使用等內容。學習完這一部分，能夠開發一些小型應用程式。

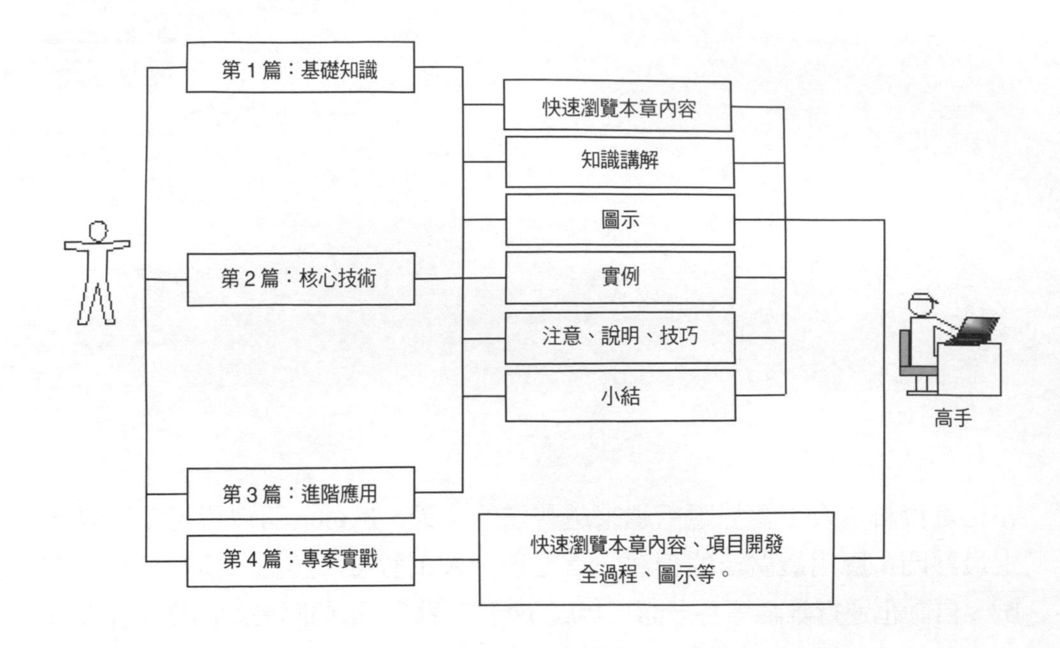

第 3 篇：進階應用。本篇介紹檔案及資料夾操作、PyQt5 繪圖技術、多執行緒程式設計以及 PyQt5 程式的打包發佈。本篇介紹檔案及資料夾操作、PyQt5 繪圖技術、多執行緒程式設計以及 PyQt5 程式的打包發佈。

第 4 篇：專案實戰。本篇透過一個中小型、完整的學生資訊管理系統，運用軟體工程的設計思想，讓讀者學習如何進行軟體專案的實踐開發。書中按照「需求分析→系統設計→資料庫設計→公共模組設計→實現專案」的流程介紹，帶領讀者一步一步親身體驗開發專案的全過程。

本書特點

☑ **由淺入深，循序漸進**。本書以初、中級程式設計師為對象，採用圖文結合、循序漸進的編排方式，從 PyQt5 開發環境的架設到 PyQt5 的核心技術應用，最後透過一個完整的實戰項目，對使用 PyQt5 進行 Python GUI 開發進行了詳細講解，幫助讀者快速掌握 PyQt5 開發技術，全面提升開發經驗。

- ☑ **實例典型，輕鬆易學**。透過例子學習是最好的學習方式，本書透過「一個基礎知識、一個例子、一個結果、一段評析」的模式，透徹詳盡地說明了實際開發中所需的各類知識。另外，為了便於讀者閱讀程式碼，快速學習程式設計技能，為書中幾乎為每行程式都提供了註釋。
- ☑ **專案實戰，經驗累積**。本書透過一個完整的實戰專案，講解實際專案的完整開發過程，帶領讀者親身體驗專案開發的全過程，累積專案經驗。
- ☑ **精彩專欄，貼心提醒**。本書根據需要在各章使用了很多「注意」「說明」「技巧」等小專欄，讓讀者可以在學習過程中更輕鬆地瞭解相關基礎知識及概念，並輕鬆地掌握相關技術的應用技巧。

適合讀者群

- ☑ 初學程式設計的自學者
- ☑ 程式設計同好
- ☑ 大專院校的老師和學生
- ☑ 相關教育訓練機構的老師和學員
- ☑ 畢業設計的學生
- ☑ 初、中級程式開發人員
- ☑ 程式測試及維護人員
- ☑ 參加實習的「菜鳥」程式設計師

致讀者

在編寫本書的過程中，我們始終本著科學、嚴謹的態度，力求精益求精，但錯誤、疏漏之處在所難免，敬請讀者們批評指正。感謝您購買本書，希望本書能成為您程式設計路上的領航者。「零門檻」程式設計，一切皆有可能。

程式碼下載

本書附有程式碼，請讀者至深智數位官方網站，https://deepmind.com.tw，資源下載處下載。

目錄

Contents

第一篇　基礎知識

01 PyQt5 入門

02 Python 的下載與安裝

03 架設 PyQt5 開發環境

04 Python 語言基礎

05 Python 中的序列

06 Python 物件導向基礎

07 創建第一個 PyQt5 程式

08 PyQt5 視窗設計基礎

第二篇 核心技術

09 PyQt5 常用控制項的使用

11 選單、工具列和狀態列

12 PyQt5 進階控制項的使用

13 對話方塊的使用

14 使用 Python 操作資料庫

15 表格控制項的使用

第三篇 進階應用

16 檔案及資料夾操作

17 PyQt5 繪圖技術

18 多執行緒程式設計

19 PyQt5 程式的打包發佈

第四篇 專案實戰

20 學生資訊管理系統（PyQt5+ MySQL+PyMySQL 模組實現）

第一篇

基礎知識

本篇主要包括 PyQt5 入門、Python 的下載與安裝、架設 PyQt5 開發環境、Python 語言基礎、Python 中的序列、Python 物件導向基礎、創建第一個 PyQt5 程式以及 PyQt5 視窗設計基礎等內容。本篇結合大量的圖示、實例等，讓讀者快速掌握 PyQt5 開發的必備知識，為以後程式設計奠定堅實的基礎。

01

PyQt5 入門

Python 是一種語法簡潔、功能強大的程式語言，它的應用方向很廣，而 GUI 圖形化使用者介面開發是 Python 的非常重要的方向，PyQt5 作為一個跨平台、簡單好用、高效的 GUI 框架，是使用 Python 開發 GUI 程式時最常用的一種技術。本章將對 Python 與 PyQt5 介紹。

1.1 Python 語言介紹

1.1.1 了解 Python

Python，本義是「蟒蛇」。1989 年，荷蘭人 Guido van Rossum 發明了一種物件導向的直譯型進階程式語言，將其命名為 Python，標示如圖 1.1 所示。Python 的設計哲學為優雅、明確、簡單，實際上，Python 始終貫徹著這一理念，以至於現在網路上流傳著「人生苦短，我用 Python」的說法。由此可見，Python 具有簡單、開發速度快、節省時間和容易學習等特點。

圖 1.1 Python 的 Logo

Python 是一種擴充性強大的程式語言，它具有豐富和強大的函數庫，能夠把使用其他語言（尤其是 C/C++）製作的各種模組很輕鬆地聯結在一起，所以 Python 常被稱為「膠水」語言。

1991 年，Python 的第一個公開發行版本問世。從 2004 年開始，Python 的使用率呈線性增長，逐漸受到程式設計者的歡迎和喜愛。最近幾年，伴隨著巨量資料和人工智慧的發展，Python 語言越來越火爆，也越來越受到開發者的青睞，如圖 1.2 所示是截至 2020 年 3 月的最新一期 TIBOE 程式語言排行榜，Python 排在第 3 位。

Mar 2020	Mar 2019	Change	Programming Language	Ratings	Change
1	1		Java	17.78%	+2.90%
2	2		C	16.33%	+3.03%
3	3		Python	10.11%	+1.85%
4	4		C++	6.79%	-1.34%
5	6	^	C#	5.32%	+2.05%

圖 1.2 2020 年 3 月 TIBOE 程式語言排行榜

1.1.2 Python 的版本

Python 自發佈以來，主要有 3 個版本：1994 年發佈的 Python 1.x 版本（已過時）、2000 年發佈的 Python 2.x 版本（2020 年 3 月已經更新到 Python 2.7.17）和 2008 年發佈的 3.x 版本（2020 年 6 月已經更新到 Python 3.8.3）。

1.1.3 Python 的應用領域

Python 身為功能強大的程式語言，因其簡單易學而受到很多開發者的青睞。那麼 Python 的應用領域有哪些呢？概括起來主要有以下幾個方面。

☑ Web 開發

☑ 巨量資料處理

☑ 人工智慧

☑ 自動化運行維護開發

☑ 雲端運算

☑ 爬蟲

☑ 遊戲開發

很多的知名企業都將 Python 作為其專案開發的主要語言，比如世界上最大的搜尋引擎 Google 公司、世界最大的視訊網站 YouTube 和覆蓋範圍最廣的社交網站 Facebook 等。

圖 1.3 Sid Meier's Civilization（文明帝國）遊戲

圖 1.4 應用 Python 的公司

說明

Python 語言不僅可以應用到網路程式設計、遊戲開發等領域，還在圖形影像處理、智慧型機器人、爬取資料、自動化運行維護等多方面嶄露頭角，為開發者提供簡潔、優雅的程式設計體驗。

1.2 GUI 與 PyQt5

Python 是一門指令碼語言，它本身並不具備 GUI 開發功能，但是由於它強大的可擴充性，現在已經有很多種 GUI 模組函數庫可以在 Python 中使用，而這其中，PyQt5 無疑是最強大、開發效率最高的一種，本節將對 GUI 及 PyQt5 介紹。

1.2.1 GUI 簡介

GUI，又稱圖形使用者介面或圖形化使用者介面，它是 Graphical User Interface 的簡稱，表示採用圖形方式顯示的電腦操作使用者介面。

GUI 是一種人與電腦通訊的介面顯示格式，允許使用者使用滑鼠等輸入裝置對電腦操作。比如 Windows 作業系統就是一種最常見的 GUI 程式，另外，我們平時使用的 QQ、處理表格用的 Excel、處理圖片用的美圖秀秀、觀看視訊時使用的優酷等，都是 GUI 程式，如圖 1.5 所示。

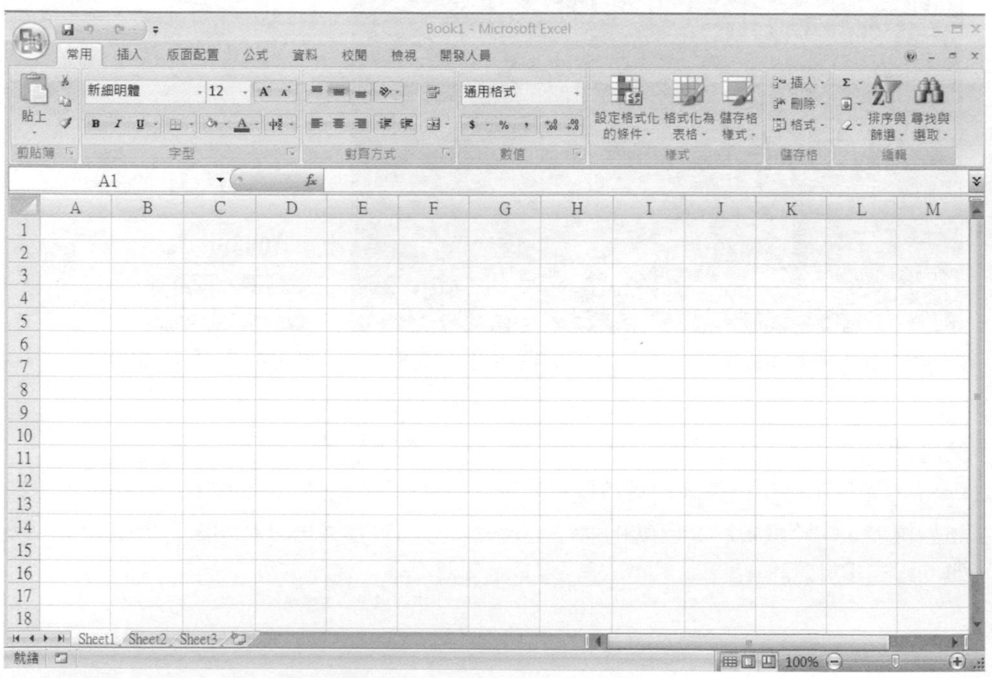

圖 1.5　Office 辦公軟體之 Excel

1.2.2 什麼是 PyQt5

PyQt 是基於 Digia 公司強大的圖形程式框架 Qt 的 Python 介面，由一組 Python 模組組成，它是一個創建 GUI 應用程式的工具套件，由 Phil Thompson 開發。

自從 1998 年第一次將 Qt 移植到 Python 上形成 PyQt 以來，已經發佈了 PyQt3、PyQt4 和 PyQt5 等 3 個主要版本，目前的最新版本是 PyQt 5.14。PyQt5 的主要特點如下：

說明

（1）PyQt5 不向下相容 PyQt4，而且官方預設只提供對 Python 3.x 的支持，如果在 Python 2.x 上使用 PyQt5，需要自行編譯，因此建議使用 Python 3.x+PyQt5 開發 GUI 程式。

（2）PyQt5 採用雙授權合約，即 GPL 和商業許可，自由開發者可以選擇使用免費的 GPL 協定版本，而如果準備將 PyQt5 用於商業，則必須為此交付商業許可費用。

技巧

GPL 協定是 GNU General Public License 的縮寫，它是 GNU 通用公共授權非正式的中文翻譯。使用 GPL 協定，表示軟體版權屬於開發者本人，軟體產品受國際相關版權法的保護，允許其他使用者對原作者的軟體進行複製或發行，並且可以在更改之後發行自己的軟體，但新軟體在發佈時也必須遵守 GPL 協定，不可以對其進行其他附加限制。這裡需要說明的一點是，使用 GPL 協定的軟體，不能申請軟體產品專利，也就不存在「盜版」的說法。

1.2.3 PyQt5 與 Qt 的關係

Qt 是 1991 年由挪威的 Trolltech 公司（奇趣科技）開發的以 C++ 為基礎的跨平台 GUI 函數庫，它包括跨平台類別庫、整合開發工具和跨平台的 IDE。

2008 年 6 月，奇趣科技公司被諾基亞公司收購，Qt 成為諾基亞旗下的程式語言工具，從 2009 年 5 月發佈的 Qt 4.5 版本開始，諾基亞公司內部 Qt 原始程式碼函數庫開放原始碼。

2011 年，芬蘭的一家 IT 業務供應商 Digia 從諾基亞公司手中收購了 Qt 的商業版權，而到 2012 年 8 月，Digia 又從諾基亞公司手中全面收購了 Qt 的軟體業務，並於 2013 年 7 月 3 日正式發佈 Qt 5.1 版本，截至 2020 年 3 月，Qt 的最新版本為 5.14。

而 PyQt（官網：https://www.riverbankcomputing.com/）則是將 Python 與 Qt 融為一體，也就是說，PyQt 允許使用 Python 語言呼叫 Qt 函數庫中的 API，這樣做的最大好處就是在保留了 Qt 高執行效率的同時，大大提高了開發效率。因為，相對 C++ 語言來說，Python 語言的程式量、開發效率都要更高，而且其語法簡單、易學。PyQt 對 Qt 做了完整的封裝，幾乎可以用 PyQt 做 Qt 能做的任何事情。

由於目前最新的 PyQt 版本是 5.14，所以習慣上稱 PyQt 為 PyQt5。

綜上所述，PyQt 就是使用 Python 對 Qt 進行了封裝，而 PyQt5 則是 PyQt 的版本，它們的關係如圖 1.6 所示。

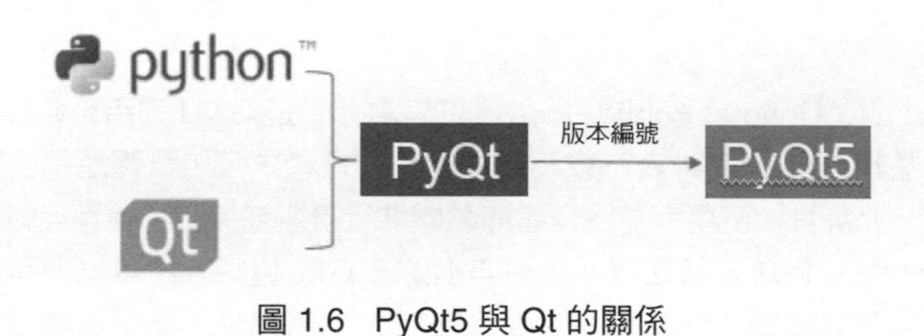

圖 1.6 PyQt5 與 Qt 的關係

1.2.4 PyQt5 的主要模組

PyQt5 中有超過 620 個類別，它們被分佈到多個模組，每個模組偏重不同的功能。如圖 1.7 所示為 PyQt5 模組中的主要類別及其作用，在使用 PyQt5 開發 GUI 程式時，經常會用到這些類別。

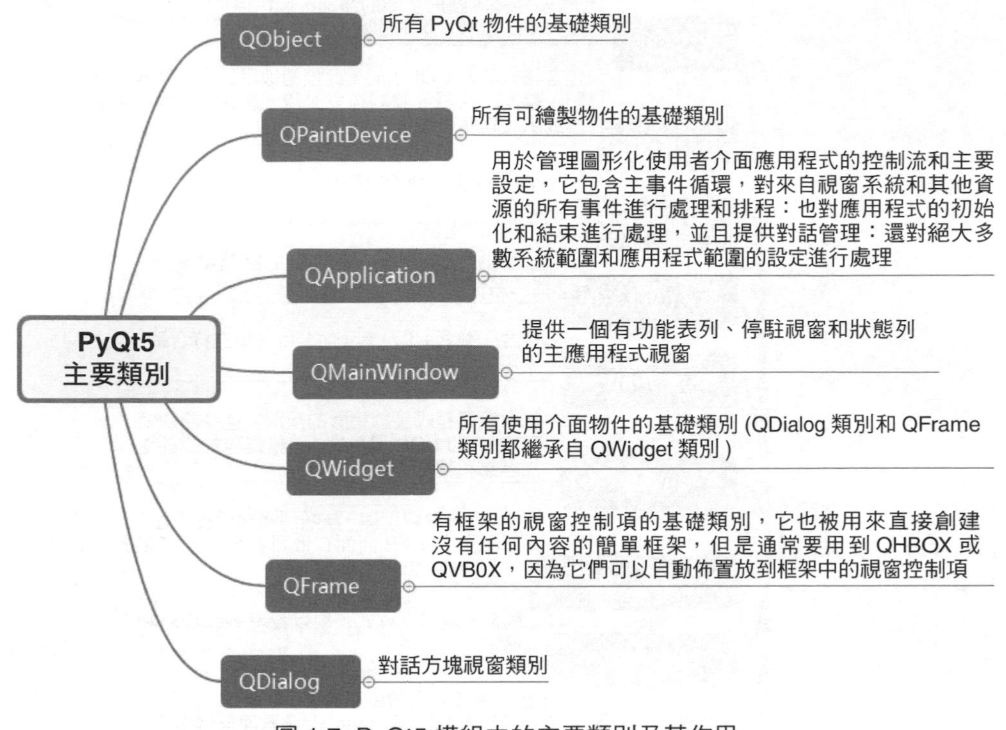

圖 1.7 PyQt5 模組中的主要類別及其作用

圖 1.8 展示了 PyQt5 中的主要模組及其作用。

說明

圖 1.8 中標  的表示常用的 PyQt5 模組。

技巧

（1）什麼是 SVG 檔案呢？ SVG 是一種可縮放的向量圖形，它的英文全稱為 Scalable Vector Graphics，是一種用於描述二維圖形和圖形應用程式的 XML 語言。SVG 圖型非常適合於設計高解析度的 Web 圖形頁面，使用者可以直接用程式來描繪圖型，也可以用任何文字處理工具打開 SVG 圖型，而且可以透過改變部分程式來使圖型具有互動功能，並能夠隨時插入 HTML 中透過瀏覽器來觀看。

（2）PyQt5 的官方說明網址為：https://www.riverbankcomputing.com/static/Docs/PyQt5/，這是官方提供的線上英文說明，如果讀者有需要，可以查看。

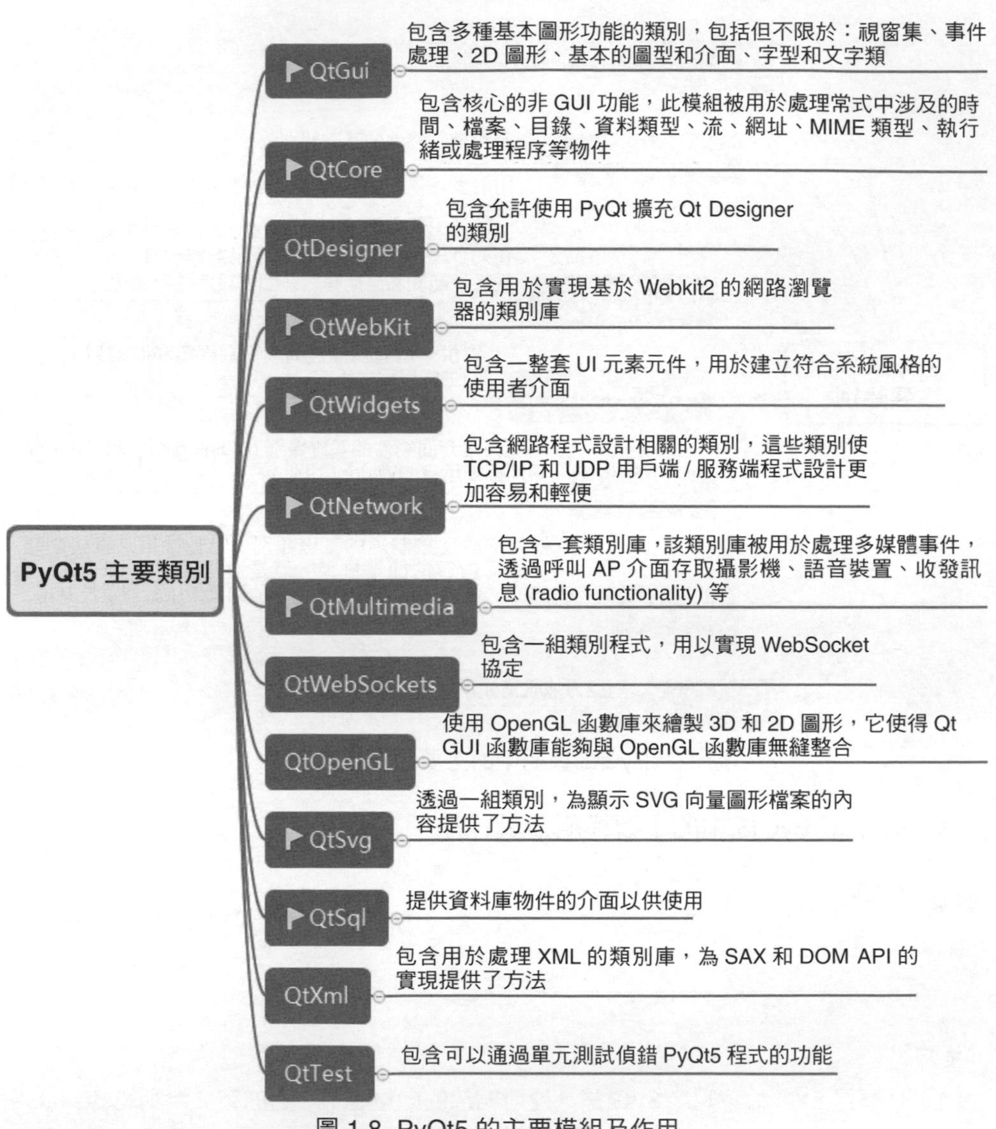

圖 1.8 PyQt5 的主要模組及作用

1.2.5 其他常用 GUI 開發函數庫

除了 PyQt5 之外，Python 還支援很多可以開發 GUI 圖形介面程式的函數庫，如 Tkinter、Flexx、wxPython、Kivy、PySide、PyGTK 等，下面對它們進行簡單介紹。

1．Tkinter

Tkinter 又稱「Tk 介面」，是一個羽量級的跨平台圖形化使用者介面（GUI）開發工具，是 Tk 圖形化使用者介面工具套件標準的 Python 介面，可以執行在大多數 Unix、Windows 和 MacOS 系統中，而且 Tkinter 是安裝 Python 解譯器時自動安裝的元件，Python 的預設 IDLE 就是使用 Tkinter 開發的。

2．Flexx

Flexx 是用於創建圖形化使用者介面（GUI）的純 Python 工具箱，該工具箱使用 Web 技術進行繪製。作為跨平台的 Python 工具，使用者可以使用 Flexx 創建桌面應用程式和 Web 應用程式，同時可以將程式匯出到獨立的 HTML 檔案中。

作為 GitHub 推薦的純 Python 圖形介面開發工具，它的誕生以網路為基礎，已經成為向使用者提供應用程式及互動式科學內容越來越流行的方法。

3．wxPython

wxPython 是 Python 語言的一套優秀的 GUI 圖形函數庫，可以幫助開發人員輕鬆創建功能強大的圖形化使用者介面的程式。同時 wxPython 作為優秀的跨平台 GUI 函數庫 wxWidgets 的 Python 封裝，具有非常優秀的跨平台能力，可以在不修改程式的情況下在多種平台上執行，支援 Windows、Mac OS 及大多數的 Unix 系統。

4．Kivy

Kivy 是一款用於跨平台快速應用程式開發的開放原始碼框架，只需編寫一套程式便可輕鬆執行於各大行動平台和桌面上，如 Android、iOS、Linux、Mac OS 和 Windows 等。Kivy 採用 Python 和 Cython 編寫。

5．PySide

PySide 是跨平台的應用程式框架 Qt 的 Python 綁定版本，可以使用 Python 語言和 Qt 進行介面開發。2009 年 8 月，PySide 第一次發佈，提供和 PyQt

類似的功能，並相容 API。但與 PyQt 不同的是，它使用 LGPL 授權，允許進行免費的開放原始碼軟體和私有的商務軟體的開發；另外，相對於 PyQt，它支持的 Qt 版本比較舊，最高支持到 Qt 4.8 版本，而且官方已經停止維護該函數庫。

6．PyGTK

PyGTK 是 Python 對 GTK+GUI 函數庫的一系列封裝，最經常用於 GNOME 平台上，雖然也支援 Windows 系統，但表現不太好，所以，如果在 Windows 系統上開發 Python 的 GUI 程式，不建議使用該函數庫。

1.3 小結

本章主要對 Python 語言及 PyQt5 進行了介紹，要使用 PyQt5 開發程式，首先應該了解它，因此，本章首先對 PyQt5 程式開發的一些基本概念進行了介紹，包括 GUI、Qt、PyQt5、PyQt5 中的模組等；另外，還對 Python 中一些常用的其他 GUI 框架進行了介紹。對於本章知識，讀者了解即可。

02

Python 的下載與安裝

開發 PyQt5 程式的前提，必須要有 Python 環境，而 Python 身為開放原始碼的、跨平台開發語言，同時支援多種作業系統。本章將分別對如何在 Windows 系統、Linux 系統和 Mac OS 系統中下載與安裝 Python 進行詳細講解。

2.1 Python 環境概述

Python 是跨平台的開發工具，可以在多種作業系統上使用，編寫好的程式也可以在不同系統上執行。進行 Python 開發常用的作業系統及說明如表 2.1 所示。

表 2.1 進行 Python 開發常用的作業系統及說明

操作系統	說明
Windows	推薦使用 Windows 7 及以上版本。Windows XP 系統不支援安裝 Python 3.5 及以上版本
Mac OS	從 Mac OS X 10.3(Panther) 開始已經包含 Python
Linux	推薦 Ubuntu 版本

說明

在個人開發學習階段推薦使用 Windows 作業系統，也可在 Mac OS 或者 Linux 系統上學習。

2.2 在 Windows 系統中安裝 Python

要進行 Python 開發，需要先安裝 Python 解譯器。由於 Python 是直譯型程式語言，所以需要一個解譯器，這樣才能執行編寫的程式。這裡說的安裝 Python 實際上就是安裝 Python 解譯器。

2.2.1 下載 Python

下面以 Windows 作業系統為例介紹下載及安裝 Python 的方法。

在 Python 的官方網站中，可以很方便地下載 Python 的開發環境，具體下載步驟如下。

（1）打開瀏覽器（如Google Chrome 瀏覽器），輸入 Python 官方網站，位址：https://www.python. org/，打開後如圖 2.1 所示。

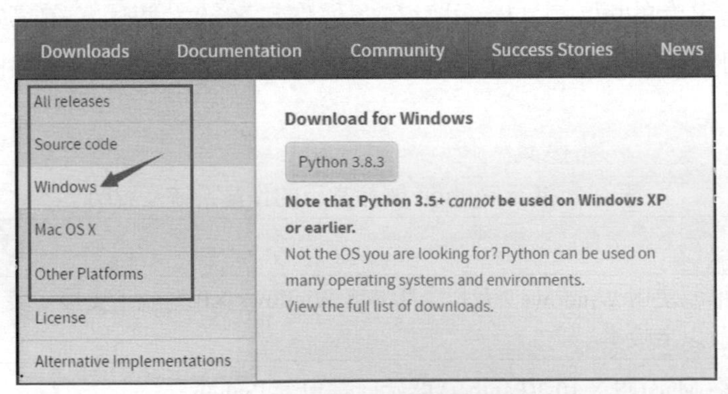

圖 2.1 Python 官方網站首頁

（2）將游標移動到 Downloads 選單上，將顯示和下載有關的選單項，從如圖 2.2 所示的選單可以看出，Python 可以在 Windows、Mac OS 和 Linux 等多種平台上使用。這裡點擊 Windows 選單項，進入詳細的下載列表。

說明

在如圖 2.2 所示的列表中，帶有「x86」字樣的壓縮檔表示該開發工具可以在 Windows 32 位元系統上使用；而帶有「x86-64」字樣的壓縮檔則表示該開發工具可以在 Windows 64 位元系統上使用。另外，標記為「web-based installer」字樣的壓縮檔表示需要透過連網完成安裝；標記為「executable installer」字樣的壓縮檔表示透過可執行檔（*.exe）方式離線安裝；標記為「embeddable zip file」字樣的壓縮檔表示嵌入式版本，可以整合到其他應用中。

Python Releases for Windows

- Latest Python 3 Release - Python 3.8.3
- Latest Python 2 Release - Python 2.7.18

Stable Releases

- Python 3.8.3 - May 13, 2020

  Note that Python 3.8.3 *cannot* be used on Windows XP or earlier.

  - Download Windows help file
  - Download Windows x86-64 embeddable zip file
  - Download Windows x86-64 executable installer ← 64位元系統
  - Download Windows x86-64 web-based installer
  - Download Windows x86 embeddable zip file
  - Download Windows x86 executable installer ← 32位元系統
  - Download Windows x86 web-based installer

圖 2.2 適合 Windows 系統的 Python 下載清單

（3）在 Python 下載清單頁面中，列出了 Python 提供的各個版本的下載連結。讀者可以根據需要下載。截至當前的最新版本是 Python 3.8.3，由於筆者的作業系統為 Windows 64 位元，所以點擊「Windows x86-64 executable installer」超連結，下載適用於 Windows 64 位元作業系統的離線安裝套件。

技巧

在下載 Python 時如果速度會非常慢，這裡推薦使用專用的下載工具進行下載（下載過程為：在要下載的超連結上按一下滑鼠右鍵，在彈出的快顯功能表中選擇「複製連結位址」，如圖 2.3 所示，然後打開下載軟體，新建下載任務，將複製的連結位址貼上進去進行下載。

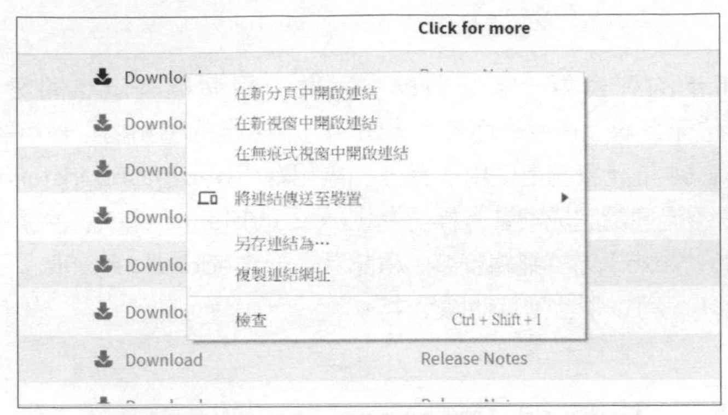

圖 2.3 複製 Python 的下載連結位址

（4）下載完成後，將得到一個名稱為「python-3.8.3-amd64.exe」的安裝檔案。

2.2.2 安裝 Python

在 Windows 64 位元系統上安裝 Python 的步驟如下。

（1）雙擊下載後得到的安裝檔案 python-3.8.3-amd64.exe，將顯示安裝精靈對話方塊，選中「Add Python 3.8 to PATH」核取方塊，表示將自動設定環境變數，如圖 2.4 所示。

圖 2.4 Python 安裝精靈

（2）點擊「Customize installation」按鈕，進行自訂安裝，在彈出的安裝選項對話方塊中採用預設設定，如圖 2.5 所示。

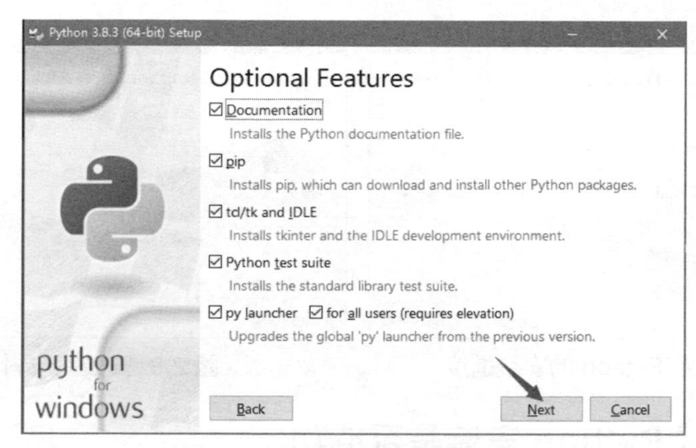

圖 2.5 設定安裝選項對話方塊

（3）點擊「Next」按鈕，打開進階選項對話方塊，在該對話方塊中可以設定哪些使用者可以使用，以及是否增加 Python 環境變數。點擊「Browse」按鈕設定 Python 的安裝路徑，如圖 2.6 所示。

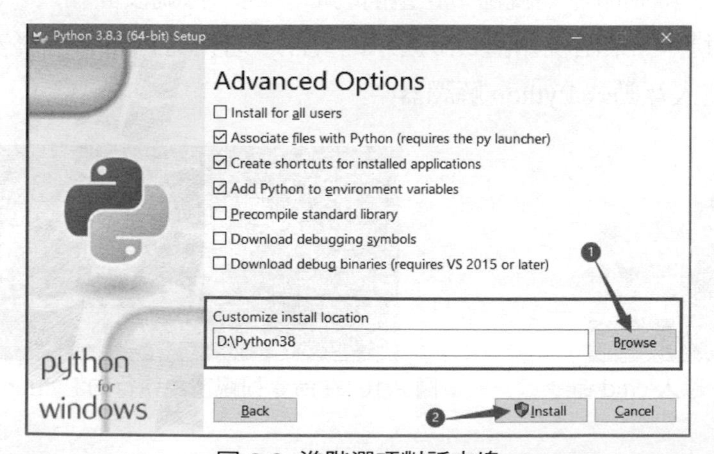

圖 2.6 進階選項對話方塊

說明

在設置安裝路徑時，建議路徑中不要有中文或空格，以避免使用過程中出現一些莫名的錯誤。

(4) 點擊「Install」按鈕,開始安裝 Python,並顯示安裝進度,如圖 2.7 所示。

(5) 安裝完成後將顯示如圖 2.8 所示的對話方塊,點擊「Close」按鈕即可。

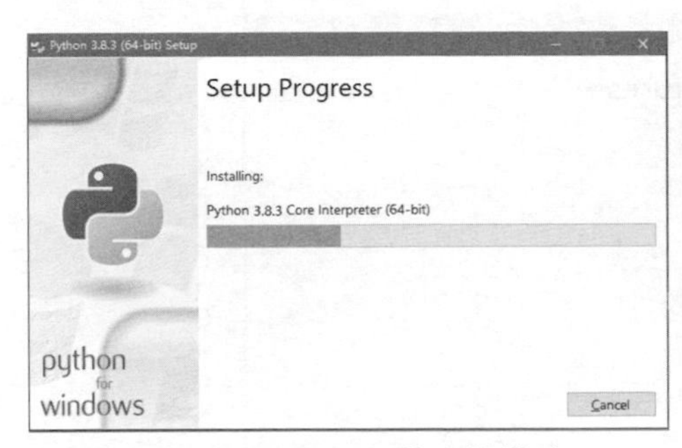

圖 2.7 顯示 Python 的安裝進度

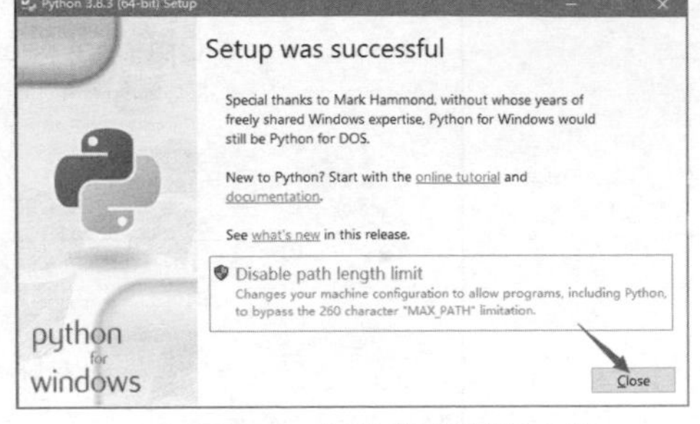

圖 2.8 安裝完成對話方塊

2.2.3 測試 Python 安裝是否成功

Python 安裝完成後,需要測試 Python 是否成功安裝。舉例來說,在 Windows 10 系統中檢測 Python 是否成功安裝,可以點擊開始選單右側的「在這裡輸入你要搜索的內容」文字標籤,在其中輸入 cmd 命令,如圖 2.9 所示,按 Enter 鍵,啟動命令列視窗。在當前的命令提示符號後面輸入「python」,並按 Enter 鍵,如果出現如圖 2.10 所示的資訊,則說明 Python 已經安裝成功,同時系統進入互動式 Python 解譯器中。

圖 2.9 輸入 cmd 命令

圖 2.10 在命令列視窗中執行的 Python 解譯器

說明

圖 2.10 所示的資訊是筆者電腦中安裝的 Python 的相關資訊:Python 的版本、該版本發行的時間、安裝套件的類型等。因為選擇的版本不同,這些資訊可能會有所差異,但命令提示符變為「>>>」即說明 Python 已經安裝成功,正在等待使用者輸入 Python 命令。

2.2.4 Python 安裝失敗的解決方法

如果在 cmd 命令視窗中輸入 python 後，沒有出現如圖 2.10 所示的資訊，而是顯示「'python' 不是內部或外部命令，也不是可執行的程式或批次檔」，如圖 2.11 所示。

圖 2.11 輸入 python 命令後出錯

出現圖 2.11 所示提示的原因是在安裝 Python 時，沒有選中「Add Python 3.8 to PATH」核取方塊，導致系統找不到 python.exe 可執行檔，這時就需要手動在環境變數中設定 Python 環境變數，具體步驟如下。

（1）在「我的電腦」圖示上點擊滑鼠右鍵，然後在彈出的快顯功能表中執行「內容」命令，並在彈出的「內容」對話方塊左側選擇「進階系統設定」選項，在彈出的「系統內容」對話方塊中點擊「環境變數」按鈕，如圖 2.12 所示。

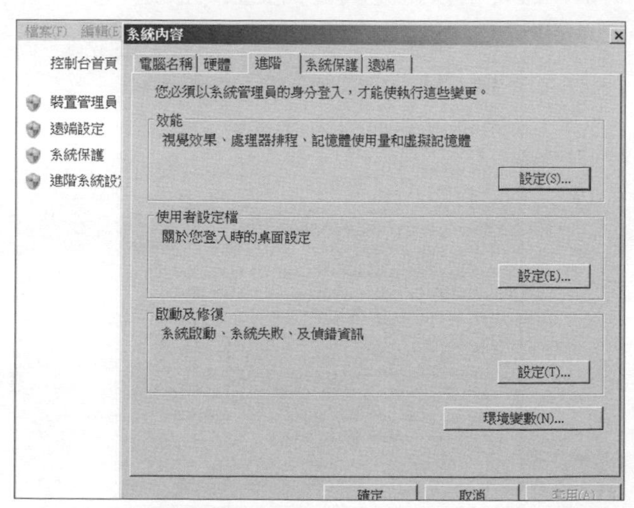

圖 2.12 "系統內容" 對話方塊

（2）彈出「環境變數」對話方塊後，在該對話方塊下半部分的「系統變數」區域選中 Path 變數，然後點擊「編輯」按鈕，如圖 2.13 所示。

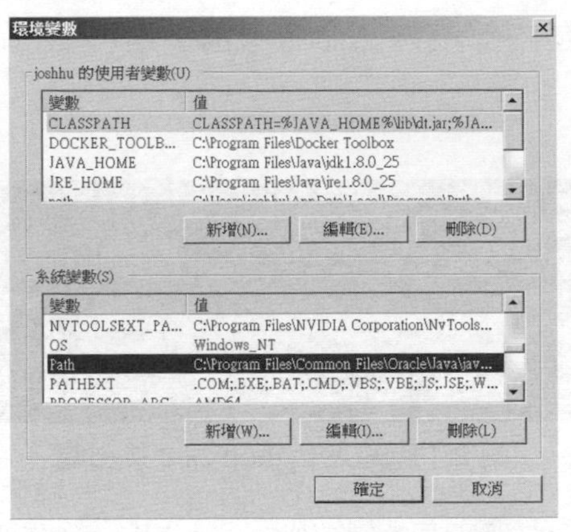

圖 2.13 " 環境變數 " 對話方塊

（3）在彈出的「編輯系統變數」對話方塊中，透過點擊「新建」按鈕，增加兩個環境變數，兩個環境變數的值分別是「C:\Program Files\Python38\」和「C:\Program Files\Python38\Scripts\」（這是筆者的 Python 安裝路徑，讀者可以根據自身實際情況進行修改），如圖 2.14 所示。增加完環境變數後，選中增加的環境變數，透過點擊對話方塊右側的「上移」按鈕，可以將其移動到最上方，點擊「確定」按鈕完成環境變數的設定。

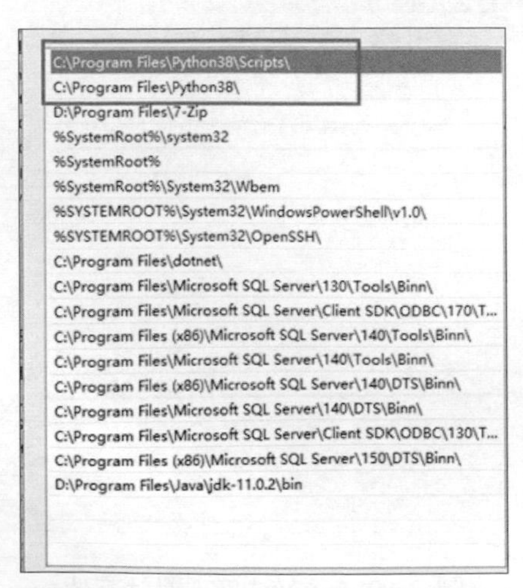

圖 2.14 設定 Python 的環境變數

設定完成後，重新打開 cmd 命令視窗，輸入 python 命令測試即可。

2.3 在 Linux 系統中安裝 Python

Linux 作業系統是一種開放原始碼的、允許使用者免費使用和自由傳播的作業系統，由於它的開放原始碼特性，很大一部分開發人員使用 Linux 系統作為其開發平台。Linux 有很多發行版本，如 Ubuntu、CentOS 等，由於它適合開發的特性，因此，大多數 Linux 發行版本都預設附帶了 Python。這裡以 Ubuntu 系統為例講解如何在 Linux 系統中安裝 Python。

Ubuntu 是一個以桌面應用為主的 Linux 系統，它使用簡單、介面美觀，深受廣大 Linux 支持者的喜歡，在使用 Ubuntu 系統時，需要像使用 Windows 系統一樣進行安裝，這裡以在虛擬機器上安裝 Ubuntu 系統為例介紹。

2.3.1 透過虛擬機器安裝 Ubuntu 系統

（1）首先在電腦上下載安裝 VMware 虛擬機器，打開該虛擬機器，在選單中選擇「檔案」→「新建虛擬機器」選單，如圖 2.15 所示。

說明

VMware 是常用的一種虛擬機器軟體，其下載網址為：https://www.vmware.com/cn/products/ workstation-player/workstation-player-evaluation.html。

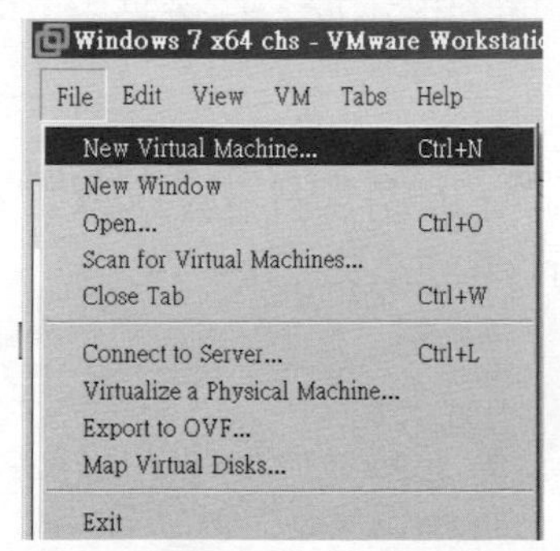

圖 2.15 選擇 " 檔案 "→" 新建虛擬機器 " 選單

（2）彈出「新建虛擬機器精靈」對話方塊，如圖 2.16 所示，在該對話方塊中點擊「瀏覽」按鈕，選擇下載好的 Ubuntu 系統的 .iso 映像檔檔案。

說明

Ubuntu 系統鏡像檔案的下載網址為：https://ubuntu.com/download/desktop。

（3）點擊「下一步」按鈕，進入「簡易安裝資訊」設定介面，在這裡設定使用 Ubuntu 系統的用戶名和密碼，注意，由於 Ubuntu 系統內建了 root 使用者，所以不能將用戶名設定為 root，另外，這裡為了方便記憶，將密碼設定為了 root，如圖 2.17 所示。

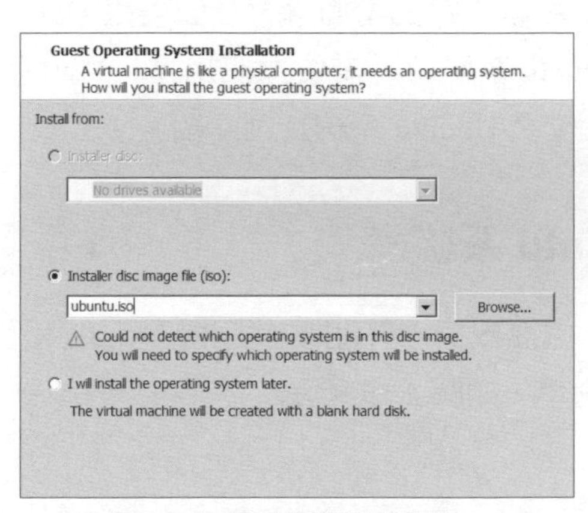

圖 2.16 新建虛擬機器精靈

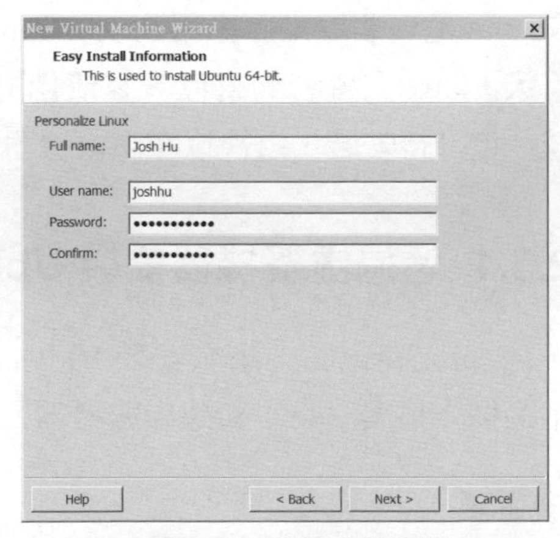

圖 2.17 簡易安裝資訊

（4）點擊「下一步」按鈕，由於「簡易安裝資訊」設定介面中的全名設定成為 root，所以會彈出下面的提示框，直接點擊「是」按鈕即可，如圖 2.18 所示。

（5）進入「命名虛擬機器」介面，輸入虛擬機器名稱，並選擇虛擬機器的存放位置，如圖 2.19 所示。

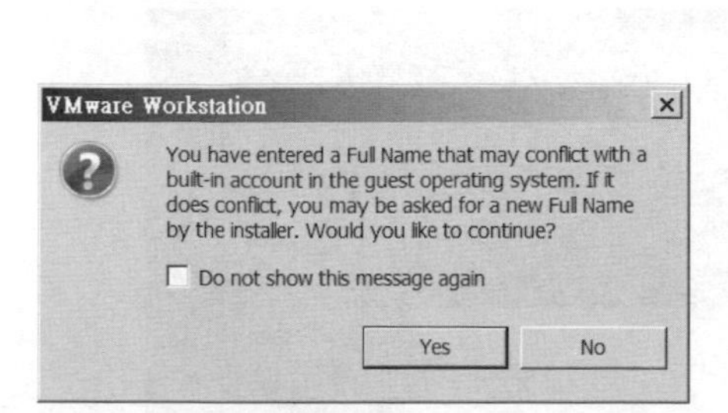

圖 2.18 全名與內建帳戶衝突的提示

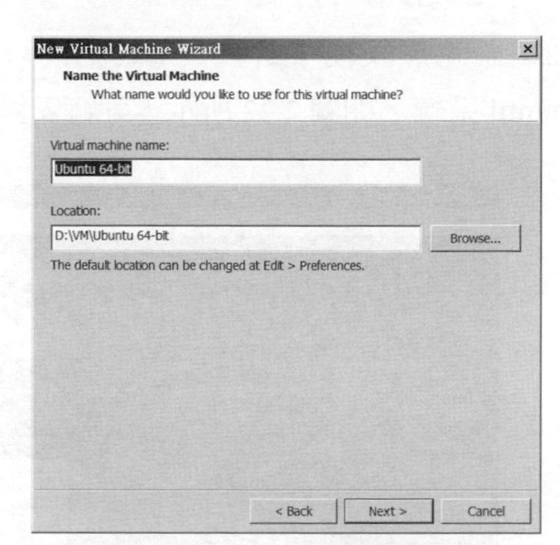

圖 2.19 命名虛擬機器

這裡的虛擬機器位置建議選擇一個沒有任何其他檔案的分區，這樣可以避免破壞已有檔案。

（6）點擊「下一步」按鈕，進入「指定磁碟容量」介面，預設的最大磁碟大小為 20G，這裡不用更改，但如果磁碟空間足夠大，可將下面的「將虛擬磁碟儲存為單一檔案」選項按鈕選中，如圖 2.20 所示。

（7）點擊「下一步」按鈕，預覽已經設定好的虛擬機器相關的資訊，如圖 2.21 所示。

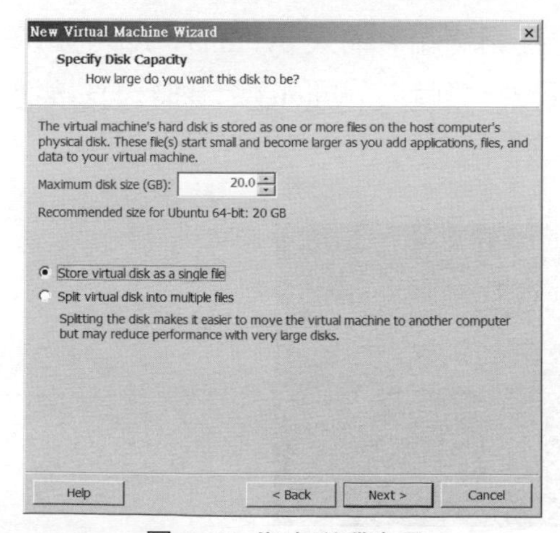

圖 2.20 指定磁碟容量

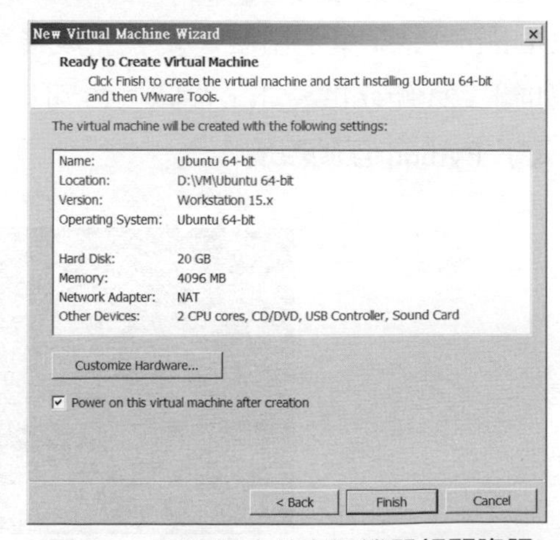

圖 2.21 預覽設定的虛擬機器相關資訊

（8）確認無誤後，點擊「完成」按鈕，即可自動開始在虛擬機器上安裝 Ubuntu 系統，如圖 2.22 所示。等待安裝完成即可。

Ubuntu - VMware Workstation 15 Player
Jun 13 00:16
Install
Find even more software
Say goodbye to searching the web for new software. With access to the Snap Store and the Ubuntu software archive, you can find and install new apps with ease. Just type in what you're looking for, or explore categories such as Graphics & Photography, Games and Productivity, alongside helpful reviews from other users.
VLC
Copying files...
顯示安裝進度

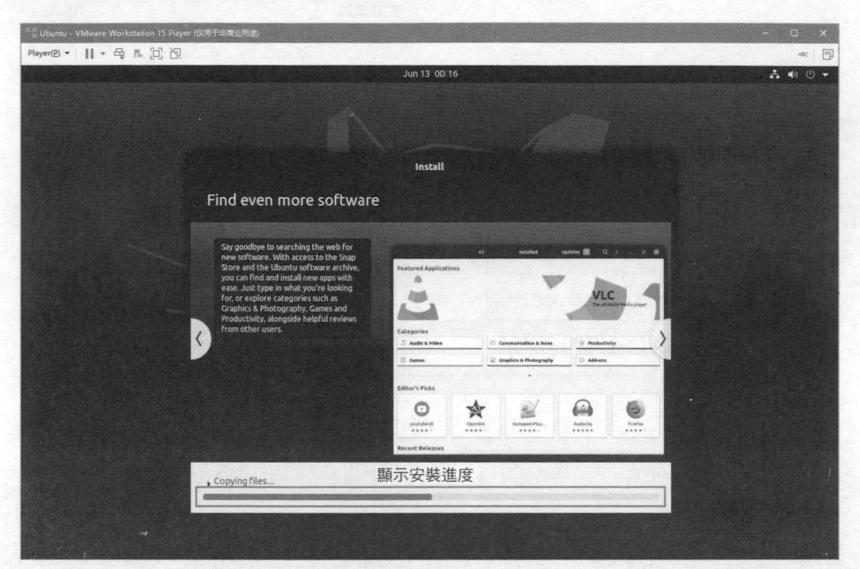

圖 2.22 在虛擬機器上安裝 Ubuntu 系統

2.3.2 使用並更新已有 Python

1．使用內建的 Python

Ubuntu 系統在安裝完成後，會附帶 Python，舉例來說，我們這裡安裝的是 Ubuntu 20.04 桌上出版，安裝完成後，打開終端，輸入 python3，即可顯示如圖 2.23 所示的資訊。從圖 2.23 可以看出，當輸入 python3 命令時，直接進入了 Python 互動環境。

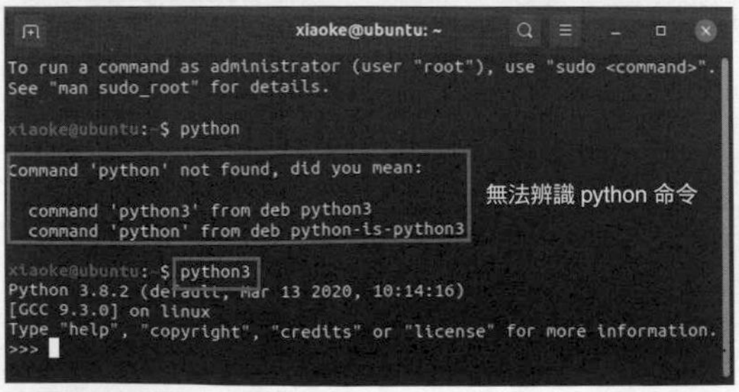

xiaoke@ubuntu: ~
To run a command as administrator (user "root"), use "sudo <command>".
See "man sudo_root" for details.
xiaoke@ubuntu:~$ python
Command 'python' not found, did you mean:
command 'python3' from deb python3
command 'python' from deb python-is-python3
無法辨識 python 命令
xiaoke@ubuntu:~$ python3
Python 3.8.2 (default, Mar 13 2020, 10:14:16)
[GCC 9.3.0] on linux
Type "help", "copyright", "credits" or "license" for more information.
>>>

圖 2.23 在 Ubuntu 系統的終端輸入 python3 命令進入互動環境

說明

如圖 2.23 所示，當輸入 python 命令時，系統無法辨識，這是因為，Ubuntu 系統中的 python 命令預設會呼叫 Python 2.x，而由於 Python 2.x 在 2020 年會停止服務，所以在最新的 Ubuntu 系統中取消了內建的 Python 2.x 版本，只保留了最新的 Python 3 版本。

2．更新 Python 版本

雖然 Ubuntu 系統內建了 Python 3 版本，但對於一些喜歡嘗鮮的開發者，可能會覺得內建的 Python3 版本不夠新，這時可以更新 Python 版本，下面進行講解。

（1）在圖 2.23 中輸入 exit() 函數退出 Python，如圖 2.24 所示。

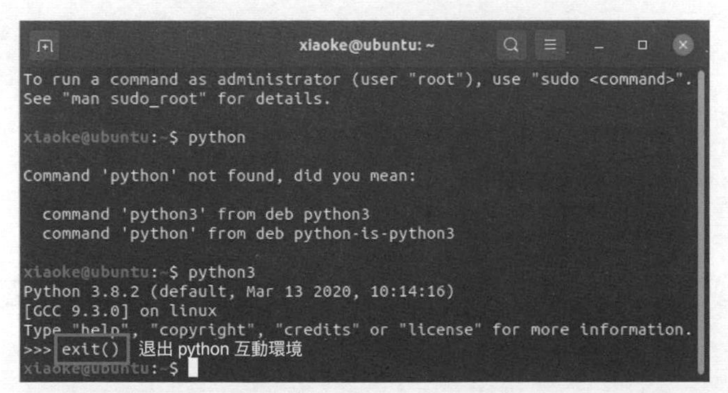

圖 2.24 退出 Python

（2）在 Ubuntu 終端中輸入「sudo apt-get update」命令，用來指定更新 /etc/apt/sources.list 和 /etc/apt/sources.list.d 所列出的來源位址，這樣能夠保證獲得最新的安裝套件，如圖 2.25 所示。

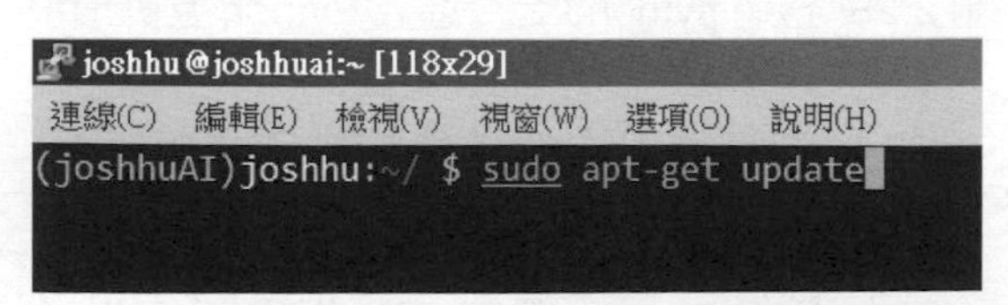

圖 2.25 更新 Python 套件來源位址

（3）輸入「sudo apt-get install python3.8」命令，更新為最新的 Python3 版本，如圖 2.26 所示。

```
連線(C)  編輯(E)  檢視(V)  視窗(W)  選項(O)  說明(H)
(joshhuAI)joshhu:~/ $ sudo apt-get install python3.8
```

圖 2.26 更新最新的 Python 3 版本

更新為 Python 3 版本時，不能指定子版本編號，如 Python 3.8.3 等。

（4）輸入更新命令後按 Enter 鍵，自動開始更新

```
E: Couldn't find any package by regex 'python
joshhu@ubuntu:~$ sudo apt-get install python3
Reading package lists... Done
Building dependency tree
Reading state information... Done
python3 is already the newest version (3.5.1-
0 upgraded, 0 newly installed, 0 to remove an
joshhu@ubuntu:~$
```

圖 2.27 確認執行

等待安裝完成後，輸入 python3 命令，即可進入最新的 Python 互動環境，如圖 2.28 所示。

```
Last login: Wed Sep  1 16:14:45 2021 from 192.168.1.88
(joshhuAI)joshhu:~/ $ python3
Python 3.5.2 (default, Jan 26 2021, 13:30:48)
[GCC 5.4.0 20160609] on linux
Type "help", "copyright", "credits" or "license" for more information.
>>>
```

圖 2.28 透過 python3 命令進入 Python 互動環境

2.3.3 重新安裝 Python

如果你的 Linux 系統中沒有 Python 環境，或想重新安裝，就需要到 Python 官網下載原始程式碼，然後自己編譯。

1．下載 Python 安裝套件

在 Python 的官方網站中，可以很方便地下載 Python 的開發環境，具體步驟如下。

（1）在 Ubuntu 系統中打開瀏覽器，進入 Python 官方網站，位址是：https://www.python.org/，如圖 2.29 所示。

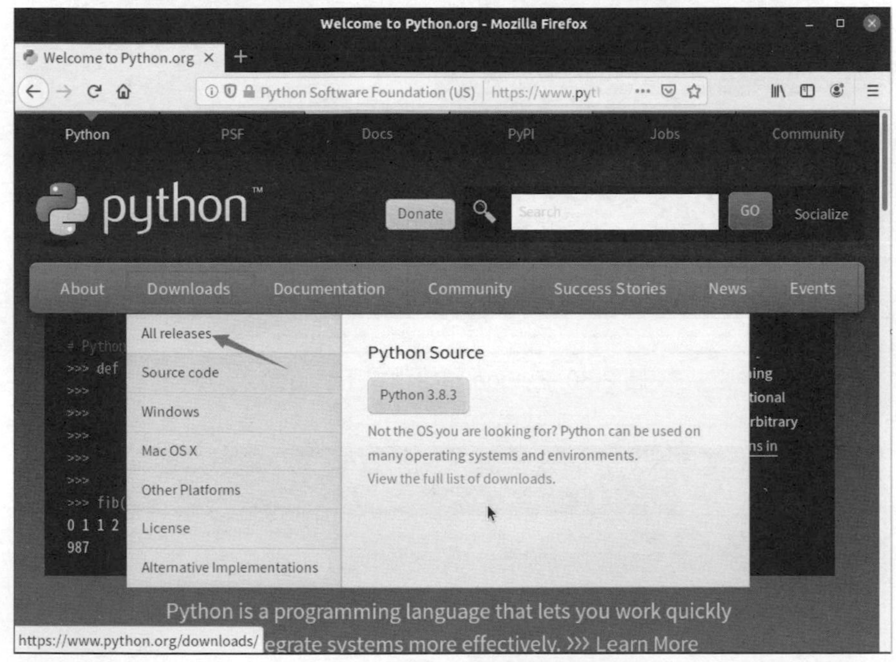

圖 2.29 Python 官方網站首頁

（2）將滑鼠移動到 Downloads 選單上，將顯示和下載有關的選單項。點擊 All releases 選單項，進入如圖 2.30 所示的下載頁面，點擊「Download Python 3.8.3」按鈕。

（3）進入 Python 3.8.3 的下載頁面，將瀏覽器右側的捲軸向下捲動，找到檔案列表，點擊「Gzipped source tarball」超連結，如圖 2.31 所示。

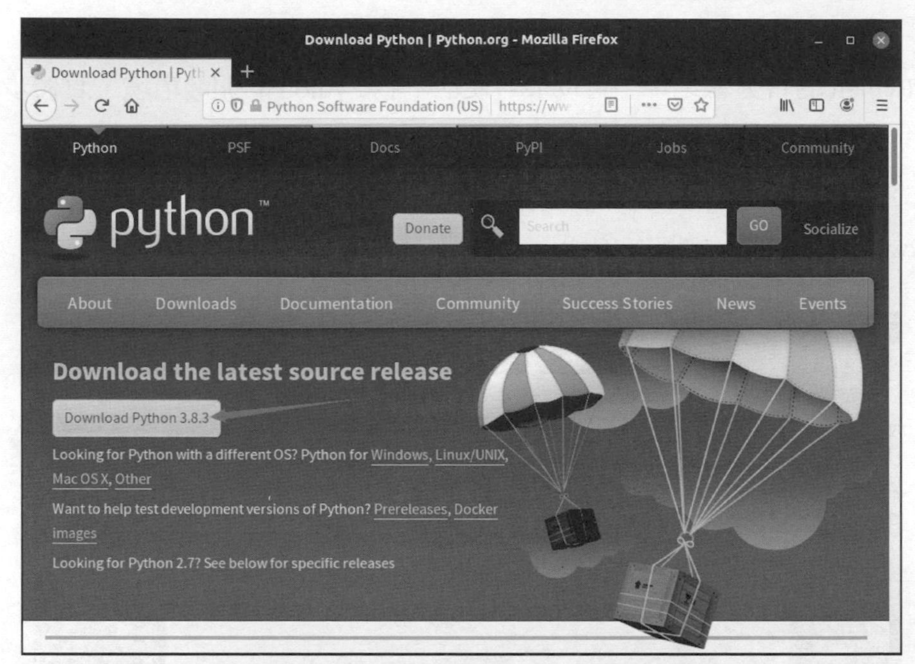

圖 2.30 Python 原始程式下載頁面

Python Release Python 3.8.3 | Python.org - Mozilla Firefox

Python Release Python

Python Software Foundation (US) https://w

Files

點擊此處

Version	Operating System	Description	MD5 Sum	File Size	GPG
Gzipped source tarball	Source release		a7c10a2ac9d62de75a0ca5204e2e7d07	24067487	SIG
XZ compressed source tarball	Source release		3000cf50aaa413052aef82fd2122ca78	17912964	SIG
macOS 64-bit installer	Mac OS X	for OS X 10.9 and later	dd5e7f64e255d21f8d407f39a7a41ba9	30119781	SIG
Windows help file	Windows		4aeeebd7cc8dd90d61e7cfdda9cb9422	8568303	SIG
Windows x86-64 embeddable zip file	Windows	for AMD64/EM64T/x64	c12ffe7f4c1b447241d5d2aedc9b5d01	8175801	SIG
Windows x86-64 executable installer	Windows	for AMD64/EM64T/x64	fd2458fa0e9ead1dd9fbc2370a42853b	27805800	SIG

圖 2.31 點擊 "Gzipped source tarball" 超連結即可進行下載

（4）彈出提示框，在該提示框中選擇「保存檔案」選項按鈕，然後點擊「確定」按鈕，如圖 2.32 所示。

等待下載完成，下載完成的檔案名稱為「Python-3.8.3.tgz」，將其複製到主資料夾中，以便於安裝，如圖 2.33 所示。

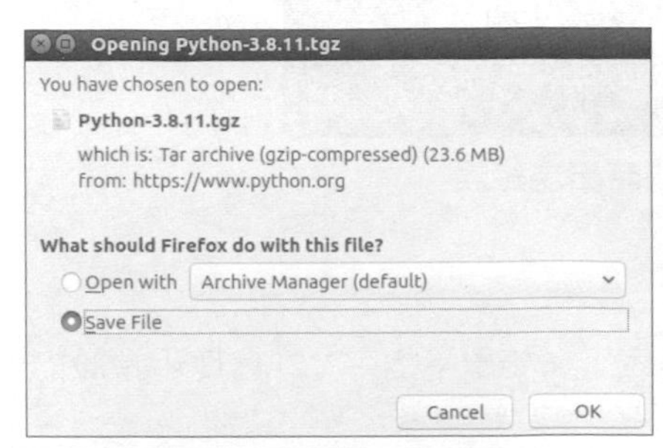

圖 2.32　設定保存檔案

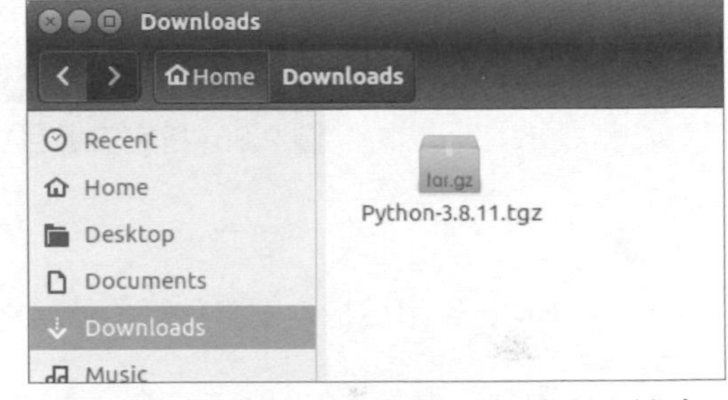

圖 2.33　下載完成的 Python 原始程式檔案

2．安裝 Python

在 Ubuntu 系統上安裝 Python 3.x 的步驟如下。

（1）打開 Ubuntu 系統的終端，輸入「tar -zxvf Python-3.8.3.tgz」命令，對原始程式套件進行解壓，如圖 2.34 所示。

（2）輸入「cd Python-3.8.3」命令，切換路徑，如圖 2.35 所示。

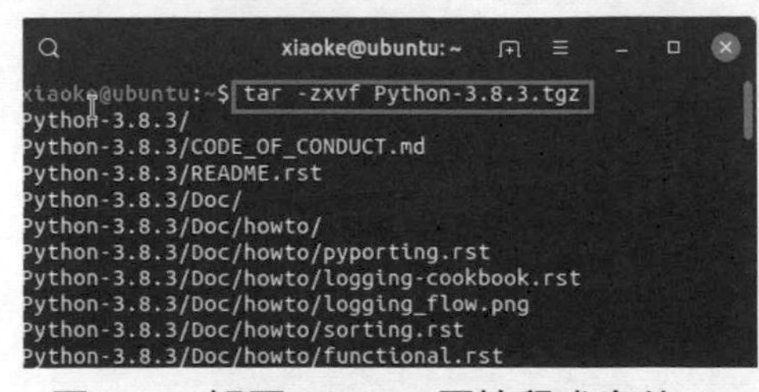

圖 2.34　解壓 Python 原始程式套件

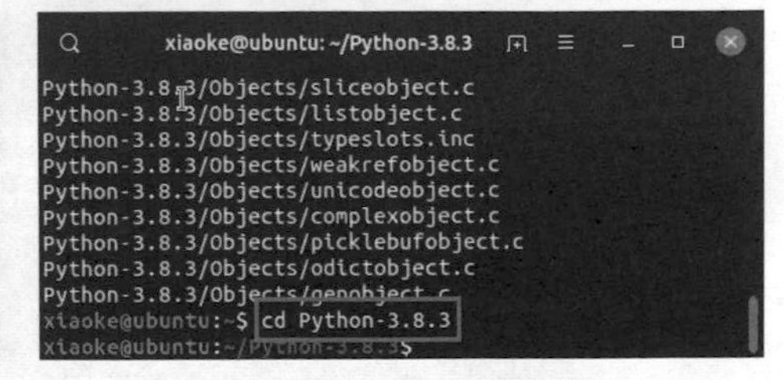

圖 2.35　切換路徑

（3）輸入「./configure --prefix=/usr/local」命令來設定安裝路徑，如圖 2.36 所示。

```
xiaoke@ubuntu: ~/Python-3.8.3
xiaoke@ubuntu:~/Python-3.8.3$ ./configure --prefix=/usr/local
checking build system type... x86_64-pc-linux-gnu
checking host system type... x86_64-pc-linux-gnu
checking for python3.8... python3.8
checking for --enable-universalsdk... no
checking for --with-universal-archs... no
checking MACHDEP... "linux"
checking for gcc... no
checking for cc... no
checking for cl.exe... no
configure: error: in `/home/xiaoke/Python-3.8.3':
configure: error: no acceptable C compiler found in $PATH
xiaoke@ubuntu:~/Python-3.8.3$
```

沒有找到相關的命令

圖 2.36　指定安裝目錄時出現錯誤

--prefix=/usr/local 用於指定安裝目錄（建議指定）。如果不指定，就會使用預設的安裝目錄。

但是指定安裝目錄時出現了如圖 2.36 所示的錯誤，是因為當前系統中沒有 C 編譯器，解決方法為安裝 gcc，安裝命令如下。

```
sudo apt-get update
sudo apt-get install gcc
```

執行命令過程中，需要上網安裝完成，如圖 2.37 所示。

```
joshhu@ubuntu: ~
File Edit View Search Terminal Help
joshhu@ubuntu:~$ sudo apt-get install gcc
Reading package lists... Done
Building dependency tree
Reading state information... Done
gcc is already the newest version (4:5.3.1-1ubuntu1).
0 upgraded, 0 newly installed, 0 to remove and 186 not upgraded.
joshhu@ubuntu:~$
```

圖 2.37　安裝 gcc

（4）gcc 安裝完成後，重新輸入「./configure --prefix=/usr/local」命令來設定安裝路徑，然後輸入「make && sudo make install」命令安裝 Python，如圖 2.38 所示，等待安裝完成即可。

```
xiaoke@ubuntu: ~/Python-3.8.3
config.status: creating Misc/python.pc
config.status: creating Misc/python-embed.pc
config.status: creating Misc/python-config.sh
config.status: creating Modules/ld_so_aix
config.status: creating pyconfig.h
creating Modules/Setup.local
creating Makefile


If you want a release build with all stable optimizations active (
PGO, etc),
please run ./configure --enable-optimizations


xiaoke@ubuntu:~/Python-3.8.3$ make&& sudo make install
```

圖 2.38 安裝 Python

說明

make 用來將原始程式套件中的程式編譯成 Linux 伺服器可以辨識的程式，而 sudo make install 命令執行編譯安裝操作。

3．測試 Python 是否安裝成功

Python 安裝完成後，需要檢測 Python 是否安裝成功，測試方法為：打開 Ubuntu 終端，輸入 python3 命令，按 Enter 鍵，如圖 2.39 所示。

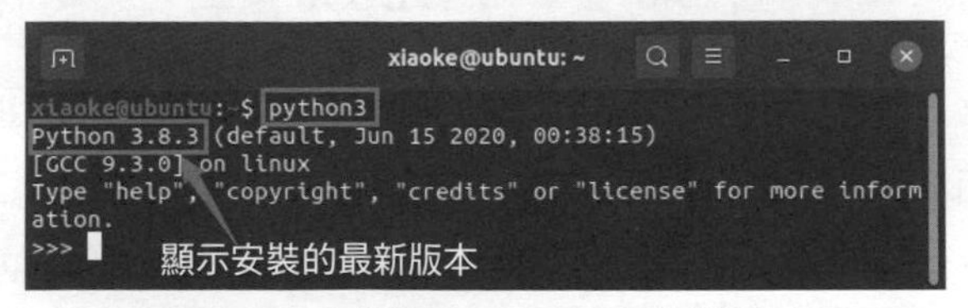

圖 2.39 測試 Python 是否安裝成功

如圖 2.39 所示，Python 的版本已經更新為 Python 3.8.3，說明安裝成功。

2.4 在 Mac OS 系統中安裝 Python

Mac OS 是一套執行於蘋果電腦上的作業系統，由於蘋果電腦的便利性，以及 Python 的跨平台特性，現在很多開發者都使用 Mac OS 開發 Python 程式。這裡對如何在 Mac OS 系統中安裝 Python 進行講解。

2.4.1 下載安裝檔案

（1）打開瀏覽器，存取 Python 官方網址：https://www.python.org/，將滑鼠移動到 Downloads 選單，選擇該選單下的「Mac OS X」選單，如圖 2.40 所示。

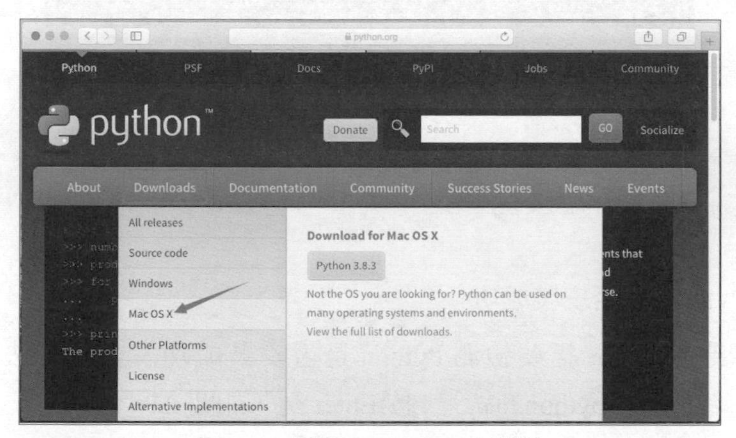

圖 2.40 點擊 "Mac OS X" 選單

（2）進入專為 Mac OS 系統提供的 Python 下載清單頁面，該頁面提供了 Python 2.x 和 Python 3.x 版本的下載連結，由於 Python 2.x 版本的官方支持即將終止，因此建議下載 Python 3.x 版本。截至當前，最新的版本為 Python 3.8.3，因此，點擊 Python 3.8.3 版本下方的「Download Mac OS 64-bit installer」超連結，如圖 2.41 所示。

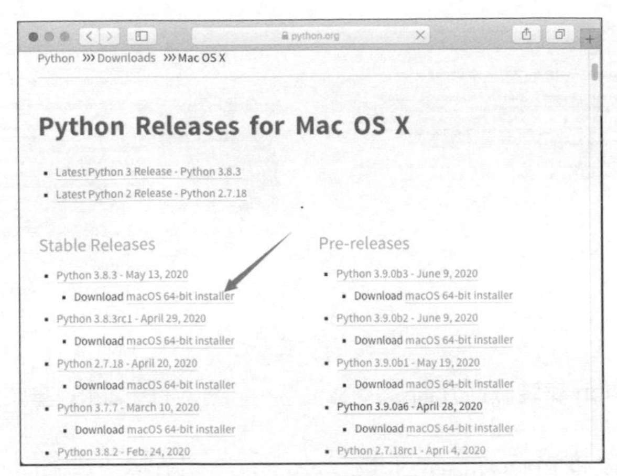

圖 2.41 Python 下載列表頁

（3）瀏覽器開始自動下載，並顯示下載進度，如圖 2.42 所示。

下載完成後，得到一個 python-3.8.3-Mac OSx10.9.pkg 檔案，該檔案就是針對 Mac OS 系統的 Python 安裝檔案，如圖 2.43 所示。

圖 2.42 Python 的下載進度

圖 2.43 Python 安裝檔案

2.4.2 安裝 Python

Python 安裝檔案下載完成後，就可以進行安裝了。在 Mac OS 系統中安裝 Python 的步驟與在 Windows 中類似，都是按照精靈一步步操作即可。在 Mac OS 系統中安裝 Python 的具體步驟如下。

（1）雙擊下載的 python-3.8.3-Mac OSx10.9.pkg 檔案，進入歡迎介面，如圖 2.44 所示，點擊「繼續」按鈕。

（2）進入重要資訊介面，如圖 2.45 所示，點擊「繼續」按鈕。

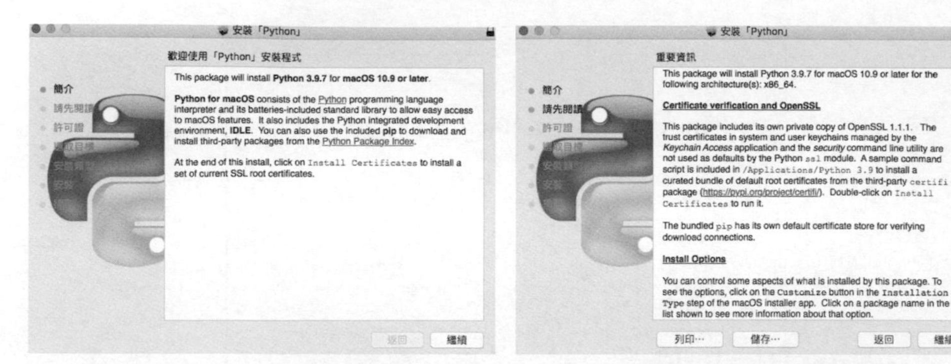

圖 2.44　Python 安裝歡迎介面　　　　圖 2.45　重要資訊介面

（3）進入軟體授權合約介面，如圖 2.46 所示，點擊「繼續」按鈕。

（4）彈出是否同意軟體授權合約中的條款的提示框，如圖 2.47 所示，點擊「同意」按鈕。

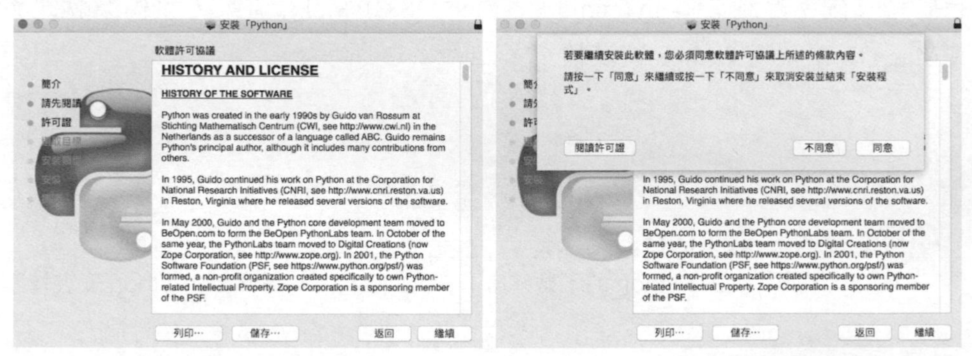

圖 2.46　軟體授權合約介面　　　　圖 2.47　是否同意許可條款的提示框

（5）進入安裝確認介面，該介面顯示了需要佔用的空間，以及是否確認安裝，如圖 2.48 所示，點擊「安裝」按鈕。

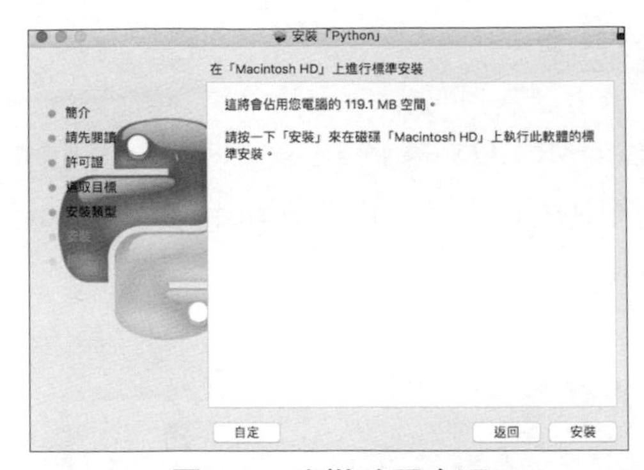

圖 2.48 安裝確認介面

（6）由於 Mac OS 系統本身的安全性，在安裝軟體時，會提示使用者輸入密碼，如圖 2.49 所示，輸入你的密碼，點擊「安裝軟體」按鈕。

（7）系統自動開始安裝 Python，並顯示安裝進度，如圖 2.50 所示。

（8）安裝完成後，自動進入安裝完成介面，提示安裝成功，如圖 2.51 所示，點擊「關閉」按鈕即可。

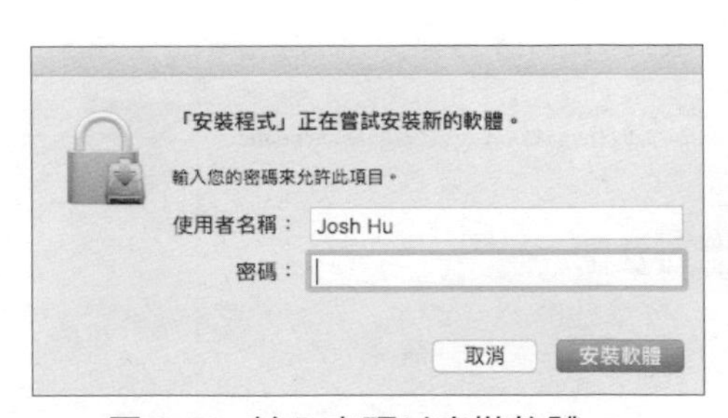

圖 2.49 輸入密碼以安裝軟體

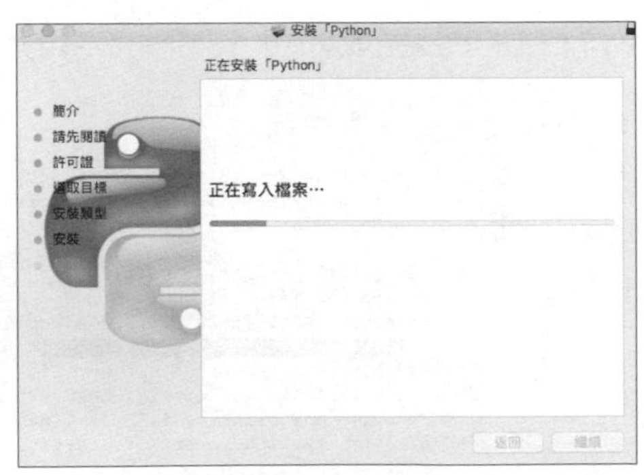

圖 2.50 安裝 Python 並顯示進度

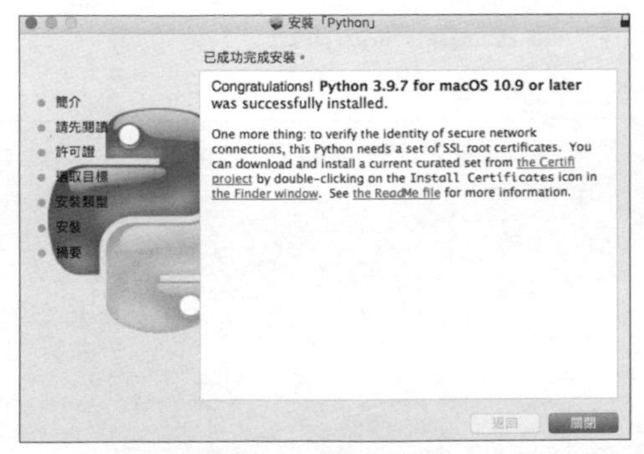

圖 2.51 安裝完成

2.4.3 安裝安全證書

在安裝完 Python 後，Mac OS 系統還要求安裝 Python 的安全證書，在 Python 的安裝資料夾中找到「Install Certificates.command」檔案，直接雙擊打開，如圖 2.52 所示。

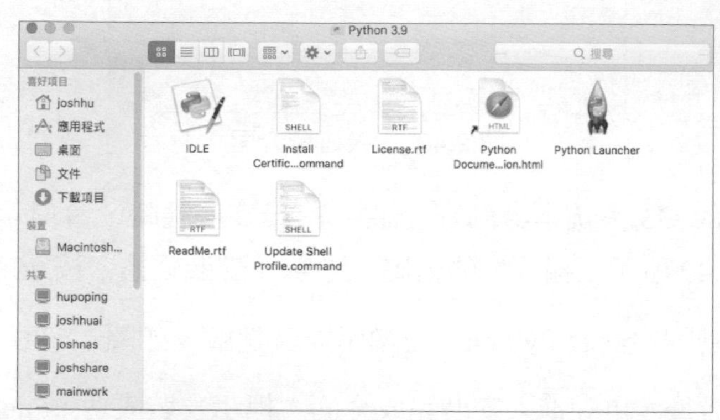

圖 2.52 雙擊打開 "Install Certificates.command" 檔案

等待自動安裝完成即可，如圖 2.53 所示。

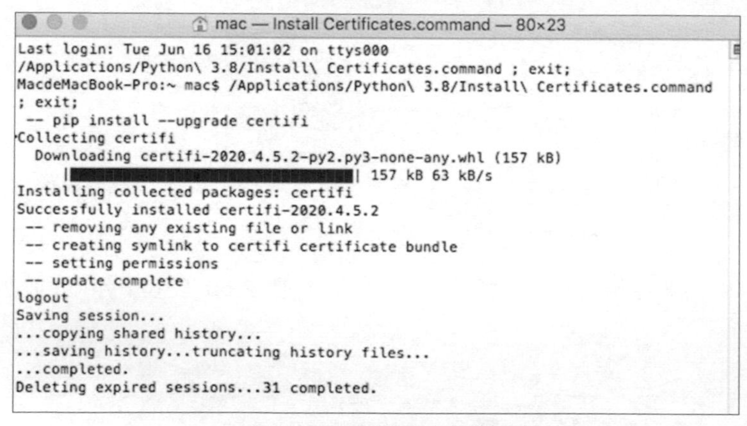

圖 2.53 安裝安全證書

2.4.4 打開並使用 Python

Python 及其安全證書安裝完成後，就可以使用了。使用方法為：打開 Mac OS 系統的終端，輸入 python3 命令，按 Enter 鍵，進入 Python 互動環境，如圖 2.54 所示。

```
mac — Python — 70×12
Last login: Sat Jun 13 16:06:21 on ttys000
MacdeMacBook-Pro:~ mac$ python
Python 2.7.10 (default, Oct  6 2017, 22:29:07)
[GCC 4.2.1 Compatible Apple LLVM 9.0.0 (clang-900.0.31)] on darwin
Type "help", "copyright", "credits" or "license" for more information.
>>> exit()
MacdeMacBook-Pro:~ mac$ python3
Python 3.8.3 (v3.8.3:6f8c8320e9, May 13 2020, 16:29:34)
[Clang 6.0 (clang-600.0.57)] on darwin
Type "help", "copyright", "credits" or "license" for more information.
>>>
```

圖 2.54 使用 python3 進入 Python 互動環境

說明

如圖 2.54 所示，當輸入 python 命令時，也可以進入 Python 互動環境，但版本顯示為 python 2.7.10，該版本是 Mac OS 系統附帶的 Python，支援 Python 2.x。

另外，使用者也可以直接雙擊 Python 安裝目錄下的 IDLE，直接進入 IDLE 開發工具進行 Python 程式的編寫，如圖 2.55 所示。

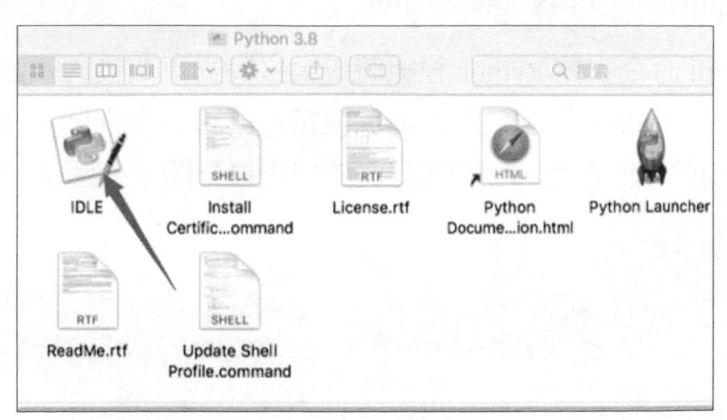

圖 2.55 透過打開 IDLE 編寫 Python 程式

2.4.5 更新 pip 及換來源

pip 是 Python 的模組安裝和管理工具，可以透過 --upgrade 參數更新，以便使其保持最新的版本，這裡需要注意的是，在 Mac OS 系統中使用 pip 命令時，Python 3 版本的對應命令為 pip3，如圖 2.56 所示。

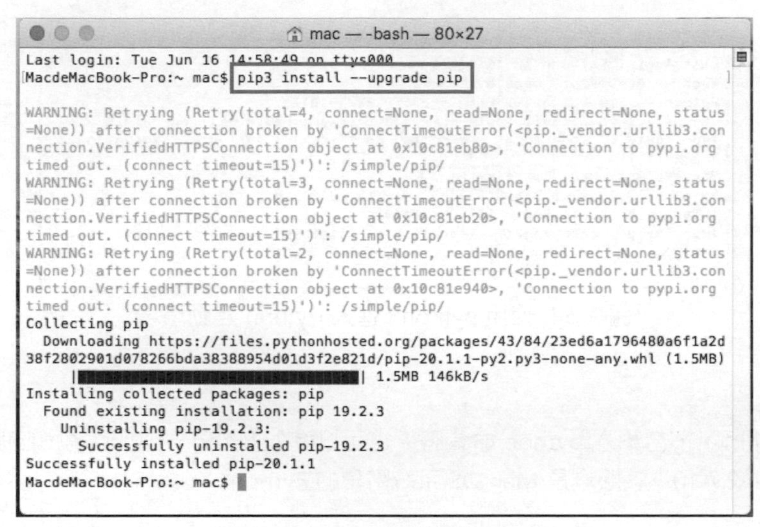

圖 2.56 更新 pip 模組管理工具

Python的強大之處在於，全世界各行各業的人提交的模組都能「為我所用」，只需要使用 pip 命令安裝對應的模組即可。

使用 pip install 命令安裝 Python 模組時，會自動從更改後的映像檔位址下載安裝。使用 pip install 命令安裝 Python 模組，既可一次安裝一個，也可一次安裝多個，如果安裝多個，多個模組之間用空格分開，如圖 2.57 所示。

圖 2.57 使用 pip 命令安裝模組

2.5 小結

本章主要對如何在 Windows 系統、Linux 系統和 Mac OS 系統中分別下載、安裝 Python 的過程進行了詳細講解，讀者學習本章內容時，可以根據自己所使用的開發平台選學相關內容。

03

架設 PyQt5 開發環境

俗話說「工欲善其事，必先利其器」，要使用 Python+PyQt5 進行 GUI 圖形化使用者介面程式的開發，首先需要架設好開發環境，開發 PyQt5 程式，主要需要 Python 解譯器、PyCharm 開發工具（也可以是其他工具）、PyQt5 相關的模組，本章將對如何架設 PyQt5 開發環境進行詳細講解。

3.1 PyCharm 開發工具的下載與安裝

PyCharm 是由 JetBrains 公司開發的一款 Python 開發工具，在 Windows、Mac OS 和 Linux 作業系統中都可以使用，它具有語法反白顯示、Project（專案）管理程式跳躍、智慧提示、自動完成、偵錯、單元測試和版本控制等功能。使用 PyCharm 可以大大提高 Python 專案的開發效率，本節將對 PyCharm 開發工具的下載與安裝進行詳細講解。

3.1.1 下載 PyCharm

PyCharm 的下載非常簡單，可以直接存取 Jetbrains 公司官網下載網址：https://www.jetbrains.com/ pycharm/download/，打開 PyCharm 開發工具的官方下載頁面，點擊頁面右側「Community」下的 Download 按鈕，下載 PyCharm 開發工具的免費社區版，如圖 3.1 所示。

說明

PyCharm 有兩個版本，一個是社區版（免費並且提供來源程式），另一個是專業版（免費試用，正式使用需要收費）。建議讀者下載免費的社區版本使用。

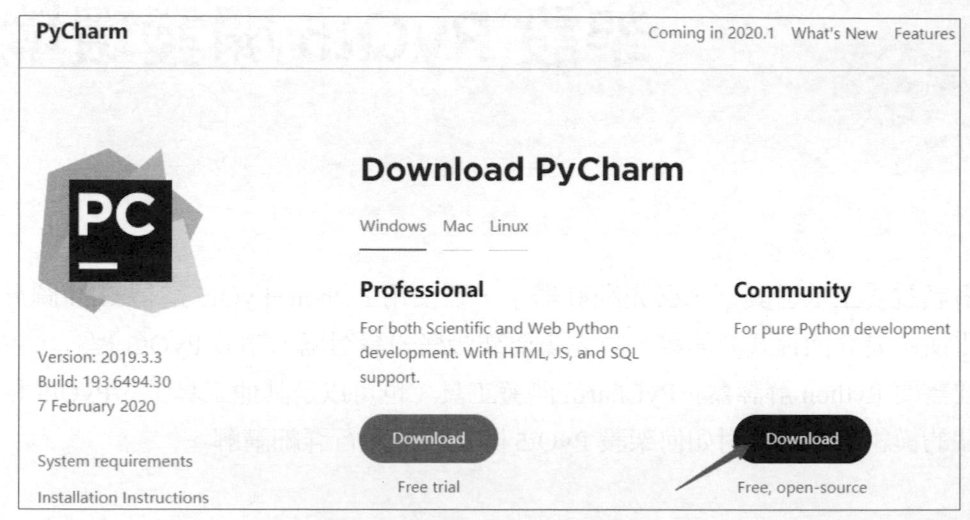

圖 3.1 PyCharm 官方下載頁面

下載完成後的 PyCharm 安裝檔案如圖 3.2 所示。

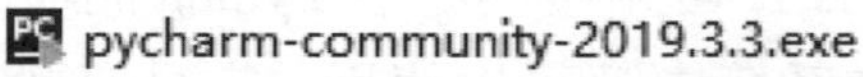

pycharm-community-2019.3.3.exe

圖 3.2 下載完成的 PyCharm 安裝檔案

說明

筆者在下載 PyCharm 開發工具時，最新版本是 PyCharm-community-2019.3.3，該版本隨時更新，讀者在下載時，只要下載官方提供的最新版本，即可正常使用。

3.1.2 安裝 PyCharm

安裝 PyCharm 的步驟如下。

（1）雙擊 PyCharm 安裝套件進行安裝，在歡迎介面點擊「Next」按鈕進入軟體安裝路徑設定介面。

（2）在軟體安裝路徑設定介面，設定合理的安裝路徑。PyCharm 預設的安裝路徑為作業系統所在的路徑，建議更改，因為如果把軟體安裝到作業系統所在的路徑，當出現作業系統崩潰等特殊情況而必須重做系統時，PyCharm 程式路徑下的程式將被破壞。另外在安裝路徑中建議不要有中文和空格。如圖 3.3 所示。點擊「Next」按鈕，進入創建捷徑介面。

（3）在創建桌面捷徑介面（Create Desktop Shortcut）中設定 PyCharm 程式的捷徑。如果電腦作業系統是 32 位元，選擇「32-bit launcher」，否則選擇「64-bit launcher」。筆者的電腦作業系統是 64 位元系統，所以選擇「64-bit launcher」；接下來設定連結檔案（Create Associations），選中 .py 左側的核取方塊，這樣以後再打開 .py 檔案（Python 指令檔）時，會預設使用 PyCharm打開；選中「Add launchers dir to the PATH」核取方塊，如圖3.4所示。

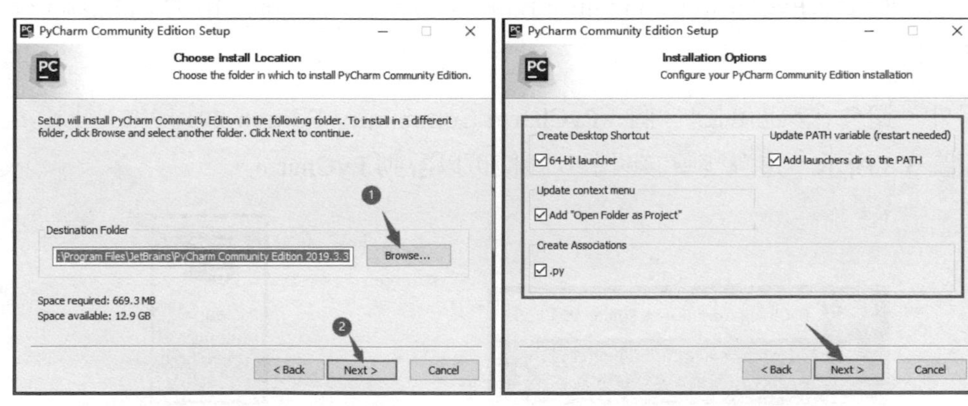

圖 3.3 設定 PyCharm 安裝路徑　　圖 3.4 設定捷徑和連結

（4）點擊「Next」按鈕，進入選擇開始選單資料夾介面，採用預設設定即可，點擊「Install」按鈕（安裝大概需要 10 分鐘），如圖 3.5 所示。

（5）安裝完成後，點擊「Finish」按鈕，完成 PyCharm 開發工具的安裝，如圖 3.6 所示。

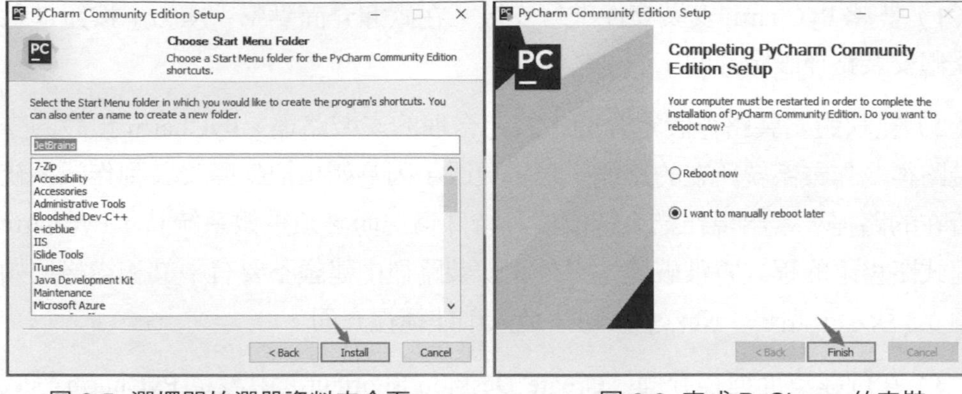

圖 3.5 選擇開始選單資料夾介面　　圖 3.6 完成 PyCharm 的安裝

3.1.3 啟動並設定 PyCharm

啟動並設定 PyCharm 開發工具的步驟如下。

（1）PyCharm 安裝完成後，會在開始選單中建立一個快顯功能表，如圖 3.7 所示，點擊「PyCharm Community Edition 2019.3.3」，即可啟動 PyCharm 程式。

另外，還會在桌面創建一個「PyCharm Community Edition 2019.3.3」捷徑，如圖 3.8 所示，透過雙擊該圖示，同樣可以啟動 PyCharm。

圖 3.7 PyCharm 選單

圖 3.8 PyCharm 桌面捷徑

（2）啟動 PyCharm 程式後，進入閱讀協定頁，選中「I confirm that I have read and accept the terms of this User Agreement」核取方塊，點擊 Continue 按鈕，如圖 3.9 所示。

（3）進入 PyCharm 歡迎頁，點擊「Create New Project」按鈕，創建一個 Python 專案，如圖 3.10 所示。

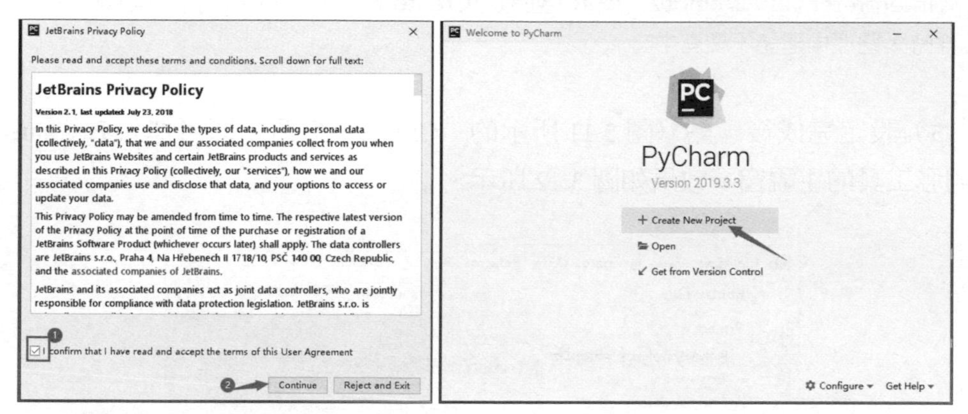

圖 3.9 接受 PyCharm 協定　　圖 3.10 PyCharm 歡迎介面

（4）在第一次創建 Python 專案時，需要設定專案的存放位置以及虛擬環境路徑，這裡需要注意的是，設定的虛擬環境的「Base interpreter」解譯器應該是 python.exe 檔案的位址，設定過程如圖 3.11 所示。

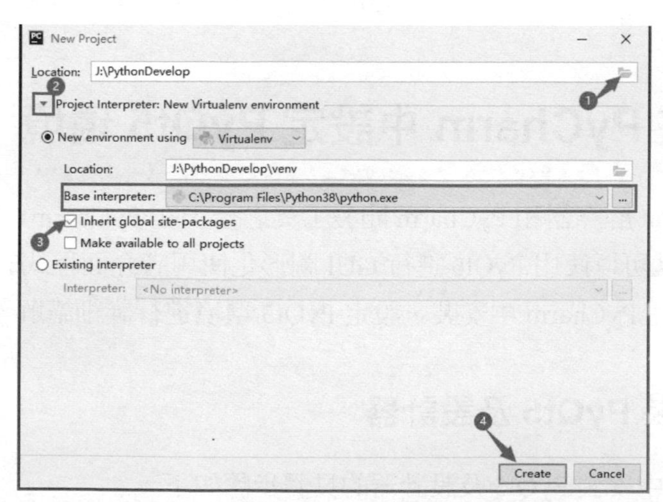

圖 3.11 設定專案路徑及虛擬環境路徑

說明

創建工程文件前，必須保證已經安裝了 Python，否則創建 PyCharm 項目時會出現「Interpreter field is empty.」提示，並且「Create」按鈕不可用；另外，創建工程文件時，路徑中建議不要有中文。

（5）設定完成後，點擊圖 3.11 所示的「Create」按鈕，即可進入 PyCharm 開發工具的主視窗，效果如圖 3.12 所示。

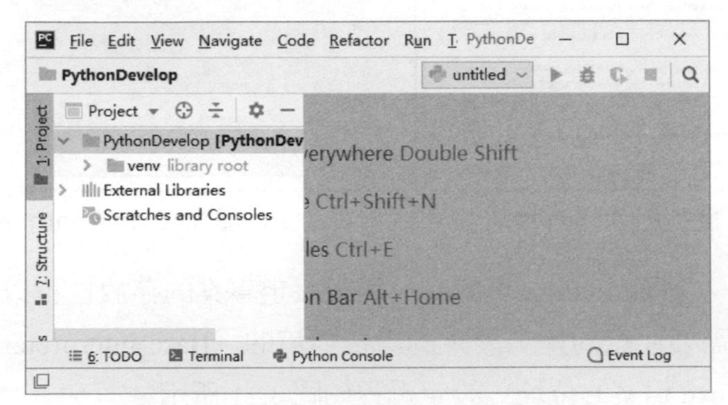

圖 3.12 PyCharm 開發工具的主視窗

3.2 在 PyCharm 中設定 PyQt5 環境

安裝完 Python 解譯器和 PyCharm 開發工具之後，在 PyCharm 中安裝並設定好 PyQt5，就可以使用 PyQt5 進行 GUI 圖形化使用者介面程式的開發了，本節將對如何在 PyCharm 中安裝、設定 PyQt5 環境進行詳細講解。

3.2.1 安裝 PyQt5 及設計器

在 PyCharm 中安裝 PyQt5 及設計器的具體步驟如下。

（1）在 PyCharm 開發工具的主視窗中依次選擇「File」→「Settings」選單，如圖 3.13 所示。

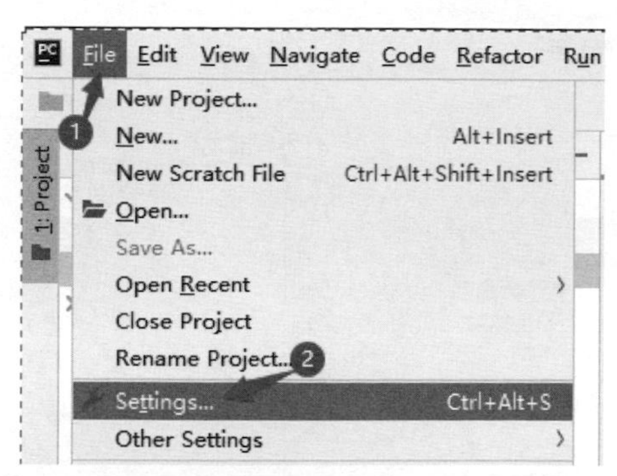

圖 3.13 選擇 "File" → "Settings" 選單

（2）打開 PyCharm 的設定視窗，展開 Project 節點，點擊「Project Interpreter」選項，點擊視窗最右側的「+」按鈕，如圖 3.14 所示。

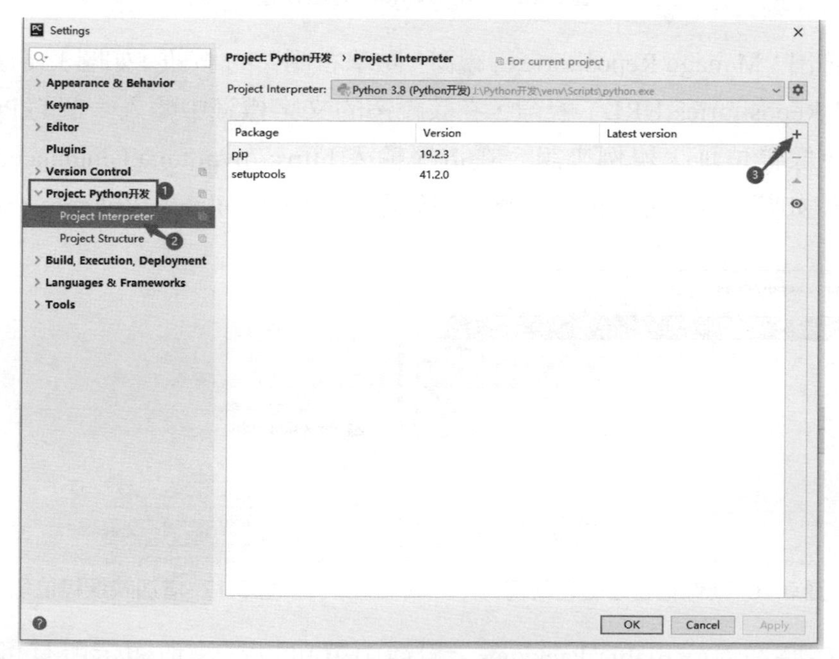

圖 3.14 設定視窗

（3）彈出「Available Packages」視窗，如圖 3.15 所示，該視窗主要列出所有可用的 Python 模組如果要增加新的套件來源，點擊「Manage Repositories」按鈕。

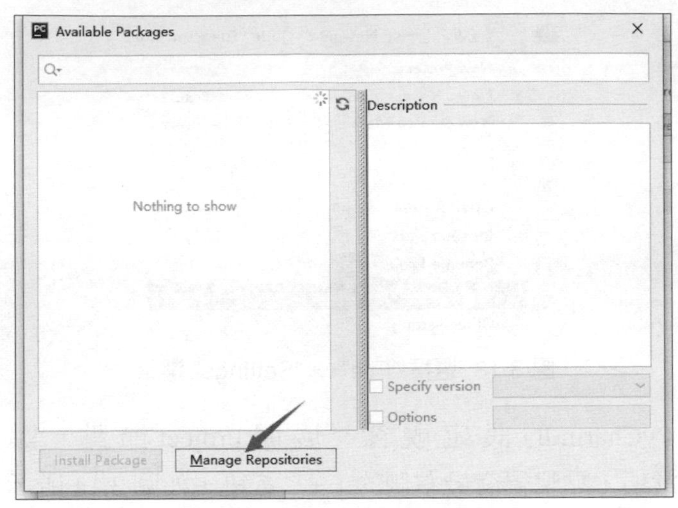

圖 3.15 可用 Python 模組視窗

（4）彈出「Manage Repositories」視窗，點擊右側「+」按鈕，如圖 3.16 所示，彈出「Repositories URL」視窗，在該視窗的文字標籤中輸入一個的 Python 模組映像檔位址，舉例來說，在這裡輸入 https://pypi.tuna.tsinghua.edu.cn/simple，如圖 3.17 所示，依次點擊 OK 按鈕，返回「Available Packages」視窗。

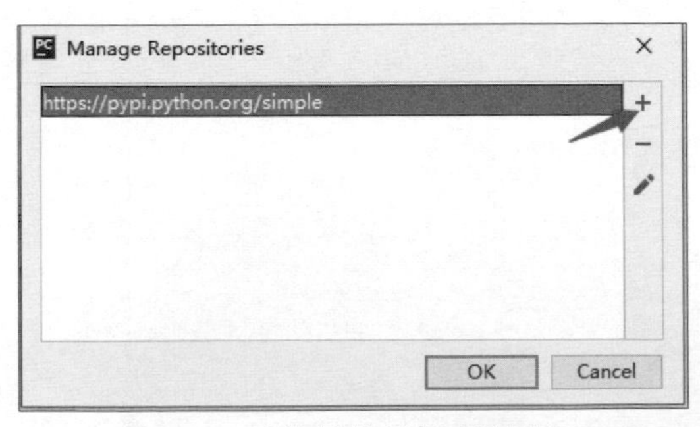

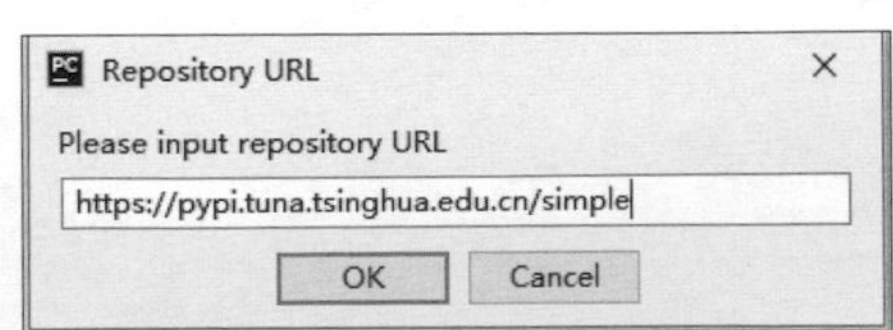

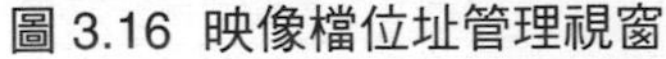
圖 3.16 映像檔位址管理視窗

圖 3.17 增加映像檔位址

（5）這時在「Available Packages」視窗中就可以很快地顯示所有可用的 Python 模組，在上方的文字標籤中輸入 pyqt5，按 Enter 鍵，即可篩選出所有與 pyqt5 相關的模組，分別選中 pyqt5、pyqt5-tools、pyqt5designer，並點擊「Install Package」進行安裝，如圖 3.18 所示。

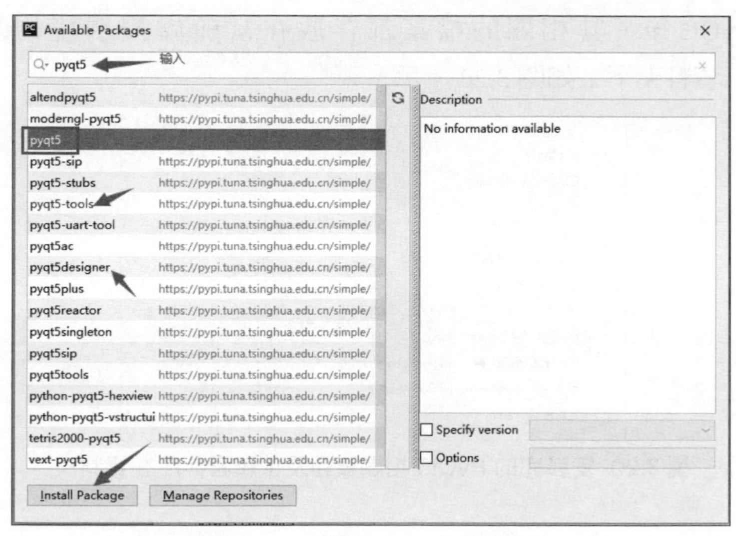

圖 3.18 安裝 PyQt5 相關模組

（6）安裝完以上 3 個模組後，關閉「Available Packages」視窗，在「Project Interpreter」視窗中即可看到安裝的 PyQt5 相關模組及依賴套件，如圖 3.19 所示。

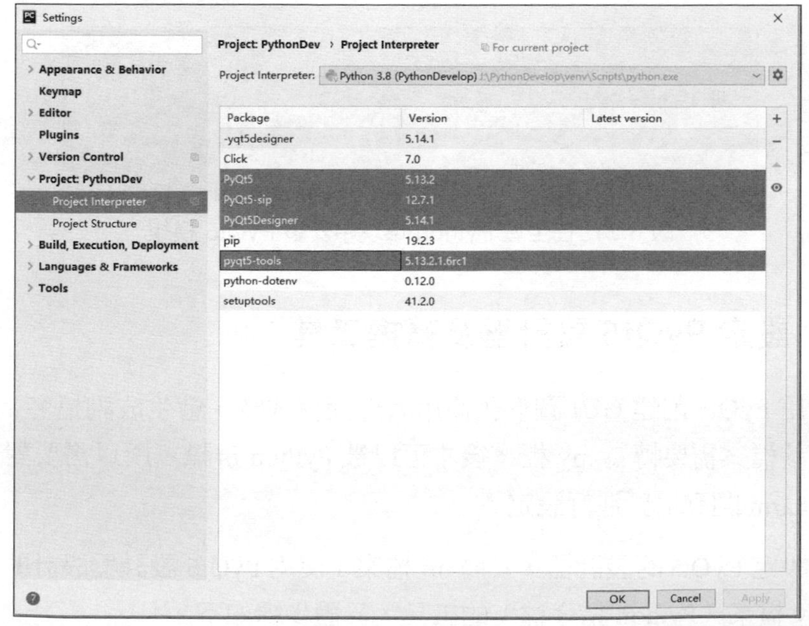

圖 3.19 安裝的 PyQt5 相關模組及依賴套件

安裝完 PyQt5 後，其相關的檔案都存放在當前虛擬環境的「Lib\site-packages」資料夾下，如圖 3.20 所示。

click	2020/3/7 14:48
Click-7.0.dist-info	2020/3/7 14:48
dotenv	2020/3/7 14:48
PyQt5	2020/3/7 14:48
PyQt5_sip-12.7.1.dist-info	2020/3/7 14:43
pyqt5_tools	2020/3/7 14:48
pyqt5_tools-5.13.2.1.6rc1.dist-info	2020/3/7 14:48
PyQt5-5.13.2.dist-info	2020/3/7 14:48
PyQt5Designer-5.14.1.dist-info	2020/3/7 14:55
python_dotenv-0.12.0.dist-info	2020/3/7 14:48
QtDesigner	2020/3/7 14:55

圖 3.20 安裝完的 PyQt5 相關模組及依賴套件所在資料夾

說明

以上是安裝 PyQt5 的步驟，將 PyQt5 模組安裝到了 PyCharm 專案下的虛擬目錄中，如果想要在全域 Python 環境中安裝 PyQt5 模組，可以直接在系統的 CMD 命令視窗中使用「pip install PyQt5」命令進行安裝，如圖 3.21 所示（pyqt5-tools 和 pyqt5designer 模組的安裝與此類似）。

```
C:\WINDOWS\system32>pip install PyQt5
Collecting PyQt5
  Downloading PyQt5-5.14.2-5.14.2-cp35.cp36.cp37.cp38-none-win_amd6
.whl (52.9 MB)
     |█                               | 1.7 MB 19 kB/s eta 0:44:11
```

圖 3.21 在全域 Python 環境中安裝 PyQt5 模組

3.2.2 設定 PyQt5 設計器及轉換工具

由於使用 PyQt5 創建 GUI 圖形化使用者介面程式時，會生成副檔名為 .ui 的檔案，該檔案需要轉為 .py 檔案後才可以被 Python 辨識，所以需要對 PyQt5 與 PyCharm 開發工具進行設定。

接下來設定 PyQt5 的設計器，及將 .ui 檔案（使用 PyQt5 設計器設計的檔案）轉為 .py 檔案（Python 指令檔）的工具，具體步驟如下。

（1）在 PyCharm 開發工具的設定窗中依次選擇「Tools」→「External Tools」選項，然後在右側點擊「+」按鈕，彈出「Create Tool」視窗。在該視窗中，首先在「Name」文字標籤中填寫工具名稱為 Qt Designer，然後點擊「Program」後面的資料夾圖示，選擇安裝 pyqt5designer 模組時自動安裝的 designer.exe 檔案，該檔案位於當前虛擬環境的「Lib\site-packages\QtDesigner\」資料夾中，最後在「Working directory」文字標籤中輸入 $ProjectFileDir$，表示專案檔案目錄，點擊 OK 按鈕，如圖 3.22 所示。

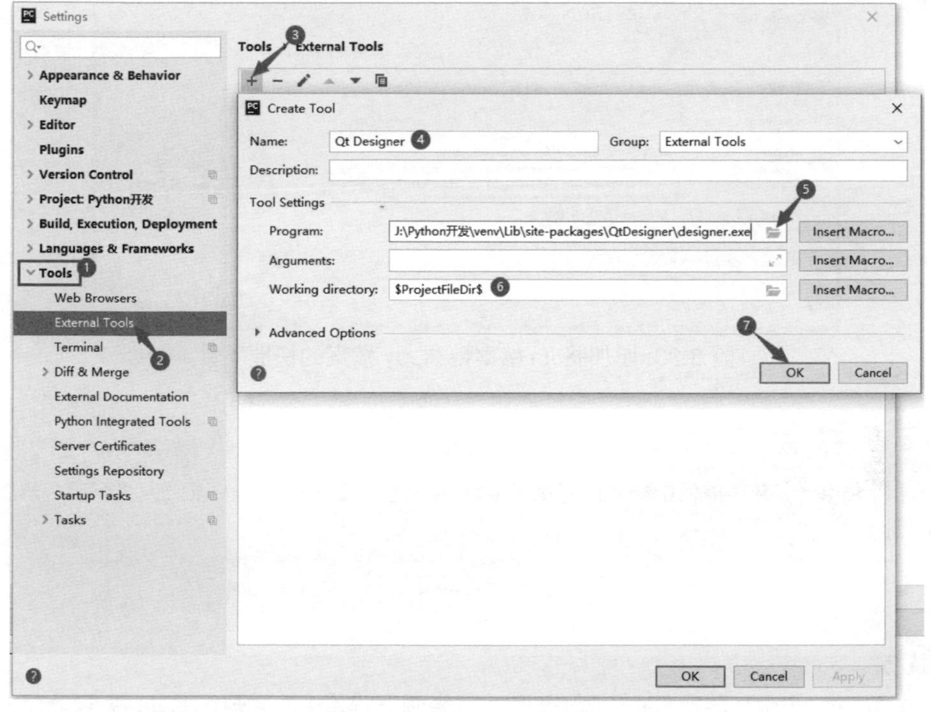

圖 3.22 設定 QT 設計器

在「Program」文字標籤中輸入的是自己的 QT 開發工具安裝路徑，記住在尾部必須加上 designer.exe 檔案名稱；另外，路徑中一定不要含有中文，以避免路徑無法辨識的問題。

（2）按照上面的步驟設定將 .ui 檔案轉為 .py 檔案的轉換工具，在「Name」文字標籤中輸入工具名稱為 PyUIC，然後點擊「Program」後面的資料夾圖示，選擇虛擬環境目錄下的 pyuic5.exe 檔案，該檔案位於當前虛擬環境的「Scripts」資料夾中，接下來在「Arguments」文字標籤中輸入將 .ui 檔案轉為 .py 檔案的命令：-o $FileNameWithoutExtension$.py $FileName$；最後在「Working directory」文字標籤中輸入 $ProjectFileDir$，它表示 UI 檔案所在的路徑，點擊 OK 按鈕，如圖 3.23 所示。

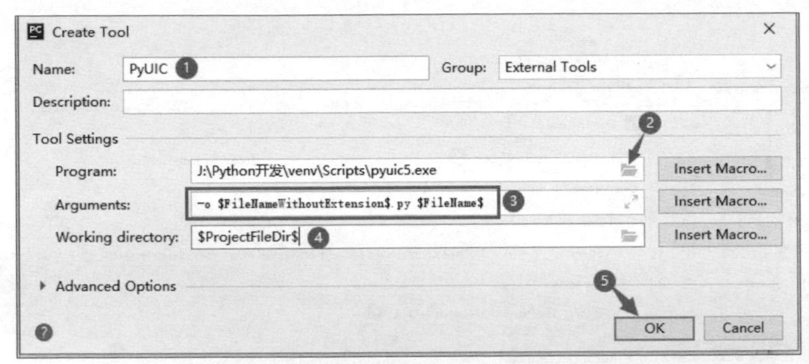

圖 3.23 增加將 .ui 檔案轉為 .py 檔案的快捷工具

在「Program」文字標籤中輸入或者選擇的路徑一定不要含有中文，以避免路徑無法辨識的問題。

在配置 PyQt5 設計器及轉換工具時，用到了幾個系統預設的變數，這些變數所表示的含義如下。

- ✓ ProjectFileDir$：表示檔案所在的專案路徑。
- ✓ FileDir$：表示檔案所在的路徑。
- ✓ FileName$：表示檔案名稱（不帶路徑）。
- ✓ FileNameWithoutExtension$：表示沒有副檔名的檔案名稱。

完成以上設定後，在 PyCharm 開發工具的選單中展開「Tools」→「External Tools」選單，即可看到設定的 Qt Designer 和 PyUIC 工具，如圖 3.24 所示，這兩個選單的使用方法如下。

☑ 選擇「Qt Designer」選單，可以打開 QT 設計器。

☑ 選擇一個 .ui 檔案，點擊「PyUIC」選單，即可將選中的 .ui 檔案轉為 .py 程式檔案。

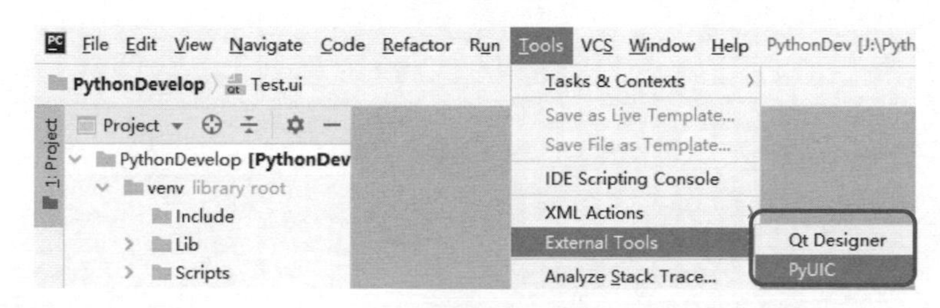

圖 3.24 設定完成的 PyQt5 設計器及轉換工具選單

注意

使用「PyUIC」選單時，必須首先選擇一個 .ui 檔案，否則，可能會出現如圖 3.25 所示的錯誤訊息，表示沒有指定 .ui 檔案。

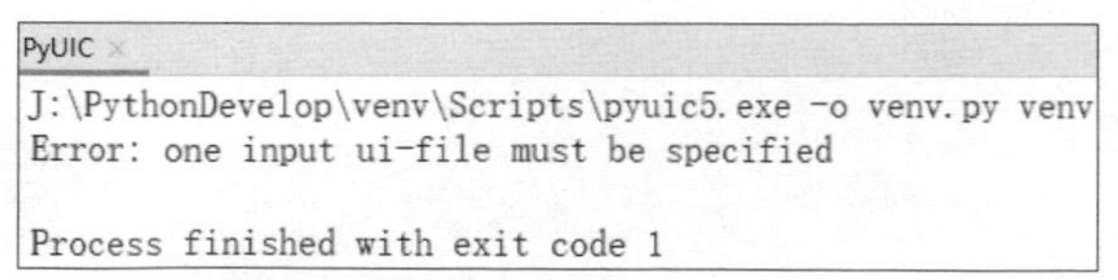

圖 3.25 沒有選擇 .ui 檔案，點擊 "PyUIC" 選單時的錯誤訊息

3.3 小結

本章主要對 PyCharm 開發工具的下載與安裝，以及如何在 PyCharm 開發工具中設定 PyQt5 環境進行了詳細講解。本章所講解的知識是進行 PyQt5 程式開發的基礎，讀者在學習時，一定要熟練掌握。

說明

在 Python 語言中，使用內建函數 type() 可以返回變數類型。

在 Python 中，允許多個變數指向同一個值。舉例來說，將兩個變數都設定值為數字 2048，再分別應用內建函數 id() 獲取變數的記憶體位址，將得到相同的結果。執行過程如下：

```
>>> no = number = 2048              # 設定值數值
>>> id(no)
49364880
>>> id(number)
49364880
```

說明

在 Python 語言中，使用內建函數 id() 可以返回變數所指的記憶體位址。

4.1.2 變數的基本類型

變數的資料類型有很多種，本文就介紹數字類型、字串類型、布林類型三種，舉例來說，一個人的名字、性別可以用字元型儲存；年齡、身高可以使用數值儲存；而婚否可以使用布林類型儲存，如圖 4.1 所示。這些都是 Python 中提供的基底資料型態，下面將對這些基本類型介紹。

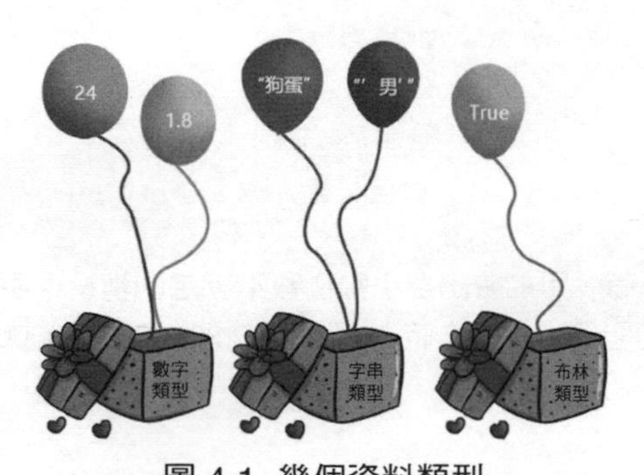

圖 4.1 幾個資料類型

1．數字類型

數字類型主要包含整數、浮點數和複數，接下來分別介紹。

☑ 整數

整數用來表示整數值，即沒有小數部分的數值。在 Python 中，整數包括正整數、負整數和 0，並且它的位數是任意的（當超過電腦自身的計算功能時，會自動轉用高精度計算），如果要指定一個非常大的整數，只需要寫出其所有位數即可。

舉例來說，以下的數字都是整數：

```
1314
3456789532900653
-2020
0
```

☑ 浮點數

浮點數由整數部分和小數部分組成，主要用於處理包括小數的數，如 1.414、0.5、-1.732、3.1415926535897932384626 等。浮點數也可以使用科學計數法表示，如 3.7e2、-3.14e5 和 6.16e-2 等。

舉例來說，以下的數字都是浮點數：

```
1.314
0.3456789532900653
-1.7
5.2e2
```

在使用浮點數進行計算時，可能會出現小數位數不確定的情況。例如，計算 0.1+0.1 時，將得到想要的 0.2，而計算 0.1+0.2 時，將得到 0.30000000000000004（想要的結果為 0.3），執行過程如下：

```
>>> 0.1+0.1
0.2
>>> 0.1+0.2
0.30000000000000004
```

這種問題存在於所有語言中，導致問題的原因是電腦精度存在誤差，因此忽略多餘的小數位即可。

☑ 複數

Python 中的複數與數學中的複數的形式完全一致，都是由實部和虛部組成，並且使用 j 或 J 表示虛部。當表示一個複數時，可以將其實部和虛部相加，舉例來說，一個複數的實部為 5.21，虛部為 13.14j，則這個複數為 5.21+13.14j。

2．字串類型

字串就是連續的字元序列，是電腦所能表示的一切字元的集合。在 Python 中，字串屬於不可變序列，通常使用單引號' '、雙引號" "或三引號''' '''（或""" """）將其括起來。這三種引號形式在語義上沒有差別，只是在形式上有些差別。其中單引號和雙引號中的字元序列必須在同一行，而三引號內的字元序列可以分佈在連續的多行中。

例如：

```
'你怎麼對待生活，生活就會怎樣回饋給你'        # 使用單引號，字串內容必須在同一行
"一生只愛一個人"                              # 使用雙引號，字串內容必須在同一行
'''借一抹臨別黃昏悠悠斜陽，
為這漫漫餘生添一道光'''                        # 使用三引號，字串內容可以不在同一行
```

3．布林類型

布林類型主要用來表示真值或假值。在 Python 中，識別符號 True 和 False 被解釋為布林值。另外，Python 中的布林值可以轉化為數值，True 表示 1，False 表示 0。

說明

Python 中的布林類型的值可以進行數值運算，例如，「False + 1」的結果為 1。但是不建議對布林類型的值進行數值運算。

在 Python 中，所有的物件都可以進行真值測試。其中，只有下面列出的幾種情況得到的值為假，其他物件在 if 或 while 敘述中都表現為真。

☑ False 或 None。

☑ 數值中的零，包括 0、0.0、虛數 0。

☑ 空序列，包括字串、空元組、空串列、空字典。

☑ 自訂物件的實例，該物件的 __bool__ 方法返回 False 或 __len__ 方法返回 0。

4.1.3 變數的輸入與輸出

變數的輸入與輸出是電腦最基本的操作。基本的輸入是指從鍵盤上輸入資料的操作，用 input() 函數輸入資料。基本的輸出是指在螢幕上顯示輸出結果的操作，用 print() 函數輸出。

1．用 input() 函數輸入

使用內建函數 input() 可以接收使用者的鍵盤輸入。input() 函數的基本用法如下：

```
variable = input(" 提示文字 ")
```

其中，variable 為保存輸入結果的變數，雙引號內的文字用於提示要輸入的內容。舉例來說，想要接收使用者輸入的內容，並保存到變數 tip 中，可以使用下面的程式：

```
tip =input(" 請輸入文字：")
```

在 Python 3.X 中，無論輸入的是數字還是字元都將被作為字串讀取。如果想要接收數值，需要把接收到的字串進行類型轉換。舉例來說，想要接收整數的數字並保存到變數 age 中，可以使用下面的程式：

```
age =int(input("請輸入數字："))                # 接收輸入整數的數字
```

說明

在 Python 3.X 中，input() 函數接收內容時，直接輸入數值即可，並且接收後的內容是數位類型；而如果要輸入字串類型的內容，需要使用引號將對應的字串括起來，否則會顯示出錯。

2．用 print() 函數輸出

在預設的情況下，使用內建的 print() 函數可以將結果輸出到 IDLE 或標準主控台上。其基本語法格式如下：

```
print("輸出內容")
```

其中，輸出內容可以是數字和字串（需要使用引號將字串括起來），此類內容將直接輸出，也可以是包含運算子的運算式，此類內容將計算結果輸出。例如：

```
a = 10                                  # 變數 a，值為 10
b = 6                                   # 變數 b，值為 6
print(6)                                # 輸出數字 6
print(a*b)                              # 輸出變數 a*b 的結果 60
print(a if a>b else b)                  # 輸出條件運算式的結果 10
print(「三分靠運氣，七分靠努力")          # 輸出字串「三分靠運氣，七分靠努力」
```

技巧

預設情況下，一筆 print() 敘述輸出後會自動換行，如果想要一次輸出多個內容且不換行，可以將要輸出的內容用英文半形的逗點分隔。例如，下面的程式將在同一行中輸出變數 a 和 b 的值：

```
print(a,b) # 輸出變數 a 和 b，結果為：10 6
```

【實例 4.1】輸出你的年齡（程式碼範例：書附程式 \Code\04\01）

用 input() 函數輸入你的年齡，用 print() 函數輸出資料。

具體程式如下：

```
age=input("請輸入您的年齡：")                    # 輸入年齡
print("您輸入的年齡是"+age)                      # 輸出年齡
```

執行結果如圖 4.2 所示。

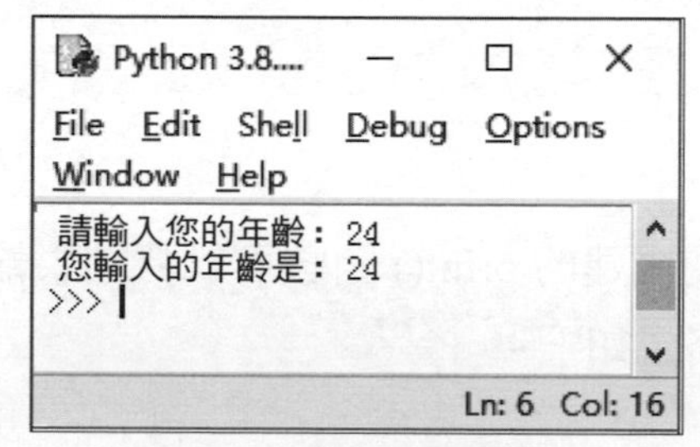

圖 4.2 資料登錄輸出

【實例 4.2】用 print() 函數輸出字元畫（程式碼範例：書附程式 \Code\04\02）

具體程式如下：

```
print('''
           ,--^----------,--------,-----,-------^--,
          | |||||||||   `--------'     |          O
           `+---------------------------^----------|
             `\\_,-------,_________________________|
               / XXXXXX /`||       /
              / XXXXXX /   `\\    /
             / XXXXXX /\\______(
            / XXXXXX /
           / XXXXXX /
          (________(
           `------'
''')
```

說明

程式中的字元是使用搜狗輸入法的特殊符號編寫的。

執行結果如圖 4.3 所示。

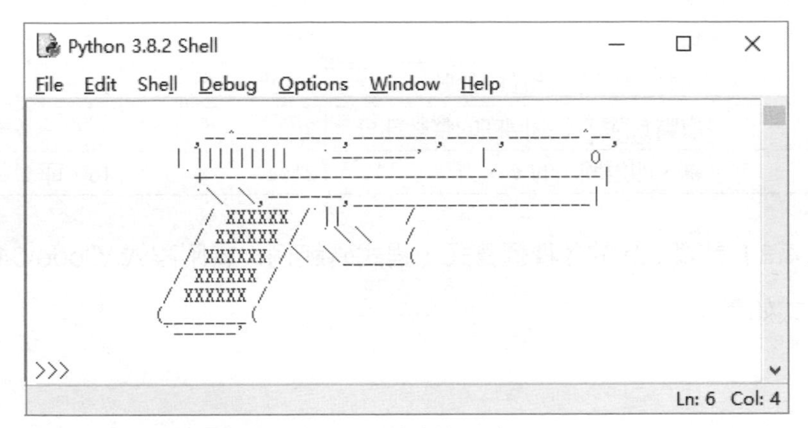

圖 4.3 輸出字元畫

4.2 運算符號

運算子是一些特殊的符號，主要用於數學計算、比較大小和邏輯運算等。Python 的運算子主要包括算術運算子、設定運算子、比較（關係）運算子、邏輯運算子。使用運算子將不同類型的資料按照一定的規則連接起來的式子，稱為運算式。舉例來說，使用算術運算子連接起來的式子稱為算術運算式，使用邏輯運算子連接起來的式子稱為邏輯運算式。下面介紹一些常用的運算子。

4.2.1 算術運算子

算術運算子是處理四則運算的符號，在數字的處理中應用得最多。常用的算術運算子如表 4.1 所示。

表 4.1 常用的算術運算子

運算符號	說明	實例	結果
+	加	13.45+15	27.45
-	減	4.56-0.26	4.3
*	乘	5*3.6	18.0
/	除	7/2	3.5
%	求餘，即返回除法的餘數	7%2	1
//	取整數除，即返回商的整數部分	7//2	3
**	冪，即返回 x 的 y 次方	2**4	16，即 2^4

【實例 4.3】計算 a,b 的各種運算式（程式碼範例：書附程式 \Code\04\03）

具體程式如下：

```
a=5
b=3
print("a+b =",(a+b))                    # 使用 "+" 運算
print("a-b =",(a-b))                    # 使用 "-" 運算
print("a*b =",(a*b))                    # 使用 "*" 運算
print("a/b =",(a/b))                    # 使用 "/" 運算
print("a%b =",(a%b))                    # 使用 "%" 運算
print("a//b =",(a//b))                  # 使用 "//" 運算
print("a**b =",(a**b))                  # 使用 "**" 運算
```

執行結果如圖 4.4 所示。

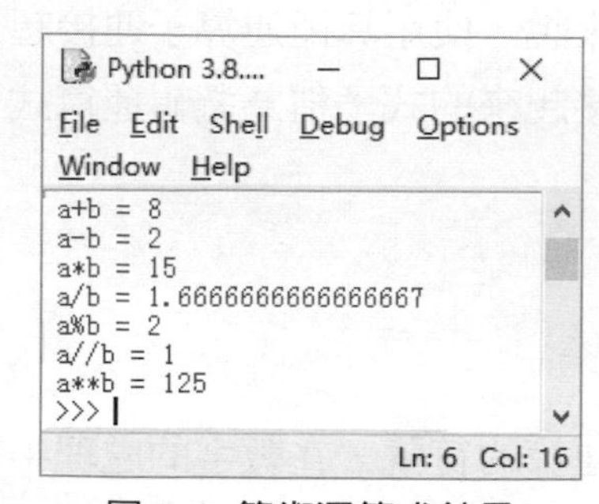

圖 4.4 算術運算式結果

技巧

在 Python 中，「+」運算子還具有拼接功能，可以將字串與字串拼接。例如：

```
chart1 = 'www'
Chart2 = 'mingrisoft'
print(chart1+Chart2)                    # 拼接後輸出的字串
print(chart1+Chart2+'com')              # 拼接後輸出的字串
```

也可以將字串與數值拼接，例如：

```
add1=30
chart1="95"
chart2="200.15"
chart3 = "mate"
print(add1+int(chart1))                 # 轉換數值型字串為整數再拼接輸出結果
print(add1+float(chart2))               # 轉換數值型字串為浮點數再拼接輸出結果
print(str(add1)+chart2)                 # 將整數轉為字串進行拼接輸出結果
print(chart3+str(add1))                 # 將整數轉為字串進行拼接輸出結果
```

4.2.2 設定運算子

設定運算子主要用來為變數等設定值。使用時，可以直接把基本設定運算子「=」右邊的變數值指定給左邊的變數，也可以進行某些運算後再設定值給左邊的變數。Python 中常用的設定運算子如表 4.2 所示。

表 4.2 常用的設定運算子

運算符號	說明	舉例	展開形式
=	簡單的設定值運算	x=y	x=y
+=	加設定值	x+=y	x=x+y
-=	減設定值	x-=y	x=x-y
*=	乘設定值	x*=y	x=x*y
/=	除設定值	x/=y	x=x/y

運算符號	說明	舉例	展開形式
%=	取餘數設定值	x%=y	x=x%y
**=	冪設定值	x**=y	x=x**y
//=	取整數除設定值	x//=y	x=x//y

注意

將運算子 = 和 == 混淆是程式設計中最常見的錯誤之一。很多語言（不只是 Python）都使用了這兩個符號，另外很多程式設計師也經常會用錯這兩個符號。

4.2.3 比較（關係）運算子

比較運算子，也稱關係運算子，用於對變數或運算式的結果進行大小、真假等比較。如果比較結果為真，則返回 True，如果為假，則返回 False。比較運算子通常用在條件陳述式中作為判斷的依據。Python 中的比較運算子如表 4.3 所示。

表 4.3 Python 中的比較運算子

運算符號	作用	舉例	結果
>	大於	'a' > 'b'	False
<	小於	156 < 456	True
==	等於	'c' == 'c'	True
!=	不等於	'y' != 't'	True
>=	大於或等於	479 >= 426	True
<=	小於或等於	63.45 <= 45.5	False

技巧

在 Python 中，當需要判斷一個變數是否介於兩個值之間時，可以採用「值 1 < 變數 < 值 2」的形式，例如「0 <a<100」。

【實例 4.4】比較物理、化學、數學成績（程式碼範例：書附程式\Code\04\04）

具體程式如下：

```
chemi= 91                                              # 定義變數，儲存化學成績的分數
physi = 75                                             # 定義變數，儲存物理成績的分數
biolog = 84                                            # 定義變數，儲存生物成績的分數
math = 84                                              # 定義變數，儲存數學成績的分數
print("化學：" + str(chemi) + " 物理 :" +str(physi) + " 數學 :" +str(math) + " 生物 :"
+str(biolog)+"\n")
print("物理、化學 " + str(chemi > physi))                # 大於操作
print("數學>化學 " + str(physi < biolog))                # 小於操作
print("數學== 生物的結果：" + str(math == biolog))         # 等於操作
print("物理不等於生物的結果：" + str(physi != biolog))      # 不等於操作
print("數學小於等於化學的結果：" + str(math<= chemi))       # 小於等於操作
print("生物大於等於物理的結果：" + str(biolog >= physi))    # 大於等於操作
```

執行結果如圖 4.5 所示。

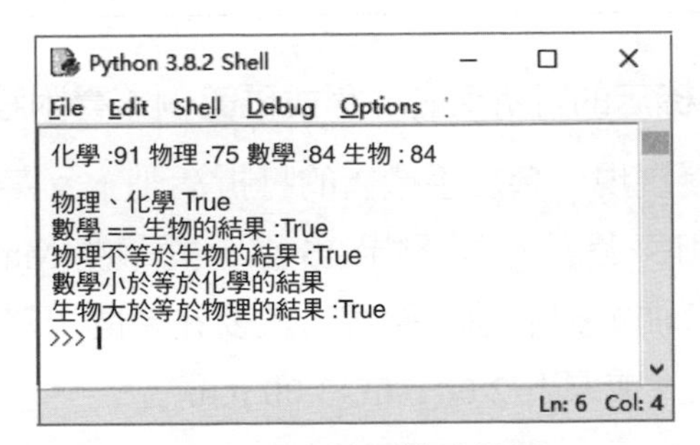

圖 4.5 比較運算式結果

說明

比較運算子多用在條件分支結構以及循環結構作為判斷條件。

4.2.4 邏輯運算子

邏輯運算子是對真和假兩種布林值進行運算，運算後的結果仍是一個布林值，邏輯運算子主要包括 and（邏輯與）、or（邏輯或）、not（邏輯非）。邏輯運算子的用法和說明如表 4.4 所示。

表 4.4 邏輯運算子

運算符號	含義	用法	結合方向
and	邏輯與	op1 and op2	從左到右
or	邏輯或	op1 or op2	從左到右
not	邏輯非	not op	從右到左

使用邏輯運算子進行邏輯運算時，其運算結果如表 4.5 所示。

表 4.5 使用邏輯運算子進行邏輯運算的結果

運算式 1	運算式 2	運算式 1 and 運算式 2	運算式 1 or 運算式 2	not 運算式 1
True	True	True	True	False
True	False	False	True	False
False	False	False	False	True
False	True	False	True	True

【實例 4.5】參加手機店的打折活動（程式碼範例：書附程式 \Code\04\05）

透過邏輯運算子模擬實現「參加手機店的打折活動」：某手機店在每週二的上午 10 點至 11 點和每週五的 14 點至 15 點，對華為 Mate10 系列手機進行折扣讓利活動，想參加折扣活動的顧客，就要在時間上滿足兩個條件：週二 10:00 a.m.-11:00 a.m.，或週五 2:00 p.m.-3:00 p.m.。

具體程式如下：

```
print("\n 手機店正在打折，活動進行中……")              # 輸出提示訊息
strWeek = input(" 請輸入中文星期（如星期一）：")        # 輸入星期，舉例來說，星期一
intTime = int(input(" 請輸入時間中的小時（範圍：0~23）："))        # 輸入時間
# 判斷是否滿足活動參與條件（使用了 if 條件陳述式）
if (strWeek == " 星期二 " and  (intTime >= 10 and intTime <= 11)) or (strWeek
```

```
== "星期五"
and (intTime >= 14 and intTime <= 15)):
    print("恭喜您，獲得了折扣活動參與資格，快快選購吧！")          # 輸出提示訊息
else:
    print("對不起，您來晚一步，期待下次活動……")                    # 輸出提示訊息
```

程式解析如下。

（1）第 2 行程式：input() 函數用於接收使用者輸入的字元序列。

（2）第 3 行程式：由於 input() 函數返回的結果為字串類型，所以需要進行類型轉換。

（3）第 5 ～ 7 行程式使用了 if…else 條件判斷敘述，該敘述主要用來判斷程式是否滿足某種條件。該敘述將在第 4.3 節進行詳細講解，這裡只需要了解即可。而第 5 行程式中對條件進行判斷時，使用了邏輯運算子 and、or 和比較運算子 ==、>=、<=。

按快速鍵 F5 執行實例，首先輸入星期為「星期五」，然後輸入時間為 19，將顯示如圖 4.6 所示的結果；再次執行實例，輸入星期為「星期二」，時間為 10，將顯示如圖 4.7 所示的結果。

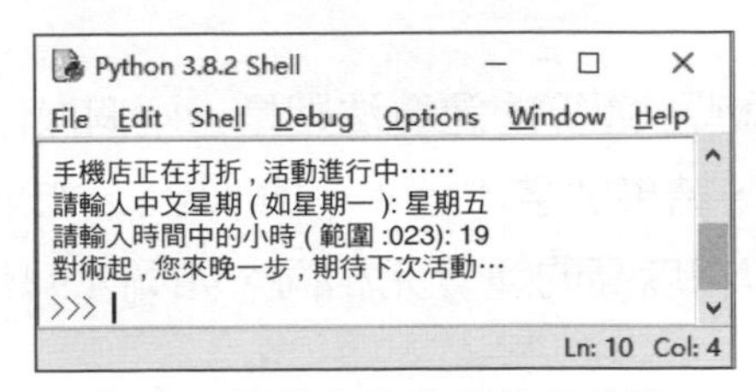

圖 4.6 不符合條件的執行效果

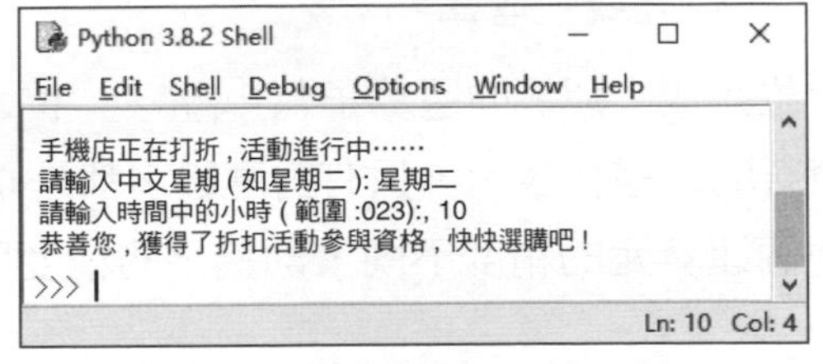

圖 4.7 符合條件的執行效果

說明

本實例未對輸入錯誤資訊進行驗證，所以為保證程式的正確性，請輸入合法的星期和時間。另外，有興趣的讀者可以自行添加驗證功能。

4.2.5 位元運算

位元運算符號是把數字看作二進位數字來進行計算的一種運算方式，因此，需要先將要執行運算的資料轉為二進位數字，然後才能執行運算。Python 中的位元運算符號有位元與（&）、位元或（|）、位元互斥（^）、反轉（~）、左移位元（<<）和右移位元（>>）運算子。

說明

整型態資料在記憶體中以二進位的形式表示，如 7 的 32 位元二進位形式如下：

0 表示正數 → 00000000 00000000 00000000 00000111

其中，左邊最高位元是符號位元，最高位元是 0 表示正數，若為 1 則表示負數。負數採用補數表示，如 -7 的 32 位元二進位形式如下：

1 表示負數 → 11111111 11111111 11111111 11111001

1·「位與」運算

「位與」運算的運算子為「&」，「位與」運算的運算法則是：兩個操作資料的二進位表示，只有對應數字都是 1 時，結果數字才是 1，否則為 0。如果兩個運算元的精度不同，則結果的精度與精度高的運算元相同，如圖 4.8 所示。

2·「位元或」運算

「位元或」運算的運算子為「|」，「位元或」運算的運算法則是：兩個操作資料的二進位表示，只有對應數字都是 0，結果數字才是 0，否則為 1。如果兩個運算元的精度不同，則結果的精度與精度高的運算元相同，如圖 4.9 所示。

```
  0000 0000 0000 1100   12
& 0000 0000 0000 1000    8
  0000 0000 0000 1000    8
```

圖 4.8 12&8 的運算過程

```
  0000 0000 0000 0100    4
| 0000 0000 0000 1000    8
  0000 0000 0000 1100   12
```

圖 4.9 4|8 的運算過程

3·「位元互斥」運算

「位元互斥」運算的運算子是「^」，「位元互斥」運算的運算法則是：當兩個運算元的二進位表示相同（同時為 0 或同時為 1）時，結果為 0，否則為 1。若兩個運算元的精度不同，則結果數的精度與精度高的運算元相同，如圖 4.10 所示。

4．「位元反轉」運算

「位元反轉」運算也稱「位元非」運算，運算子為「~」。「位元反轉」運算就是將運算元中對應的二進位數字 1 修改為 0，將 0 修改為 1，如圖 4.11 所示。

```
  0000 0000 0001 1111   31
^ 0000 0000 0001 0110   22
  0000 0000 0000 1001   9
```

圖 4.10 31^22 的運算過程

```
~ 0000 0000 0111 1011   123
  1111 1111 1000 0100   -124
```

圖 4.11 ~123 的運算過程

【實例 4.6】輸出位元運算的結果（程式碼範例：書附程式 \Code\04\06）

使用 print() 函數輸出如圖 4.8 ～圖 4.11 所示的運算結果，具體程式如下：

```
print("12&8 = "+str(12&8))        # 位元與計算整數的結果
print("4|8 = "+str(4|8))          # 位元或計算整數的結果
print("31^22 = "+str(31^22))      # 位元互斥計算整數的結果
print("~123 = "+str(~123))        # 位元反轉計算整數的結果
```

運算結果如圖 4.12 所示。

5．左移位元運算符號 <<

左移位元運算符號 << 是將一個二進位運算元向左移動指定的位元數，左邊（高位元端）溢位的位元被捨棄，右邊（低位元端）的空位用 0 補充。左移位元運算相當於乘以 2 的 n 次冪。

舉例來說，int 類型資料 48 對應的二進位數字為 00110000，將其左移 1 位元，根據左移位元運算符號的運算規則可以得出 (00110000<<1)=01100000，所以轉為十進位數字就是 96（48*2）；將其左移 2 位元，根據左移位元運算符號的運算規則可以得出 (00110000<<2)=11000000，所以轉為十進位數字就是

192（48*22），其執行過程如圖 4.13 所示。

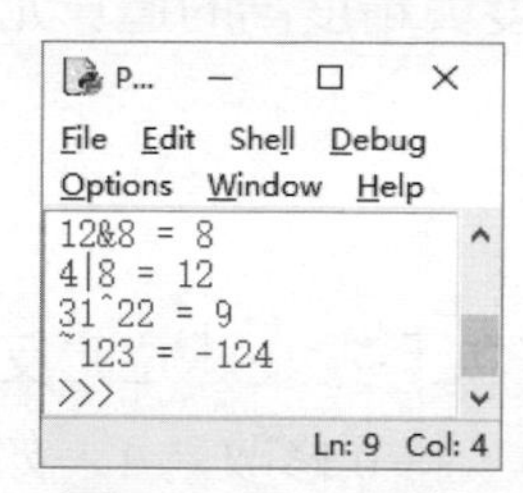

圖 4.12 圖 4.8~ 圖 4.11 的運算結果

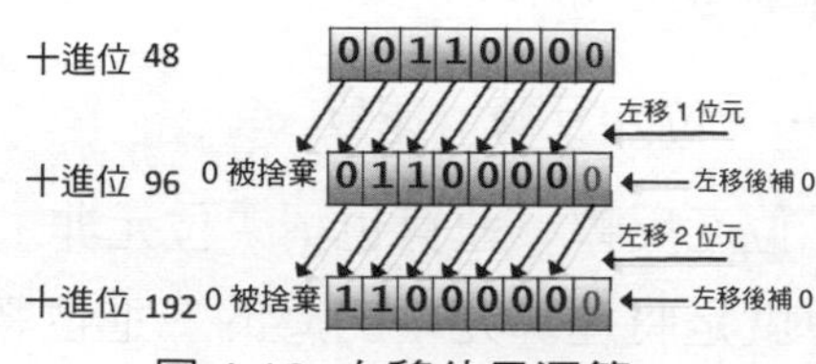

圖 4.13 左移位元運算

具體程式如下：

```
# 列印將十進位的 48 左移 1 位元後，獲取的十進位數字
print(" 十進位的 48 左移 1 位元後 , 獲取的十進位數字為：",48<<1)
# 列印將十進位的 48 左移 2 位元後，獲取的十進位數字
print(" 十進位的 48 左移 2 位元後 , 獲取的十進位數字為：",48<<2)
```

執行結果如圖 4.14 所示。

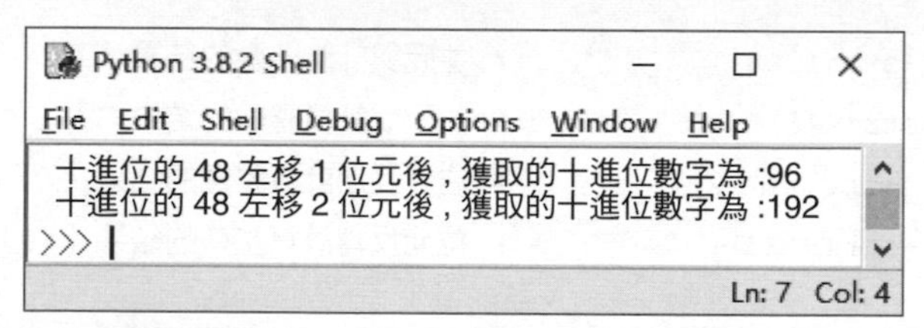

圖 4.14 左移位元運算符號 << 的結果

6．右移位元運算符號 >>

右移位元運算符號 >> 是將一個二進位運算元向右移動指定的位數，右邊（低位元端）溢位的位元被捨棄，而在填充左邊（高位元端）的空位時，如果最高位元是 0（正數），左側空位填入 0；如果最高位元是 1（負數），左側空位填入 1。右移位元運算相當於除以 2 的 n 次冪。

正數 48 右移 1 位元的運算過程如圖 4.15 所示。

負數 -80 右移 2 位元的運算過程如圖 4.16 所示。

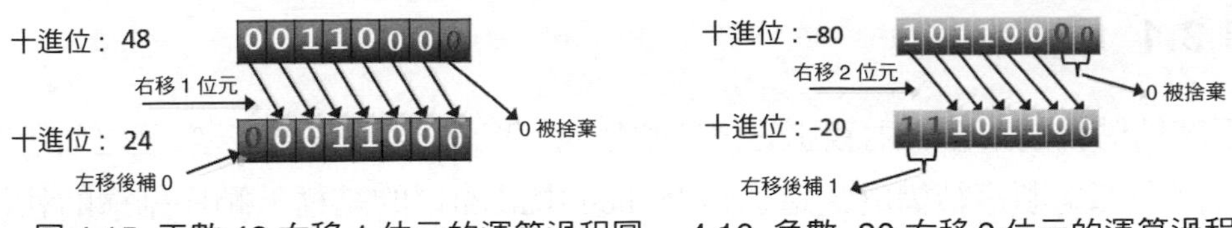

圖 4.15 正數 48 右移 1 位元的運算過程圖　4.16 負數 -80 右移 2 位元的運算過程

技巧

由於移位元運算的速度很快，在程式中遇到運算式乘以或除以 2 的 n 次冪的情況時，一般採用移位元運算來代替。

具體程式如下：

```
# 列印將十進位的 48 右移 1 位元後，獲取的十進位數字
print("十進位的 48 右移 1 位元後，獲取的十進位數字為：",48>>1)
# 列印將十進位的 -80 右移 2 位元後，獲取的十進位數字
print("十進位的 -80 右移 2 位元後，獲取的十進位數字為：",-80>>2)
```

執行結果如圖 4.17 所示。

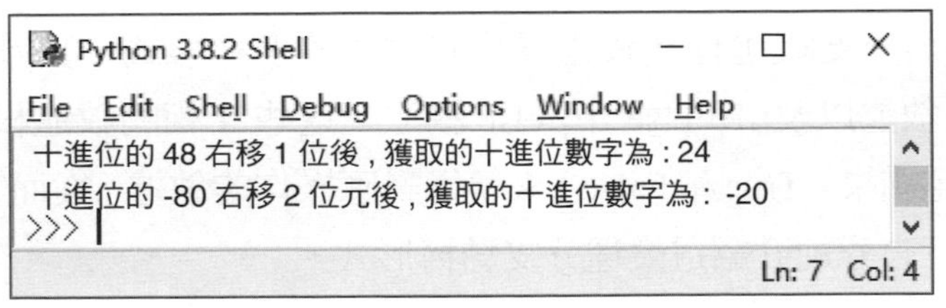

圖 4.17 右移位元運算符號 >> 的結果

4.3 流程控制敘述

Python 語言中有三大結構：順序結構、條件分支結構以及迴圈結構。這三種結構分別適用於不同情況，一個複雜的程式常常同時包含這三種結構。

4.3.1 順序結構

順序結構就是按程式內敘述的排列順序執行程式的一種結構。我們之前所舉的例子都是順序結構的。這也是 Python 中最簡單的結構。順序結構的執行過程如圖 4.18 所示。

例如：

```
a=521                                  # 定義變數設定值
b=1314                                 # 定義變數設定值
c=int(input("請輸入 c 的值："))          # 用
print("a+b+c=",(a+b+c))
```

在這段程式中，先執行第一行設定陳述式，再執行第二行設定陳述式，然後執行第三行 input 輸入敘述，最後執行 print 輸出敘述。從描述上看，排在前面的敘述先執行，依次按循序執行，這就是一個順序結構的程式。

4.3.2 條件分支結構

在 Python 中，分支敘述有 if 敘述以及 if 敘述的多種形式，具體有單一 if 敘述、if…else 敘述以及 if…else if…else 敘述。這些 if 相關敘述根據一條或多行敘述的判定結果（True 和 False）來執行對應操作的敘述，從而實現「分支」的效果。接下來分別介紹這幾種分支結構形式。

1．簡單 if 敘述

Python 中使用 if 保留字來組成選擇敘述，簡單的語法格式如下：

```
if 運算式：
    敘述區塊
```

其中，運算式可以是一個單純的布林值或變數，也可以是比較運算式或邏輯運算式（舉例來說，a > b and a != c）。如果運算式的值為真，則執行「敘述區塊」；如果運算式的值為假，就跳過「敘述區塊」，繼續執行後面的敘述，這種形式的 if 敘述相當於中文裡的連結詞語「如果……就……」，if 敘述的執行流程圖如圖 4.19 所示。

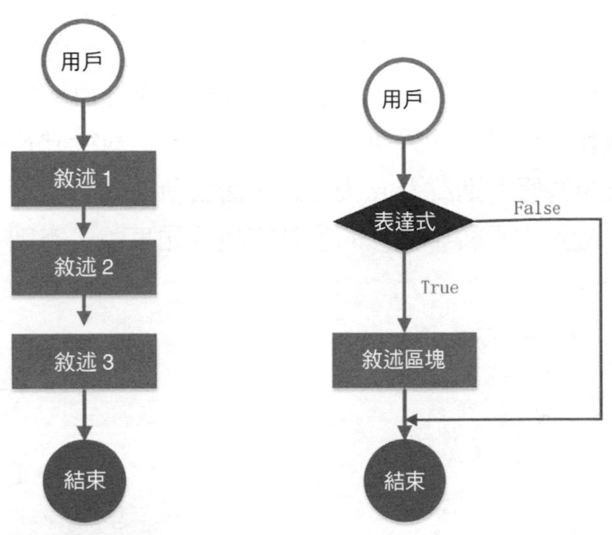

圖 4.18 順序結構流程圖　　圖 4.19 if 敘述的執行流程圖

【實例 4.7】判斷成績是否及格（程式碼範例：書附程式 \Code\04\07）

判斷成績是否及格，如果成績大於等於 60 分，則表示考試及格；如果小於 60 分，則表示沒有考試及格。具體程式如下：

```
grade=int(input("請輸入成績："))              # 輸入成績
if grade>=60:                                 # 判斷成績大於等於 60 分，表示考試及格
    print("成績是：",grade,"，考試及格")
if grade<60:                                  # 判斷成績小於 60 分，表示沒有考試及格
    print("成績是：",grade,"，沒有考試及格")
```

當輸入數字 45 和 98 時，程式執行結果如圖 4.20 和圖 4.21 所示。

2．if…else 敘述

if…else 敘述也可以解決類似實例 4.7 的問題。其語法格式如下：

```
if 運算式：
    敘述區塊 1
else:
    敘述區塊 2
```

使用 if…else 敘述時，運算式可以是一個單純的布林值或變數，也可以是比較運算式或邏輯運算式。如果運算式結果為真，則執行 if 後面的敘述區塊；如果運算式結果為假，則跳過 if 後敘述，而去執行 else 後面的敘述區塊，這種形式的選擇敘述相當於中文裡的連結詞語「如果……否則……」，其流程如圖 4.22 所示。

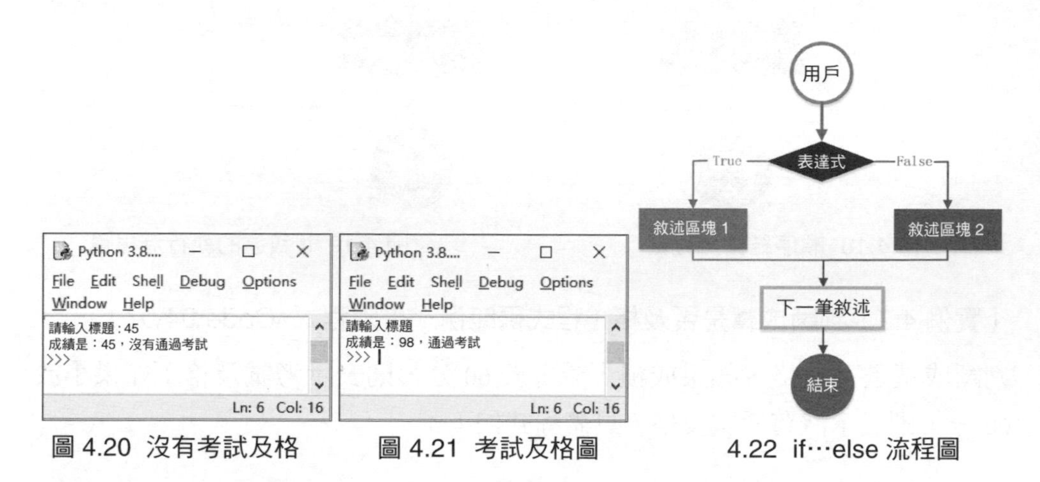

圖 4.20 沒有考試及格　　圖 4.21 考試及格圖　　4.22 if…else 流程圖

【實例 4.8】改版判斷成績是否及格（程式碼範例：書附程式 \Code\04\08）

依然用考試是否透過這個例子，如果成績大於等於 60 分，則表示考試及格；不然則表示沒有考試及格。具體程式如下：

```
grade=int(input("請輸入成績："))                # 輸入成績
if grade>=60:                                  # 判斷成績大於等於 60 分，表示考試及格
    print("成績是:",grade,", 考試及格")
else:                                          # 判斷成績小於 60 分，表示沒有考試及格
    print("成績是:",grade,", 沒有考試及格")
```

當輸入數字 55 和 95 時，程式執行結果分別如圖 4.23 和圖 4.24 所示。

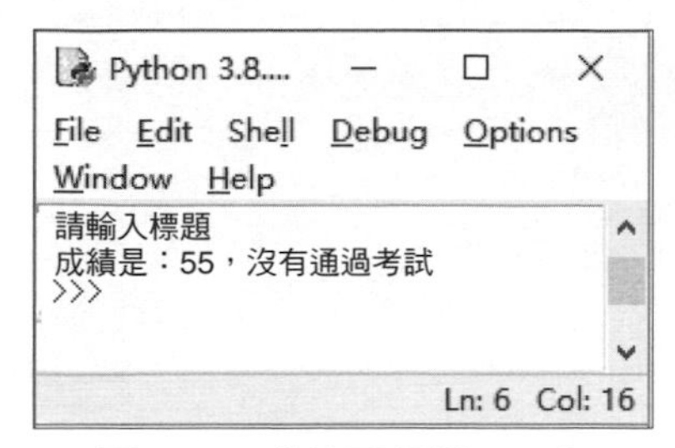

圖 4.23 成績不超過 60 分

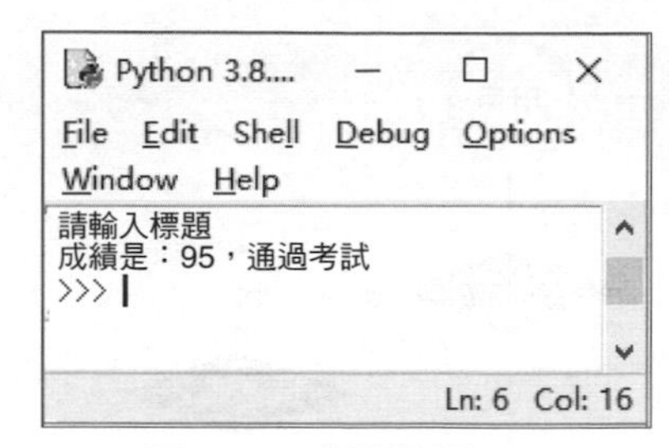

圖 4.24 成績超過 60 分

3．if…elif…else 敘述

if…elif…else 敘述，該敘述是一個多分支選擇敘述，通常表現為「如果滿足某種條件，就會進行某種處理，不然如果滿足另一種條件，則執行另一種處理……」。if…elif…else 敘述的語法格式如下：

```
if 運算式 1:
    敘述區塊 1
elif 運算式 2:
    敘述區塊 2
elif 運算式 3:
    敘述區塊 3
...
else:
    敘述區塊 n
```

使用 if...elif...else 敘述時，運算式可以是一個單純的布林值或變數，也可以是比較運算式或邏輯運算式，如果運算式為真，執行敘述；而如果運算式為假，則跳過該敘述，進行下一個 elif 的判斷，只有在所有運算式都為假的情況下，才會執行 else 中的敘述。if...elif...else 敘述的流程如圖 4.25 所示。

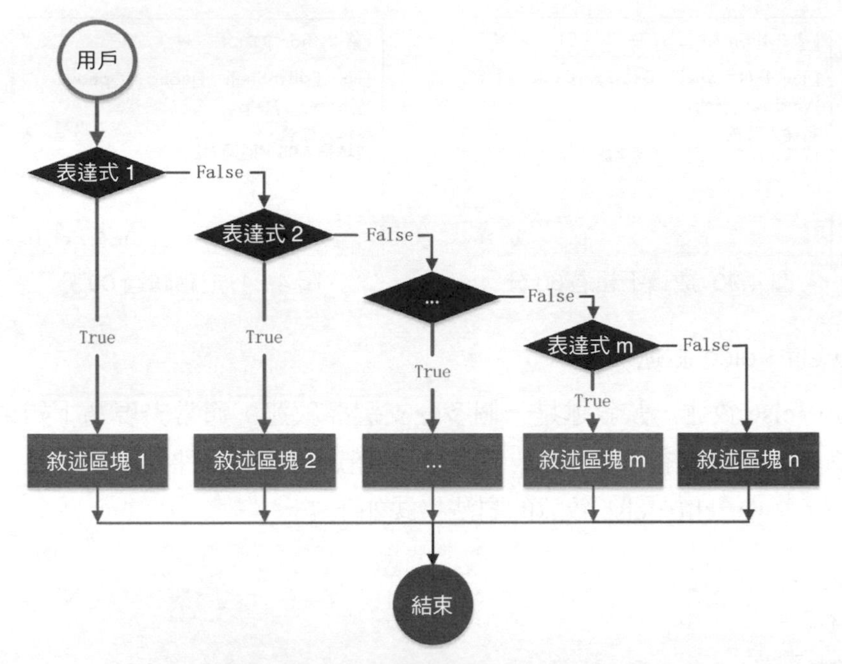

圖 4.25 if…elif…else 敘述的流程

【實例 4.9】再改版判斷成績是否及格（程式碼範例：書附程式\Code\04\09）

依然用考試這個例子，如果分數在 90 ～ 100，是優秀；如果分數在 70 ～ 89，是良好，如果分數在 60~69，是及格，不然是不及格。具體程式如下：

```
grade=int(input("請輸入成績："))
if grade>=90 and grade<=100:
print("成績是:",grade,",優秀")
elif grade>=70 and grade<=89:
    print("成績是:",grade,",良好")
elif grade>=60 and grade<=69:
    print("成績是:",grade,",及格")
else:
    print("成績是:",grade,",不及格")
```

當輸入數字 48、89 和 96 時，程式執行結果分別如圖 4.26 ～圖 4.28 所示。

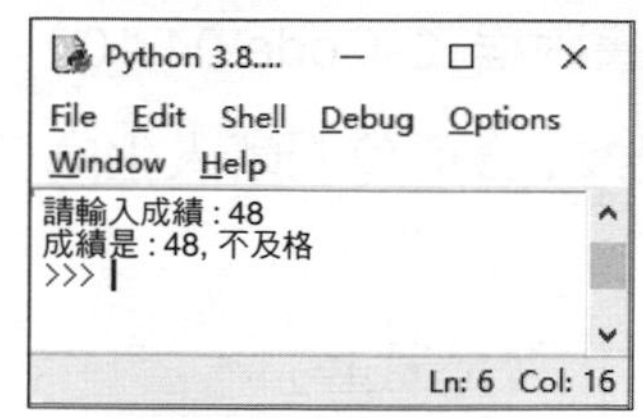

圖 4.26 不及格

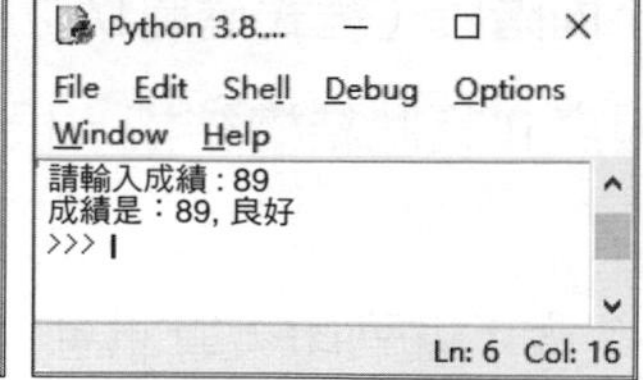

圖 4.27 良好

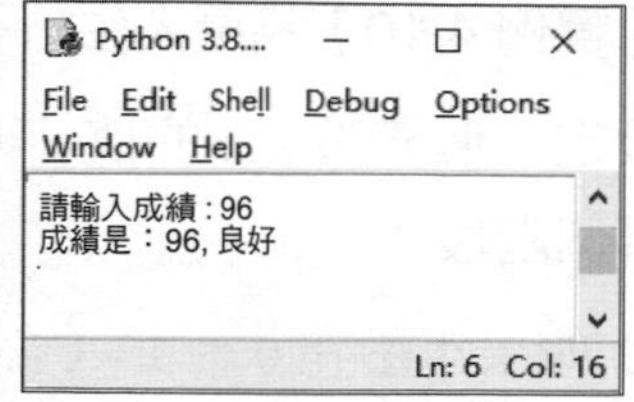

圖 4.28 優秀

4．if 敘述巢狀結構

前面介紹了 3 種形式的 if 選擇敘述，這 3 種形式的選擇敘述之間都可以互相巢狀結構。

在最簡單的 if 敘述中巢狀結構 if…else 敘述。形式如下：

```
if 運算式 1:
    if 運算式 2:
      敘述區塊 1
    else:
      敘述區塊 2
```

在 if…else 敘述中巢狀結構 if…else 敘述。形式如下：

```
if 運算式 1:
    if 運算式 2:
      敘述區塊 1
    else:
      敘述區塊 2
    else:
      if 運算式 3:
      敘述區塊 3
    else:
      敘述區塊 4
```

說明

if 選擇敘述可以有多種嵌套方式，開發程式時，可以根據自身需要選擇合適的嵌套方式，但一定要嚴格控制好不同等級程式塊的縮進量。

【實例 4.10】模擬人生的不同階段（程式碼範例：書附程式 \Code\04\10）

設定一個變數 age 的值，編寫 if 巢狀結構結構，根據 age 的值判斷人生處於哪個階段：

☑ 如果年齡在 0 ～ 13（含）歲，就列印一筆訊息，「您是兒童」。

☑ 如果年齡在 13 ～ 20（含）歲，就列印一筆訊息，「您是青少年」。

☑ 如果年齡在 20 ～ 65（含）歲，就列印一筆訊息，「您是成年人」。

☑ 如果年齡在 65 歲以上，就列印一筆訊息，「您是老年人」。

具體程式如下：

```
age=int(input("請輸入年齡："))                 # 定義變數 age
if age>0 and age<=20:                          # 判斷年齡在 0 ～ 20
    if age>0 and age<=13:                      # 巢狀結構的 if 判斷年齡在 0 ～ 13
        print("您的年齡是：",age,", 您是兒童")   # 輸出提示
    else:                                      # 巢狀結構的 else 判斷年齡在 13 ～ 20
        print("您的年齡是：",age,", 您是青少年") # 輸出提示
else:                                          #else 判斷年齡大於 20
    if age>20 and age<=65:                     # 巢狀結構的 if 判斷年齡在 20 ～ 65
        print("您的年齡是：",age,", 您是成年人") # 輸出提示
    else:                                      # 巢狀結構的 else 判斷年齡在 65 以上
        print("您的年齡是：",age,", 您是老年人") # 輸出提示
```

當輸入數字 16 和 45 時，程式執行結果分別如圖 4.29 和圖 4.30 所示。

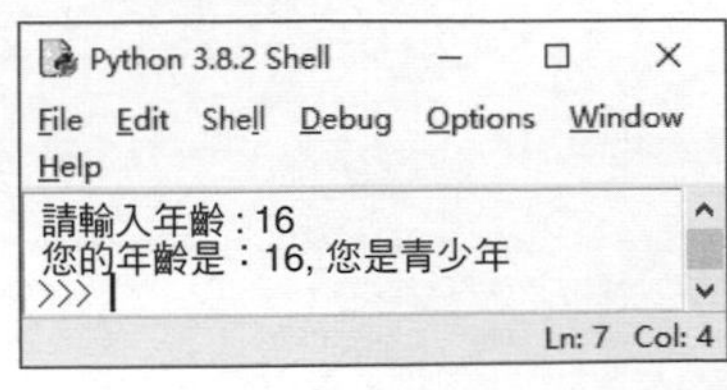

圖 4.29 青少年

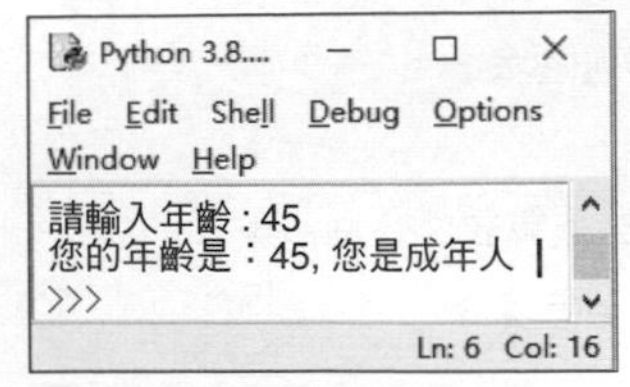

圖 4.30 成年人

4.3.3 迴圈結構

迴圈結構是可以多次執行同一段程式的敘述結構。在 Python 中有兩種迴圈敘述，即 while 敘述和 for 敘述。接下來詳細講解這兩種迴圈敘述。

1．while 敘述

while 迴圈是透過一個條件來控制是否要繼續反覆執行迴圈本體中的敘述。

語法如下：

```
while 條件運算式：
        迴圈本體
```

說明

迴圈本體是指一組被重複執行的敘述。

當條件運算式的返回值為真時，則執行迴圈本體中的敘述，執行完畢後，重新判斷條件運算式的返回值，直到運算式返回的結果為假時，退出迴圈。while 迴圈敘述的執行流程如圖 4.31 所示。

【實例 4.11】計算 1×2×3×4×5 的值（程式碼範例：書附程式\Code\04\11）

具體程式如下：

```
i=1
sum1=1
while i<=5:                              # while 迴圈
    sum1*=i                              # 計算運算式的值
    i+=1                                 # 使得變數 i 加 1
print("1*2*3*4*5=",sum1)                 # 輸出結果
```

最終執行的結果如圖 4.32 所示。

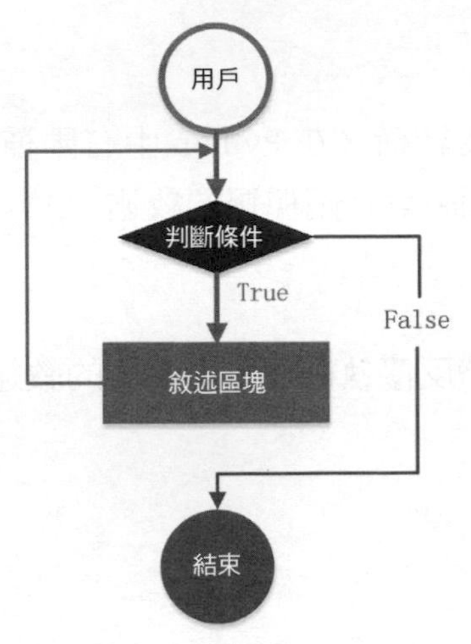

圖 4.31 while 敘述的執行流程

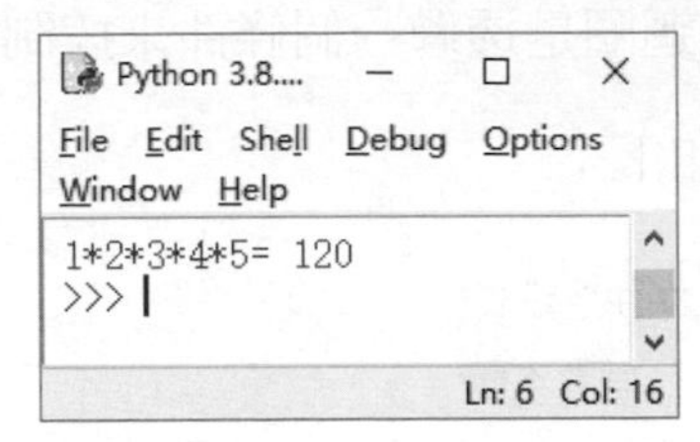

圖 4.32 while 敘述執行結果

這段程式的執行過程如下。

（1）迴圈檢驗條件為：i ＜ =5，當 i=1 時，結果為真，此時執行迴圈本體（sum1*=i，i+=1）內容，即 sum1=sum1*i=1*1=1，i+=1 之後，i=2；

（2）當 i=2，再透過 i<=5 進行檢測，結果為真，執行（sum1*=i，i+=1）內容，即 sum=sum*i=1*2=2，i+=1 之後，i=3；如此迴圈下去；

（3）到 i=6 時，再透過 i<=5 進行檢測，結果為假，此時，不執行（sum1*=i，i+=1）內容，跳出迴圈，最後執行 print 敘述，輸出 sum1 的值。

2．for 敘述

for 迴圈是一個依次重複執行的迴圈。通常適用於枚舉、遍歷序列以及疊代物件中的元素。

語法如下：

```
for 疊代變數 in 物件：
        迴圈本體
```

其中，疊代變數用於保存讀取出的值；物件為要遍歷或疊代的物件，該物件可以是任何有序的序列物件，如字串、串列和元組等；迴圈本體為一組被重複執行的敘述。

for 迴圈敘述的執行流程如圖 4.33 所示。

【實例 4.12】列印 5 個 *（程式碼範例：書附程式 \Code\04\12）

用 for 迴圈列印 5 個 *。具體程式如下：

```
i=0                                    # 初始化變數
for i in range(0,5):                   # 從 0~5 遍歷 i
    print("*")                         # 每遍歷一次輸出一個 *
```

執行結果如圖 4.34 所示。

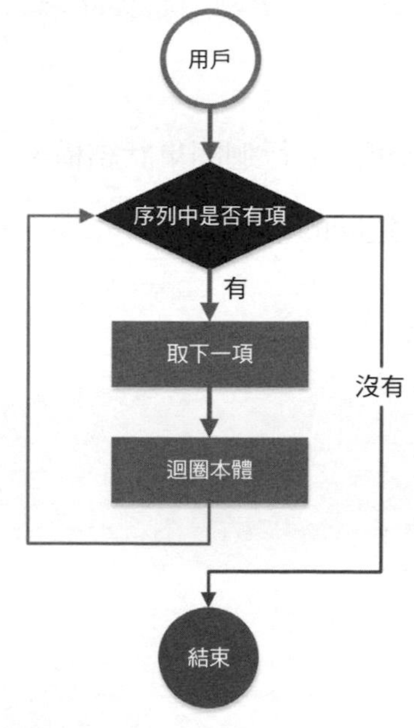

圖 4.33 for 敘述迴圈流程

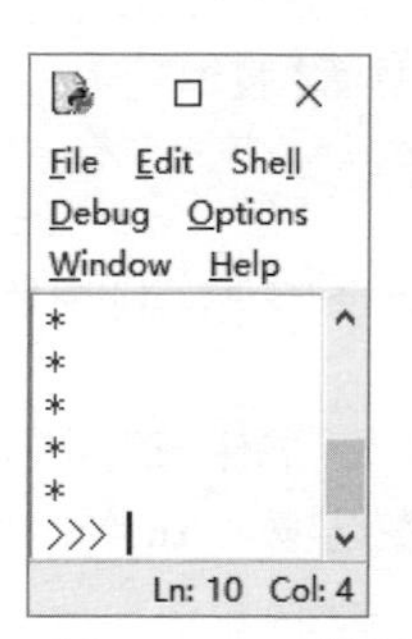

圖 4.34 for 執行結果

在上面的程式中，使用了 range() 函數，該函數是 Python 內建的函數，用於生成一系列連續的整數，多用於 for 迴圈敘述中。其語法格式如下：

```
range(start,end,step)
```

參數說明如下。

☑ start：用於指定計數的起始值，可以省略，如果省略則從 0 開始。

☑ end：用於指定計數的結束值（但不包括該值，如 range(7)，則得到的值為 0~6，不包括 7），不能省略。當 range() 函數中只有一個參數時，即表示指定計數的結束值。

☑ step：用於指定步進值，即兩個數之間的間隔，可以省略，如果省略則表示步進值為 1。舉例來說，rang(1,7) 將得到 1、2、3、4、5、6。

注意

在使用 range() 函數時，如果只有一個參數，那麼表示指定的是 end；如果有兩個參數，則表示指定的是 start 和 end；如果 3 個參數都存在時，最後一個參數才表示步進值。

3．巢狀結構迴圈

在 Python 中，for 迴圈和 while 迴圈都可以進行迴圈巢狀結構。

舉例來說，在 while 迴圈中套用 while 迴圈的格式如下：

```
while 條件運算式 1:
    while 條件運算式 2:
        迴圈本體 2
    迴圈本體 1
```

在 for 迴圈中套用 for 迴圈的格式如下：

```
for 疊代變數 1 in 物件 1:
    for 疊代變數 2 in 物件 2:
        迴圈本體 2
    迴圈本體 1
```

在 while 迴圈中套用 for 迴圈的格式如下：

```
while 條件運算式：
    for 疊代變數 in 物件：
        迴圈本體 2
    迴圈本體 1
```

在 for 迴圈中套用 while 迴圈的格式如下：

```
for 疊代變數 in 物件：
        while 條件運算式：
              迴圈本體 2
        迴圈本體 1
```

除了上面介紹的 4 種巢狀結構格式外，還可以實現更多層的巢狀結構，因為與上面的巢狀結構方法類似，這裡就不再一一列出了。

【實例 4.13】列印九九乘法表（程式碼範例：書附程式 \Code\04\13）

使用巢狀結構的 for 迴圈列印九九乘法表。具體程式如下：

```
for i in range(1, 10):                          # 輸出 9 行
    for j in range(1, i + 1):                   # 輸出與行數相等的列
       print(str(j) + "×" + str(i) + "=" + str(i * j) + "\t", end=' ')
    print('')                                   # 換行
```

執行結果如圖 4.35 所示。

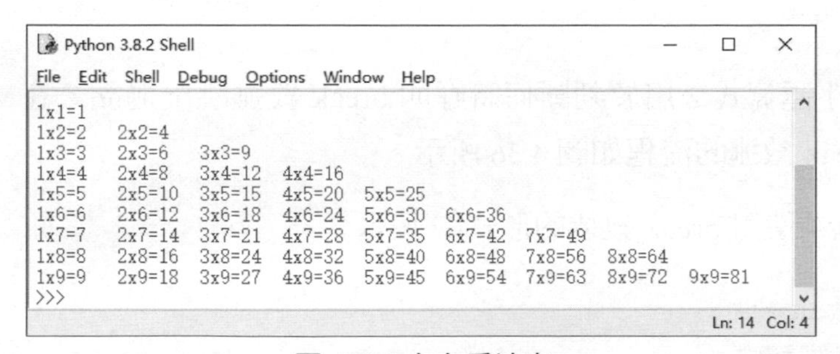

圖 4.35 九九乘法表

本實例的程式使用了雙層 for 迴圈，第一個迴圈可以看成是對乘法表行數的控制，同時也是每一個乘法公式的第二個因數；第二個迴圈控制乘法表的列數，列數的最大值應該等於行數，因此第二個迴圈的條件應該是在第一個迴圈的基礎上建立的。

4．跳躍陳述式——break、continue 敘述

當迴圈條件一直滿足時，程式將一直執行下去，就像一輛迷路的車，在某個地方不停地轉圈。如果希望程式在 for 迴圈結束重複之前，或 while 迴圈找到結束條件之前就離開迴圈的話，有以下兩種方法。

☑ 使用 break 完全中止迴圈。

☑ 使用 continue 敘述直接跳到迴圈的下一次疊代。

（1）break 敘述

break 敘述可以終止當前的迴圈，包括 while 和 for 在內的所有控制敘述。

說明

break 敘述一般會結合 if 敘述進行搭配使用，表示在某種條件下，跳出循環。如果使用嵌套循環，break 敘述將跳出最內層的循環。

在 while 敘述中使用 break 敘述的形式如下：

```
while 條件運算式 1:
        執行程式
        if 條件運算式 2:
         break
```

其中，條件運算式 2 用於判斷何時呼叫 break 敘述跳出迴圈。在 while 敘述中使用 break 敘述的流程如圖 4.36 所示。

在 for 敘述中使用 break 敘述的形式如下：

```
for 疊代變數 in 物件：
      if 條件運算式：
      break
```

其中，條件運算式用於判斷何時呼叫 break 敘述跳出迴圈。在 for 敘述中使用 break 敘述的流程如圖 4.37 所示。

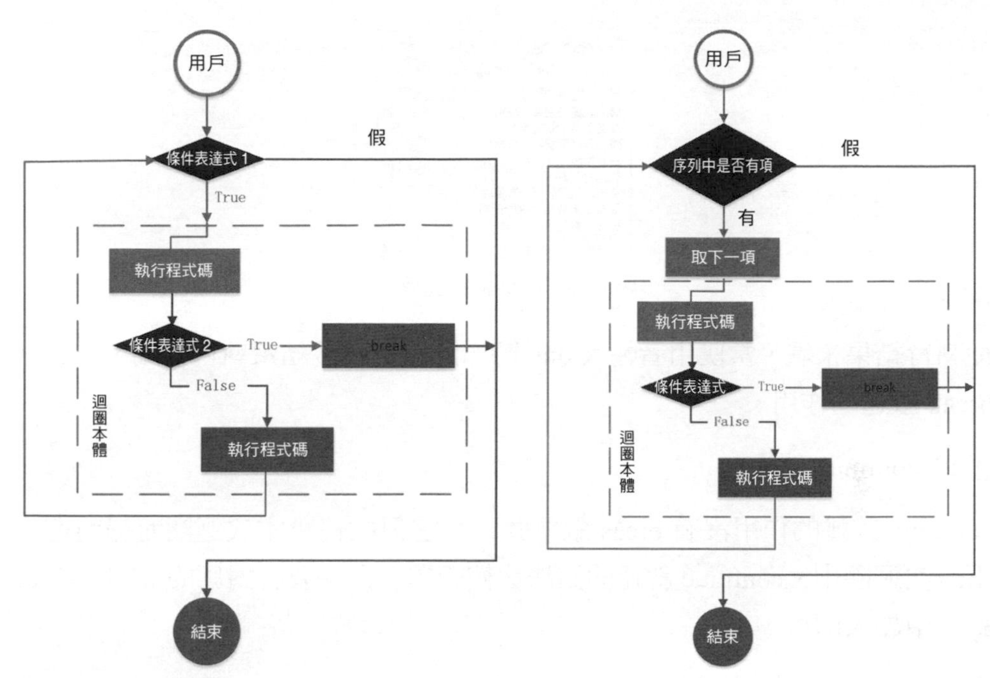

圖 4.36 在 while 敘述中使用 break 敘述的流程 圖 4.37 在 for 敘述中使用 break 敘述的流程

【實例 4.14】為披薩加配料（程式碼範例：書附程式 \Code\04\14）

編寫一個程式，提示使用者輸入披薩配料，當使用者輸入 quit 時，結束迴圈，每當使用者輸入一個配料，就列印出增加配料的情況。具體程式如下：

```
while True:                                    # while 迴圈
    material=input(" 請加入披薩配料：")         # 輸入配料
    if material =='quit':                      # 用 if 判斷輸入的是 quit
        break                                  # break 跳出迴圈
    else:
        print(" 您為披薩增加 ",matial," 配料 ") # 輸出增加的配料
```

執行結果如圖 4.38 所示。

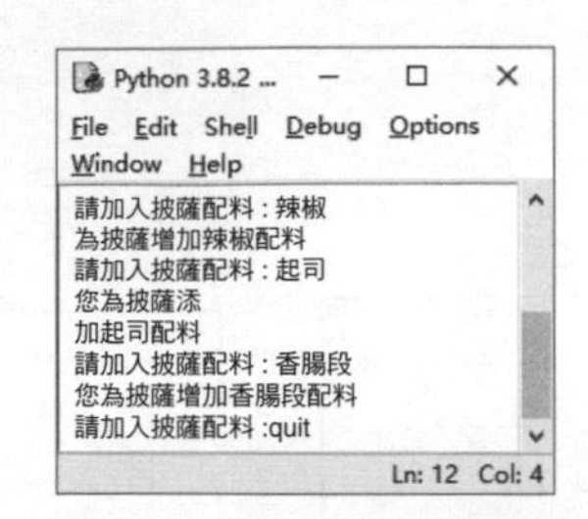

圖 4.38 break 敘述應用

從執行結果來看，當使用者輸入 quit 時，跳出迴圈並結束執行程式，這就是 break 敘述的作用。

（2）continue 敘述

continue 敘述的作用沒有 break 敘述強大，它只能終止本次迴圈而提前進入下一次迴圈中。continue 敘述的語法比較簡單，只需要在對應的 while 或 for 敘述中加入即可。

說明

continue 敘述一般會結合 if 敘述進行搭配使用，表示在某種條件下，跳過當前迴圈的剩餘敘述，然後繼續進行下一輪迴圈。如果使用嵌套迴圈，continue 敘述將只跳過最內層迴圈中的剩餘敘述。

在 while 敘述中使用 continue 敘述的形式如下：

```
while 條件運算式 1:
    執行程式
    if 條件運算式 2:
        continue
```

其中，條件運算式 2 用於判斷何時呼叫 continue 敘述跳出迴圈。在 while 敘述中使用 continue 敘述的流程如圖 4.39 所示。

在 for 敘述中使用 continue 敘述的形式如下：

```
for 疊代變數 in 物件：
    if 條件運算式：
        continue
```

其中，條件運算式用於判斷何時呼叫 continue 敘述跳出迴圈。在 for 敘述中使用 continue 敘述的流程如圖 4.40 所示。

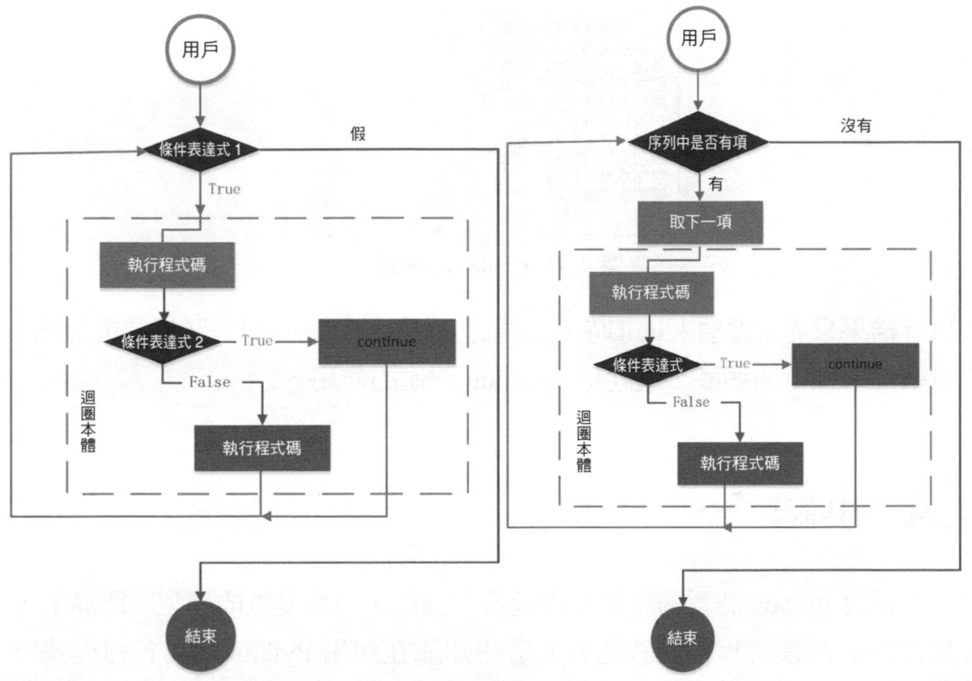

圖 4.39 在 while 敘述中使用 continue 敘述的流程　　圖 4.40 在 for 敘述中使用 continue 敘述的流程

【實例 4.15】改版為披薩加配料（程式碼範例：書附程式 \Code\04\15）

沿用「披薩加料」的範例，將程式中的 break 換成 continue。具體程式如下：

```
while True:                                    # while 迴圈
    material =input(" 請加入披薩配料：")          # 輸入配料
    if material =='quit':                      # 用 if 判斷輸入的是 quit
        continue                               # continue 敘述
```

```
    else:
        print("您為披薩增加", material,"配料")      # 輸出增加的配料
```

執行結果如圖 4.41 所示。

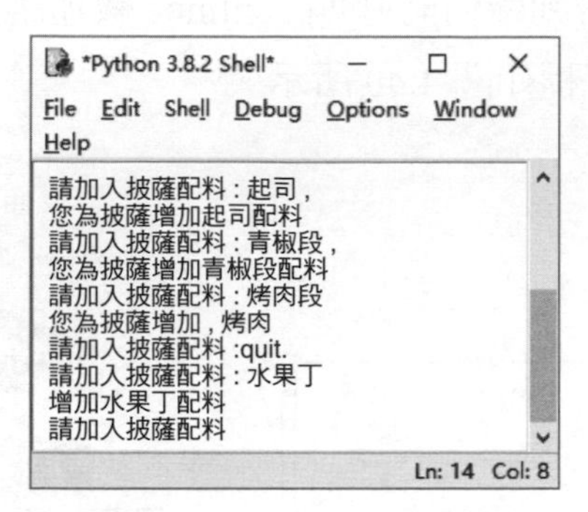

圖 4.41 coutinue 敘述

從執行結果來看，當輸入 quit 時，程式並沒有結束迴圈，只是跳過當前迴圈，繼續執行未執行的迴圈，這就是 continue 敘述的作用。

4.4 小結

本章主要對 Python 語言的語法基礎進行了講解，包含變數的類型、運算子，以及常用的幾種流程控制敘述等。這些知識在使用 Python 編寫各種程式時都需要用到，希望讀者朋友能夠熟練掌握。

05

Python 中的序列

在數學裡，序列也稱為數列，是指按照一定順序排列的一列數，而在程式設計中，序列是一種常用的資料儲存方式，幾乎每一種程式語言都提供了類似的資料結構。在 Python 中，序列是最基本的資料結構，它是一塊用於存放多個值的連續記憶體空間，常用的序列有串列、元組、字典、集合等，本章將分別對它們的使用方法進行講解。

5.1 串列與元組

串列是由一系列按特定順序排列的元素組成。它是 Python 中內建的可變序列。在形式上，串列的所有元素都放在一對中括號「[]」中，兩個相鄰元素間使用逗點「,」分隔。在內容上，可以將整數、實數、字串、串列、元組等任何類型的內容放入串列中，並且同一個串列中，元素的類型可以不同，因為它們之間沒有任何關係。由此可見，Python 中的串列是非常靈活的，這一點與其他語言是不同的。

5.1.1 串列的創建

在 Python 中提供了多種創建串列的方法，下面分別介紹。

1．使用設定運算子直接創建串列

和其他類型的 Python 變數設定值一樣，創建串列時，也可以使用設定運算子「=」直接將一個串列設定值給變數。具體的語法格式如下：

```
listname = [element 1,element 2,element 3,…,element n]
```

參數說明如下。

☑ Listname：表示串列的名稱，可以是任何符合 Python 命名規則的識別符號。

☑ elemnet 1、elemnet 2、elemnet 3，…，elemnet n：表示串列中的元素，個數沒有限制，並且只要是 Python 支持的資料類型就可以。

舉例來說，下面定義的都是合法的串列：

```
num = [7,14,21,28,35,42,49,56,63]
verse = ["自古逢秋悲寂寥","我言秋日勝春朝","晴空一鶴排雲上","便引詩情到碧霄"]
untitle = ['Python',28,"人生苦短，我用 Python",["爬蟲","自動化運行維護","雲端運算","Web 開發"]]
python = ['優雅',"明確",'''簡單''']
```

說明

在使用串列時，雖然可以將不同類型的資料放入同一個串列中，但是通常情況下，我們不這樣做，而是在一個串列中只放入一種類型的資料。這樣可以提高程式的可讀性。

2．創建空串列

在 Python 中，可以創建空串列，舉例來說，要創建一個名稱為 emptylist 的空串列，可以使用下面的程式：

```
emptylist = []
```

3．創建數值串列

在 Python 中，數值串列很常用。舉例來說，在考試系統中，記錄學生的成績，或在遊戲中，記錄每個角色的位置、各個玩家的得分情況等，都可以應用數值串列來保存對應的資料。

list() 函數的基本語法如下：

```
list(data)
```

其中，data 表示可以轉為串列的資料，其類型可以是 range 物件、字串、元組或其他可疊代類型的資料。

舉例來說，創建一個 10 ～ 20（不包括 20）所有偶數的串列，可以使用下面的程式：

```
list(range(10, 20, 2))                    # 10 ～ 20（不包括 20）所用偶數的串列
```

執行上面的程式後，將得到下面的串列。

```
[10, 12, 14, 16, 18]
```

說明

使用 list() 函數不僅能透過 range 物件創建串列，還可以透過其他物件創建串列。

5.1.2 檢測串列元素

在 Python 中，可以直接使用 print() 函數輸出串列的內容。舉例來說，要想列印上面創建的 untitle 串列，則可以使用下面的程式：

```
print(untitle)
```

執行結果如下：

```
['Python', 28, '人生苦短，我用 Python', ['爬蟲', '自動化運行維護', '雲端運算', 'Web
開發', '遊戲']]
```

從上面的執行結果可以看出，在輸出串列時，是包括左右兩側的中括號。如果不想要輸出全部的元素，也可以透過串列的索引獲取指定的元素。舉例來說，要獲取串列 untitle 中索引為 2 的元素，可以使用下面的程式。

```
print(untitle[2])
```

執行結果如下：

```
人生苦短，我用 Python
```

從上面的執行結果可以看出，在輸出單一串列元素時，不包括中括號；如果是字串，也不包括左右的引號。

5.1.3 串列截取——切片

串列的截取就是切片操作，它可以存取一定範圍內的元素並透過切片操作可以生成一個新的序列。實現切片操作的語法格式如下：

```
sname[start : end : step]
```

參數說明如下。

☑ sname：表示序列的名稱。

☑ start：表示切片的開始位置（包括該位置），如果不指定，則預設為 0。

☑ end：表示切片的截止位置（不包括該位置），如果不指定，則預設為序列的長度。

☑ step：表示切片的步進值，如果省略，則預設為 1，當省略該步進值時，最後一個冒號也要省略。

說明

在進行切片操作時，如果指定了步進值，那麼將按照該步進值遍歷序列的元素，否則將一個一個地遍歷序列。

舉例來說，透過切片獲取熱門綜藝名稱串列中的第 2 個到第 5 個元素，以及獲取第 1 個、第 3 個和第 5 個元素，可以使用下面的程式。

```
arts = ["嚮往的生活","歌手","中國好聲音","巧手神探", "歡樂喜劇人","笑傲江湖","奔跑吧","王牌對王牌","吐槽大會", "奇葩說"]
print(arts[1:5])                    # 獲取第 2 個到第 5 個元素
print(arts[0:5:2])                  # 獲取第 1 個、第 3 個和第 5 個元素
```

執行上面的程式，將輸出以下內容：

```
['歌手', '中國好聲音', '巧手神探', '歡樂喜劇人']
['嚮往的生活', '中國好聲音', '歡樂喜劇人']
```

說明

如果想複製整個序列，可以省略 start 和 end 參數，但是需要保留中間的冒號。例如，verse[:] 就表示複製整個名稱為 verse 的序列。

5.1.4 串列的拼接

在 Python 中，支持兩種相同類型的串列相加操作，即將兩個串列進行連接，使用加(+)運算子實現。舉例來說，將兩個串列相加，可以使用下面的程式。

```
art1 = ["快樂大本營","天天向上","中餐廳","跨界喜劇王"]
art2 = ["嚮往的生活","歌手","中國好聲音","巧手神探", "歡樂喜劇人", "笑傲江湖","奔跑吧","王牌對王牌","吐槽大會", "奇葩說"]
print(art1+art2)
```

執行上面的程式，將輸出以下內容：

```
['快樂大本營', '天天向上', '中餐廳', '跨界喜劇王', '嚮往的生活', '歌手', '中國好聲音', '巧手神探', '歡樂喜劇人', '笑傲江湖', '奔跑吧', '王牌對王牌', '吐槽大會', '奇葩說']
```

從上面的輸出結果可以看出，兩個串列被合為一個串列了。

說明

在進行序列相加時，相同類型的序列是指同為清單、元組、集合等，序列中的元素類型可以不同。例如，下面的程式也是正確的。

```
num = [7,14,21,28,35,42,49,56]
art = ["快樂大本營","天天向上","中餐廳","跨界喜劇王"]
print(num + art)
```

相加後的結果如下。

```
[7, 14, 21, 28, 35, 42, 49, 56, '快樂大本營', '天天向上', '中餐廳', '跨界喜劇王']
```

但是不能是列表和元組相加，或者清單和字串相加。例如，下面的程式就是錯誤的。

```
num = [7,14,21,28,35,42,49,56,63]
print(num + "輸出是 7 的倍數的數")
```

上面的程式，在執行後，將產生如圖 5.1 所示的異常資訊。

```
Traceback (most recent call last):
  File "E:\program\Python\Code\datatype_test.py", line 2, in <module>
    print(num + "輸出是7的倍數的數")
TypeError: can only concatenate list (not "str") to list
>>>
```

圖 5.1 將清單和字串相加產生的異常資訊

5.1.5 遍歷串列

遍歷串列中的所有元素是常用的一種操作，在遍歷的過程中可以完成查詢、處理等功能。在 Python 中遍歷串列的方法有多種，下面介紹兩種常用的方法。

1．直接使用 for 迴圈實現

直接使用 for 迴圈遍歷串列，只能輸出元素的值。它的語法格式如下：

```
for item in listname:
    # 輸出item
```

參數說明如下。

☑ item：用於保存獲取的元素值，要輸出元素內容時，直接輸出該變數即可。

☑ listname：為串列名稱。

【實例 5.1】輸出熱門綜藝名稱（程式碼範例：書附程式 \Code\05\01）

定義一個保存熱門綜藝名稱的串列，然後透過 for 迴圈遍歷該串列，並輸出各個綜藝名稱。具體程式如下：

```
print("熱門綜藝名稱：")
art = ["嚮往的生活","歌手","中國好聲音","巧手神探","歡樂喜劇人","笑傲江湖","奔跑吧","王牌對王牌","吐槽大會","奇葩說"]
for item in art:
    print(item)
```

執行上面的程式，將顯示如圖 5.2 所示的結果。

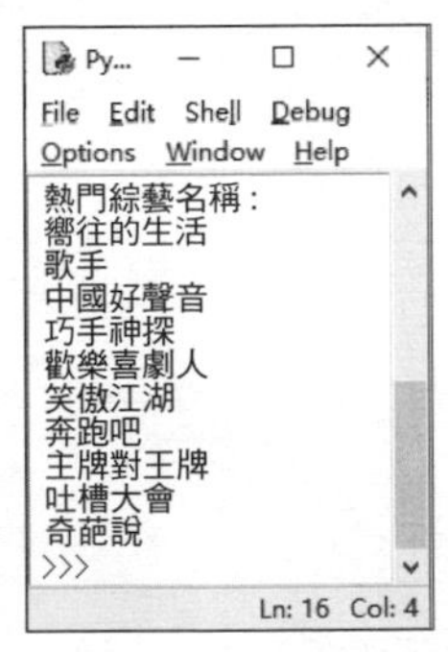

圖 5.2 透過 for 迴圈遍歷串列

2．使用 for 迴圈和 enumerate() 函數實現

使用 for 迴圈和 enumerate() 函數可以實現同時輸出索引值和元素內容。它的語法格式如下：

```
for index,item in enumerate(listname):
# 輸出 index 和 item
```

參數說明如下。

☑ index：用於保存元素的索引。

☑ item：用於保存獲取的元素值，要輸出元素內容時，直接輸出該變數即可。

☑ listname：為串列名稱。

舉例來說，定義一個保存熱門綜藝名稱的串列，然後透過 for 迴圈和 enumerate() 函數遍歷該串列，並輸出索引和各個綜藝的名稱。程式如下：

```
print("熱門綜藝名稱：")
art= ["嚮往的生活","歌手","中國好聲音","巧手神探","歡樂喜劇人","笑傲江湖","奔
跑吧","王牌對王牌","吐槽大會","奇葩說"]
for index,item in enumerate(art):
    print(index + 1,item)
```

執行上面的程式，將顯示下面的結果。

```
熱門綜藝名稱：
1 嚮往的生活
2 歌手
3 中國好聲音
4 巧手神探
5 歡樂喜劇人
6 笑傲江湖
7 奔跑吧
8 王牌對王牌
9 吐槽大會
10 奇葩說
```

如果想實現分兩列（兩個綜藝一行）顯示熱門綜藝名稱，請看下面的實例。

【實例 5.2】升級輸出熱門綜藝名稱（程式碼範例：書附程式 \Code\05\02）

在 IDLE 中創建一個檔案，並且在該檔案中先輸出標題，然後定義一個串列（保存綜藝名稱），再應用 for 迴圈和 enumerate() 函數遍歷串列，在迴圈本體中透過 if…else 敘述判斷是否為偶數，如果為偶數則不換行輸出，否則換行輸出。具體程式如下：

```
print("熱門綜藝名稱如下：\n")
art = ["嚮往的生活","歌手","中國好聲音","巧手神探","歡樂喜劇人","笑傲江湖","
王牌對王牌","奔跑吧","吐槽大會","奇葩說"]
for index,item in enumerate(art):
if index%2 == 0:                                    # 判斷是否為偶數，為偶數時不換行
        print(item +"\t\t", end='')
    else:
        print(item + "\n")                          # 換行輸出
```

說明

在上面的程式中，print() 函數中的 ", end=" 表示不換行輸出，即下一筆一 rint() 函數的輸出內容會和這個內容在同一行輸出。

執行結果如圖 5.3 所示。

圖 5.3 分兩列顯示熱門綜藝名稱

5.1.6 串列排序

在實際開發時，經常需要對串列進行排序。Python 提供了兩種常用的對串列進行排序的方法，下面分別介紹。

1．使用串列物件的 sort() 方法實現

串列物件提供了 sort() 方法用於對原串列中的元素進行排序，排序後原串列中的元素順序將發生改變。串列物件的 sort() 方法的語法格式如下：

```
listname.sort(key=None, reverse=False)
```

參數說明如下。

☑ listname：表示要進行排序的串列。

☑ key：表示指定從每個串列元素中提取一個比較鍵（舉例來說，設定「key=str.lower」表示在排序時不區分字母大小寫）。

☑ reverse：可選參數。如果將其值指定為 True，則表示降冪排列；如果為 False，則表示昇冪排列。預設為昇冪排列。

舉例來說，定義一個保存 10 名學生語文成績的串列，然後應用 sort() 方法排序。程式如下：

```
grade = [98,99,97,100,100,96,94,89,95,100]          # 10 名學生語文成績串列
print("原串列：",grade)
grade.sort()                                        # 進行昇冪排列
print("升序：",grade)
grade.sort(reverse=True)                            # 進行降冪排列
print("降序：",grade)
```

執行上面的程式，將顯示以下內容。

```
原串列：[98, 99, 97, 100, 100, 96, 94, 89, 95, 100]
升序：[89, 94, 95, 96, 97, 98, 99, 100, 100, 100]
降序：[100, 100, 100, 99, 98, 97, 96, 95, 94, 89]
```

使用 sort() 方法進行數值串列的排序比較簡單，但是使用 sort() 方法對字串串列進行排序時，採用的規則是先對大寫字母進行排序，然後再對小寫字母進行排序。如果想對字串串列進行排序（不區分大小寫時），需要指定其 key 參數。舉例來說，定義一個保存英文字串的串列，然後應用 sort() 方法昇冪排列，可以使用下面的程式。

```
char = ['cat','Tom','Angela','pet']
char.sort()                                   # 預設區分字母大小寫
print("區分字母大小寫：",char)
char.sort(key=str.lower)                      # 不區分字母大小寫
print("不區分字母大小寫：",char)
```

執行上面的程式，將顯示以下內容。

```
區分字母大小寫：['Angela', 'Tom', 'cat', 'pet']
不區分字母大小寫：['Angela', 'cat', 'pet', 'Tom']
```

說明

採用 sort() 方法對列表進行排序時，對於中文支持不好。排序的結果與我們常用的按拼音或者筆劃都不一致。如果需要實現對中文內容的清單排序，還需要重新編寫相應的程式進行處理，不能直接使用 sort() 方法。

2．使用內建的 sorted() 函數實現

Python 提供了一個內建的 sorted() 函數用於對串列進行排序。storted() 函數的語法格式如下：

```
sorted(iterable, key=None, reverse=False)
```

參數說明如下。

☑ iterable：表示要進行排序的串列名稱。

☑ key：表示指定一個從每個串列元素中提取一個比較鍵（舉例來說，設定「key=str.lower」表示在排序時不區分字母大小寫）。

☑ reverse：可選參數。如果將其值指定為 True，則表示降冪排列；如果為 False，則表示昇冪排列。預設為昇冪排列。

舉例來說，定義一個保存 10 名學生語文成績的串列，然後應用 sorted() 函數排序，程式如下：

```
grade = [98,99,97,100,100,96,94,89,95,100]          # 10 名學生語文成績串列
grade_as = sorted(grade)                             # 進行昇冪排列
print("昇冪：",grade_as)
grade_des = sorted(grade,reverse = True)             # 進行降冪排列
print("降冪：",grade_des)
print("原序列：",grade)
```

執行上面的程式，將顯示以下內容。

```
昇冪：[89, 94, 95, 96, 97, 98, 99, 100, 100, 100]
降冪：[100, 100, 100, 99, 98, 97, 96, 95, 94, 89]
原序列：[98, 99, 97, 100, 100, 96, 94, 89, 95, 100]
```

說明

清單物件的 sort() 方法和內建 sorted() 函數的作用基本相同，所不同的就是使用 sort() 方法時，會改變原清單的元素排列順序，但是使用 storted() 函數時，會建立一個原列表的副本，該副本為排序後的列表。

5.1.7 元組

元組（tuple）是 Python 中另一個重要的序列結構，與串列類似，也是由一系列按特定順序排列的元素組成。但是它是不可變序列。因此，元組也可以稱為不可變的串列。在形式上，元組的所有元素都放在一對小括號「()」中，兩個相鄰元素間使用逗點「,」分隔。在內容上，可以將整數、實數、字串、串列、元組等任何類型的內容放入元組中，並且在同一個元組中，元素的類型可以不同，因為它們之間沒有任何關係。大部分的情況下，元組用於保存程式中不可修改的內容。

1．元組的創建

在 Python 中提供了多種創建元組的方法，下面分別介紹。

（1）使用設定運算子直接創建元組

和其他類型的 Python 變數設定值一樣，創建元組時，也可以使用設定運算子「=」直接將一個元組設定值給變數。具體的語法格式如下：

```
tuplename = (element 1,element 2,element 3,…,element n)
```

參數說明如下。

☑ tuplename：表示元組的名稱，可以是任何符合 Python 命名規則的識別符號。

☑ elemnet 1、elemnet 2、elemnet 3，…，elemnet n：表示元組中的元素，個數沒有限制，並且只要是 Python 支持的資料類型就可以。

創建元組的語法與創建清單的語法類似，只是創建清單時使用的是中括弧「[]」，而創建元組時使用的是小括弧「()」。

舉例來說，下面定義的都是合法的元組：

```
num = (7,14,21,28,35,42,49,56,63)
ukguzheng = (" 漁舟唱晚 "," 高山流水 "," 出水蓮 "," 漢宮秋月 ")
untitle = ('Python',28,(" 人生苦短 "," 我用 Python"),[" 爬蟲 "," 自動化運行維護 "," 雲端運算 ","Web 開發 "])
python = (' 優雅 '," 明確 ",''' 簡單 ''')
```

在 Python 中，雖然元組是使用一對小括號將所有的元素括起來，但是實際上，小括號並不是必需的，只要將一組值用逗點分隔開，就可以認為它是元組。舉例來說，下面的程式定義的也是元組：

```
ukguzheng = " 漁舟唱晚 "," 高山流水 "," 出水蓮 "," 漢宮秋月 "
```

在 IDLE 中輸出該元組後，將顯示以下內容。

```
(' 漁舟唱晚 ', ' 高山流水 ', ' 出水蓮 ', ' 漢宮秋月 ')
```

如果要創建的元組只包括一個元素，則需要在定義元組時在元素的後面加一個逗點「,」。舉例來說，下面的程式定義的就是包括一個元素的元組：

```
verse = (" 一片冰心在玉壺 ",)
```

在 IDLE 中輸出 verse，將顯示以下內容：

```
(' 一片冰心在玉壺 ',)
```

而下面的程式則表示定義一個字串：

```
verse = ("一片冰心在玉壺")
```

在 IDLE 中輸出 verse，將顯示以下內容：

```
一片冰心在玉壺
```

說明

在 Python 中，可以使用 type() 函數測試變數的類型。例如下面的程式：

```
verse1 = ("一片冰心在玉壺",)
print("verse1 的類型為",type(verse1))
verse2 = ("一片冰心在玉壺")
print("verse2 的類型為",type(verse2))
```

在 IDLE 中執行上面的程式，將顯示以下內容。

```
verse1 的類型為 <class 'tuple'>
verse2 的類型為 <class 'str'>
```

（2）創建空元組

在 Python 中，也可以創建空元組，舉例來說，要創建一個名稱為 emptytuple 的空元組，可以使用下面的程式：

```
emptytuple = ()
```

空元組可以應用在為函數傳遞一個空值或返回空值時。舉例來說，定義一個函數必須傳遞一個元組類型的值，而我們還不想為它傳遞一組資料，那麼就可以創建一個空元組並傳遞給它。

（3）創建數值元組

在 Python 中，可以使用 tuple() 函數將一組資料轉為元組。tuple() 函數的基本語法如下：

```
tuple(data)
```

其中，data 表示可以轉為元組的資料，其類型可以是 range 物件、字串、元組或其他可疊代類型的資料。

舉例來說，創建一個 10 ～ 20（不包括 20）所用偶數的元組，可以使用下面的程式：

```
tuple(range(10, 20, 2))
```

執行上面的程式後，將得到下面的元組：

```
(10, 12, 14, 16, 18)
```

說明

使用 tuple() 函數不僅能透過 range 物件創建元組，還可以透過其他物件創建元組。

2．存取元組元素

在 Python 中，如果想將元組的內容輸出也比較簡單，可以直接使用 print() 函數。舉例來說，要想列印上面創建的 untitle 元組，則可以使用下面的程式：

```
print(untitle)
```

執行結果如下：

```
('Python', 28, ('人生苦短', '我用 Python'), ['爬蟲', '自動化運行維護', '雲端運算', 'Web 開發'])
```

從上面的執行結果可以看出，在輸出元組時，是包括左右兩側的小括號的。如果不想輸出全部元素，也可以透過元組的索引獲取指定的元素。舉例來說，要獲取元組 untitle 中索引為 0 的元素，可以使用下面的程式。

```
print(untitle[0])
```

執行結果如下：

```
Python
```

從上面的執行結果可以看出，在輸出單一元組元素時，不包括小括號；如果是字串，還不包括左右的引號。

另外，對元組也可以採用切片方式獲取指定的元素。舉例來說，要存取元組 untitle 中前 3 個元素，可以使用下面的程式：

```
print(untitle[:3])
```

執行結果如下：

```
('Python', 28, ('人生苦短', '我用 Python'))
```

和串列一樣，元組也可以使用 for 迴圈進行遍歷。

5.2 字典與集合

字典是 Python 中的一種資料結構，它是無序可變的，保存的內容是以「鍵 - 值對」的形式存放的。這類似於我們的新華字典，它可以把拼音和中文字連結起來。透過音節表可以快速找到想要的中文字。其中新華字典裡的音節表相當於鍵（key），而對應的中文字，相當於值（value）。鍵是唯一的，而值可以有多個。字典在定義一個包含多個命名欄位的物件時很有用。

說明

Python 中的字典相當於 Java 或者 C++ 中的 Map 物件。

字典的主要特徵如下。

☑ 透過鍵而非透過索引來讀取

字典有時也稱為連結陣列或雜湊（hash）。它是透過鍵將一系列的值關聯起來的，這樣就可以透過鍵從字典中獲取指定項，但不能透過索引來獲取。

☑ 字典是任意物件的無序集合

字典是無序的，各項是從左到右隨機排序的，即保存在字典中的項沒有特定的順序。這樣可以提高尋找順序。

☑ 字典是可變的，並且可以任意巢狀結構

字典可以在原處增長或縮短（無須生成一份拷貝）。並且它支援任意深度的巢狀結構（即它的值可以是串列或其他的字典）。

☑ 字典中的鍵必須唯一

不允許同一個鍵出現兩次，如果出現兩次，則後一個值會被記住。

☑ 字典中的鍵必須不可變

字典中的鍵是不可變的，所以可以使用數字、字串或元組，但不能使用串列。

5.2.1 字典的定義

定義字典時，每個元素都包含兩個部分—「鍵」和「值」。以水果名稱和價錢的字典為例，鍵為水果名稱，值為水果價格，如圖 5.4 所示。

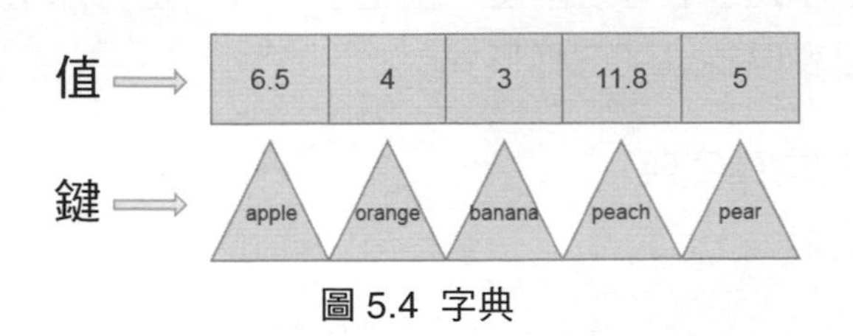

圖 5.4 字典

創建字典時，在「鍵」和「值」之間使用冒號分隔，相鄰兩個元素使用逗點分隔，所有元素放在一對大括號「{}」中。語法格式如下：

```
dictionary = {'key1':'value1', 'key2':'value2', …, 'keyn':'valuen',}
```

參數說明如下。

☑ dictionary：表示字典名稱。

☑ key1, key2, …, keyn：表示元素的鍵，必須是唯一的，並且不可變，舉例來說，可以是字串、數字或元組。

☑ value1, value2, …, valuen：表示元素的值，可以是任何資料類型，不是必須唯一。

舉例來說，創建一個保存通訊錄資訊的字典，可以使用下面的程式：

```
dictionary = {'qq':'84978981','明日科技':'84978982','無語':'0431-84978981'}
print(dictionary)
```

執行結果如下：

```
{'qq': '84978981', 'mr': '84978982', '無語': '0431-84978981'}
```

和串列和元組一樣，也可以創建空字典。在 Python 中，可以使用下面兩種方法創建空字典。

```
dictionary = {}
或
dictionary = dict()
```

Python 的 dict() 方法除了可以創建一個空字典外，還可以透過已有資料快速創建字典。主要表現為以下三種形式：

1．透過映射函數創建字典

語法如下：

```
dictionary = dict(zip(list1,list2))
```

參數說明如下。

☑ dictionary：表示字典名稱。

☑ zip() 函數：用於將多個串列或元組對應位置的元素組合為元組，並返回包含這些內容的 zip 物件。如果想得到元組，可以將 zip 物件使用 tuple() 函數轉換；如果想得到串列，則可以使用 list() 函數將其轉為串列。

說明

在 Python 3.X 中，zip() 函數返回的內容為包含元組的串列。

☑ list1：一個串列，用於指定要生成字典的鍵。

☑ list2：一個串列，用於指定要生成字典的值。如果 list1 和 list2 的長度不同，則與最短的串列長度相同。

2．透過指定的關鍵字參數創建字典

語法如下：

```
dictionary = dict(key1=value1,key2=value2,…,keyn=valuen)
```

參數說明如下。

☑ dictionary：表示字典名稱。

☑ key1, key2, …, keyn：表示參數名稱，必須是唯一的，並且符合 Python 識別符號的命名規則，該參數會轉為字典的鍵。

☑ value1, value2, …, valuen：表示參數值，可以是任何資料類型，不是必須唯一，該參數將被轉為字典的值。

舉例來說，將名字和星座以關鍵字參數的形式創建一個字典，可以使用下面的程式。

```
dictionary =dict(綺夢='水瓶座', 冷伊一='射手座', 香凝='雙魚座', 黛蘭='雙子座')
print(dictionary)
```

執行結果如下：

```
{'綺夢':'水瓶座','冷伊一':'射手座','香凝':'雙魚座','黛蘭':'雙子座'}
```

3．fromkeys() 方法創建

還可以使用 dict 物件的 fromkeys() 方法創建值為空的字典，語法如下：

```
dictionary = dict.fromkeys(list1)
```

參數說明如下。

☑ dictionary：表示字典名稱。

☑ list1：作為字典的鍵的串列。

舉例來說，創建一個只包括名字的字典，可以使用下面的程式。

```
name_list = ['綺夢','冷伊一','香凝','黛蘭']   # 作為鍵的串列
dictionary = dict.fromkeys(name_list)
print(dictionary)
```

執行結果如下。

```
{'綺夢': None, '冷伊一': None, '香凝': None, '黛蘭': None}
```

另外，還可以透過已經存在的元組和串列創建字典。舉例來說，創建一個保存名字的元組和保存星座的串列，透過它們創建一個字典，可以使用下面的程式。

```
name_tuple = ('綺夢','冷伊一', '香凝', '黛蘭')   # 作為鍵的元組
sign = ['水瓶座','射手座','雙魚座','雙子座']      # 作為值的串列
dict1 = {name_tuple:sign}                        # 創建字典
print(dict1)
```

執行結果如下。

```
{('綺夢', '冷伊一', '香凝', '黛蘭'): ['水瓶座', '射手座', '雙魚座', '雙子座
']}
```

如果將作為鍵的元組修改為串列，再創建一個字典，程式如下：

```
name_list = ['綺夢','冷伊一', '香凝', '黛蘭']        # 作為鍵的串列
sign = ['水瓶座','射手座','雙魚座','雙子座']          # 作為值的串列
dict1 = {name_list:sign}                             # 創建字典
print(dict1)
```

執行結果如圖 5.5 所示。

```
Traceback (most recent call last):
  File "H:/untitled/hello.py", line 3, in <module>
    dict1 = {name_list:sign}                          # 創建字典
TypeError: unhashable type: 'list'
```

圖 5.5 將串列作為字典的鍵產生的異常

發現錯誤出現在程式的第 3 行，用串列作為字典的鍵值產生了異常。

5.2.2 遍歷字典

字典是以「鍵 - 值」對的形式儲存資料的。所以就可能需要對「鍵 - 值」進行獲取。Python 提供了遍歷字典的方法，透過遍歷可以獲取字典中的全部「鍵 - 值」對。

使用字典物件的 items() 方法可以獲取字典的「鍵 - 值對」串列。其語法格式如下：

```
dictionary.items()
```

參數說明如下。

dictionary 為字典物件；返回值為可遍歷的「鍵 - 值對」的元組串列。想要獲取具體的「鍵 - 值對」，可以透過 for 迴圈遍歷該元組串列。

舉例來說，定義一個字典，然後透過 items() 方法獲取「鍵 - 值對」的元組串列，並輸出全部「鍵 - 值對」。程式如下：

```
dictionary = {'qq':'84978981','明日科技':'84978982','無語':'0431-84978981'}
# 創建字典
for item in dictionary.items():                # 遍歷字典
    print(item)
 # 輸出字典的內容
```

執行結果如下：

```
('qq', '84978981')
('明日科技', '84978982')
('無語', '0431-84978981')
```

上面的範例得到的是元組中的各個元素，如果想獲取具體的每個鍵和值，可以使用下面的程式進行遍歷：

```
dictionary = {'qq':'4006751066','明日科技':'0431-84978982','無語':'0431-84978981'}
for key,value in dictionary.items():
    print(key,"的聯絡電話是",value)
```

執行結果如下：

```
qq 的聯絡電話是 4006751066
明日科技的聯絡電話是 0431-84978982
無語的聯絡電話是 0431-84978981
```

說明

在 Python 中，字典物件還提供了 values() 和 keys() 方法，用於返回字典的「值」和「鍵」列表，它們的使用方法同 items() 方法類似，也需要透過 for 迴圈遍歷該字典，獲取對應的值和鍵。

5.2.3 集合簡介

Python 提供了兩種創建集合的方法，一種是直接使用 {} 創建；另一種是透過 set() 函數將串列、元組等可疊代物件轉為集合。下面分別介紹。

1．直接使用 {} 創建

在 Python 中，創建 set 集合也可以像串列、元組和字典一樣，直接將集合設定值給變數，從而實現創建集合。語法格式如下：

```
setname = {element 1,element 2,element 3,…,element n}
```

參數說明如下。

☑ setname：表示集合的名稱，可以是任何符合 Python 命名規則的識別符號。

☑ elemnet 1, elemnet 2, elemnet 3, …, elemnet n：表示集合中的元素，個數沒有限制，並且只要是 Python 支持的資料類型就可以。

在創建集合時，如果輸入了重複的元素，Python 會自動只保留一個。

舉例來說，下面的每一行程式都可以創建一個集合。

```
set1 = {'水瓶座','射手座','雙魚座','雙子座'}
set2 = {3,1,4,1,5,9,2,6}
set3 = {'Python', 28, ('人生苦短', '我用 Python')}
```

執行結果如下：

```
{'水瓶座', '雙子座', '雙魚座', '射手座'}
{1, 2, 3, 4, 5, 6, 9}
{'Python', ('人生苦短', '我用 Python'), 28}
```

說明

Python 中的 set 集合是無序的，所以每次輸出時元素的排列順序可能與上面的不同。

2．使用 set() 函數創建

在 Python 中，可以使用 set() 函數將串列、元組等其他可疊代物件轉為集合。set() 函數的語法格式如下：

```
setname = set(iteration)
```

參數說明如下。

☑ setname：表示集合名稱。

☑ iteration：表示要轉為集合的可疊代物件，可以是串列、元組、range 物件等。另外，也可以是字串，如果是字串，返回的集合將是包含全部不重複字元的集合。

舉例來說，下面的每一行程式都可以創建一個集合。

```
set1 = set("命運給予我們的不是失望之酒，而是機會之杯。")
set2 = set([1.414,1.732,3.14159,3.236])
set3 = set(('人生苦短', '我用 Python'))
```

執行結果如下：

```
{'不', '的', '望', '是', '給', '，', '我', '。', '酒', '會', '杯', '運
', '們', '予', '
而', '失', '機', '命', '之'}
{1.414, 3.236, 3.14159, 1.732}
{'人生苦短', '我用 Python'}
```

從上面創建的集合結果可以看出，在創建集合時，如果出現了重複元素，那麼將只保留一個，如在第一個集合中的「是」和「之」都只保留了一個。

注意

在創建空集合時，只能使用 set() 函數實現，而不能使用一對大括弧「{}」實現，這是因為在 Python 中，直接使用一對大括弧「{}」表示創建一個空字典。

說明

在 Python 中，創建集合時推薦採用 set() 函數實現。

5.3 小結

本章主要對 Python 中常用的幾種序列結構進行了介紹，包括串列、元組、字典、集合等。其中，串列是由一系列按特定順序排列的元素組成的可變序列，而元組可以視為被上了「枷鎖」的串列，即元組中的元素不可以修改；字典和串列有些類似，區別是字典中的元素是由「鍵 - 值對」組成的；集合的主要作用就是去重。序列在 Python 程式開發中非常重要，透過它們，可以儲存或處理各種資料，因此讀者學習本章內容時，一定要熟練掌握。

06

Python 物件導向基礎

物件導向程式設計是在針對過程程式設計的基礎上發展而來的，它比針對過程程式設計具有更強的靈活性和擴充性。物件導向程式設計也是一個程式設計師發展的「分水嶺」，很多的初學者和略有成就的開發者都不是很瞭解「物件導向」這一概念。Python 從設計之初就是一門物件導向的語言，它可以很方便地創建類別和物件。本章將對 Python 物件導向的基礎知識進行詳細講解。

6.1 函數

提到函數，大家會想到數學函數，函數是數學最重要的模組，貫穿整個數學。在 Python 中，函數的應用非常廣泛。在前面我們已經多次接觸過函數。舉例來說，用於輸出的 print() 函數、用於輸入的 input() 函數，以及用於生成一系列整數的 range() 函數等。這些都是 Python 內建的標準函數，可以直接使用。除了可以直接使用的標準函數外，Python 還支援自訂函數，即透過將一段有規律的、重複的程式定義為函數，一次編寫、多次呼叫，提高程式的重複使用率。

6.1.1 函數的定義

創建函數也稱為定義函數，可以視為創建一個具有某種用途的工具，使用 def 關鍵字實現。具體的語法格式如下：

```
def functionname([parameterlist]):
    ['''comments''']
    [functionbody]
```

參數說明如下。

☑ functionname：函數名稱，在呼叫函數時使用。

☑ parameterlist：可選參數，用於指定向函數中傳遞的參數。如果有多個參數，各參數間使用逗點「,」分隔。如果不指定，則表示該函數沒有參數。在呼叫時，也不指定參數。

注意

即使函數沒有參數時，也必須保留一對空的小括弧 "()"，否則將顯示如圖 6.1 所示的提示對話方塊。

☑ '''comments'''：可選參數，表示為函數指定註釋，註釋的內容通常是說明該函數的功能、要傳遞的參數的作用等，可以提供給使用者友善提示和幫助的內容。

說明

在定義函數時，如果指定了 '''comments''' 參數，那麼在呼叫函數時，輸入函數名稱及左側的小括號時，就會顯示該函數的說明資訊，如圖 6.2 所示。這些說明資訊就是透過定義的註釋提供的。

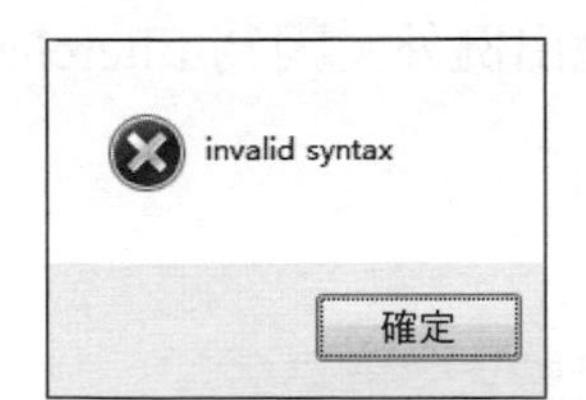

圖 6.1 語法錯誤對話方塊

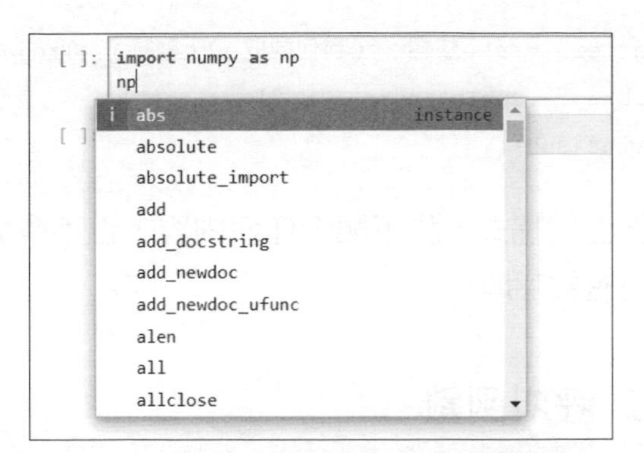

圖 6.2 呼叫函數時顯示友善提示

如果在輸入函數名和左側括號後，沒有顯示友善提示，那麼就檢查函數本身是否有誤，檢查方法可以是在未呼叫該方法時，先按快速鍵 F5 執行一遍程式。

☑ functionbody：可選參數，用於指定函數本體，即該函數被呼叫後，要執行的功能程式。如果函數有返回值，可以使用 return 敘述返回。

函數本體 "functionbody" 和註釋 "'''comments'''" 相對於 def 關鍵字必須保持一定的縮排。

如果想定義一個什麼也不做的空函數，可以使用 pass 敘述作為預留位置。

舉例來說，定義一個過濾危險字元的函數 filterchar()，程式如下：

```
def filterchar(string):
    ''' 功能：過濾危險字元（如駭客），並將過濾後的結果輸出
       about：要過濾的字串
       沒有返回值
    '''
    import re                                    # 匯入 Python 的 re 模組
```

```
pattern = r'(駭客)|(封包截取)|(監聽)|(Trojan)'        # 模式字串
sub = re.sub(pattern, '@_@', string)                  # 進行模式替換
print(sub)
```

執行上面的程式，將不顯示任何內容，也不會拋出例外，因為 filterchar() 函數還沒有被呼叫。

6.1.2 呼叫函數

呼叫函數也就是執行函數。如果把創建的函數瞭解為創建一個具有某種用途的工具，那麼呼叫函數就相當於使用該工具。呼叫函數的基本語法格式如下：

```
functionname([parametersvalue])
```

參數說明如下。

☑ functionname：函數名稱，要呼叫的函數名稱，必須是已經創建好的。

☑ parametersvalue：可選參數，用於指定各個參數的值。如果需要傳遞多個參數值，則各參數值間使用逗點「,」分隔。如果該函數沒有參數，則直接寫一對小括號即可。

舉例來說，呼叫在 6.6.1 節創建的 filterchar() 函數，可以使用下面的程式：

```
about = '我是一名程式設計師，喜歡看駭客方面的圖書，想研究一下 Trojan。'
filterchar(about)
```

呼叫 filterchar() 函數後，將顯示如圖 6.3 所示的結果。

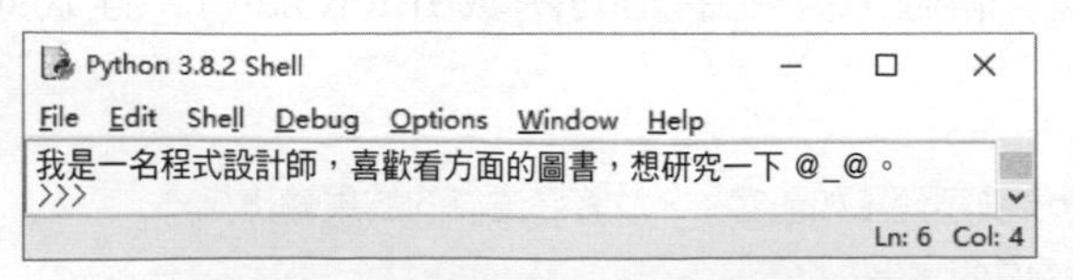

圖 6.3 呼叫 filterchar() 函數的結果

【實例 6.1】輸出勵志文字（程式碼範例：書附程式 \Code\06\01）

在 IDLE 中創建一個名稱為 function_tips.py 的檔案，然後在該檔案中，創建一個名稱為 function_tips 的函數，在該函數中，從勵志文字清單中獲取一筆勵志文字並輸出，最後再呼叫函數 function_tips()。

具體程式如下：

```
def function_tips():
    ''' 功能：每天輸出一筆勵志文字
    '''
    import datetime                                         # 匯入日期時間類別
    # 定義一個串列
    mot = ["堅持下去不是因為我很堅強，而是因為我別無選擇",
           "含淚播種的人一定能笑著收穫",
           "做對的事情比把事情做對重要",
           "命運給予我們的不是失望之酒，而是機會之杯",
           "不要等到明天，明天太遙遠，今天就行動",
           "求知若饑，虛心若愚",
           "成功將屬於那些從不說"不可能"的人"]
    day = datetime.datetime.now().weekday()                 # 獲取當前星期
    print(mot[day])                                         # 輸出每日一帖
# ************************* 呼叫函數 *********************************#
function_tips()                                             # 呼叫函數
```

執行結果如圖 6.4 所示。

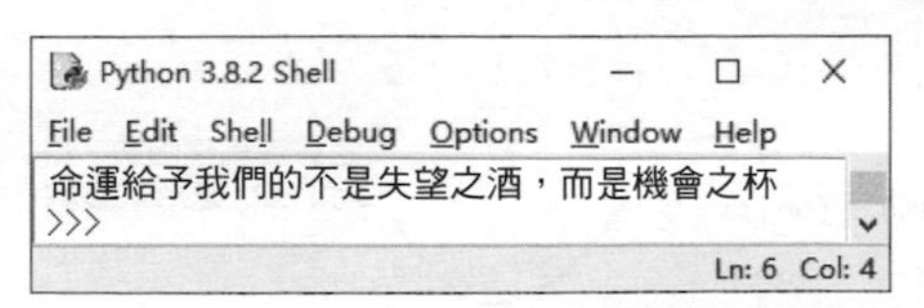

圖 6.4 呼叫函數輸出勵志文字

6.1.3 參數傳遞

在呼叫函數時，在大多數情況下，主呼叫函數和被調函數之間有資料傳遞關係，這就是有參數的函數形式。函數參數的作用是傳遞資料給函數使用，函數利用接收的資料進行具體的操作處理。

在定義函數時，函數參數放在函數名稱後面的一對小括號中，如圖 6.5 所示。

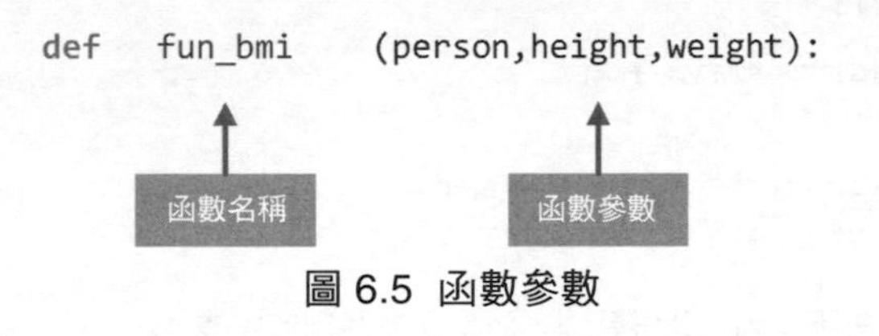

圖 6.5 函數參數

1．了解形式參數和實際參數

在使用函數時，經常會用到形式參數和實際參數，二者都叫作參數，它們的區別將先透過形式參數與實際參數的作用來進行講解，再透過一個比喻和實例進行深入探討。

（1）透過作用瞭解

形式參數和實際參數在作用上的區別如下。

☑ 形式參數：在定義函數時，函數名稱後面括號中的參數為「形式參數」。

☑ 實際參數：在呼叫一個函數時，函數名稱後面括號中的參數為「實際參數」，也就是將函數的呼叫者提供給函數的參數稱為實際參數。透過圖 6.6 可以更進一步地瞭解。

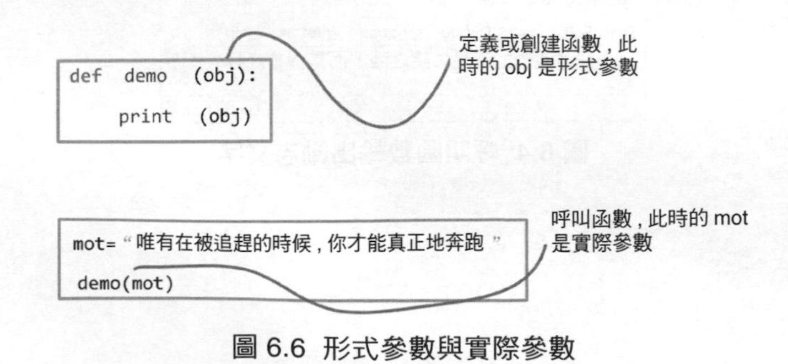

圖 6.6 形式參數與實際參數

根據實際參數的類型不同，可以分為將實際參數的值傳遞給形式參數和將實際參數的引用傳遞給形式參數兩種情況。其中，當實際參數為不可變物件時，進行值傳遞；當實際參數為可變物件時，進行的是引用傳遞。實際上，值傳遞和引用傳遞的基本區別就是，進行值傳遞後，改變形式參數的值，實際參數的值不變；而進行引用傳遞後，改變形式參數的值，實際參數的值也一同改變。

舉例來說，定義一個名稱為 demo 的函數，然後為 demo() 函數傳遞一個字串類型的變數作為參數（代表值傳遞），並在函數呼叫前後分別輸出該字串變數，再為 demo() 函數傳遞一下串列類型的變數作為參數（代表引用傳遞），並在函數呼叫前後分別輸出該串列。程式如下：

```
# 定義函數
def demo(obj):
    print("原值：",obj)
    obj += obj
# 呼叫函數
print("=========值傳遞========")
mot = "唯有在被追趕的時候，你才能真正地奔跑。"
print("函數呼叫前：",mot)
demo(mot)                                        # 採用不可變物件一字串
print("函數呼叫後：",mot)
print("=========引用傳遞========")
list1 = ['綺夢','冷伊一','香凝','黛蘭']
print("函數呼叫前：",list1)
demo(list1)                                      # 採用可變物件一串列
print("函數呼叫後：",list1)
```

上面程式的執行結果如下：

```
=========值傳遞========
函數呼叫前：唯有在被追趕的時候，你才能真正地奔跑。
原值：唯有在被追趕的時候，你才能真正地奔跑。
```

```
函數呼叫後：唯有在被追趕的時候，你才能真正地奔跑。
========= 引用傳遞 ========
函數呼叫前：['綺夢', '冷伊一', '香凝', '黛蘭']
原值：['綺夢', '冷伊一', '香凝', '黛蘭']
函數呼叫後：['綺夢', '冷伊一', '香凝', '黛蘭', '綺夢', '冷伊一', '香凝', '黛蘭']
```

從上面的執行結果可以看出，在進行值傳遞時，改變形式參數的值後，實際參數的值不改變；在進行引用傳遞時，改變形式參數的值後，實際參數的值也發生改變。

（2）透過一個比喻來瞭解形式參數和實際參數

函數定義時，參數串列中的參數就是形式參數，而函數呼叫時傳遞進來的參數就是實際參數。就像劇本選主角一樣，劇本的角色相當於形式參數，而演員就相當於實際參數。

接下來用實例 6.2 實現 BMI 指數的計算。

【實例 6.2】根據身高、體重計算 BMI 指數（程式碼範例：書附程式\Code\06\02）

在 IDLE 中創建一個名稱為 function_bmi.py 的檔案，然後在該檔案中定義一個名稱為 fun_bmi 的函數，該函數包括 3 個參數，分別用於指定姓名、身高和體重，再根據公式 [BMI= 體重 /（身高 × 身高）] 計算 BMI 指數，並輸出結果，最後在函數本體外呼叫兩次 fun_bmi 函數。程式如下：

```
def fun_bmi(person, height, weight):
    print(person + "的身高：" + str(height) + "公尺 \t 體重：" + str(weight) + "公斤")
    bmi = weight / (height * height)              # 用於計算 BMI 指數，公式為：BMI=體重 / 身高的平方
    print(person + "的 BMI 指數為：" + str(bmi)) # 輸出 BMI 指數
    # 判斷身材是否合理
    if bmi < 18.5:
```

```
        print(" 您的體重過輕 ~@_@~\n")
    if bmi >= 18.5 and bmi < 24.9:
        print(" 正常範圍，注意保持 (-_-)\n")
    if bmi >= 24.9 and bmi < 29.9:
        print(" 您的體重過重 ~@_@~\n")
    if bmi >= 29.9:
        print(" 肥胖 ^@_@^\n")

# ***************************** 呼叫函數 ************************************ #
fun_bmi(" 路人甲 ", 1.83, 60)                    # 計算路人甲的 BMI 指數
fun_bmi(" 路人乙 ", 1.60, 50)                    # 計算路人乙的 BMI 指數
```

執行結果如圖 6.7 所示。

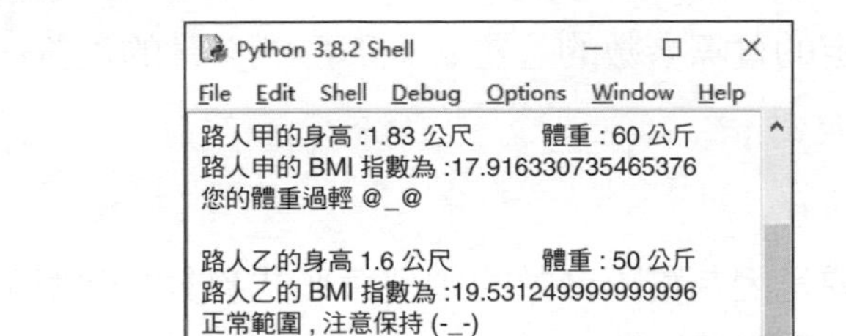

圖 6.7 BMI 指數計算

2．位置參數

位置參數也稱必備參數，是必須按照正確的順序傳到函數中，即呼叫時的數量和位置必須和定義時是一樣的。

（1）數量必須與定義時一致

在呼叫函數時，指定的實際參數的數量必須與形式參數的數量一致，否則將拋出 TypeError 例外，提示缺少必要的位置參數。舉例來說，呼叫實例 6.2 中編寫的根據身高、體重計算 BMI 指數的函數 fun_bmi(person,height,weight)，將參數少傳一個，即只傳遞兩個參數。程式如下：

```
fun_bmi(" 路人甲 ",1.83) # 計算路人甲的 BMI 指數
```

呼叫函數之後，執行結果將顯示如圖 6.8 所示的提示。

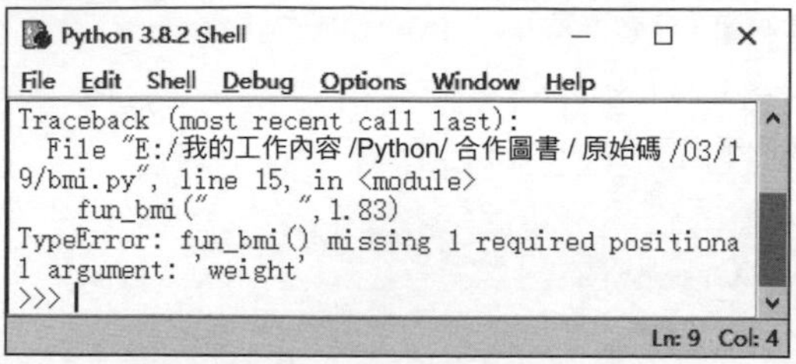

```
Python 3.8.2 Shell
File Edit Shell Debug Options Window Help
Traceback (most recent call last):
  File "E:/我的工作內容/Python/合作圖書/原始碼/03/19/bmi.py", line 15, in <module>
    fun_bmi("      ",1.83)
TypeError: fun_bmi() missing 1 required positional argument: 'weight'
>>>
Ln: 9 Col: 4
```

圖 6.8 缺少必要的參數時拋出的例外

在如圖 6.8 所示的異常資訊中，拋出的例外類型為 TypeError，具體是指「fun_bmi() 方法缺少一個必要的位置參數 weight」。

（2）位置必須與定義時一致

在呼叫函數時，指定的實際參數的位置必須與形式參數的位置一致，否則將產生以下兩種結果。

☑ 拋出 TypeError 例外

拋出例外的情況主要是因為實際參數的類型與形式參數的類型不一致，並且在函數中，這兩種類型還不能正常轉換。

舉例來說，呼叫實例 6.2 中編寫的 fun_bmi(person,height,weight) 函數，將第 1 個參數和第 2 個參數位置調換。程式如下：

```
fun_bmi(60,"路人甲",1.83) # 計算路人甲的 BMI 指數
```

函數呼叫後，將顯示如圖 6.9 所示的異常資訊，主要是因為傳遞的整數值不能與字串進行連接操作。

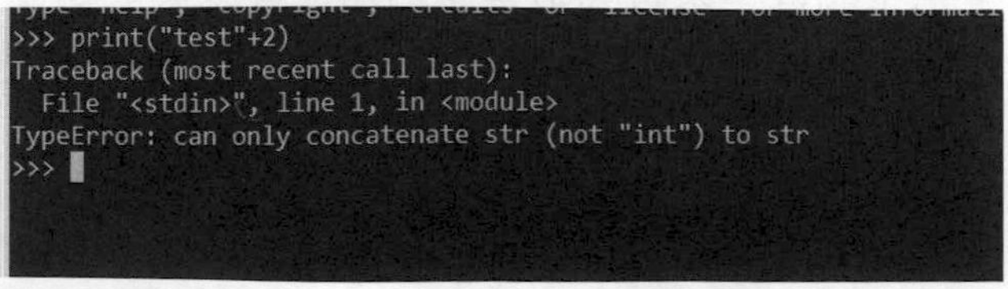

```
>>> print("test"+2)
Traceback (most recent call last):
  File "<stdin>", line 1, in <module>
TypeError: can only concatenate str (not "int") to str
>>>
```

圖 6.9 提示不支援的運算元類型

☑ 產生的結果與預期不符

在呼叫函數時，如果指定的實際參數與形式參數的位置不一致，但是它們的資料類型一致，那麼就不會拋出例外，而是產生結果與預期不符的問題。

舉例來說，呼叫實例 6.2 中編寫的 fun_bmi(person,height,weight) 函數，將第 2 個參數和第 3 個參數位置調換，程式如下：

```
fun_bmi("路人甲",60,1.83) # 計算路人甲的 BMI 指數
```

函數呼叫後，將顯示如圖 6.10 所示的結果。從結果可以看出，雖然沒有拋出例外，但是得到的結果與預期不一致。

圖 6.10 結果與預期不符

說明

在呼叫函數時，由於傳遞的實際參數的位置與形式參數的位置不一致並不會總是拋出異常，所以在呼叫函數時一定要確定好位置，否則產生 Bug，還不容易被發現。

3．關鍵字參數

關鍵字參數是指使用形式參數的名字來確定輸入的參數值。透過該方式指定實際參數時，不再需要與形式參數的位置完全一致。只要將參數名稱寫正確即可。這樣可以使函數的呼叫和參數傳遞更加靈活方便。

舉例來說，呼叫實例 6.2 中編寫的 fun_bmi(person,height,weight) 函數，透過關鍵字參數指定各個實際參數。程式如下：

```
fun_bmi( height = 1.83, weight = 60, person = "路人甲")  # 計算路人甲的 BMI 指數
```

函數呼叫後，將顯示以下結果：

```
路人甲的身高：1.83 公尺體重：60 公斤
路人甲的 BMI 指數為：17.916330735465376
您的體重過輕 ~@_@~
```

從上面的結果可以看出，雖然在指定實際參數時，順序與定義函數時不一致，但是執行結果與預期是一致的。

6.2 物件導向程式設計基礎

物件導向（Object Oriented）的英文縮寫是 OO，它是一種設計思想。從 20 世紀 60 年代提出物件導向的概念到現在，它已經發展成為一種比較成熟的程式設計思想，並且逐步成為目前軟體開發領域的主流技術。舉例來說，我們經常聽說的物件導向程式設計（Object Oriented Programming，即 OOP）就是主要針對大型軟體設計而提出的，它可以使軟體設計更加靈活，並且能更進一步地進行程式重複使用。

物件導向中的物件（Object）通常是指客觀世界中存在的物件，具有唯一性，物件之間各不相同，各有各的特點，每一個物件都有自己的運動規律和內部狀態；物件與物件之間又是可以相互關聯、相互作用的。另外，物件也可以是一個抽象的事物，舉例來說，可以從圓形、正方形、三角形等圖形抽象出一個簡單圖形，簡單圖形就是一個物件，它有自己的屬性和行為，圖形中邊的個數是它的屬性，圖形的面積也是它的屬性，輸出圖形的面積就是它的行為。概括地講，物件導向技術是一種從組織結構上模擬客觀世界的方法。

6.2.1 物件導向概述

1．物件

物件，是一個抽象概念，英文稱作「Object」，表示任意存在的事物。世間萬物皆物件！在現實世界中，隨處可見的一種事物就是物件，物件是事物存在的實體，如一個人，如圖 6.11 所示。

通常將物件劃分為兩個部分，即靜態部分與動態部分。靜態部分被稱為「屬性」，任何物件都具備自身屬性，這些屬性不僅是客觀存在的，而且是不能被忽視的，如人的性別，如圖 6.12 所示；動態部分指的是物件的行為，即物件執行的動作，如人可以跑步，如圖 6.13 所示。

圖 6.11 物件 " 人 "

圖 6.12 靜態屬性 " 性別 "

圖 6.13 動態屬性 " 跑步 "

說明

在呼叫函數時，由於傳遞的實際參數的位置與形式參數的位置不一致並不會總是拋出異常，所以在呼叫函數時一定要確定好位置，否則產生 Bug，還不容易被發現。

2．類別

類是封裝物件的屬性和行為的載體，反過來說，具有相同屬性和行為的一類實體被稱為類別。舉例來說，把雁群比作大雁類別，那麼大雁類別就具備了喙、翅膀和爪等屬性，覓食、飛行和睡覺等行為，而一隻要從北方飛往南方的大雁則被視為大雁類別的物件。大雁類別和大雁物件的關係如圖 6.14 所示。

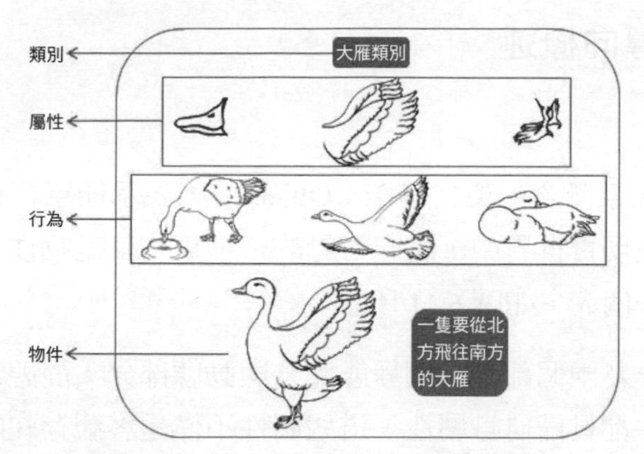

圖 6.14 大雁類別和大雁物件的關係

在 Python 語言中，類別是一種抽象概念，如定義一個大雁類別（Geese），在該類別中，可以定義每個物件共有的屬性和方法；而一隻要從北方飛往南方的大雁則是大雁類別的物件（wildGeese），物件是類別的實例。有關類別的具體實現將在 6.2.2 節進行詳細介紹。

3．物件導向程式設計的特點

物件導向程式設計具有三大基本特徵：封裝、繼承和多形。

（1）封裝

封裝是物件導向程式設計的核心思想，將物件的屬性和行為封裝起來，其載體就是類別，類通常會對客戶隱藏其實現細節，這就是封裝的思想。舉例來說，使用者使用電腦，只需要使用手指敲擊鍵盤就可以實現一些功能，而不需要知道電腦內部的執行原理。

採用封裝思想保證了類別內部資料結構的完整性，使用該類別的使用者不能直接看到類別中的資料結構，而只能執行類別允許公開的資料，這樣就避免了外部對內部資料的影響，提高了程式的可維護性。

使用類別實現封裝特性如圖 6.15 所示。

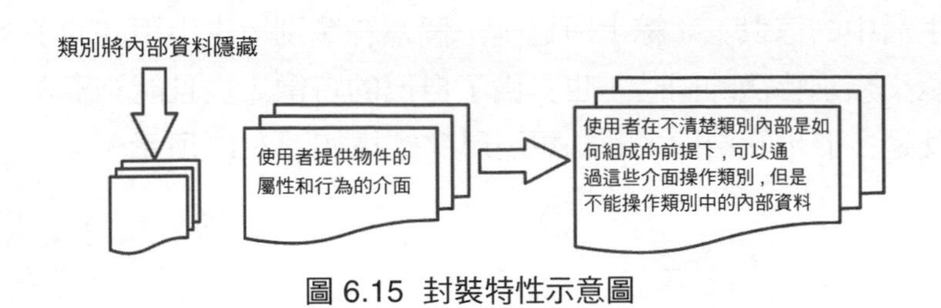

圖 6.15 封裝特性示意圖

（2）繼承

矩形、菱形、平行四邊形和梯形等都是四邊形。因為四邊形與它們具有共同的特徵：擁有 4 條邊。

只要將四邊形適當地延伸，就會得到矩形、菱形、平行四邊形和梯形 4 種圖形。以平行四邊形為例，如果把平行四邊形看作四邊形的延伸，那麼平行四邊形就重複使用了四邊形的屬性和行為，同時增加了平行四邊形特有的屬性和行為，如平行四邊形的對邊平行且相等。在 Python 中，可以把平行四邊形類看作是繼承四邊形類後產生的類別，其中，將類似於平行四邊形的類別稱為子類別，將類似於四邊形的類別稱為父類別或超類別。值得注意的是，在說明平行四邊形和四邊形的關係時，可以說平行四邊形是特殊的四邊形，但不能說四邊形是平行四邊形。同理，在 Python 中，可以說子類別的實例都是父類別的實例，但不能說父類別的實例是子類別的實例，四邊形類層次結構如圖 6.16 所示。

綜上所述，繼承是實現重複利用的重要手段，子類別透過繼承重複使用了父類別的屬性和行為的同時又添加了子類別特有的屬性和行為。

（3）多形

將父類別物件應用於子類別的特徵就是多形。舉例來說，創建一個螺絲類別，螺絲類別有兩個屬性：粗細和螺紋密度；然後再創建兩個類別，一個長螺絲類別，一個短螺絲類別，並且它們都繼承了螺絲類別。這樣長螺絲類別和短螺絲類別不僅具有相同的特徵（粗細相同，且螺紋密度也相同），還具有不同的特徵（一個長，一個短，長的可以用來固定大型支架，短的可以用來固定生活中的傢俱）。綜上所述，一個螺絲類別衍生出不同的子類別，子類別繼承父類別特徵的同時，也具備了自己的特徵，並且能夠實現不同的效果，這就是多形化的結構。螺絲類別層次結構如圖 6.17 所示。

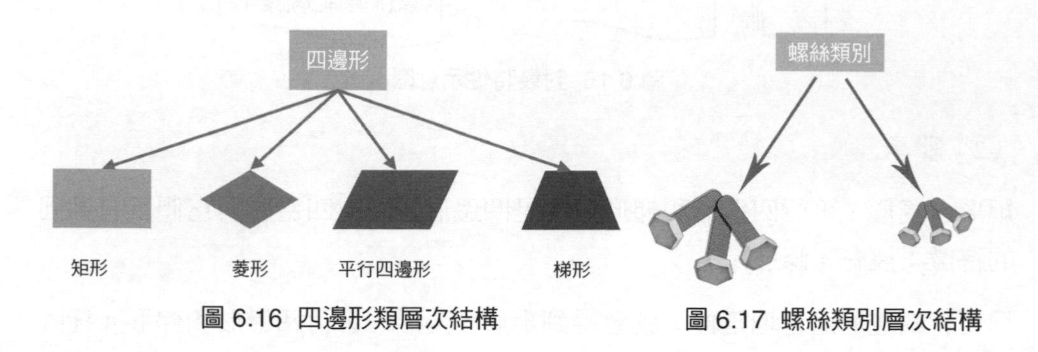

圖 6.16 四邊形類層次結構　　圖 6.17 螺絲類別層次結構

6.2.2 類別的定義和使用

在 Python 中，類別表示具有相同屬性和方法的物件的集合。在使用類別時，需要先定義類，然後創建類別的實例，透過類別的實例就可以存取類別中的屬性的方法了。

1．定義類

在 Python 中，類別的定義使用 class 關鍵字來實現。語法如下：

```
class ClassName:
''' 類別的說明資訊 '''                    # 類別文件字串
    statement                            # 類別體
```

參數說明如下。

☑ ClassName：用於指定類別名，一般使用大寫字母開頭，如果類別名中包括兩個單字，第二個單字的字首也大寫，這種命名方法也稱為「駝峰式命名法」，這是慣例。當然，也可根據自己的習慣命名，但是一般推薦按照慣例來命名。

☑ ''' 類別的說明資訊 '''：用於指定類別的文件字串，定義該字串後，在創建類別的物件時，輸入類別名和左側的括號「(」後，將顯示該資訊。

☑ statement：類別體，主要由類別變數（或類別成員）、方法和屬性等定義敘述組成。如果在定義類時沒想好類別的具體功能，也可以在類別體中直接使用 pass 敘述代替。

舉例來說，下面以大雁為例宣告一個類別。程式如下：

```
class Geese:
''' 大雁類別 '''
    pass
```

2．創建類別的實例

定義完類別後，並不會真正創建一個實例。這有點像一個汽車的設計圖。設計圖可以告訴你汽車看上去怎麼樣，但設計圖本身不是一個汽車。你不能開走它，它只能用來建造真正的汽車，而且可以使用它製造很多汽車。那麼如何創建實例呢？

class 敘述本身並不創建該類別的任何實例。所以在類別定義完成以後，可以創建類別的實例，即實例化該類別的物件。創建類別的實例的語法如下：

```
ClassName(parameterlist)
```

其中，ClassName 是必選參數，用於指定具體的類別；parameterlist 是可選參數，當創建一個類別時，沒有創建 __init__() 方法，或 __init__() 方法只有一個 self 參數時，parameterlist 可以省略。

舉例來說，創建 Geese 類別的實例，可以使用下面的程式：

```
wildGoose = Geese() # 創建大雁類別的實例
print(wildGoose)
```

執行上面的程式後，將顯示類似下面的內容：

```
<__main__.Geese object at 0x0000000002F47AC8>
```

從上面的執行結果可以看出，wildGoose 是 Geese 類別的實例。

3 · 創建 __init__() 方法

在創建類別後，通常會創建一個 __init__() 方法。該方法是一個特殊的方法，類似 Java 語言中的建構方法。每當創建一個類別的新實例時，Python 都會自動執行它。__init__() 方法必須包含一個 self 參數，並且必須是第一個參數。self 參數是一個指向實例本身的引用，用於存取類別中的屬性和方法。在方法呼叫時會自動傳遞實際參數 self，因此當 __init__() 方法只有一個參數時，在創建類別的實例時，就不需要指定實際參數了。

說明

在 __init__() 方法的名稱中，開頭和結尾處是兩個底線（中間沒有空格），這是一種約定，旨在區分 Python 預設方法和普通方法。

舉例來說，下面仍然以大雁為例宣告一個類別，並且創建 __init__() 方法。程式如下：

```
class Geese:
    ''' 大雁類別 '''
    def __init__(self):                          # 建構方法
        print(" 我是大雁類別！ ")
wildGoose = Geese()                              # 創建大雁類別的實例
```

執行上面的程式，將輸出以下內容：

```
我是大雁類別！
```

從上面的執行結果可以看出，在創建大雁類別的實例時，雖然沒有為 __init__() 方法指定參數，但是該方法會自動執行。

在 __init__() 方法中，除了 self 參數外，還可以自訂一些參數，參數間使用逗點「,」進行分隔。

舉例來說，下面的程式將在創建 __init__() 方法時，再指定 3 個參數，分別是 beak、wing 和 claw。

```
class Geese:
    ''' 大雁類別 '''
    def __init__(self,beak,wing,claw):                # 建構方法
        print(" 我是大雁類別！我有以下特徵：")
        print(beak)                                   # 輸出喙的特徵
        print(wing)                                   # 輸出翅膀的特徵
        print(claw)                                   # 輸出爪子的特徵
beak_1 = " 喙的基部較高，長度和頭部的長度幾乎相等 "     # 喙的特徵
wing_1 = " 翅膀長而尖 "                               # 翅膀的特徵
claw_1 = " 爪子是蹼狀的 "                             # 爪子的特徵
wildGoose = Geese(beak_1,wing_1,claw_1)               # 創建大雁類別的實例
```

執行上面的程式，將顯示如圖 6.18 所示的執行結果。

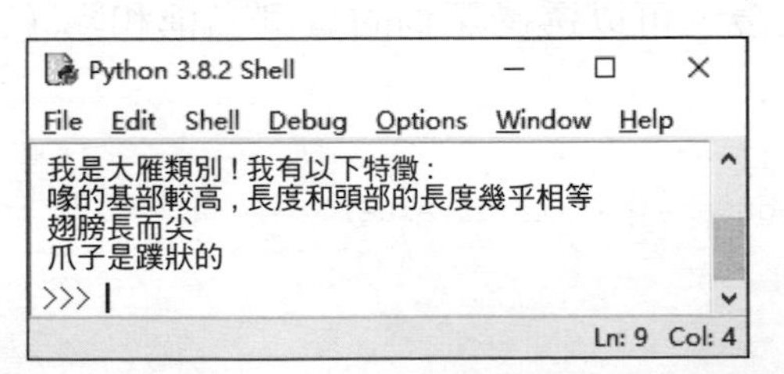

圖 6.18　創建 __init__() 方法時，指定 4 個參數

4．創建類別的成員並存取

類別的成員主要由實例方法和資料成員組成。在類別中創建了類別成員後，可以透過類別的實例進行存取。

（1）創建實例方法並存取

所謂實例方法是指在類別中定義的函數。該函數是一種在類別的實例上操作的函數。和 __init__() 方法一樣，實例方法的第一個參數必須是 self，並且必須包含一個 self 參數。創建實例方法的語法格式如下：

```
def functionName(self,parameterlist):
    block
```

參數說明如下。

☑ functionName：用於指定方法名稱，一般使用小寫字母開頭。

☑ self：必要參數，表示類別的實例，其名稱可以是 self 以外的單字，使用 self 只是一個慣例而已。

☑ parameterlist：用於指定除 self 參數以外的參數，各參數間使用逗點「,」進行分隔。

☑ block：方法區塊，實現的具體功能。

說明

實例方法和 Python 中的函數的主要區別就是，函數實現的是某個獨立的功能，而實例方法是實現類別中的一個行為，是類別的一部分。

實例方法創建完成後，可以透過類別的實例名稱和點（.）運算符號進行存取，語法格式如下：

```
instanceName.functionName(parametervalue)
```

參數說明如下。

☑ instanceName ：是類別的實例名稱。

☑ functionName ：為要呼叫的方法名稱。

☑ parametervalue：表示為方法指定對應的實際參數，其值的個數為 parameterlist 的個數減一。

下面透過一個具體的實例演示創建實例的方法並存取。

【實例 6.3】創建大雁類別並定義飛行方法（程式碼範例：書附程式\Code\06\03）

具體程式如下：

```
class Geese:                                    # 創建大雁類別
```

```
    '''大雁類別'''
    def __init__(self, beak, wing, claw):                       # 建構方法
        print("我是大雁類別！我有以下特徵：")
        print(beak)                                             # 輸出喙的特徵
        print(wing)                                             # 輸出翅膀的特徵
        print(claw)                                             # 輸出爪子的特徵
    def fly(self, state):                                       # 定義飛行方法
        print(state)
'''************** 呼叫方法 **********************'''
beak_1 = "喙的基部較高，長度和頭部的長度幾乎相等"                # 喙的特徵
wing_1 = "翅膀長而尖"                                          # 翅膀的特徵
claw_1 = "爪子是蹼狀的"                                        # 爪子的特徵
wildGoose = Geese(beak_1, wing_1, claw_1)                       # 創建大雁類別的實例
wildGoose.fly("我飛行的時候，一會兒排成個人字，一會排成個一字") # 呼叫實例方法
```

執行結果如圖 6.19 所示。

（2）創建資料成員並存取

資料成員是指在類別中定義的變數，即屬性，根據定義位置，又可以分為類別屬性和實例屬性。

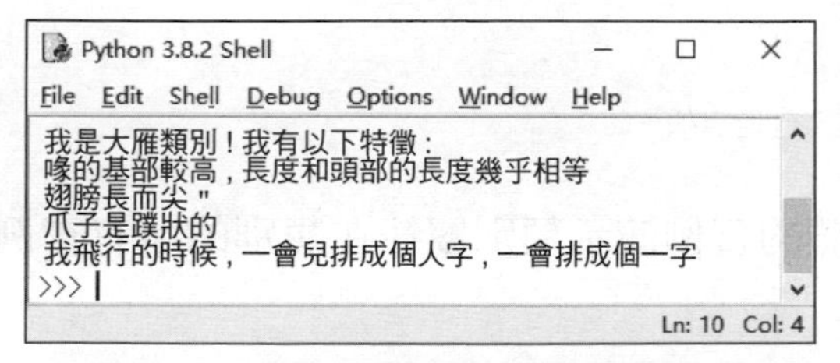

圖 6.19 創建大雁類別並定義飛行方法

☑ 類別屬性

類別屬性是指定義在類別中，並且在函數本體外的屬性。類別屬性可以在類別的所有實例之間共用值，也就是在所有實例化的物件中公用。

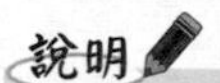

說明

類別屬性可以透過類別名稱或者實例名稱存取。

舉例來說，定義一個雁類別 Geese，在該類別中定義 3 個類別屬性，用於記錄雁類別的特徵。程式如下：

```
class Geese:
    ''' 雁類別 '''
    neck = " 脖子較長 "                                   # 定義類屬性（脖子）
    wing = " 振翅頻率高 "                                 # 定義類屬性（翅膀）
    leg = " 腿位於身體的中心支點，行走自如 "               # 定義類屬性（腿）
    def __init__(self):                                  # 實例方法（相當於建構方法）
        print(" 我屬於雁類別！我有以下特徵：")
        print(Geese.neck)                                # 輸出脖子的特徵
        print(Geese.wing)                                # 輸出翅膀的特徵
        print(Geese.leg)                                 # 輸出腿的特徵
```

創建上面的類別 Geese，然後創建該類別的實例，程式如下：

```
geese = Geese()                                          # 實例化一個雁類別的物件
```

應用上面的程式創建 Geese 類別的實例後，將顯示以下內容：

```
我是雁類別！我有以下特徵：
脖子較長
振翅頻率高
腿位於身體的中心支點，行走自如
```

下面透過一個具體的實例演示類別屬性在類別的所有實例之間共用值的應用。

情景模擬：春天來了，有一群大雁從南方返回北方。現在想要輸出每隻大雁的特徵以及大雁的數量。

【實例 6.4】創建大雁類別並定義飛行方法（程式碼範例：書附程式\Code\06\04）

在 IDLE 中創建一個檔案，然後在該檔案中定義一個雁類別 Geese，並在該類別中定義 4 個類別屬性，前 3 個用於記錄雁類別的特徵，第 4 個用於記錄實例編號，然後定義一個建構方法，在該建構方法中將記錄實例編號的類別屬性進行加 1 操作，並輸出 4 個類別屬性的值，最後透過 for 迴圈創建 4 個雁類別的實例。程式如下：

```
class Geese:
   neck = "脖子較長"                          # 類別屬性（脖子）
   wing = "振翅頻率高"                        # 類別屬性（翅膀）
   leg = "腿位於身體的中心支點，行走自如"      # 類別屬性（腿）
   number = 0                                 # 編號
   def __init__(self):                        # 建構方法
       Geese.number += 1                      # 將編號加 1
       print("\n 我是第 "+str(Geese.number)+" 隻大雁，我屬於雁類別！
我有以下特徵：")
       print(Geese.neck)                      # 輸出脖子的特徵
       print(Geese.wing)                      # 輸出翅膀的特徵
       print(Geese.leg)                       # 輸出腿的特徵
# 創建 4 個雁類別的物件（相當於有 4 隻大雁）
list1 = []
for i in range(4):                            # 迴圈 4 次
      list1.append(Geese())                   # 創建一個雁類別的實例
print(" 一共有 "+str(Geese.number)+" 隻大雁 ")
```

執行結果如圖 6.20 所示。

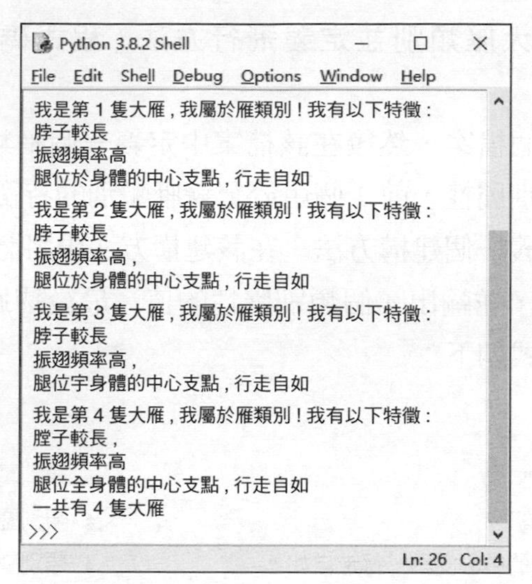

圖 6.20 透過類別屬性統計類別的實例個數

在 Python 中，除了可以透過類別名稱存取類別屬性，還可以動態地為類別和物件增加屬性。舉例來說，在實例 6.4 的基礎上為雁類別增加一個 beak 屬性，並透過類別的實例存取該屬性，可以在上面程式的後面再增加以下程式：

```
Geese.beak = "喙的基部較高，長度和頭部的長度幾乎相等"          # 增加類別屬性
print("第 2 隻大雁的喙：",list1[1].beak)                    # 存取類別屬性
```

說明

上面的程式只是以第 2 隻大雁為例進行演示，讀者也可以換成其他的大雁試試。運行後，將在原來的結果後面再顯示以下內容：

第 2 隻大雁的喙：喙的基部較高，長度和頭部的長度幾乎相等

說明

除了可以動態地為類別和物件添加屬性，也可以修改類別屬性，修改結果將作用於該類別的所有實例。

☑ 實例屬性

實例屬性是指定義在類別的方法中的屬性，只作用於當前實例中。

舉例來說，定義一個雁類別 Geese，在該類別的 __init__() 方法中定義 3 個實例屬性，用於記錄雁類別的特徵。程式如下：

```
class Geese:
 '''雁類別'''
   def __init__(self):                        # 實例方法（相當於建構方法）
       self.neck = "脖子較長"                  # 定義實例屬性（脖子）
       self.wing = "振翅頻率高"                # 定義實例屬性（翅膀）
       self.leg = "腿位於身體的中心支點，行走自如"  # 定義實例屬性（腿）
       print("我屬於雁類別！我有以下特徵：")
       print(self.neck)                        # 輸出脖子的特徵
       print(self.wing)                        # 輸出翅膀的特徵
       print(self.leg)                         # 輸出腿的特徵
```

創建上面的類別 Geese，然後創建該類別的實例。程式如下：

```
geese = Geese()                                # 實例化一個雁類別的物件
```

應用上面的程式創建 Geese 類別的實例後，將顯示以下內容：

```
我是雁類別！我有以下特徵：
脖子較長
振翅頻率高
腿位於身體的中心支點，行走自如
```

對實例屬性也可以透過實例名稱修改，與類別屬性不同，透過實例名稱修改實例屬性後，並不影響該類別的另一個實例中對應的實例屬性的值。舉例來說，定義一個雁類別，並在 __init__() 方法中定義一個實例屬性，然後創建兩個 Geese 類別的實例，並且修改第一個實例的實例屬性，最後分別輸出實例 6.3 和實例 6.4 的實例屬性。程式如下：

```
class Geese:
    def __init__(self):                    # 實例方法（相當於建構方法）
        self.neck = "脖子較長"               # 定義實例屬性（脖子）
        print(self.neck)                   # 輸出脖子的特徵
goose1 = Geese()                           # 創建 Geese 類別的實例 1
goose2 = Geese()                           # 創建 Geese 類別的實例 2
goose1.neck = "脖子沒有天鵝的長"             # 修改實例屬性
print("goose1 的 neck 屬性：",goose1.neck)
print("goose2 的 neck 屬性：",goose2.neck)
```

執行上面的程式，將顯示以下內容：

```
脖子較長
脖子較長
goose1 的 neck 屬性：脖子沒有天鵝的長
goose2 的 neck 屬性：脖子較長
```

5．存取限制

在類別的內部可以定義屬性和方法，而在類別的外部則可以直接呼叫屬性或方法來操作資料，從而隱藏了類別內部的複雜邏輯。但是 Python 並沒有對屬性和方法的存取權限進行限制。為了保證類別內部的某些屬性或方法不被外部所存取，可以在屬性或方法名稱前面增加單底線（_foo）、雙底線（__foo）或首尾加雙底線（__foo__），從而限制存取權限。其中，單底線、雙底線、首尾雙底線的作用如下：

（1）首尾雙底線表示定義特殊方法，一般是系統定義名字，如 __init__()。

（2）以單底線開頭的表示 protected（保護）類型的成員，只允許類別本身和子類別進行存取，但不能使用「from module import *」敘述匯入。

舉例來說，創建一個 Swan 類別，定義保護屬性 _neck_swan，並使用 __init__() 方法存取該屬性，然後創建 Swan 類別的實例，並透過實例名稱輸出保護屬性 _neck_swan。程式如下：

```
class Swan:
        ''' 天鵝類別 '''
        _neck_swan = ' 天鵝的脖子很長 '            # 定義私有屬性
        def __init__(self):
                print("__init__():", Swan._neck_swan)# 在實例方法中存取私有屬性
swan = Swan()                                      # 創建 Swan 類別的實例
print(" 直接存取 :" , swan._neck_swan)             # 保護屬性可以透過實例名稱存取
```

執行上面的程式，將顯示以下內容：

```
__init__(): 天鵝的脖子很長
直接存取 : 天鵝的脖子很長
```

從上面的執行結果可以看出，保護屬性可以透過實例名稱存取。

（3）雙底線表示 private（私有）類型的成員，只允許定義該方法的類別本身進行存取，而且也不能透過類別的實例進行存取，但是可以透過「類別的實例名稱._ 類別名 __×××」方式存取。

舉例來說，創建一個 Swan 類別，定義私有屬性 __neck_swan，並使用 __init__() 方法存取該屬性，然後創建 Swan 類別的實例，並透過實例名稱輸出私有屬性 __neck_swan。程式如下：

```
class Swan:
        __neck_swan = ' 天鵝的脖子很長 '                 # 定義私有屬性
        def __init__(self):
              print("__init__():", Swan.__neck_swan) # 在實例方法中存取私有屬性
swan = Swan()                                           # 創建 Swan 類別的實例
print(" 加入類別名 :" , swan._Swan__neck_swan)
                                   # 私有屬性，可以透過 " 實例名稱 ._ 類別名 __
xxx"
方式存取
print(" 直接存取 :" , swan.__neck_swan)          # 私有屬性不能透過實例名稱存取，出錯
```

執行上面的程式後，將輸出如圖 6.21 所示的結果。

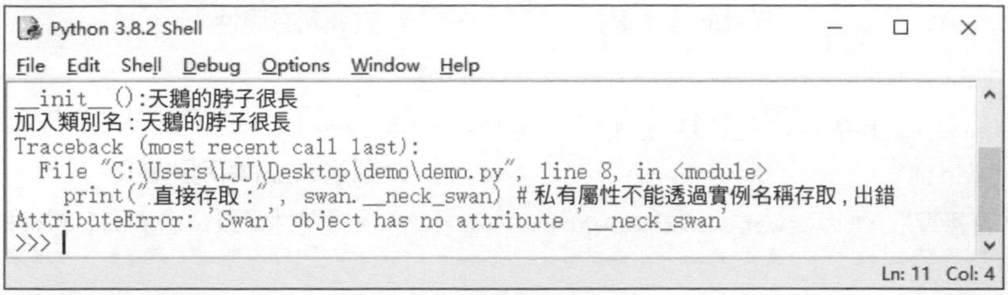

```
Python 3.8.2 Shell
File Edit Shell Debug Options Window Help
__init__():天鵝的脖子很長
加入類別名：天鵝的脖子很長
Traceback (most recent call last):
  File "C:\Users\LJJ\Desktop\demo\demo.py", line 8, in <module>
    print("直接存取：", swan.__neck_swan) # 私有屬性不能透過實例名稱存取，出錯
AttributeError: 'Swan' object has no attribute '__neck_swan'
>>> |
Ln: 11 Col: 4
```

圖 6.21 存取私有屬性

從上面的執行結果可以看出：私有屬性不能直接透過實例名稱＋屬性名稱存取，可以在類別的實例方法中存取，也可以透過「實例名稱._ 類別名__×××」方式存取。

6.3 小結

本章主要對 Python 物件導向程式設計的基礎知識進行了講解，包含函數的定義及使用、物件導向的基本概念、類別的定義及使用等。本章所講解的只是物件導向程式設計的基礎知識，要想真正明白物件導向思想，必須要注意平時多動腦思考、多動手實踐、多累積等。

07

創建第一個 PyQt5 程式

設計 PyQt5 視窗程式需要使用 Qt Designer 設計器，本章將首先帶領大家認識 PyQt5 中常見的幾種視窗類型，並熟悉 Qt Designer 設計器的視窗區域；然後詳細講解使用 Qt Designer 設計 PyQt5 視窗程式的完整過程。

7.1 認識 Qt Designer

Qt Designer，中文名稱為 Qt 設計師，它是一個強大的視覺化 GUI 設計工具，透過使用 Qt Designer 設計 GUI 程式介面，可以大大提高開發效率，本節先對 Qt Designer 及其支持的幾種視窗類型介紹。

7.1.1 幾種常用的視窗類型

按照 3.2.2 節的步驟在 PyCharm 開發工具中設定完 Qt Designer 後，即可透過 PyCharm 開發工具中的「External Tools」（擴充工具）選單方便地打開 Qt Designer，步驟如下。

（1）在 PyCharm 的功能表列中依次選擇「Tools」→「External Tools」→「Qt Designer」選單，如圖 7.1 所示。

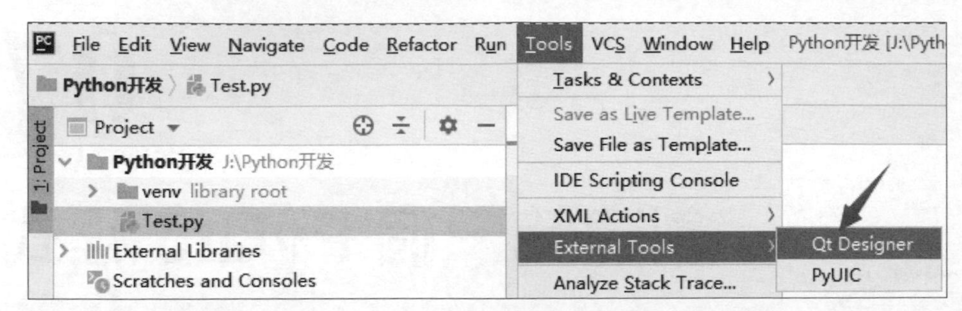

圖 7.1 在 PyCharm 選單中選擇 "Qt Designer" 選單

除了在 PyCharm 中透過擴充工具打開 Qt Designer 設計器，還可以透過可執行檔打開，Qt Designer 的可執行檔安裝在當前虛擬環境下的 "Lib\site-packages\QtDesigner" 路徑下，名稱為 designer.exe，透過雙擊該檔案，也可以打開 Qt Designer 設計器。

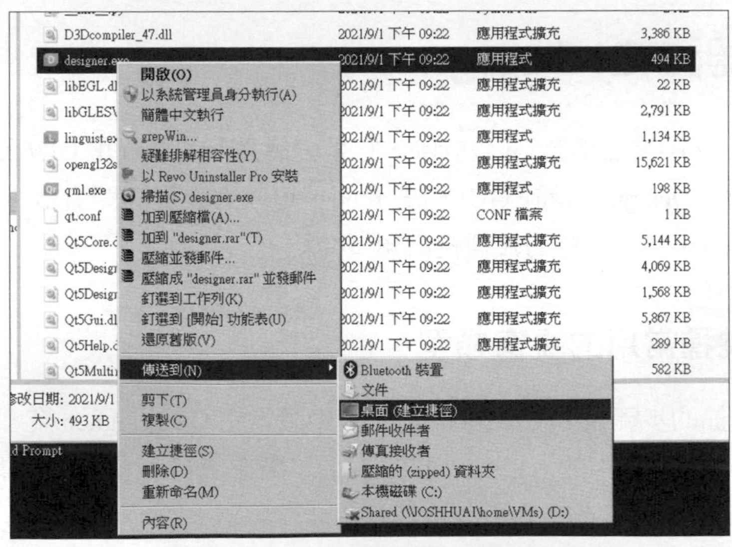

圖 7.2 創建 Qt Designer 的桌面捷徑

（2）打開 Qt Designer 設計器，並顯示「新建表單」視窗，該視窗中以列表形式列出 Qt 支持的幾種視窗類型，分別如下。

☑ Dialog with Buttons Bottom：按鈕在底部的對話方塊視窗，效果如圖 7.3 所示。

☑ Dialog with Buttons Right：按鈕在右上角的對話方塊視窗，效果如圖 7.4 所示。

☑ Dialog without Buttons：沒有按鈕的對話方塊視窗，效果如圖 7.5 所示。

☑ Main Window：一個帶選單、停駐視窗和狀態列的主視窗，效果如圖 7.6 所示。

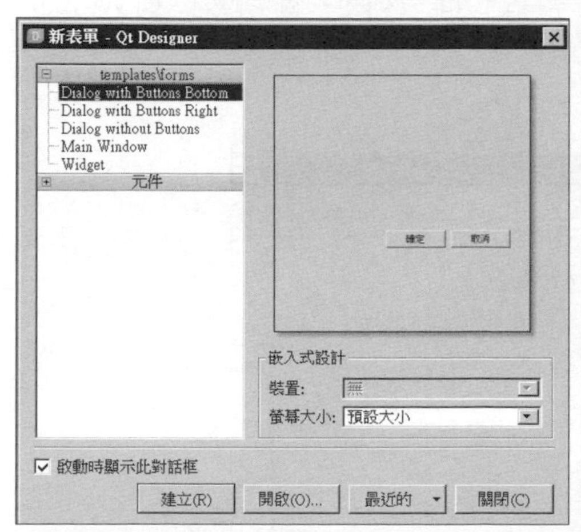

圖 7.3 Dialog with Buttons Bottom 視窗及預覽效果

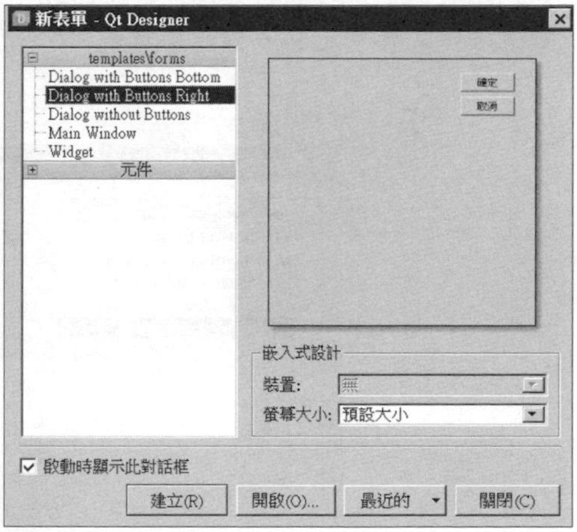

圖 7.4 Dialog with Buttons Right 視窗及預覽效果

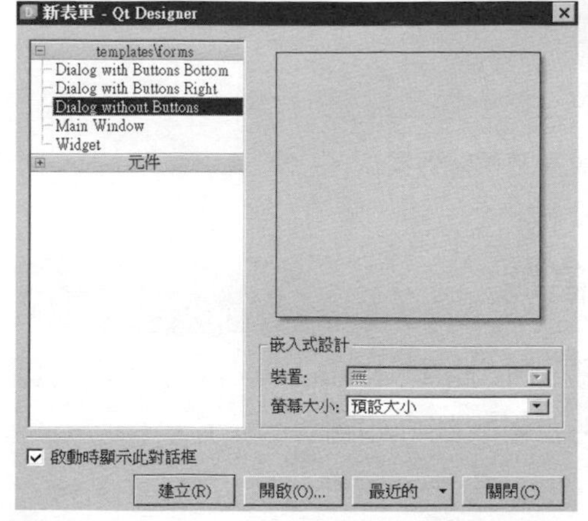

圖 7.5 Dialog without Buttons 視窗及預覽效果

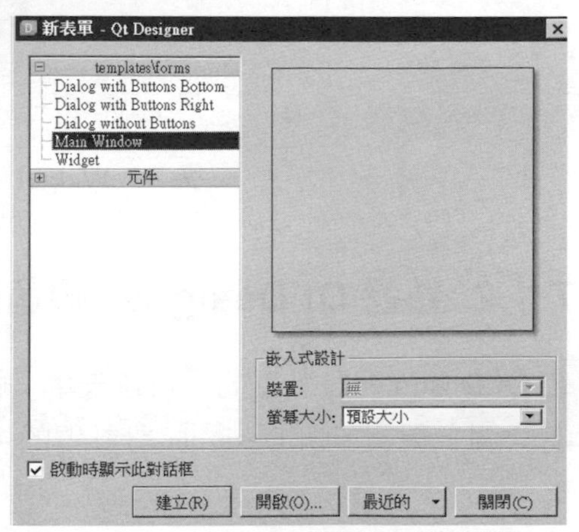

圖 7.6 Main Window 視窗及預覽效果

說明

Main Window 視窗是使用 PyQt5 設計 GUI 程式時最常用的視窗，本書所有案例都將以創建 Main Window 視窗為基礎進行講解。

☑ Widget：通用視窗，效果如圖 7.7 所示。

說明

如圖 7.6 和圖 7.7 所示，Widget 視窗和 Main Window 視窗看起來是一樣的，但它們其實是有區別的，Main Window 視窗會附帶一個功能表列和一個狀態列，而 Widget 視窗沒有，預設就是一個空視窗。

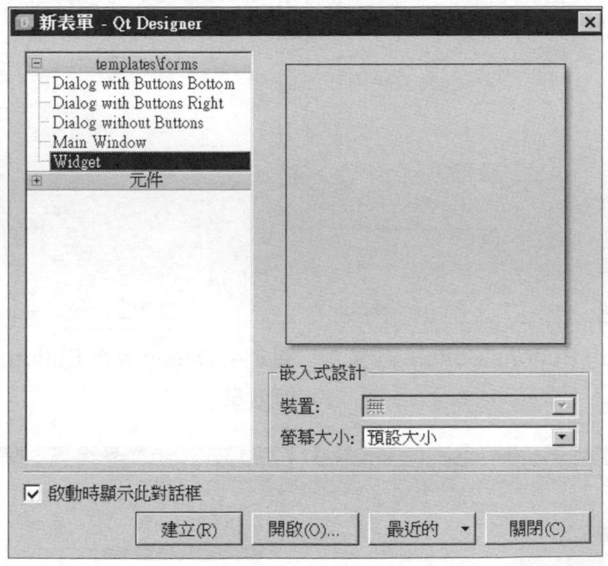

圖 7.7 Widget 視窗及預覽效果

7.1.2 熟悉 Qt Designer 視窗區域

在 Qt Designer 設計器的「新建表單」視窗中選擇「Main Window」，即可創建一個主視窗，Qt Designer 設計器的主要組成部分如圖 7.8 所示。

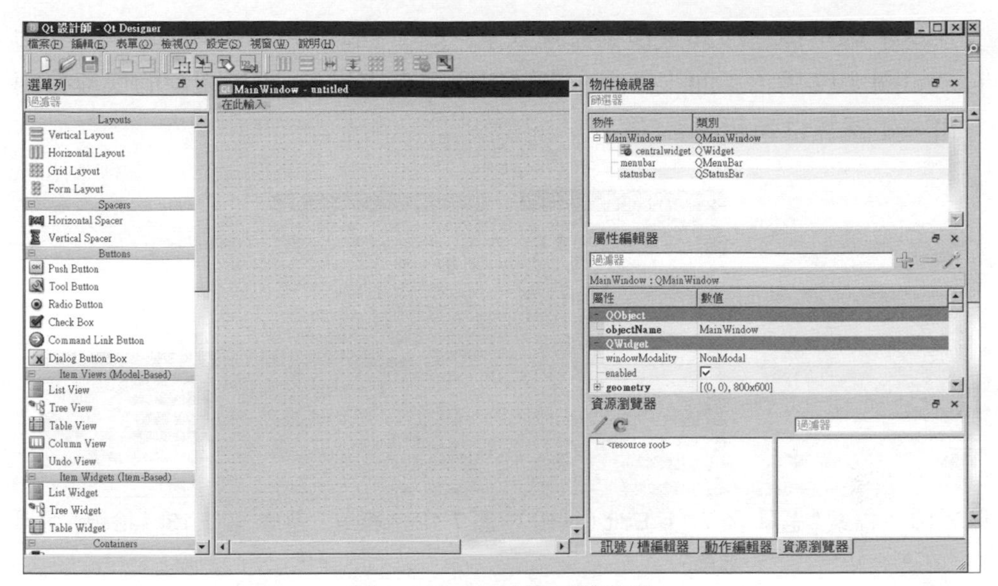

圖 7.8 Qt Designer 設計器

下面對 Qt Designer 設計器的主要區域介紹。

1．功能表列

功能表列顯示了所有可用的 Qt 命令，Qt Designer 的功能表列如圖 7.9 所示。

檔案(F) 編輯(E) 表單(O) 檢視(V) 設定(S) 視窗(W) 說明(H)

圖 7.9 Qt Designer 的功能表列

在 Qt Designer 的功能表列中，最常用的是前面 4 個選單，即「檔案」「Edit（編輯）」「表單」和「檢視」，其中，「檔案」選單主要提供基本的「新建」「保存」「關閉」等功能選單，如圖 7.10 所示；「Eidt（編輯）」選單除了提供正常的「複製」「貼上」「刪除」等操作外，還提供了特定於 Qt 的幾個選單，即「編輯視窗部件」「編輯訊號 / 槽」「編輯夥伴」「編輯 Tab 順序」，這 4 個選單主要用來切換 Qt 視窗的設計狀態，「Eidt（編輯）」選單如圖 7.11 所示。

「表單」選單提供佈局及預覽表單效果、C++ 程式和 Python 程式相關的功能，如圖 7.12 所示；而「檢視」選單主要用來提供 Qt 常用視窗的快捷打開方式，如圖 7.13 所示。

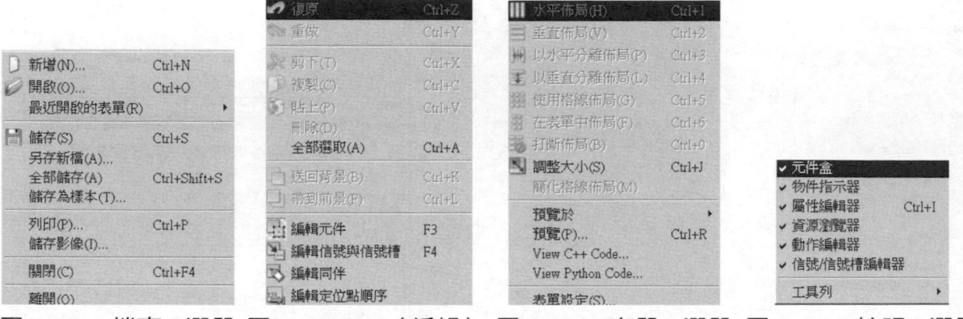

圖 7.10 "檔案"選單　圖 7.11 Edit（編輯）選單　圖 7.12 "表單"選單　圖 7.13 "檢視"選單

2．工具列

為了操作更方便、快捷，將選單項中常用的命令放入了工具列。透過工具列可以快速地存取常用的選單命令，Qt Designer 的工具列如圖 7.14 所示。

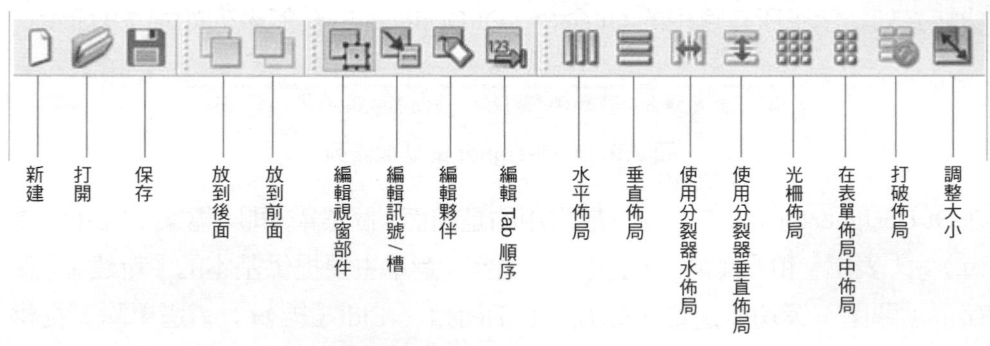

圖 7.14 Qt Designer 的工具列

3．工具箱

工具箱是 Qt Designer 最常用、最重要的視窗，每一個開發人員都必須對這個視窗非常熟悉。工具箱提供了進行 PyQt5 GUI 介面開發所必需的控制項。透過工具箱，開發人員可以方便地進行視覺化的表單設計，簡化程式設計的工作量，提高工作效率。根據控制項功能的不同，工具箱分為 8 類，如圖 7.15 所示，展開每個分類，都可以看到各個分類下包含的控制項，如圖 7.16 所示。

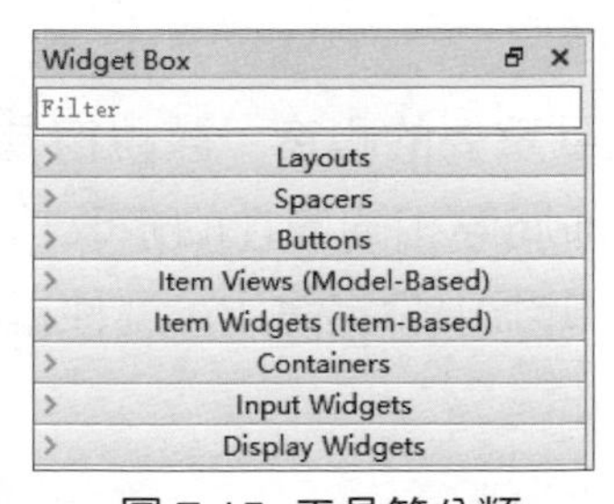

圖 7.15 工具箱分類

圖 7.16 每個分類包含的控制項

> **說明**
> 在設計 GUI 介面時，如果需要使用某個控制項，可以在工具箱中選中需要的控制項，直接將其拖放到設計視窗的指定位置。

4．視窗設計區域

視窗設計區域是 GUI 介面的視覺化顯示視窗，任何對視窗的改動，都可以在該區域即時顯示出來，舉例來說，圖 7.17 所示是一個預設的 MainWindow 視窗，該視窗中包含一個預設的選單和一個狀態列。

圖 7.17 視窗設計區

5．物件檢視器

物件檢視器主要用來查看設計視窗中放置的物件列表，如圖 7.18 所示。

6．屬性編輯器

屬性編輯器是 Qt Designer 中另一個常用並且重要的視窗，該視窗為 PyQt5 設計的 GUI 介面提供了對視窗、控制項和佈局等相關屬性的修改功能。設計視窗中的各個控制項屬性都可以在屬性編輯器中設定完成，屬性編輯器視窗如圖 7.19 所示。

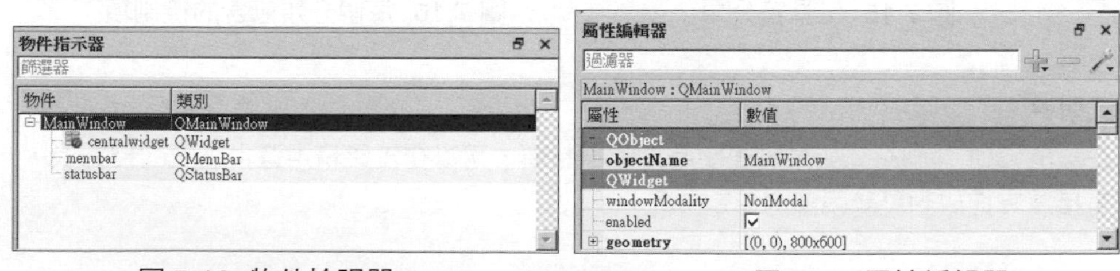

圖 7.18 物件檢視器　　　　圖 7.19 屬性編輯器

7．訊號 / 槽編輯器

訊號 / 槽編輯器主要用來編輯控制項的訊號和槽函數，另外，也可以為控制項增加自訂的訊號和槽函數，效果如圖 7.20 所示。

8．動作編輯器

動作編輯器主要用來對控制項的動作進行編輯，包括提示文字、圖示及圖示主題、快速鍵等，如圖 7.21 所示。

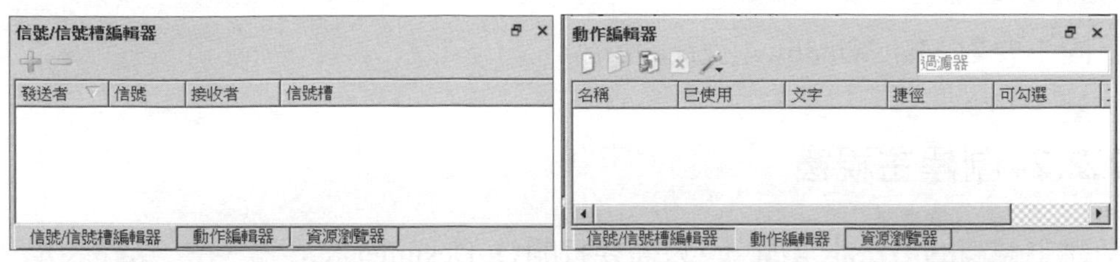

圖 7.20 訊號 / 槽編輯器　　圖 7.21 動作編輯器

9．資源瀏覽器

在資源瀏覽器中，開發人員可以為控制項增加圖片（如 Label、Button 等的背景圖片）、圖示等資源，如圖 7.22 所示。

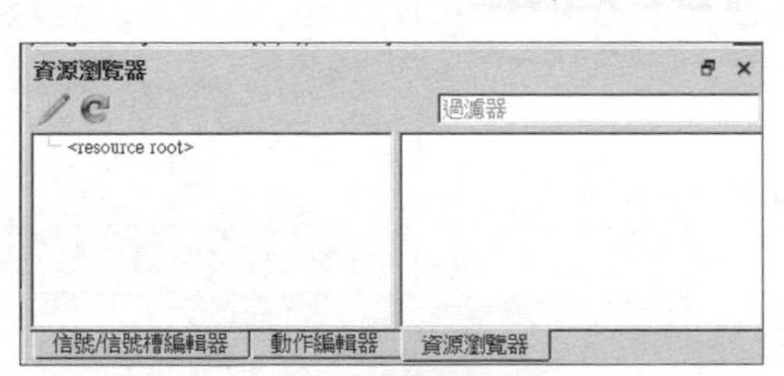

圖 7.22 資源瀏覽器

7.2 使用 Qt Designer 創建視窗

7.2.1 MainWindow 介紹

PyQt5 中有 3 種最常用的視窗，即 MainWindow、Widget 和 Dialog，它們的說明如下。

☑ MainWindows：主視窗，主要提供給使用者一個帶有功能表列、工具列和狀態列的視窗。

☑ Widget：通用視窗，在 PyQt5 中，沒有嵌入到其他控制項中的控制項都稱為視窗。

☑ Dialog：對話方塊視窗，主要用來執行短期任務，或與使用者進行互動，沒有功能表列、工具列和狀態列。

下面主要對 MainWindow 主視窗介紹。

7.2.2 創建主視窗

創建主視窗的方法非常簡單，只需要打開Qt Designer設計器，在「新建表單」中選擇 MainWindow 選項，然後點擊「創建」按鈕即可，如圖 7.23 所示。

圖 7.23 創建主視窗

7.2.3 設計主視窗

創建完主視窗後，主視窗中預設只有一個功能表列和一個狀態列，我們要設計主視窗，只需要根據自己的需求，在左側的「Widget Box」工具箱中選中對應的控制項，然後按住滑鼠左鍵，將其拖放到主視窗中的指定位置即可，操作如圖 7.24 所示。

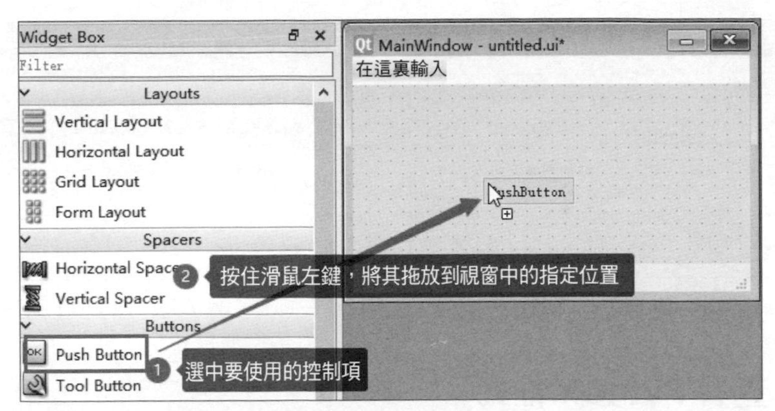

圖 7.24 設計主視窗

7.2.4 預覽視窗效果

Qt Designer 設計器提供了預覽視窗效果的功能，可以預覽設計的視窗在實際執行時期的效果，以便根據該效果進行調整設計。具體使用方式為：在 Qt Designer 設計器的功能表列中選擇「表單」→「預覽於」選項，然後分別選擇對應的選單項即可，這裡提供了 3 種風格的預覽方式，如圖 7.25 所示。

以上 3 種風格的預覽效果分別如圖 7.26 ～圖 7.28 所示。

圖 7.25 選擇預覽視窗的選單

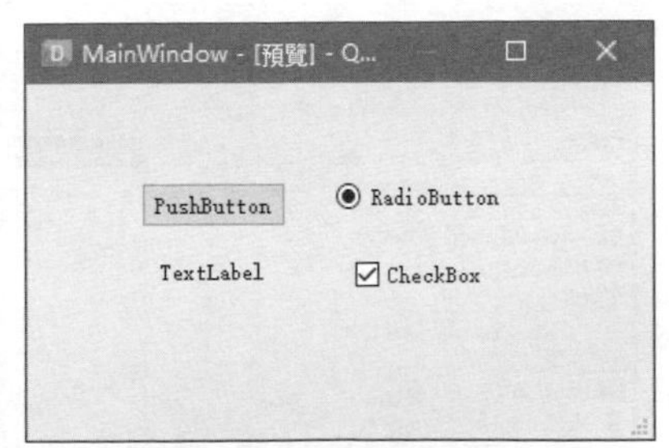

圖 7.26 windowsvista 風格

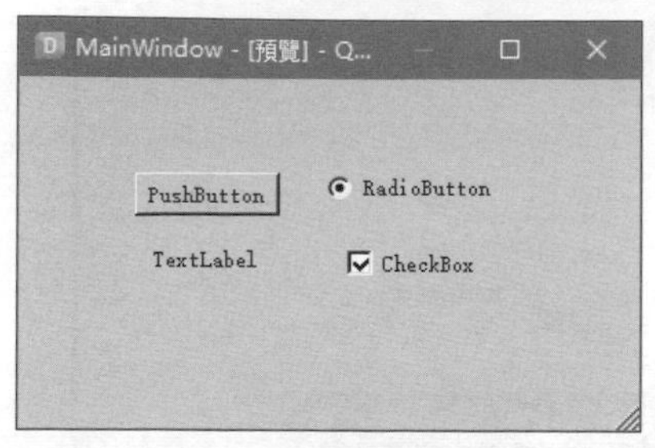

圖 7.27 Windows 風格

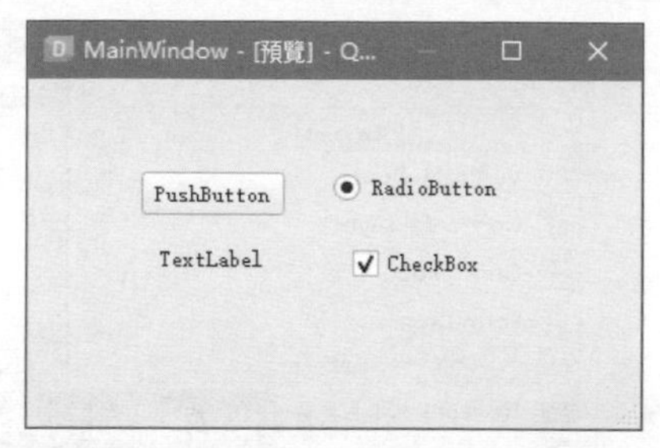

圖 7.28 Fusion 風格

7.2.5 查看 Python 程式

設計完視窗之後，可以直接在 Qt Designer 設計器中查看其對應的 Python 程式，方法是選擇功能表列中的「表單」→「View Python Code」選單，如圖 7.29 所示。

出現一個顯示當前視窗對應 Python 程式的表單，如圖 7.30 所示，可以直接點擊表單工具列中的「複製全部」按鈕，將所有程式複製到 Python 開發工具（如 PyCharm）中進行使用。

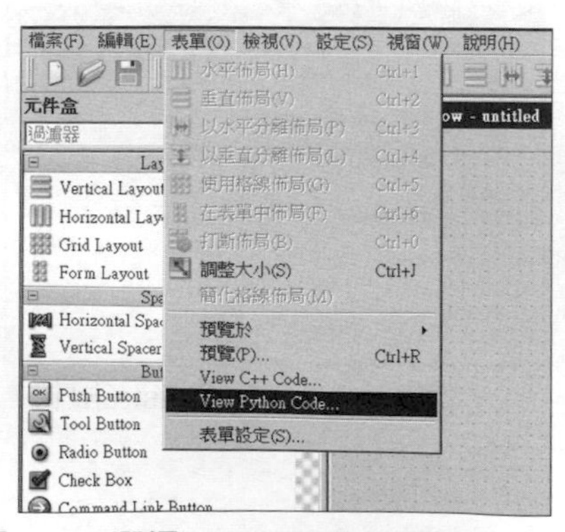

圖 7.29 選擇 "View Python Code" 選單

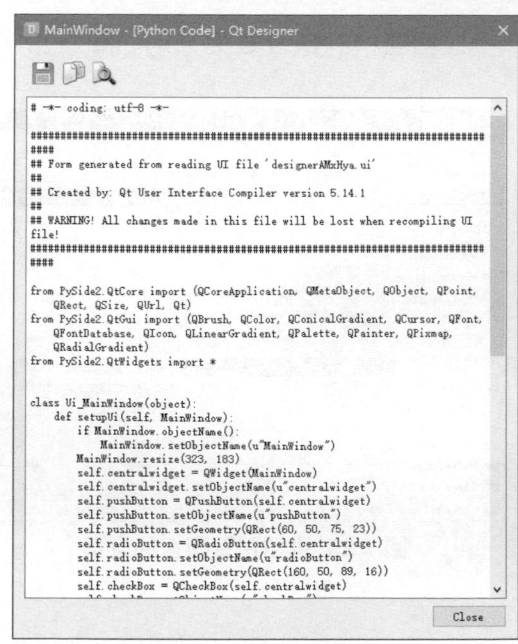

圖 7.30 查看 PyQt5 視窗對應的 Python 程式

7.2.6 將 .ui 檔案轉為 .py 檔案

在 3.2.2 節中，我們設定了將 .ui 檔案轉為 .py 檔案的擴充工具 PyUIC，在 Qt Designer 視窗中就可以使用該工具將 .ui 檔案轉為對應的 .py 檔案，步驟如下。

（1）首先在 Qt Designer 設計器視窗中設計完的 GUI 視窗中，按 Ctrl + S 快速鍵，將表單 UI 保存到指定路徑下，這裡我們直接保存到創建的 Python 專案中。

（2）在 PyCharm 的專案導航視窗中選擇保存的 .ui 檔案，然後選擇功能表列中的「Tools」→「External Tool」→「PyUIC」選單，如圖 7.31 所示。

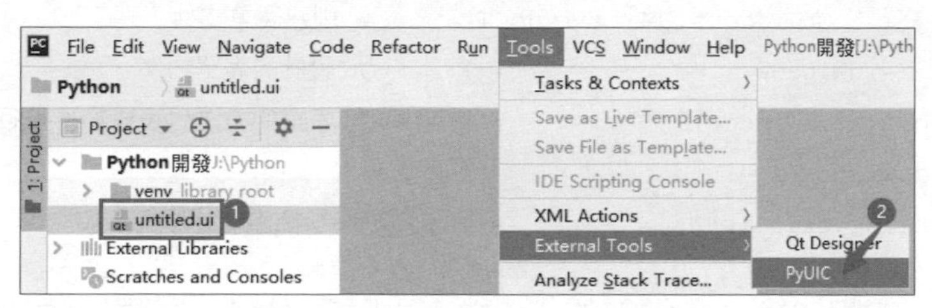

圖 7.31 在 PyCharm 中選擇 .ui 檔案，並選擇 "PyUIC" 選單

（3）自動將選中的 .ui 檔案轉為名稱相同的 .py 檔案，雙擊即可查看程式，如圖 7.32 所示。

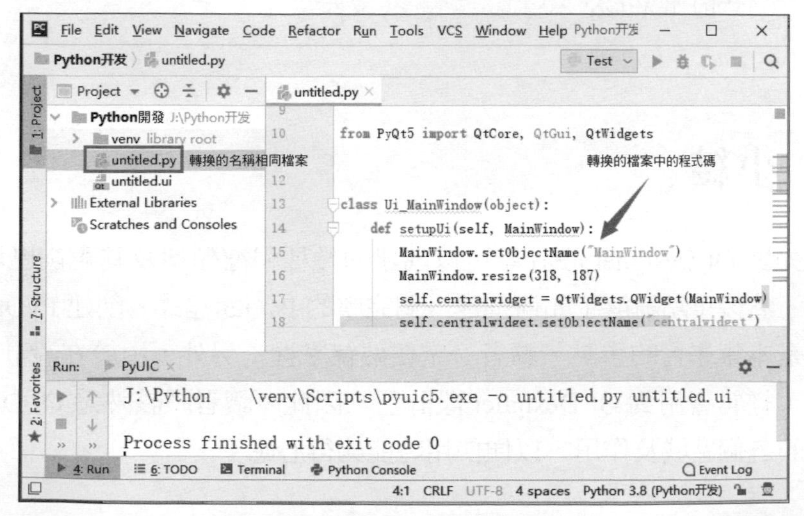

圖 7.32 轉換成的 .py 檔案及程式

7.2.7 執行主視窗

透過上面的步驟，已經將在 Qt Designer 中設計的表單轉為了 .py 指令檔，但還不能執行，因為轉換後的檔案程式中沒有程式入口，因此需要透過判斷名稱是否為 __main__ 來設定程式入口，並在其中透過 MainWindow 物件的 show() 函數來顯示視窗。程式如下：

```
import sys
# 程式入口，程式從此處啟動 PyQt 設計的表單
if __name__ == '__main__':
    app = QtWidgets.QApplication(sys.argv)
    MainWindow = QtWidgets.QMainWindow()       # 創建表單物件
    ui = Ui_MainWindow()                      # 創建 PyQt 設計的表單物件
    ui.setupUi(MainWindow)                    # 呼叫 PyQt 表單的方法對表單物件進行初始化設定
    MainWindow.show()                         # 顯示表單
    sys.exit(app.exec_())                     # 程式關閉時退出處理程序
```

增加完上面的程式後，在當前的 .py 檔案中點擊右鍵，在彈出的快顯功能表中選擇 Run 'untitled'，即可執行。

Run 'untitled' 中的 "untitled" 不固定，它是 .py 文件名 。

7.3 小結

本章首先對 Qt Designer 設計器可以創建的幾種視窗類型及其視窗區域進行了介紹，然後重點講解了如何創建一個完整的 PyQt5 程式。創建 PyQt5 程式的步驟是本章學習的重點，讀者一定要熟練掌握；另外，由於在設計 PyQt5 程式時，經常會用到 Qt Designer 設計器，因此，讀者應該熟悉 Qt Designer 設計器的各個區域及作用，以便使用時能夠得心應手。

08

PyQt5 視窗設計基礎

PyQt5 視窗是向使用者展示資訊的視覺化介面，它是 GUI 程式的基本單元。視窗都有自己的特徵，可以透過 Qt Designer 視覺化編輯器進行設定，也可以透過程式進行設定。本章將對 PyQt5 視窗程式設計的基礎進行講解，包括視窗的個性化設定、PyQt5 中的訊號與槽機制，以及多視窗的設計等。

8.1 熟悉視窗的屬性

PyQt5 視窗創建完成後，可以在 Qt Designer 設計器中透過屬性對視窗進行設定，表 8.1 列出了 PyQt5 視窗常用的一些屬性及說明。

表 8.1 PyQt5 視窗常用屬性及說明

屬性	說明
objectName	視窗的唯一標識，程式透過該屬性呼叫視窗
gemmetry	使用該屬性可以設定視窗的寬度和高度
windowTitle	標題列文字
windowIcon	視窗的標題列圖示
windowOpacity	視窗的透明度，設定值範圍為 0 ～ 1

屬性	說明
windowModality	視窗樣式，可選值有 NonModal、WindowModal 和 ApplicationModal
enabled	視窗是否可用
mininumSize	視窗最小化時的大小，預設為 0×0
maximumSize	視窗最大化時的大小，預設為 16777215×16777215
palette	視窗的色票面板，可以用來設定視窗的背景
font	設定視窗的字型，包括字型名稱、字型大小、是否為粗體、是否為斜體、是否為有底線、是否有刪除線等
cursor	視窗的滑鼠樣式
contextMenuPolicy	視窗的快顯功能表樣式
acceptDrops	是否接受拖放操作
toolTip	視窗的提示文字
toolTipDuration	視窗提示文字的顯示間隔
statusTip	視窗的狀態提示
whatsThis	視窗的 " 這是什麼 " 提示
layoutDirection	視窗的佈局方式，可選值有 LeftToRight、RightToLeft 和 LayoutDirectionAuto
autoFillBackground	是否自動填充背景
styleSheet	設定視窗樣式，可以用來設定視窗的背景
locale	視窗國際化設定
iconSize	視窗標題列圖示的大小
toolButtonStyle	視窗中的工具列樣式，預設值為 ToolButtonIconOnly，表示預設工具列中只顯示圖示，使用者可以更改為只顯示文字，或同時顯示文字和圖示
dockOptions	停駐選項
unifiedTitleAndToolBarOnMac	在 Mac 系統中是否可以定義標題和工具列

接下來對如何使用屬性對視窗進行個性化設定進行講解。

8.2 對視窗進行個性化設定

8.2.1 基本屬性設定

視窗包含一些基本的組成要素，如物件名稱、圖示、標題、位置和背景等，這些要素可以透過視窗的「屬性編輯器」視窗進行設定，也可以透過程式實現。下面詳細介紹視窗的常見屬性設定。

1・設定視窗的物件名稱

視窗的物件名稱相當於視窗的標識，是唯一的。編寫程式時，對視窗的任何設定和使用都是透過該名稱來操作的。在 Qt Designer 設計器中，視窗的物件名稱是透過「屬性編輯器」中的 objectName 屬性來設定的，預設名稱為 MainWindow，如圖 8.1 所示，使用者可以根據實際情況更改，但要保證在當前視窗中唯一。

除了可以在 Qt Designer 設計器的屬性編輯器中修改之外，還可以透過 Python 程式進行設定，設定時需要使用 setObjectName() 函數。使用方法如下：

圖 8.1 透過 objectName 屬性設定視窗的物件名稱

```
MainWindow.setObjectName("MainWindow")
```

2・設定視窗的標題列名稱

在視窗的屬性中，透過 windowTitle 屬性設定視窗的標題列名稱，標題列名稱就是顯示在視窗標題上的文字，windowTitle 屬性設定及視窗標題列預覽效果分別如圖 8.2 和圖 8.3 所示。

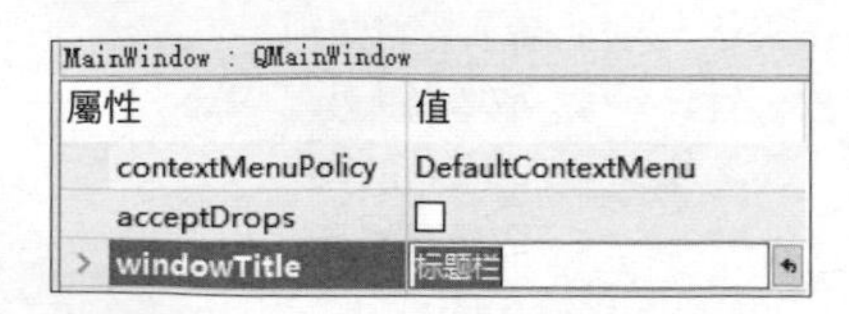

圖 8.2 windowTitle 屬性設定

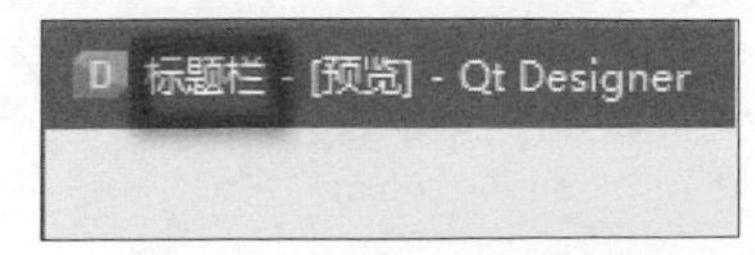

圖 8.3 視窗標題列預覽效果

在 Python 程式中使用 setWindowTitle() 函數也可以設定視窗標題列。程式如下：

```
MainWindow.setWindowTitle(_translate("MainWindow", "標題列"))
```

3．修改視窗的大小

說明

> 在設置視窗的大小時，其值只能是整數，不能是小數。

在視窗的屬性中，透過展開 geometry 屬性，可以設定視窗的大小。修改視窗的大小，只需更改寬度和高度的值即可，如圖 8.4 所示。

∨ geometry	[(0, 0), 252 x 100]
X	0
Y	0
寬度	252
高度	100

圖 8.4 透過 geometry 屬性修改視窗的大小

在 Python 程式中使用 resize() 函數也可以設定視窗的大小。程式如下：

```
MainWindow.resize(252, 100)
```

技巧

PyQt5 視窗執行時期，預設置中顯示在螢幕中，如果想自訂 PyQt5 視窗的顯示位置，可以根據視窗大小和螢幕大小來進行設置，其中，視窗的大小使用 geometry() 方法即可獲取到，而獲取螢幕大小可以使用 QDesktopWidget 類別的 screenGeometry() 方法，QDesktopWidget 類是 PyQt5 中提供的一個與螢幕相關的類，其 screenGeometry() 方法用來獲取螢幕的大小。例如，下面程式用來獲取當前螢幕的大小（包括寬度和高度）：

```
from PyQt5.QtWidgets import QDesktopWidget      # 導入螢幕類別
screen=QDesktopWidget().screenGeometry()        # 取螢幕大小
width=screen.width()                            # 取螢幕的寬
height=screen.height()                          # 取螢幕的高
```

8.2.2 更換視窗的圖示

增加一個新的視窗後，視窗的圖示是系統預設的 QT 圖示。如果想更換視窗的圖示，可以在「屬性編輯器」中設定視窗的 windowIcon 屬性，系統預設圖示和更換後的新圖示如圖 8.5 所示。

圖 8.5 系統預設圖示與更換後的新圖示

更換視窗圖示的過程非常簡單，具體操作如下。

（1）選中視窗，然後在「屬性編輯器」中選中 windowIcon 屬性，會出現按鈕，如圖 8.6 所示。

（2）點擊按鈕，在下拉清單中選擇「選擇檔案」選單，如圖 8.7 所示。

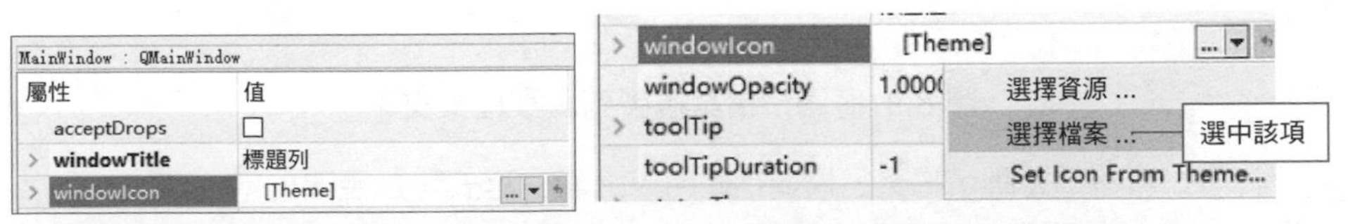

圖 8.6 視窗的 windowIcon 屬性　　圖 8.7 選擇「選擇檔案」選單

（3）彈出「選擇一個像素映射」對話方塊，在該對話方塊中選擇新的圖示檔案，點擊「打開」按鈕，將選擇的圖示檔案作為視窗的圖示，如圖 8.8 所示。

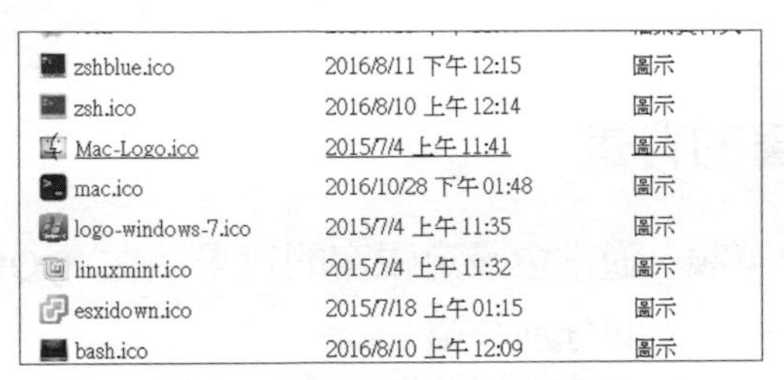

圖 8.8 選擇圖示檔案的視窗

透過上面的方式修改視窗圖示對應的 Python 程式如下：

```
icon = QtGui.QIcon()
icon.addPixmap(QtGui.QPixmap("K:/F 磁碟 / 例圖 / 圖示 /32×32 ( 像素 ) /ICO/ 圖示 (7).
ico"), QtGui.QIcon.
Normal, QtGui.QIcon.Off)
MainWindow.setWindowIcon(icon)
```

技巧

透過上面程式可以看出，使用選擇圖示檔案的方式設置視窗圖示時，使用的是圖示的絕對路徑，這樣做的缺點是，如果使用者使用你的程式時，沒有上面的路徑，就無法正常顯示，那麼如何解決該問題呢？可以將要使用的圖示檔案複製到專案的目錄下，如圖 8.9 所示。

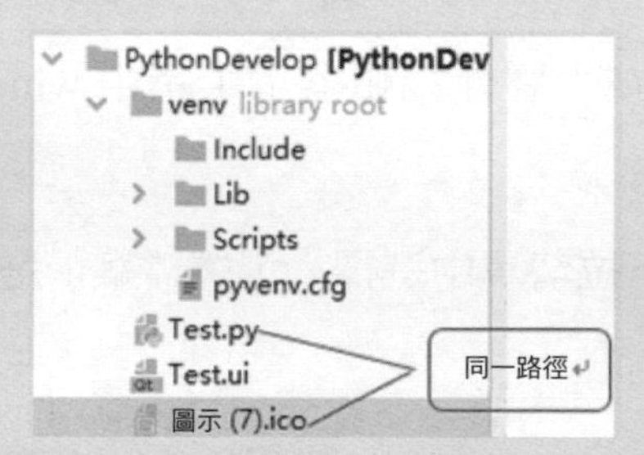

圖 8.9 將圖示檔案複製到專案檔案夾下

這時就可以直接透過圖示檔案名稱進行使用，上面的程式可以更改如下：

```
icon = QtGui.QIcon()
icon.addPixmap(QtGui.QPixmap(" 圖示 (7).ico"), QtGui.QIcon.Normal, QtGui.
QIcon.Off)
MainWindow.setWindowIcon(icon)
```

8.2.3 設定視窗的背景

為使視窗設計更加美觀，通常會設定視窗的背景，在 PyQt5 中設定視窗的背景有 3 種常用的方法，下面分別介紹。

1．使用 setStyleSheet() 函數設定視窗背景

使用 setStyleSheet() 函數設定視窗背景時，需要以 background-color 或 border-image 的方式來進行設定，其中 background-color 可以設定視窗背景顏色，而 border-image 可以設定視窗背景圖片。

使用 setStyleSheet() 函數設定視窗背景顏色的程式如下：

```
MainWindow.setStyleSheet("#MainWindow{background-color:red}")
```

效果如圖 8.10 所示。

圖 8.10 使用 setStyleSheet() 函數設定視窗背景顏色

說明

使用 setStyleSheet() 函數設置視窗背景色之後，視窗中的控制項會繼承視窗的背景色，如果想要為控制項設置背景圖片或者圖示，需要使用 setPixmap() 或者 setIcon() 函數來完成。

使用 setStyleSheet() 函數設定視窗背景圖片時，首先需要存在要作為背景的圖片檔案，因為程式中需要用到圖片的路徑，這裡將圖片檔案放在與 .py 檔案同一目錄層級下的 image 資料夾中，存放位置如圖 8.11 所示。

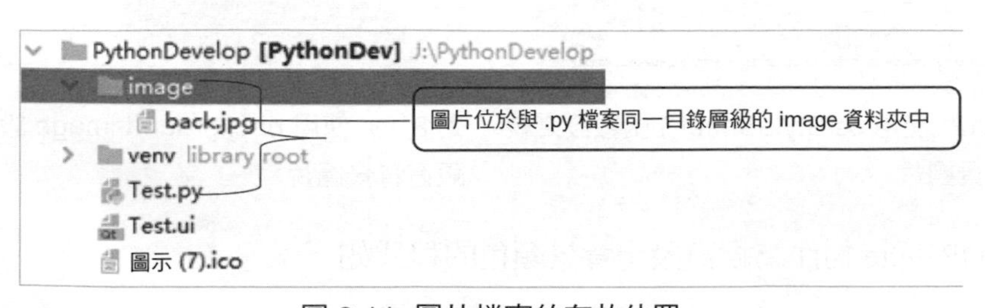

圖 8.11 圖片檔案的存放位置

存放完圖片檔案後，接下來就可以使用 setStyleSheet() 函數設定視窗的背景圖片了。程式如下：

```
MainWindow.setStyleSheet("#MainWindow{border-image:url(image/back.jpg)}")
# 設定背景圖片
```

效果如圖 8.12 所示。

說明

除了在 setStyleSheet() 函數中使用 border-image 方式設置視窗背景圖片外，還可以使用 background-image 方式設置，但使用這種方式設置的背景圖片會延展顯示。程式如下：

```
MainWindow.setStyleSheet("#MainWindow{background-image:url(image/back.jpg)}")
                                                              # 設置背景圖片
```

使用 background-image 方式設定的視窗背景圖片效果如圖 8.13 所示。

2．使用 QPalette 設定視窗背景

QPalette 類別是 PyQt5 提供的色票面板，專門用於管理控制項的外觀顯示，每個視窗和控制項都包含一個 QPalette 物件。透過 QPalette 物件的 setColor() 函數可以設定顏色，而透過該物件的 setBrush() 函數可以設定圖片，最後使用 MainWindow 物件的 setPalette() 函數即可為視窗設定背景圖片或背景。

圖 8.12 使用 setStyleSheet() 函數設定視窗背景圖片

圖 8.13 使用 background-image 設定的視窗背景圖片

使用 QPalette 物件為視窗設定背景顏色的程式如下：

```
MainWindow.setObjectName("MainWindow")
palette=QtGui.QPalette()
palette.setColor(QtGui.QPalette.Background,Qt.red)
MainWindow.setPalette(palette)
```

說明

使用 Qt.red 時，需要使用下面的程式匯入 Qt 模組：

from PyQt5.QtCore import Qt

執行效果與使用 setStyleSheet() 函數設定視窗背景顏色的效果一樣，如圖 8.10 所示。

使用 QPalette 物件為視窗設定背景圖片的程式如下：

```
# 使用 QPalette 設定視窗背景圖片
MainWindow.resize(252, 100)
palette = QtGui.QPalette()
palette.setBrush(QtGui.QPalette.Background, QBrush(QPixmap("./image/back.
jpg")))
MainWindow.setPalette(palette)
```

說明

上面程式中用到了 QBrush 和 QPixmap，因此需要進行匯入。程式如下：

from PyQt5.QtGui import QBrush,QPixmap

使用 QPalette 物件為視窗設定背景圖片的效果如圖 8.14 所示。

技巧

觀察圖 8.14，發現背景圖片沒有顯示全，這是因為在使用 QPalette 物件為視窗設置背景圖片時，預設是延展顯示的，那麼，如何使背景圖片能夠自動適應視窗的大小呢？想要使圖片能夠自動適應視窗的大小，需要在設置背景時，對 setBrush() 方法中的 QPixmap 物件參數進行設置，具體設置方法是在生成 QPixmap 視窗背景圖物件參數時，使用視窗大小、QtCore.Qt.IgnoreAspectRatio 值和 QtCore.Qt.SmoothTransformation 值進行設置。關鍵程式如下：

```
# 使用 QPalette 設置視窗背景圖片（自動適應視窗大小）
MainWindow.resize(252, 100)
palette = QtGui.QPalette()
palette.setBrush(MainWindow.backgroundRole(), QBrush(
    QPixmap("./image/back.jpg").scaled(MainWindow.size(), QtCore.
Qt.IgnoreAspectRatio,
                                        QtCore.Qt.SmoothTransformation)))
MainWindow.setPalette(palette)
```

執行程式，效果如圖 8.15 所示，比較圖 8.14，可以看到圖 8.15 中的背景圖片自動適應了視窗大小。

圖 8.14 使用 QPalette 為視窗設定背景圖片

圖 8.15 使用 QPalette 設定背景圖片，並自我調整視窗大小

3．透過資源檔設定視窗背景

除了以上兩種設定視窗背景的方式，PyQt5 還推薦使用資源檔的方式對視窗背景進行設定，下面介紹具體的實現過程。

（1）在 Qt Designer 創建並使用資源檔

在 Qt Designer 工具中設計程式介面時，是不可以直接使用圖片和圖示等資源的，而是需要透過資源瀏覽器增加圖片或圖示等資源，具體步驟如下。

①在 Python 的專案路徑中創建一個名稱為「images」資料夾，然後將需要測試的圖片保存在該資料夾中，打開 Qt Designer 工具，在右下角的資源瀏覽器中點擊「編輯資源」按鈕，如圖 8.16 所示。

②在彈出的「編輯資源」對話方塊中，點擊左下角的第一個按鈕「新建資源檔」，如圖 8.17 所示。

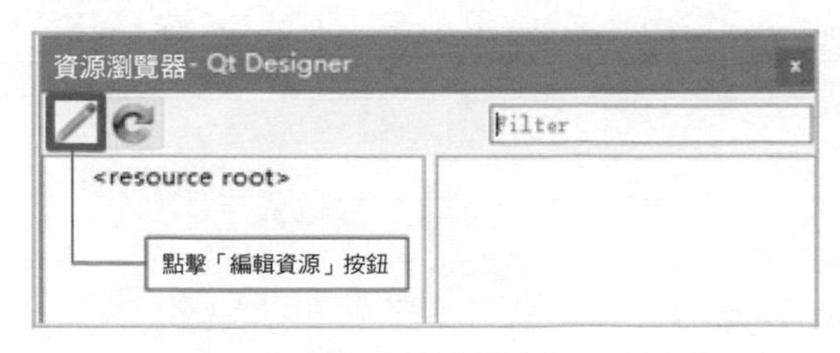

圖 8.16 點擊「編輯資源」按鈕

圖 8.17 點擊「新建資源檔」按鈕

③在「新建資源檔」的對話方塊中，選擇該資源檔保存的路徑為當前 Python 專案的路徑，然後設定檔案名稱為「img」，保存類型為「資源檔（*.qrc）」，最後點擊「保存」按鈕，如圖 8.18 所示。

④點擊「保存」按鈕後，將自動返回至「編輯資源」對話方塊中，然後在該對話方塊中點擊「增加字首」按鈕，設定字首為「png」，再點擊「增加檔案」按鈕，如圖 8.19 所示。

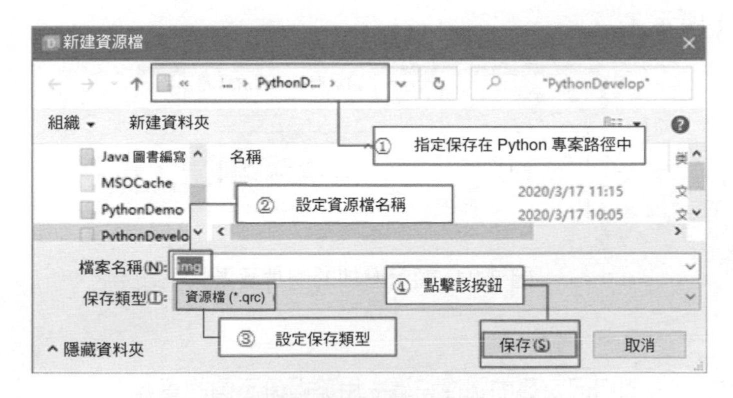

圖 8.18 新建資源檔

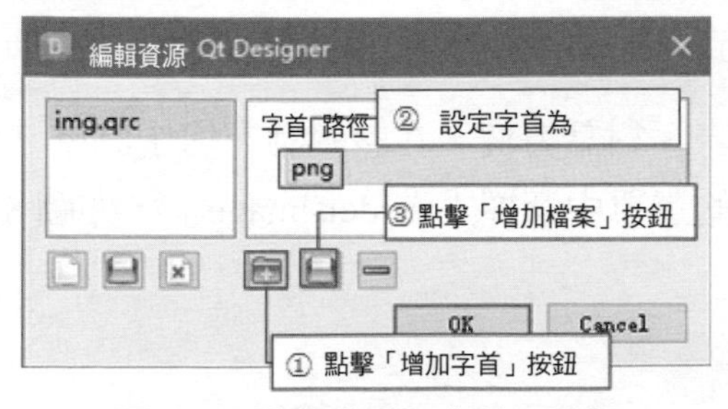

圖 8.19 點擊「增加字首」按鈕

⑤在「增加檔案」的對話方塊中選擇需要增加的圖片檔案，然後點擊「開啟」按鈕即可，如圖 8.20 所示。

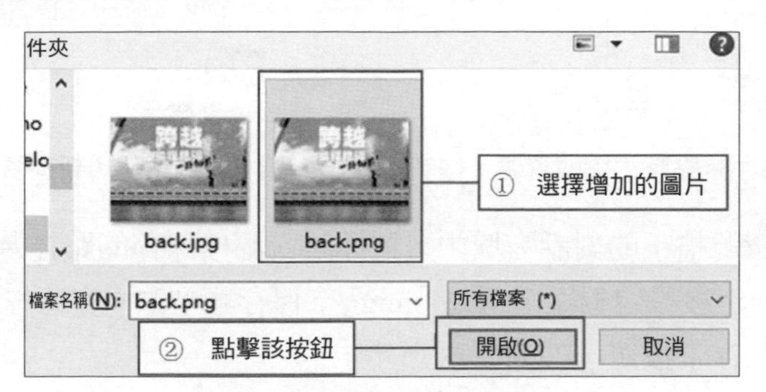

圖 8.20 選擇增加的圖片

⑥圖片增加完成以後，將自動返回至「編輯資源」對話方塊，在該對話方塊中直接點擊「OK」按鈕即可，然後資源瀏覽器將顯示增加的圖片資源，效果如圖 8.21 所示。

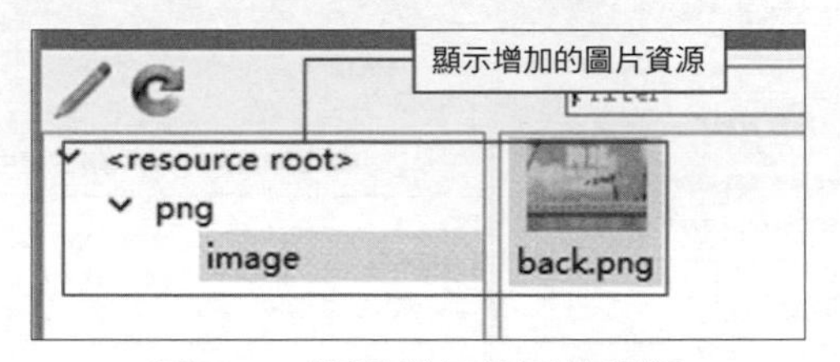

圖 8.21 顯示增加的圖片資源

說明

設置的首碼，是我們自己定義的路徑首碼，用於區分不同的資源檔。

⑦選中主視窗，找到 styleSheet 屬性，點擊右邊的 ... 按鈕，如圖 8.22 所示。

⑧彈出「編輯樣式表」對話方塊，在該對話方塊中點擊「增加資源」後面的向下箭頭，在彈出的選單中選擇「border-image」，如圖 8.23 所示。

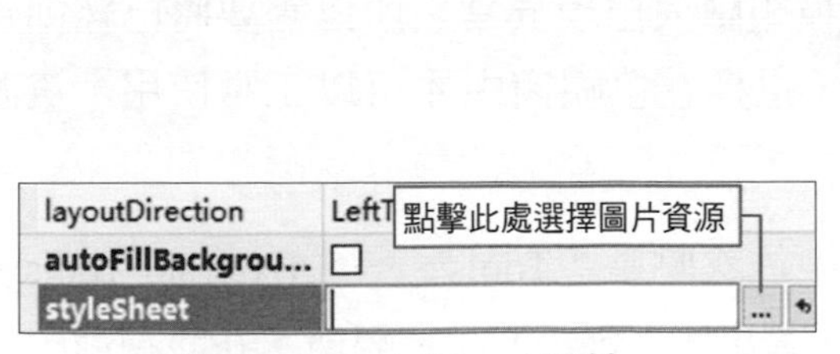

圖 8.22 styleSheet 屬性

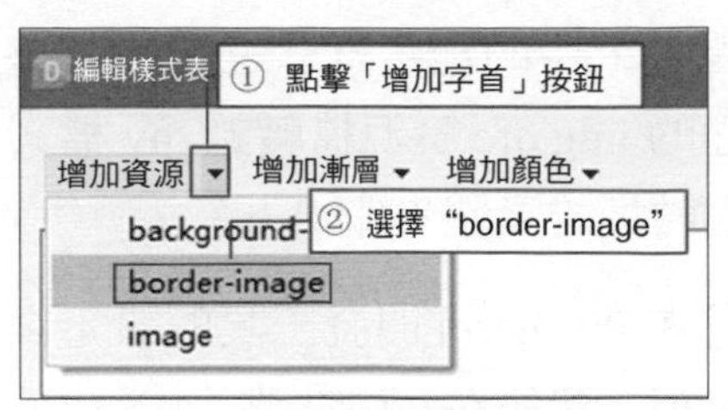

圖 8.23 「編輯樣式表」對話方塊

⑨彈出「選擇資源」對話方塊，在該對話方塊中選擇創建好的資源，點擊「OK」按鈕，如圖 8.24 所示。

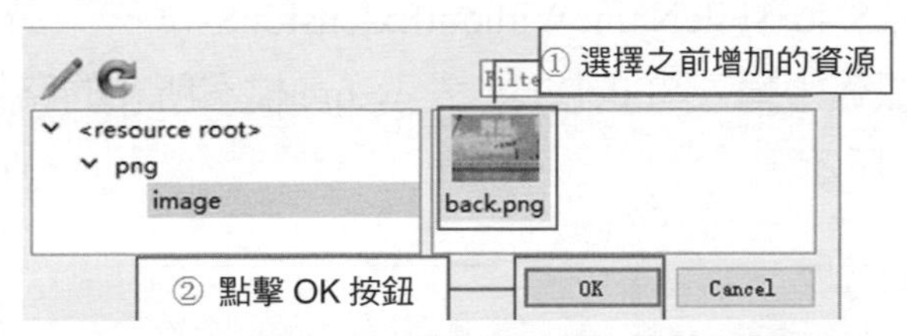

圖 8.24 Label 控制項顯示指定的圖片資源

⑩返回「編輯樣式表」對話方塊，在該對話方塊中可以看到自動生成的程式，點擊「OK」按鈕即可，如圖 8.25 所示。

（2）資源檔的轉換

在 Qt Designer 中設計好視窗（該視窗中使用了 .qrc 資源檔）之後，將已經設計好的 .ui 檔案轉為 .py 檔案，但是轉換後的 .py 程式中會顯示如圖 8.26 所示的提示訊息。

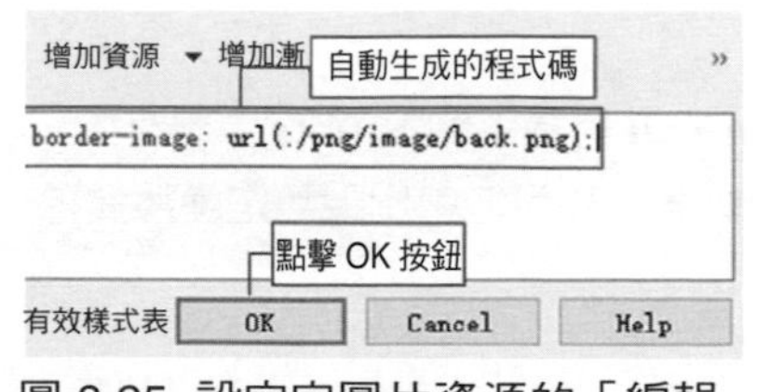

圖 8.25 設定完圖片資源的「編輯樣式表」對話方塊

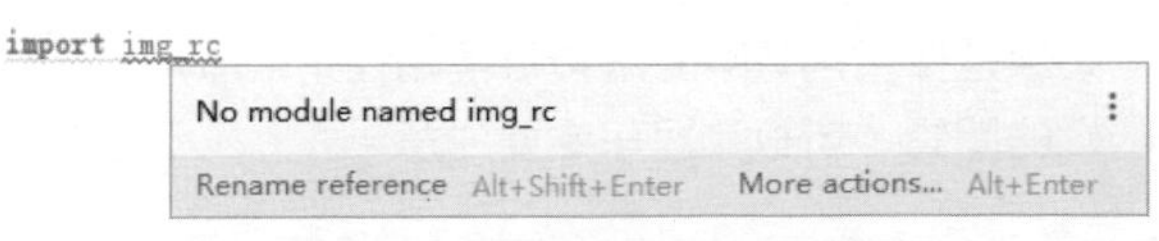

圖 8.26 轉換後的 .py 檔案

圖 8.26 中的提示訊息說明 img_rc 模組匯入出現異常，所以需要將已經創建好的 img.qrc 資源檔轉為 .py 檔案，這樣在主視窗中才可以正常使用，資源檔轉換的具體步驟如下。

①在 PyCharm 開發工具的設定窗中依次點擊「Tools」→「External Tools」選項，然後在右側點擊「+」按鈕，彈出「Create Tool」視窗，在該視窗中，首先在「Name」文字標籤中填寫工具名稱為 qrcTOpy，然後點擊「Program」後面的資料夾圖示，選擇 Python 安裝目錄下 Scripts 資料夾中的 pyrcc5.exe 檔案，接下來在「Arguments」文字標籤中輸入將 .qrc 檔案轉為 .py 檔案的命令：$FileName$ -o $FileNameWithoutExtension$_rc.py；最後在「Working directory」文字標籤中輸入 $FileDir$，表示 .qrc 檔案所在的路徑，點擊「OK」按鈕，如圖 8.27 所示。

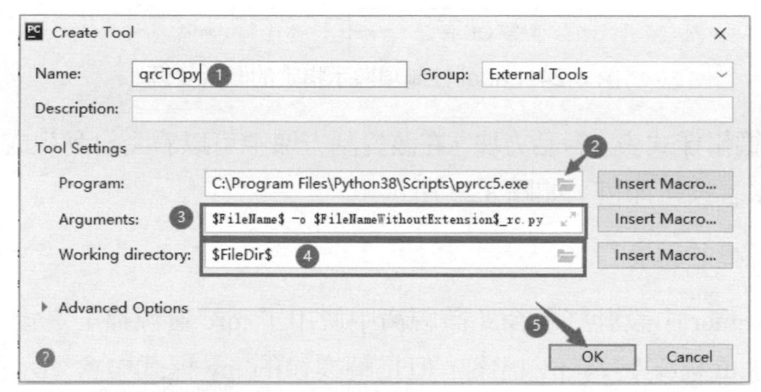

圖 8.27 增加將 .qrc 檔案轉為 .py 檔案的快捷工具

說明

如圖 8.27 所示，選擇的 pyrcc5.exe 檔案位於 Python 安裝目錄下的 Scripts 資料夾中，如果選擇當前專案的虛擬環境路徑下的 pyrcc5.exe 檔案，有可能會出現無法轉換資源檔的問題，所以這裡一定要注意。

②轉換資源檔的快捷工具創建完成以後，選中需要轉換的 .qrc 檔案，然後在功能表列中依次點擊「Tools」→「External Tools」→「qrcTOpy」選單，即可在 .qrc 檔案的下面自動生成對應的 .py 檔案，如圖 8.28 所示。

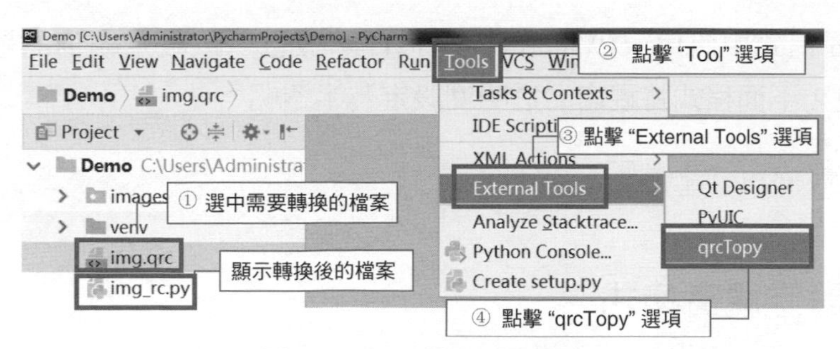

圖 8.28 .qrc 轉為 .py 檔案

③檔案轉換完成以後，圖 8.26 中的提示訊息即可消失，然後增加程式入口，並在其中透過 MainWindow 物件的 show() 函數來顯示主視窗，執行效果如圖 8.12 所示。

8.2.4 控制視窗透明度

視窗透明度是視窗相對於其他介面的透明顯示度，預設不透明，將視窗透明度設定為 0.5 則可以成為半透明，比較效果如圖 8.29 所示。

控制視窗透明度的過程非常簡單，具體操作如下：

選中視窗，然後在「屬性編輯器」中設定 windowOpacity 屬性的值即可，如圖 8.30 所示。

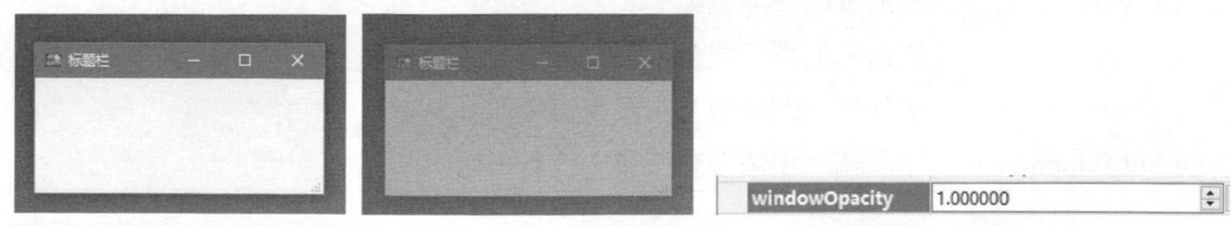

圖 8.29 將透明度設定為 1 和 0.5 時的比較效果

圖 8.30 透過 windowOpacity 屬性設定視窗透明度

說明

windowOpacity 屬性的值為 0 ～ 1 的數，其中，0 表示完全透明，1 表示完全不透明。

在 Python 程式中使用 setWindowOpacity() 函數也可以設定視窗的透明度。舉例來說，下面程式將視窗的透明度設定為半透明：

```
MainWindow.setWindowOpacity(0.5)
```

8.2.5 設定視窗樣式

在 PyQt5 中，使用 setWindowFlags() 函數設定視窗的樣式。該函數的語法如下：

```
setWindowFlags(Qt.WindowFlags)
```

Qt.WindowFlags 參數表示要設定的視窗樣式，它的設定值分為兩種類型，分別如下。

☑ PyQt5 的基本視窗類型，如表 8.2 所示。

表 8.2 PyQt5 的基本視窗類型及說明

參數值	說明
Qt.Widget	預設視窗，有最大化、最小化和關閉按鈕
Qt.Window	普通視窗，有最大化、最小化和關閉按鈕
Qt.Dialog	對話方塊視窗，有問號（？）和關閉按鈕
Qt.Popup	無邊框的快顯視窗
Qt.ToolTip	無邊框的提示視窗，沒有工作列
Qt.SplashScreen	無邊框的閃爍視窗，沒有工作列
Qt.SubWindow	子視窗，視窗沒有按鈕，但有標題

舉例來說，下面的程式用來將名稱為 MainWindow 的視窗設定為一個對話方塊視窗：

```
MainWindow.setWindowFlags(QtCore.Qt.Dialog)     # 顯示一個有問號（？）和關閉按鈕的
對話方塊
```

☑ 自訂頂層視窗外觀，如表 8.3 所示。

表 8.3 自訂頂層視窗外觀及說明

參數值	說明
Qt.MSWindowsFixedSizeDialogHint	無法調整大小的視窗
Qt.FramelessWindowHint	無邊框視窗
Qt.CustomizeWindowHint	有邊框但無標題列和按鈕，不能移動和滑動的視窗
Qt.WindowTitleHint	增加標題列和一個關閉按鈕的視窗
Qt.WindowSystemMenuHint	增加系統目錄和一個關閉按鈕的視窗
Qt.WindowMaximizeButtonHint	啟動最大化按鈕的視窗
Qt.WindowMinimizeButtonHint	啟動最小化按鈕的視窗
Qt.WindowMinMaxButtonsHint	啟動最小化和最大化按鈕的視窗
Qt.WindowCloseButtonHint	增加一個關閉按鈕的視窗
Qt.WindowContextHelpButtonHint	增加像對話方塊一樣的問號（？）和關閉按鈕的視窗
Qt.WindowStaysOnTopHint	使視窗始終處於頂層位置
Qt.WindowStaysOnBottomHint	使視窗始終處於底層位置

舉例來說，下面的程式用來設定名稱為 MainWindow 的視窗只有關閉按鈕，而沒有最大化、最小化按鈕：

```
MainWindow.setWindowFlags(QtCore.Qt.WindowCloseButtonHint)  # 只顯示關閉按鈕
```

將視窗設定為對話方塊視窗和只有關閉按鈕視窗的效果分別如圖 8.31 和圖 8.32 所示。

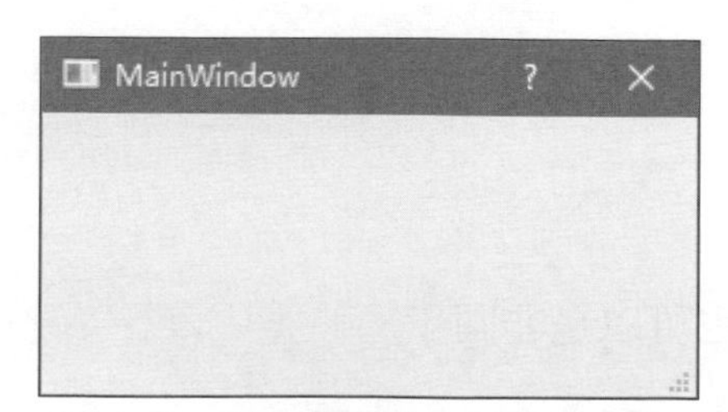

圖 8.31 有一個問號和關閉按鈕的對話方塊視窗

圖 8.32 只有關閉按鈕的視窗

注意

對視窗樣式的設置需要在初始化表單之後才會起作用，即需要將設置視窗樣式的程式放在 setupUi() 函數之後執行。例如：

```
MainWindow = QtWidgets.QMainWindow()                # 創建表單物件
ui = Ui_MainWindow()                                # 創建 PyQt 設計的表單物件
ui.setupUi(MainWindow)                              # 呼叫 PyQt 表單方法，對表單物件初
始化設置
MainWindow.setWindowFlags(QtCore.Qt.WindowCloseButtonHint)  # 只顯示關閉按鈕
```

8.3 訊號與槽機制

8.3.1 訊號與槽的基本概念

訊號（signal）與槽（slot）是 Qt 的核心機制，也是進行 PyQt5 程式設計時物件之間通訊的基礎。在 PyQt5 中，每一個 QObject 物件（包括各種視窗和控制項）都支援訊號與槽機制，透過訊號與槽的連結，就可以實現物件之間的通訊，當訊號發射時，連接的槽函數（方法）將自動執行。在 PyQt5 中，訊號與槽是透過物件的 signal.connect() 方法進行連接的。

PyQt5 的視窗控制項中有很多內建的訊號，舉例來說，圖 8.33 所示為 MainWindow 主視窗的部分內建訊號與槽。

在 PyQt5 中使用訊號與槽的主要特點如下。

☑ 一個訊號可以連接多個槽。
☑ 一個槽可以監聽多個訊號。
☑ 訊號與訊號之間可以互連。
☑ 訊號與槽的連接可以跨執行緒。
☑ 訊號與槽的連接方式即可以是同步，也可以是非同步。
☑ 訊號的參數可以是任何 Python 類型。

訊號與槽的連接工作如圖 8.34 所示。

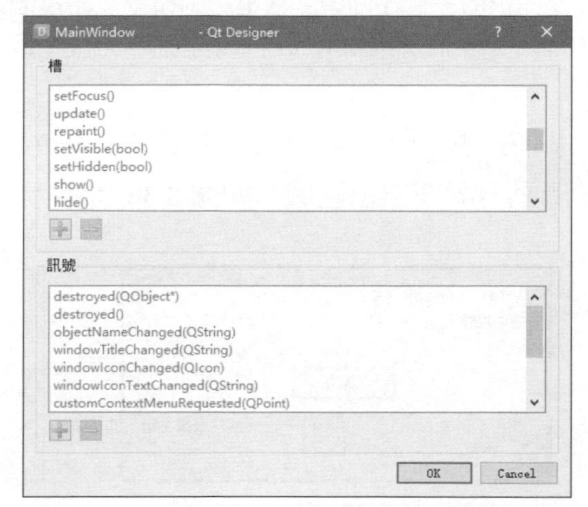

圖 8.33 MainWindow 主視窗的部分內建訊號與槽

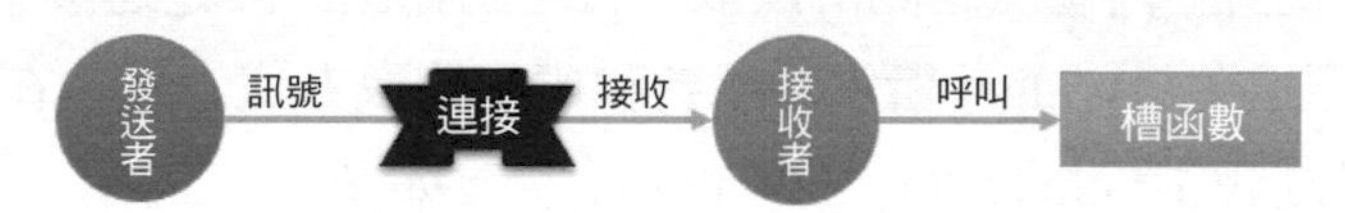

圖 8.34 訊號與槽的連接工作

8.3.2 編輯訊號與槽

舉例來說，透過訊號（signal）與槽（slot）實現一個點擊按鈕關閉主視窗的執行效果，具體操作步驟如下。

（1）打開 Qt Designer 設計器，從左側的工具箱中在視窗中增加一個「PushButton」按鈕，並設定按鈕的 text 屬性為「關閉」，如圖 8.35 所示。

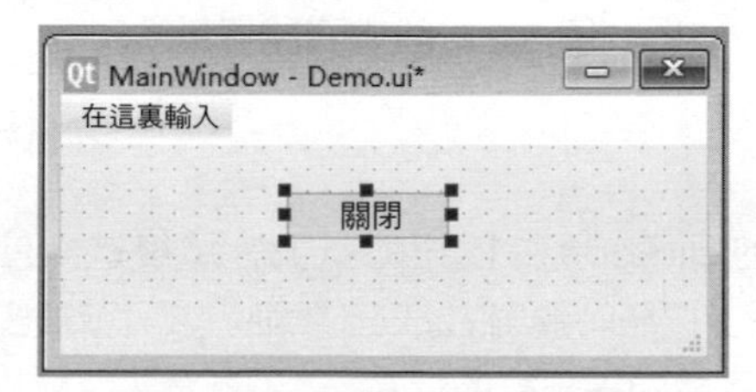

圖 8.35 向視窗中添加一個「關閉」按鈕

說明

PushButton 是 PyQt5 提供的一個控制項，它是一個命令按鈕控制項，在按一下執行一些操作時使用，在第 9 章中將詳細講解該控制項的使用方法，這裡了解即可。

（2）選中增加的「關閉」按鈕，在功能表列中選擇「編輯訊號 / 槽」選單項，然後按住滑鼠左鍵滑動至視窗空白區域，如圖 8.36 所示。

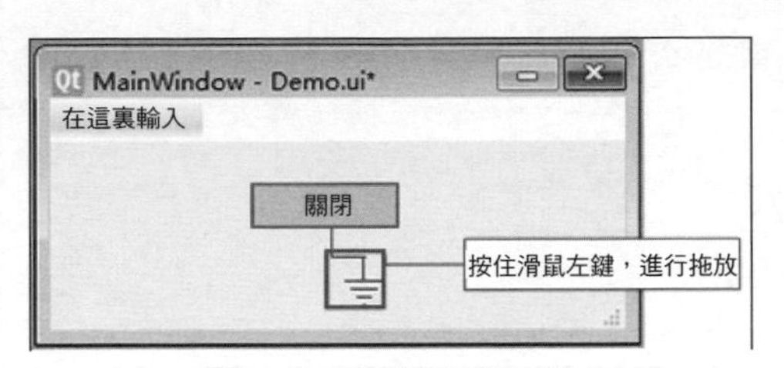

圖 8.36 編輯訊號 / 槽

（3）滑動至視窗空白區域鬆開滑鼠後，將自動彈出「設定連接」對話方塊，首先選中「顯示從 QWidget 繼承的訊號和槽」核取方塊，然後在上方的訊號與槽列表中分別選擇 clicked()」和「close()」，如圖 8.37 所示。

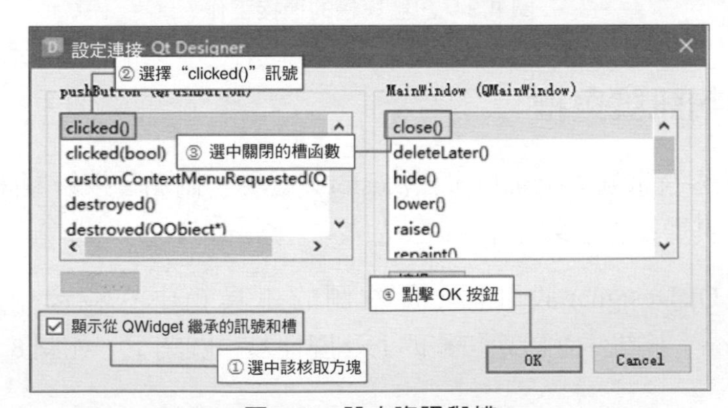

圖 8.37 設定資訊與槽

說明

如圖 8.37 所示，選擇的 clicked() 為按鈕的訊號，然後選擇的 close() 為槽函數（方法），工作邏輯是：按一下按鈕時發射 clicked 訊號，該訊號被主視窗的槽函數（方法）close() 所捕捉，並觸發了關閉主視窗的行為。

（4）點擊「OK」按鈕，即可完成訊號與槽的連結，效果如圖 8.38 所示。

保存 .ui 檔案，並使用 PyCharm 中設定的 PyUIC 工具將其轉為 .py 檔案，轉換後實現點擊按鈕關閉視窗的關鍵程式如下：

```
self.pushButton.clicked.connect(MainWindow.close)
```

按照 7.2.7 節的內容為轉換後的 Python 程式增加 __main__ 方法，然後執行程式，效果如圖 8.39 所示，點擊「關閉」按鈕，即可關閉當前視窗。

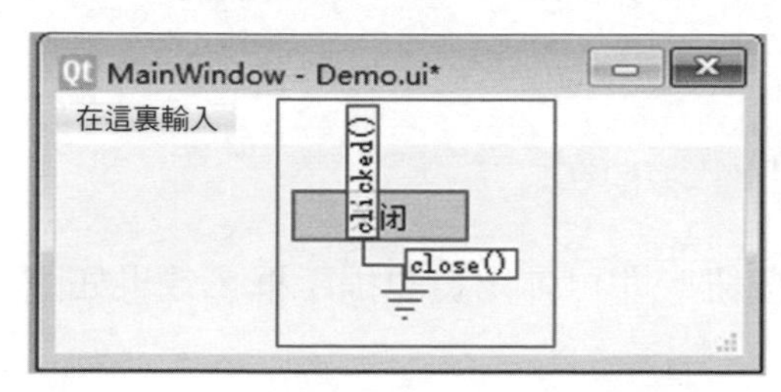

圖 8.38 設定完成的訊號與槽連結效果

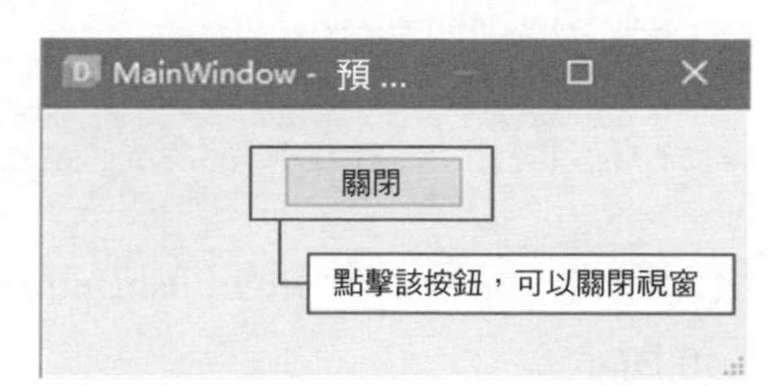

圖 8.39 關閉視窗的執行效果

8.3.3 自訂槽

前面我們介紹了如何將控制項的訊號與 PyQt5 內建的槽函數相連結，除此之外，使用者還可以自訂槽，自訂槽本質上就是自訂一個函數，該函數實現對應的功能。

【實例 8.1】訊號與自訂槽的綁定（程式碼範例：書附程式 \Code\08\01）

自訂一個槽函數，用來點擊按鈕時，彈出一個「歡迎進入 PyQt5 程式設計世界」的資訊提示框。程式如下：

```
def showMessage(self):
    from PyQt5.QtWidgets import QMessageBox  # 匯入 QMessageBox 類別
    # 使用 information() 方法彈出資訊提示框
    QMessageBox.information(MainWindow," 提示框 "," 歡迎進入 PyQt5 程式設計世界 ",
QMessageBox.Yes |
QMessageBox.No,QMessageBox.Yes)
```

說明

上面程式中用到了 QMessageBox 類別，該類是 PyQt5 中提供的一個對話方塊類別，在第 9 章中將對該類進行詳細講解，這裡了解即可。

8.3.4 將自訂槽連接到訊號

自訂槽函數之後，即可與訊號進行連結，舉例來說，這裡與 PushButton 按鈕的 clicked 訊號連結，即在點擊「PushButton」按鈕時，彈出資訊提示框。將自訂槽連接到訊號的程式如下：

```
self.pushButton.clicked.connect(self.showMessage)
```

執行程式，點擊視窗中的 PushButton 按鈕，即可彈出資訊提示框，效果如圖 8.40 所示。

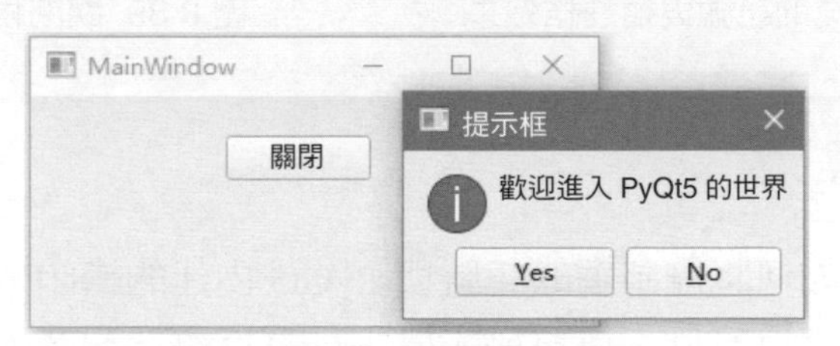

圖 8.40 將自訂槽連接到訊號

8.4 多視窗設計

一個完整的專案一般都是由多個視窗組成，此時，就需要對多視窗設計有所了解。多視窗即在專案中增加多個視窗，在這些視窗中實現不同的功能。下面對多視窗的建立、啟動以及如何連結多個視窗進行講解。

8.4.1 多視窗的建立

多視窗的建立是在某個專案中增加多個視窗。

【實例 8.2】創建並打開多視窗（程式碼範例：書附程式 \Code\08\02）

在 Qt Designer 設計器的功能表列中選擇「檔案」→「新建」選單，彈出「新建表單」對話方塊，選擇一個範本，點擊「創建」按鈕，如圖 8.41 所示。

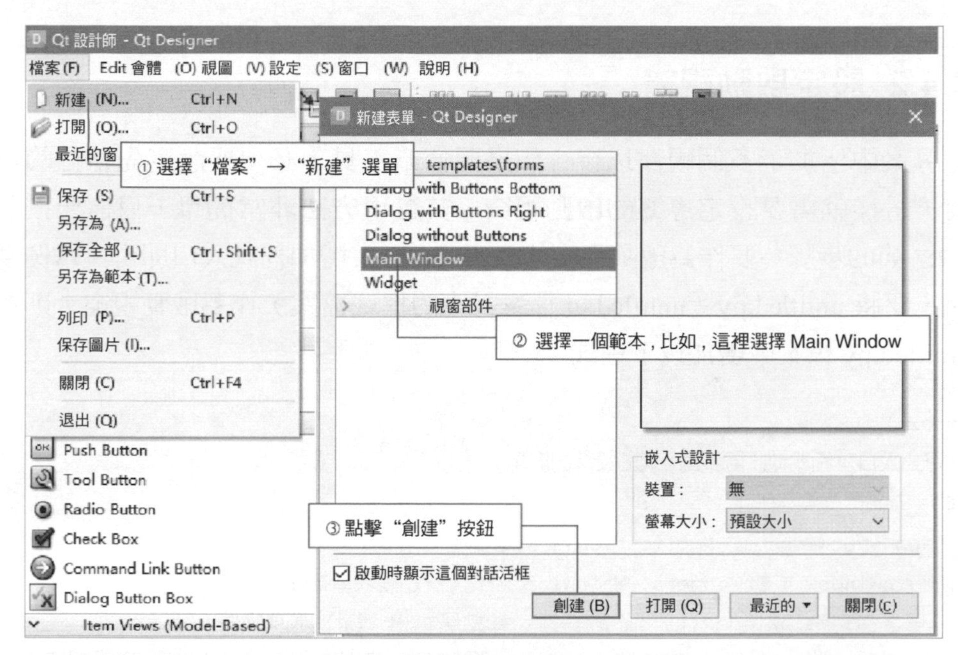

圖 8.41 在專案中增加多個視窗的步驟

重複執行以上步驟，即可增加多個視窗，舉例來說，在專案中增加 4 個視窗的效果如圖 8.42 所示。

圖 8.42 在專案中增加 4 個視窗的效果

說明

在 Qt Designer 設計器中添加多個視窗後，在保存時，需要分別將滑鼠焦點定位到要保存的視窗上，單獨為每個進行保存；而在將 .ui 檔案轉換為 .py 檔案時，也需要分別選中每個 .ui 檔案，單獨進行轉換。

8.4.2 設定啟動視窗

在專案中增加了多個視窗以後，如果要偵錯工具，必須要設定先執行的視窗，這樣就需要設定專案的啟動視窗，其實現方法非常簡單，只需要按照 7.2.7 節的步驟為要作為啟動視窗的對應 .py 檔案增加程式入口即可。舉例來說，要將 untitled.py（untitled.ui 檔案對應的程式檔案）作為啟動視窗，則在 untitled.py 檔案中增加以下程式：

```
import sys
# 程式入口，程式從此處啟動 PyQt 設計的表單
if __name__ == '__main__':
    app = QtWidgets.QApplication(sys.argv)
    MainWindow = QtWidgets.QMainWindow()  # 創建表單物件
    ui = Ui_MainWindow()                  # 創建 PyQt 設計的表單物件
    ui.setupUi(MainWindow)                # 呼叫 PyQt 表單方法，對表單物件初始化設定
    MainWindow.show()                     # 顯示表單
    sys.exit(app.exec_())                 # 程式關閉時退出處理程序
```

8.4.3 視窗之間的連結

多視窗創建完成後，需要將各個視窗進行連結，然後才可以形成一個完整的專案。這裡以在啟動視窗中打開另外 3 個視窗為例進行講解。

首先看一下 untitled2.py 檔案、untitled3.py 檔案和 untitled4.py 檔案，在自動轉換後的程式中，預設繼承自 object 類別。程式如下：

```
class Ui_MainWindow(object):
```

為了執行視窗操作，需要將繼承的 object 類別修改為 QMainWindow 類別，由於 QMainWindow 類別位於 PyQt5.QtWidgets 模組中，因此需要進行匯入。修改後的程式如下：

```
from PyQt5.QtWidgets import QMainWindow
class Ui_MainWindow(QMainWindow):
```

修改完 untitled2.py 檔案、untitled3.py 檔案和 untitled4.py 檔案的繼承類別之後，打開 untitled.py 主視窗檔案，在該檔案中，首先定義一個槽函數，用來使用 QMainWindow 物件的 show() 方法打開 3 個視窗。程式如下：

```
def open(self):
    import untitled2,untitled3,untitled4
    self.second = untitled2.Ui_MainWindow()        # 創建第 2 個表單物件
    self.second.show()                             # 顯示表單
    self.third = untitled3.Ui_MainWindow()         # 創建第 3 個表單物件
    self.third.show()                              # 顯示表單
    self.fouth = untitled4.Ui_MainWindow()         # 創建第 4 個表單物件
    self.fouth.show()                              # 顯示表單
```

然後將 PushButton 按鈕的 clicked 訊號與自訂的槽函數 open 相連結，程式如下：

```
self.pushButton.clicked.connect(self.open)
```

執行 untitled.py 主視窗，點擊「打開」按鈕，即可打開其他 3 個視窗。效果如圖 8.43 所示。

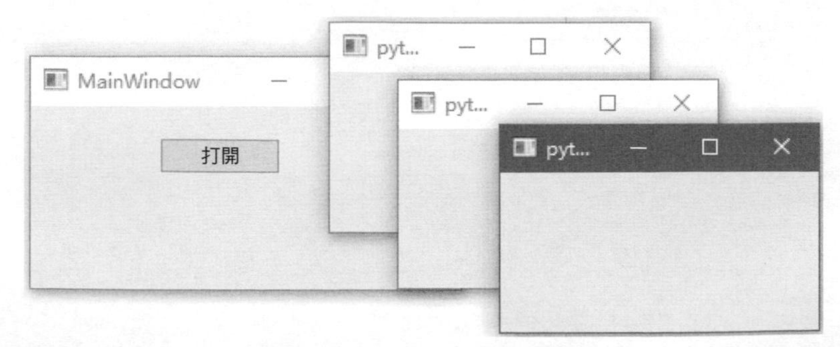

圖 8.43 多視窗之間的連結

8.5 小結

本章主要對 PyQt5 視窗程式設計的基礎知識進行了講解，包括視窗的屬性、個性化設定，以及多視窗程式的創建等；另外，對視窗中資料傳輸用到的訊號與槽機制進行了詳細講解。本章講解的知識是進行 PyQt5 程式開發的基礎，也是非常重要的內容，因此，讀者一定要熟練掌握。

第二篇

核心技術

本篇介紹 PyQt5 常用控制項的使用，PyQt5 佈局管理，選單、工具列和狀態列，PyQt5 進階控制項的使用，對話方塊的使用，使用 Python 操作資料庫，表格控制項的使用等內容。學習完這一部分，能夠開發一些小型應用程式。

09

PyQt5 常用控制項的使用

控制項是視窗程式的基本組成單位，透過使用控制項可以高效率地開發視窗應用程式。所以，熟練掌握控制項是合理、有效地進行視窗程式開發的重要前提。本章將對開發 PyQt5 視窗應用程式中經常用到的控制項進行詳細講解。

9.1 控制項概述

控制項是使用者可以用來輸入或操作資料的物件，也就相當於汽車中的方向盤、油門、 車、離合器等，它們都是對汽車操作的控制項。在 PyQt5 中，控制項的基礎類別位於 QFrame 類別，而 QFrame 類別繼承自 QWidget 類別，QWidget 類別是所有使用介面物件的基礎類別。

9.1.1 認識控制項

Qt Designer 設計器中預設對控制項進行了分組，表 9.1 列出了控制項的預設分組及其包含的控制項。

表 9.1 PyQt5 控制項的常用命名規範

控制項名稱	說明	控制項名稱	說明
Layouts—佈局管理			
VerticalLayout	垂直佈局	HorizontalLayout	水平佈局
GridLayout	網格佈局	FormLayout	表單佈局
Spacers—彈簧			
HorizontalSpacer	水平彈簧	VerticalSpacer	垂直彈簧
Buttons—按鈕類			
PushButton	按鈕	ToolButton	工具按鈕
RadioButton	選項按鈕	CheckBox	核取方塊
CommandLinkButton	命令連結按鈕	DialogButtonBox	對話方塊按鈕盒
Item Views(Model-Based)—項目檢視			
ListView	列表檢視	TreeView	樹狀檢視
TableView	表格檢視	ColumnView	列檢視
UndoView	取消命令顯示檢視		
Item Widgets(Item-Based)—專案控制項			
ListWidget	清單控制項	TreeWidget	樹控制項
TableWidget	表格控制項		
Containers—容器			
GroupBox	群組方塊	ScrollArea	捲動區域
ToolBox	工具箱	TabWidget	標籤
StackedWidget	堆疊視窗	Frame	幀
Widget	小部件	MDIArea	MDI 區域
DockWidget	停駐視窗		
Input Widgets—輸入控制項			
ComboBox	下拉式選單方塊	FontComboBox	字型下拉式選單方塊
LineEdit	單行文字標籤	TextEdit	多行文字標籤
PlainTextEdit	純文字編輯方塊	SpinBox	數字選擇控制項
DoubleSpinBox	小數選擇控制項	TimeEdit	時間編輯方塊
DateEdit	日期編輯方塊	DateTimeEdit	日期時間編輯方塊
Dial	旋鈕	HorizontalScrollBar	水平捲軸

控制項名稱	說明	控制項名稱	說明
VerticalScrollBar	垂直捲動軸	HorizontalSlider	水平滑動桿
VerticalSlider	垂直滑動桿	KeySequenceEidt	按鍵編輯方塊
Display Widgets—顯示控制項			
Label	標籤控制項	TextBrowser	文字瀏覽器
GraphicsView	圖形檢視	CalendarWidget	日期控制項
LCDNumber	液晶數字顯示	ProgressBar	進度指示器
HorizontalLine	水平線	VerticalLine	垂直線
OpenGLWidget	開放式圖形函數庫工具		

9.1.2 控制項的命名規範

在使用控制項的過程中，可以透過控制項預設的名稱呼叫。如果自訂控制項名稱，建議按照表 9.2 所示的命名規範對控制項進行命名。

表 9.2 PyQt5 控制項的常用命名規範

控制項名稱	命名	控制項名稱	命名
Label	lab	ListView	lv
LineEdit	ledit	ListWidget	lw
TextEidt	tedit	TreeView	tv
PlainTextEidt	pedit	TreeWidget	tw
TextBrowser	txt	TableView	tbv
PushButton	pbtn	TableWidget	tbw
ToolButton	tbtn	GroupBox	gbox
CommandLinkButton	linbtn	SpinBox	sbox
RadioButton	rbtn	TabWidget	tab
CheckBox	ckbox	TimeEdit	time
ComboBox	cbox	DateEdit	date
		…	…

說明

控制項的命名並不是絕對的，可以根據個人的喜好習慣或者企業要求靈活使用。

9.2 文字類控制項

文字類控制項主要用來顯示或編輯文字資訊，PyQt5 中的文字類控制項主要有 Label、LineEdit、TextEdit、SpinBox、DoubleSpinBox、LCDNumber 等，本節將對它們的常用方法及使用方式進行講解。

9.2.1 Label：標籤控制項

Label 控制項，又稱為標籤控制項，它主要用於顯示使用者不能編輯的文字，標識表單上的物件（舉例來說，替文字標籤、列表方塊增加描述資訊等），它對應 PyQt5 中的 QLabel 類別，Label 控制項本質上是 QLabel 類別的物件，Label 控制項圖示如圖 9.1 所示。

1．設定標籤文字

可以透過兩種方法設定標籤控制項（Label 控制項）顯示的文字，第一種是直接在 Qt Designer 設計器的屬性編輯器中設定 text 屬性，第二種是透過程式設定。在 Qt Designer 設計器的屬性編輯器中設定 text 屬性的效果如圖 9.2 所示。

圖 9.1 Label 控制項圖示　　圖 9.2 設定 text 屬性

第二種方法是直接透過 Python 程式進行設定，需要用到 QLabel 類別的 setText() 方法。

【實例 9.1】Label 標籤控制項的使用(程式碼範例:書附程式\Code\09\01)

將 PyQt5 視窗中的 Label 控制項的文字設定為「用戶名:」。程式如下:

```
self.label = QtWidgets.QLabel(self.centralwidget)
self.label.setGeometry(QtCore.QRect(30, 30, 81, 41))
self.label.setText(" 用戶名:")
```

說明

將 .ui 檔案轉換為 .py 檔案時,Lable 控制項所對應的類別為 QLabel,即在控制項前面加了一個 "Q",表示它是 Qt 的控制項,其他控制項也是如此。

2.設定標籤文字的對齊方式

PyQt5 中支持設定標籤中文字的對齊方式,主要用到 alignment 屬性,在 Qt Designer 設計器的屬性編輯器中展開 alignment 屬性,可以看到有兩個值,分別為 Horizontal 和 Vertical,其中,Horizontal 用來設定標籤文字的水平對齊方式,設定值有 4 個,如圖 9.3 所示,其說明如表 9.3 所示。

表 9.3 Horizontal 設定值及說明

值	說明
AlignLeft	左對齊,效果如圖 9.4 所示
AlignHCenter	水平置中對齊,效果如圖 9.5 所示
AlignRight	右對齊,效果如圖 9.6 所示
AlignJustify	兩端對齊,效果同 AlignLeft

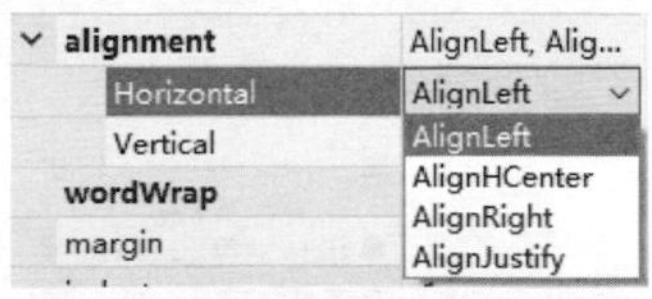

圖 9.3 Horizontal 的設定值

圖 9.4 AlignLeft　圖 9.5 AlignHCenter　圖 9.6 AlignRight

Vertical 用來設定標籤文字的垂直對齊方式,設定值有 3 個,如圖 9.7 所示,其說明如表 9.4 所示。

表 9.4 Vertical 設定值及說明

值	說明
AlignTop	頂部對齊，效果如圖 9.8 所示
AlignVCenter	垂直置中對齊，效果如圖 9.9 所示
AlignBottom	底部對齊，效果如圖 9.10 所示

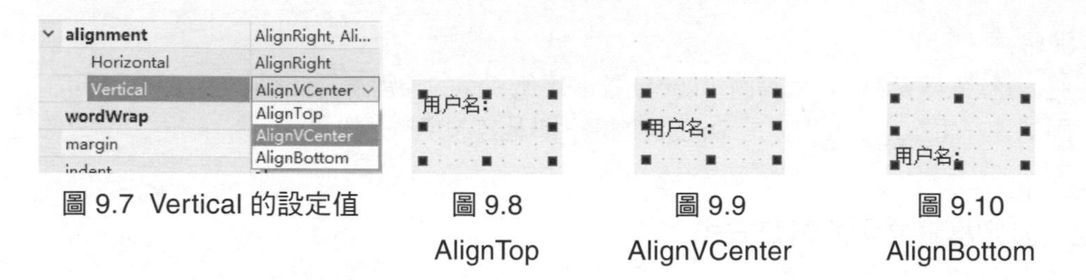

圖 9.7 Vertical 的設定值　圖 9.8 AlignTop　圖 9.9 AlignVCenter　圖 9.10 AlignBottom

使用程式設定 Label 標籤文字的對齊方式，需要用到 QLabel 類別的 setAlignment() 方法。舉例來說，將標籤文字的對齊方式設定為水平左對齊、垂直置中對齊。程式如下：

```
self.label.setAlignment(QtCore.Qt.AlignLeft|QtCore.Qt.AlignVCenter)
```

3．設定文字換行顯示

假設將標籤文字的 text 值設定為「每天程式設計 1 小時，從菜鳥到大師」，在標籤寬度不足的情況下，系統會預設只顯示部分文字，如圖 9.11 所示，遇到這種情況，可以設定標籤中的文字換行顯示，只需要在 Qt Designer 設計器的屬性編輯器中，將 wordWrap 屬性後面的核取方塊選中即可，如圖 9.12 所示，換行顯示後的效果如圖 9.13 所示。

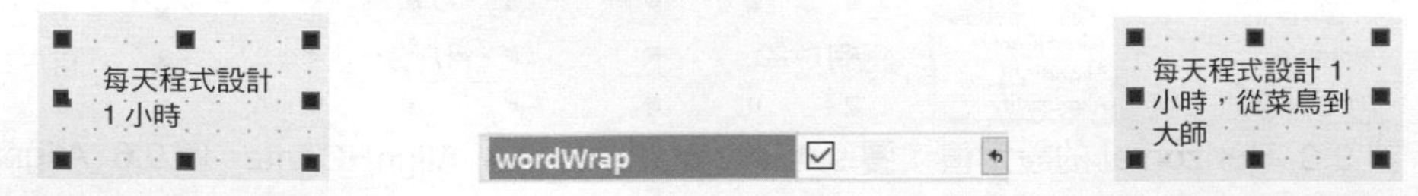

圖 9.11 Label 預設顯示長文字的一部分　圖 9.12 設定 wordWrap 屬性　圖 9.13 換行顯示文字

使用程式設定 Label 標籤文字換行顯示，需要用到 QLabel 類別的 setWordWrap() 方法。程式如下：

```
self.label.setWordWrap(True)
```

4．為標籤設定超連結

為 Label 標籤設定超連結時，可以直接在 QLabel 類別的 setText() 方法中使用 HTML 中的 <a> 標籤設定超連結文字，然後將 Label 標籤的 setOpenExternalLinks() 設定為 True，以便允許存取超連結。程式如下：

```
self.label.setText("<a href='https://www.mingrisoft.com'> 明日學院 </a>")
self.label.setOpenExternalLinks(True)                # 設定允許存取超連結
```

效果如圖 9.14 所示，當點擊「明日學院」時，即可使用瀏覽器打開 <a> 標籤中指定的網址。

5．為標籤設定圖片

為 Label 標籤設定圖片時，需要使用 QLabel 類別的 setPixmap() 方法，該方法中需要有一個 QPixmap 物件，表示圖示物件。程式如下：

```
from PyQt5.QtGui import QPixmap                 # 匯入 QPixmap 類別
self.label.setPixmap(QPixmap('test.png'))        # 為 label 設定圖片
```

效果如圖 9.15 所示。

圖 9.14 Label 標籤中設定超連結的效果

圖 9.15 在 Label 標籤中顯示圖片

6．獲取標籤文字

獲取 Label 標籤中的文字需要使用 QLabel 類別的 text() 方法。舉例來說，下面的程式實現在主控台中列印 Label 中的文字：

```
print(self.label.text())
```

9.2.2 LineEdit：單行文字標籤

LineEdit 是單行文字標籤，該控制項只能輸入單行字串，LineEdit 控制項圖示如圖 9.16 所示。

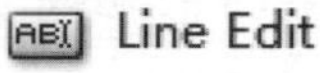

Line Edit

圖 9.16 LineEdit 控制項圖示

LineEdit 控制項對應 PyQt5 中的 QLineEdit 類別，該類別的常用方法及說明如表 9.5 所示。

表 9.5 QLineEdit 類別的常用方法及說明

方法	說明
setText()	設定文字標籤內容
text()	獲取文字標籤內容
setPlaceholderText()	設定文字標籤浮顯文字
setMaxLength()	設定允許文字標籤內輸入字元的最大長度
setAlignment()	設定文字對齊方式
setReadOnly()	設定文字標籤唯讀
setFocus()	使文字標籤得到焦點
setEchoMode()	設定文字標籤顯示字元的模式，有以下 4 種模式。 QLineEdit.Normal：正常顯示輸入的字元，這是預設設定； QLineEdit.NoEcho：不顯示任何輸入的字元（不是不輸入，只是不顯示）； ◆ QLineEdit.Password：顯示與平台相關的密碼隱藏字元，而非實際輸入的字元； ◆ QLineEdit.PasswordEchoOnEdit：在編輯時顯示字元，失去焦點後顯示密碼隱藏字元

方法	說明
setValidator()	設定文字標籤驗證器，有以下 3 種模式。 ◆ QIntValidator：限制輸入整數； ◆ QDoubleValidator：限制輸入小數； ◆ QRegExpValidator：檢查輸入是否符合設定的正規表示法
setInputMask()	設定隱藏，隱藏通常由隱藏字元和分隔符號組成，後面可以跟一個分號和空白字元，空白字元在編輯完成後會從文字標籤中刪除，常用的隱藏有以下幾種形式。 ◆ 日期隱藏：0000-00-00； ◆ 時間隱藏：00:00:00； ◆ 序號隱藏：>AAAAA-AAAAA-AAAAA-AAAAA-AAAAA;#
clear()	清除文字標籤內容

QLineEdit 類別的常用訊號及說明如表 9.6 所示。

表 9.6 QLineEdit 類別的常用訊號及說明

訊號	說明
textChanged	當更改文字標籤中的內容時發射該訊號
editingFinished	當文字標籤中的內容編輯結束時發射該訊號，以按下 Enter 為編輯結束標示

【實例 9.2】包括用戶名和密碼的登入視窗（程式碼範例：書附程式\Code\09\02）

使用 LineEdit 控制項，並結合 Label 控制項製作一個簡單的登入視窗，其中包含用戶名和密碼輸入框，密碼要求是 8 位元數字，並且以隱藏形式顯示，步驟如下。

（1）打開 Qt Designer 設計器，根據需求，從工具箱中向主視窗放入兩個 Label 控制項與兩個 LineEdit 控制項，然後分別將兩個 Label 控制項的 text 值修改為「用戶名：」和「密碼：」，如圖 9.17 所示。

（2）設計完成後，保存為 .ui 檔案，並使用 PyUIC 工具將其轉為 .py 檔案，並在表示密碼的 LineEdit 文字標籤下面使用 setEchoMode() 將其設定為密碼文字，同時使用 setValidator() 方法為其設定驗證器，控制只能輸入 8 位元數字。程式如下：

```
self.lineEdit_2.setEchoMode(QtWidgets.QLineEdit.Password) # 設定文字標籤為密碼
# 設定只能輸入 8 位元數字
self.lineEdit_2.setValidator(QtGui.QIntValidator(10000000,99999999))
```

（3）為 .py 檔案增加 __main__ 主方法。程式如下：

```
import sys
# 主方法，程式從此處啟動 PyQt 設計的表單
if __name__ == '__main__':
   app = QtWidgets.QApplication(sys.argv)
   MainWindow = QtWidgets.QMainWindow()   # 創建表單物件
   ui = Ui_MainWindow()                   # 創建 PyQt 設計的表單物件
   ui.setupUi(MainWindow)                 # 呼叫 PyQt 表單的方法對表單物件進行初始
化設定
   MainWindow.show()                      # 顯示表單
   sys.exit(app.exec_())                  # 程式關閉時退出處理程序
```

說明

在將 .ui 檔案轉換為 .py 檔案後，如果要運行 .py 檔案，必須添加 __main__ 主方法，後面將不再重複提示。

執行程式，效果如圖 9.18 所示。

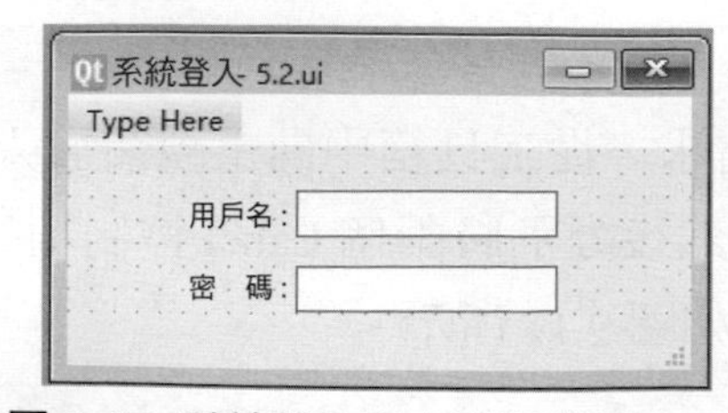

圖 9.17 系統登入視窗設計效果

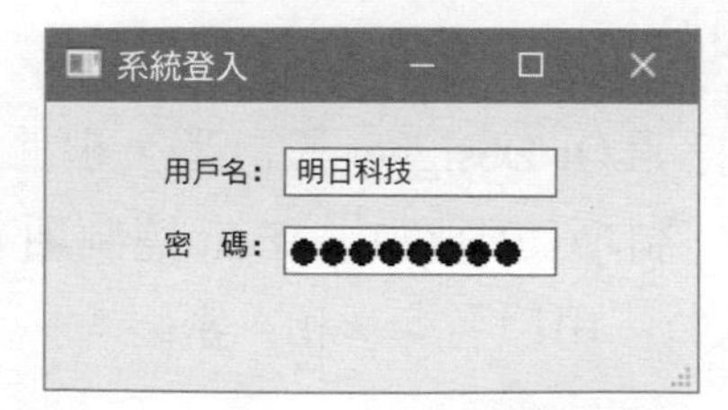

圖 9.18 執行效果

說明

在密碼文字標籤中輸入字母或者超過 8 位元數字時，系統將自動控制其輸入，文字標籤中不會顯示任何內容。

技巧

textChanged 訊號在一些要求輸入值時即時執行操作的場景下經常使用。例如，上網購物時，更改購買的商品數量或者價格，總價格都會即時變化，如果用 PyQt5 設計類似這樣的功能，就可以透過 LineEdit 控制項的 textChanged 訊號實現。

9.2.3 TextEdit：多行文字標籤

TextEdit 是多行文字標籤控制項，主要用來顯示多行的文字內容，當文字內容超出控制項的顯示範圍時，該控制項將顯示垂直捲動軸；另外，TextEdit 控制項不僅可以顯示純文字內容，還支援顯示 HTML 網頁，TextEdit 控制項圖示如圖 9.19 所示。

AI Text Edit

圖 9.19 TextEdit 控制項圖示

TextEdit 控制項對應 PyQt5 中的 QTextEdit 類別，該類別的常用方法及說明如表 9.7 所示。

表 9.7 QTextEdit 類別的常用方法及說明

方法	描述
setPlainText()	設定文字內容
toPlainText()	獲取文字內容
setTextColor()	設定文字顏色，舉例來說，將文字設定為紅色，可以將該方法的參數設定為 QtGui.QColor(255,0,0)
setTextBackgroundColor()	設定文字的背景顏色，顏色參數與 setTextColor() 相同
setHtml()	設定 HTML 檔案內容

方法	描述
toHtml()	獲取 HTML 檔案內容
wordWrapMode()	設定自動換行
clear()	清除所有內容

【實例 9.3】多行文字和 HTML 文字的比較顯示（程式碼範例：書附程式\Code\09\03）

使用 Qt Designer 設計器創建一個 MainWindow 視窗，在其中增加兩個 TextEdit 控制項，然後保存為 .ui 檔案，使用 PyUIC 工具將 .ui 檔案轉為 .py 檔案，然後分別使用 setPlainText() 方法和 setHtml() 方法為兩個 TextEdit 控制項設定要顯示的文字內容。程式如下：

```
# 設定純文字顯示
self.textEdit.setPlainText('與失敗比起來，我對乏味和平庸的恐懼要嚴重得多。'
                           '對我而言，很好的事要比糟糕的事好，而糟糕的事要比平庸的
事好，因為糟糕的事至少為生活增加了滋味。')
# 設定 HTML 文字顯示
self.textEdit_2.setHtml("與失敗比起來，我對乏味和平庸的恐懼要嚴重得多。"
                        "對我而言，<font color='red' size=12>很好的事要比糟糕的
事好，而糟糕的事要比平庸的事好，</font>因為糟糕的事至少為生活增加了滋味。")
```

為 .py 檔案增加 __main__ 主方法，然後執行程式，效果如圖 9.20 所示。

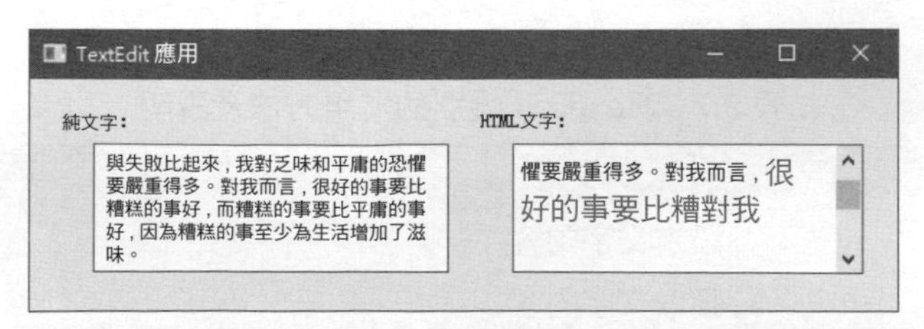

圖 9.20 使用 TextEdit 控制項顯示多行文字和 HTML 文字

9.2.4 SpinBox：整數位選擇控制項

SpinBox 是一個整數位選擇控制項，該控制項提供一對上下箭頭，使用者可以點擊上下箭頭選擇數值，也可以直接輸入。如果輸入的數值大於設定的最大值，或小於設定的最小值，SpinBox 將不會接受輸入，SpinBox 控制項圖示如圖 9.21 所示。

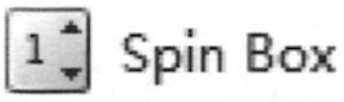

1 Spin Box

圖 9.21 SpinBox 控制項圖示

SpinBox 控制項對應 PyQt5 中的 QSpinBox 類別，該類別的常用方法及說明如表 9.8 所示。

表 9.8 QSpinBox 類別的常用方法及說明

方法	描述
setValue()	設定控制項的當前值
setMaximum()	設定最大值
setMinimum()	設定最小值
setRange()	設定設定值範圍（包括最大值和最小值）
setSingleStep()	點擊上下箭頭時的步進值
value()	獲取控制項中的值

說明

預設情況下，SpinBox 控制項的取值範圍為 0~99，步進值為 1。

在點擊 SpinBox 控制項的上下箭頭時，可以透過發射 valueChanged 訊號獲取控制項中的當前值。

【實例 9.4】獲取 SpinBox 中選擇的數字（程式碼範例：書附程式\Code\09\04）

使用 Qt Designer 設計器創建一個 MainWindow 視窗，在其中增加兩個 Label 控制項和一個 SpinBox 控制項，然後保存為 .ui 檔案，使用 PyUIC 工具將 .ui

檔案轉為 .py 檔案，在轉換後的 .py 檔案中，分別設定數字選擇控制項的最小值、最大值和步進值。有關 SpinBox 控制項的關鍵程式如下：

```
self.spinBox = QtWidgets.QSpinBox(self.centralwidget)
self.spinBox.setGeometry(QtCore.QRect(20, 10, 101, 22))
self.spinBox.setObjectName("spinBox")
self.spinBox.setMinimum(0)                    # 設定最小值
self.spinBox.setMaximum(100)                  # 設定最大值
self.spinBox.setSingleStep(2)                 # 設定步進值
```

技巧

上面程式中的第 4 行和第 5 行分別用來設置最小值和最大值，它們可以使用 setRange() 方法代替。程式如下：

```
self.spinBox.setRange(0,100)
```

自訂一個 getvalue() 方法，使用 value() 方法獲取 SpinBox 控制項中的當前值，並顯示在 Label 控制項中。程式如下：

```
# 獲取 SpinBox 的當前值，並顯示在 Label 中
def getvalue(self):
    self.label_2.setText(str(self.spinBox.value()))
```

將 SpinBox 控制項的 valueChanged 訊號與自訂的 getvalue() 槽函數相連結。程式如下：

```
# 將 valueChanged 訊號與自訂槽函數相連結
self.spinBox.valueChanged.connect(self.getvalue)
```

為 .py 檔案增加 __main__ 主方法，然後執行程式，點擊數字選擇控制項的上下箭頭時，在 Label 控制項中即時顯示數字選擇控制項中的數值，效果如圖 9.22 所示。

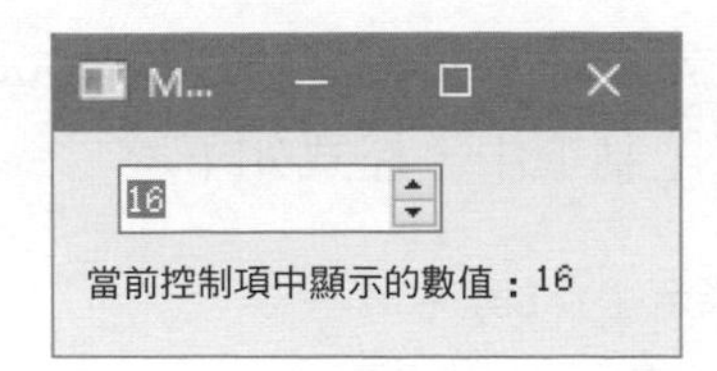

圖 9.22 使用 SpinBox 控制項選擇整數字

9.2.5 DoubleSpinBox：小數位選擇控制項

DoubleSpinBox 與 SpinBox 控制項類似，區別是，它用來選擇小數位，並且預設保留兩位小數，它對應 PyQt5 中的 QDoubleSpinBox 類別，DoubleSpinBox 控制項圖示如圖 9.23 所示。

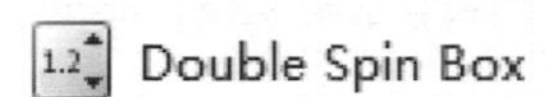

圖 9.23 DoubleSpinBox 控制項圖示

DoubleSpinBox 控制項的使用方法與 SpinBox 類似，但由於它處理的是小數位，因此，該控制項提供了一個 setDecimals() 方法，用來設定小數的位數。

【實例 9.5】設定 DoubleSpinBox 中的小數位數並獲取選擇的數字（程式碼範例：書附程式 \Code\ 09\05）

使用 Qt Designer 設計器創建一個 MainWindow 視窗，在其中增加兩個 Label 控制項和一個 DoubleSpinBox 控制項，然後保存為 .ui 檔案，使用 PyUIC 工具將 .ui 檔案轉為 .py 檔案，在轉換後的 .py 檔案中，分別設定小數位選擇控制項的最小值、最大值、步進值，以及保留 3 位小數。有關 DoubleSpinBox 控制項的關鍵程式如下：

```
self.doubleSpinBox = QtWidgets.QDoubleSpinBox(self.centralwidget)
self.doubleSpinBox.setGeometry(QtCore.QRect(20, 10, 101, 22))
self.doubleSpinBox.setObjectName("doubleSpinBox")
self.doubleSpinBox.setMinimum(0)                # 設定最小值
self.doubleSpinBox.setMaximum(99.999)           # 設定最大值
self.doubleSpinBox.setSingleStep(0.001)         # 設定步進值
self.doubleSpinBox.setDecimals(3)               # 設定保留 3 位小數
```

自訂一個 getvalue() 方法，使用 value() 方法獲取 DoubleSpinBox 控制項中的當前值，並顯示在 Label 控制項中。程式如下：

```
# 獲取 SpinBox 的當前值，並顯示在 Label 中
def getvalue(self):
    self.label_2.setText(str(self.doubleSpinBox.value()))
```

將 DoubleSpinBox 控制項的 valueChanged 訊號與自訂的 getvalue() 槽函數相連結。程式如下：

```
# 將 valueChanged 訊號與自訂槽函數相連結
self.doubleSpinBox.valueChanged.connect(self.getvalue)
```

為 .py 檔案增加 __main__ 主方法，然後執行程式，點擊小數位選擇控制項的上下箭頭時，在 Label 控制項中即時顯示小數位選擇控制項中的數值，效果如圖 9.24 所示。

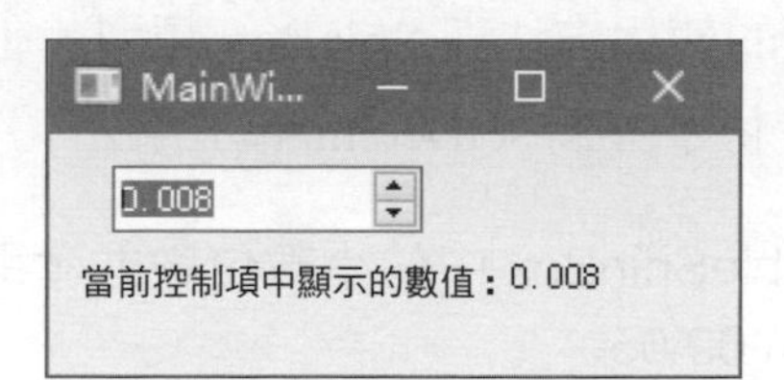

圖 9.24 使用 DoubleSpinBox 控制項選擇小數位

9.2.6 LCDNumber：液晶數字顯示控制項

LCDNumber 控制項主要用來顯示液晶數字，其圖示如圖 9.25 所示。

圖 9.25 LCDNumber 控制項圖示

LCDNumber 控制項對應 PyQt5 中的 QLCDNumber 類別，該類別的常用方法及說明如表 9.9 所示。

表 9.9 QLCDNumber 類別的常用方法及說明

方法	描述
setDigitCount()	設定可以顯示的數字數量
setProperty()	設定
setMode()	設定顯示數字的模式，有 4 種模式：Bin（二進位）、Oct（八進位）、Dec（十進位）、Hex（十六進位）
setSegmentStyle()	設定顯示樣式，有 3 種樣式：OutLine、Filled 和 Flat，它們的效果分別如圖 9.26 ～圖 9.28 所示
value()	獲取顯示的數值

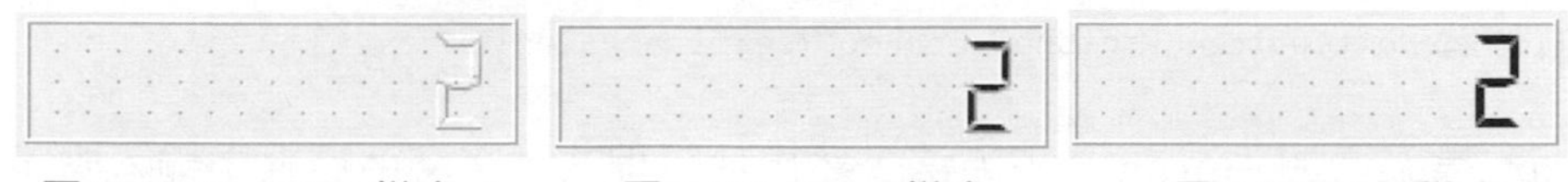

圖 9.26 OutLine 樣式　　圖 9.27 Filled 樣式　　圖 9.28 Flat 樣式

【實例 9.6】液晶顯示幕中的數字顯示（程式碼範例：書附程式\Code\09\06）

使用 Qt Designer 設計器創建一個 MainWindow 視窗，在其中增加一個 Label 控制項、一個 LineEdit 控制項和一個 LCDNumber 控制項，其中，LineEdit 控制項用來輸入數字，LCDNumber 控制項用來顯示 LineEdit 控制項中的數字，將設計完成的視窗保存為 .ui 檔案，使用 PyUIC 工具將 .ui 檔案轉為 .py 檔案，在轉換後的 .py 檔案中，設定 LCDNumber 液晶顯示控制項的最大顯示數字位數、顯示樣式及模式。有關 LCDNumber 控制項的關鍵程式如下：

```
self.lcdNumber = QtWidgets.QLCDNumber(self.centralwidget)
self.lcdNumber.setGeometry(QtCore.QRect(20, 40, 161, 41))
self.lcdNumber.setDigitCount(7)                          # 設定最大顯示 7 位數字
self.lcdNumber.setMode(QtWidgets.QLCDNumber.Dec)         # 設定預設以十進位顯示數字
self.lcdNumber.setSegmentStyle(QtWidgets.QLCDNumber.Flat) # 設定數字顯示屏的顯
示樣式
self.lcdNumber.setObjectName("lcdNumber")
```

自訂一個 setvalue() 方法，使用 setProperty() 方法為 LCDNumber 控制項設定要顯示的數字為 LineEdit 文字標籤中輸入的數字。程式如下：

```
# 自訂槽函數，用來在液晶顯示幕中顯示文字標籤中的數字
def setvalue(self):
    self.lcdNumber.setProperty("value",self.lineEdit.text())
```

將 LineEdit 控制項的 editingFinished 訊號與自訂的 setvalue() 槽函數相連結，以便在文字標籤編輯結束後執行槽函數中定義的操作。程式如下：

```
# 文字標籤編輯結束時，發射 editingFinished 訊號，與自訂槽函數連結
self.lineEdit.editingFinished.connect(self.setvalue)
```

為 .py 檔案增加 __main__ 主方法，然後執行程式，在文字標籤中輸入數字，按 Enter 鍵，即可將輸入的數字顯示在液晶顯示控制項中，如圖 9.29 所示；但當文字標籤中輸入的數字大於 7 位時，則會在液晶顯示控制項中以科學計數法的形式進行顯示，如圖 9.30 所示。

圖 9.29 數字的正常顯示

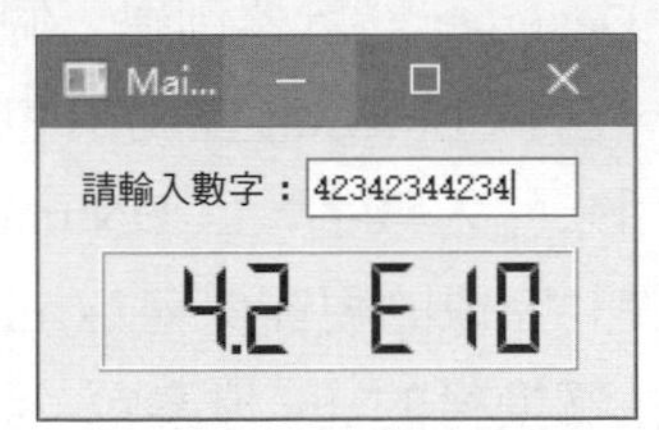

圖 9.30 大於 7 位時以科學計數法形式顯示

9.3 按鈕類別控制項

按鈕類別控制項主要用來執行一些命令操作，PyQt5 中的按鈕類別控制項主要有 PushButton、ToolButton、CommandLinkButton、RadioButton 和 CheckBox 等，本節將對它們的常用方法及使用方式進行講解。

9.3.1 PushButton：按鈕

PushButton 是 PyQt5 中最常用的控制項之一樣，它被稱為按鈕控制項，允許使用者透過點擊來執行操作。PushButton 控制項既可以顯示文字，也可以顯示圖型，當該控制項被點擊時，它看起來像是被按下，然後被釋放，PushButton 控制項圖示如圖 9.31 所示。

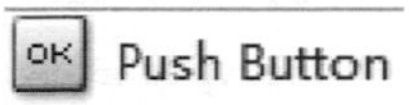

Push Button

圖 9.31 PushButton 控制項圖示

PushButton 控制項對應 PyQt5 中的 QPushButton 類別，該類別的常用方法及說明如表 9.10 所示。

表 9.10 QPushButton 類別的常用方法及說明

方法	說明
setText()	設定按鈕所顯示的文字
text()	獲取按鈕所顯示的文字
setIcon()	設定按鈕上的圖示，可以將參數設定為 QtGui.QIcon(' 圖示路徑 ')
setIconSize()	設定按鈕圖示的大小，參數可以設定為 QtCore.QSize(int width，int height)
setEnabled()	設定按鈕是否可用，參數設定為 False 時，按鈕為不可用狀態。
setShortcut()	設定按鈕的快速鍵，參數可以設定為鍵盤中的按鍵或快速鍵，例如 'Alt+0'

PushButton 按鈕最常用的訊號是 clicked，當按鈕被點擊時，會發射該訊號，執行對應的操作。

【實例 9.7】製作登入視窗（程式碼範例：書附程式 \Code\09\07）

完善【例 9.2】，為系統登入視窗增加「登入」和「退出」按鈕，當點擊「登入」按鈕時，彈出使用者輸入的用戶名和密碼；而當點擊「退出」按鈕時，關閉當前登入視窗。程式如下：

```
from PyQt5 import QtCore, QtGui, QtWidgets
from PyQt5.QtGui import QPixmap,QIcon
class Ui_MainWindow(object):
```

```
    def setupUi(self, MainWindow):
        MainWindow.setObjectName("MainWindow")
        MainWindow.resize(225, 121)
        self.centralwidget = QtWidgets.QWidget(MainWindow)
        self.centralwidget.setObjectName("centralwidget")
        self.pushButton = QtWidgets.QPushButton(self.centralwidget)
        self.pushButton.setGeometry(QtCore.QRect(40, 83, 61, 23))
        self.pushButton.setObjectName("pushButton")
        self.pushButton.setIcon(QIcon(QPixmap("login.ico")))
                                                        # 為登入按鈕設定圖示
        self.label = QtWidgets.QLabel(self.centralwidget)
        self.label.setGeometry(QtCore.QRect(29, 22, 54, 12))
        self.label.setObjectName("label")
        self.label_2 = QtWidgets.QLabel(self.centralwidget)
        self.label_2.setGeometry(QtCore.QRect(29, 52, 54, 12))
        self.label_2.setObjectName("label_2")
        self.lineEdit = QtWidgets.QLineEdit(self.centralwidget)
        self.lineEdit.setGeometry(QtCore.QRect(79, 18, 113, 20))
        self.lineEdit.setObjectName("lineEdit")
        self.lineEdit_2 = QtWidgets.QLineEdit(self.centralwidget)
        self.lineEdit_2.setGeometry(QtCore.QRect(78, 50, 113, 20))
        self.lineEdit_2.setObjectName("lineEdit_2")
        self.lineEdit_2.setEchoMode(QtWidgets.QLineEdit.Password)
                                                        # 設定文字標籤為密碼
        # 設定只能輸入 8 位數字
        self.lineEdit_2.setValidator(QtGui.QIntValidator(10000000,
99999999))
        self.pushButton_2 = QtWidgets.QPushButton(self.centralwidget)
        self.pushButton_2.setGeometry(QtCore.QRect(120, 83, 61, 23))
        self.pushButton_2.setObjectName("pushButton_2")
        self.pushButton_2.setIcon(QIcon(QPixmap("exit.ico")))
                                                        # 為退出按鈕設定圖示
        MainWindow.setCentralWidget(self.centralwidget)
        self.retranslateUi(MainWindow)
```

```
        # 為登入按鈕的 clicked 訊號綁定自訂槽函數
        self.pushButton.clicked.connect(self.login)
        # 為退出按鈕的 clicked 訊號綁定 MainWindow 視窗附帶的 close 槽函數
        self.pushButton_2.clicked.connect(MainWindow.close)

        QtCore.QMetaObject.connectSlotsByName(MainWindow)
    def login(self):
        from PyQt5.QtWidgets import QMessageBox
        # 使用 information() 方法彈出資訊提示框
        QMessageBox.information(MainWindow, "登入資訊", "用戶名："+self.
lineEdit.text()+"  密碼：
"+self.lineEdit_2.text(), QMessageBox.Ok)
    def retranslateUi(self, MainWindow):
            _translate = QtCore.QCoreApplication.translate
            MainWindow.setWindowTitle(_translate("MainWindow", "系統登入"))
            self.pushButton.setText(_translate("MainWindow", "登入"))
            self.label.setText(_translate("MainWindow", "用戶名："))
            self.label_2.setText(_translate("MainWindow", "密碼："))
            self.pushButton_2.setText(_translate("MainWindow", "退出"))
import sys
# 主方法，程式從此處啟動 PyQt 設計的表單
if __name__ == '__main__':
   app = QtWidgets.QApplication(sys.argv)
   MainWindow = QtWidgets.QMainWindow()       # 創建表單物件
   ui = Ui_MainWindow()                       # 創建 PyQt 設計的表單物件
   ui.setupUi(MainWindow)                     # 呼叫 PyQt 表單的方法對表單物件進行初始化設定
   MainWindow.show()                          # 顯示表單
   sys.exit(app.exec_())                      # 程式關閉時退出處理程序
```

說明

上面程式中為「登入」按鈕和「退出」按鈕設置圖示時，用到了兩個圖示檔案 login.ico 和 exit.ico，需要提前準備好這兩個圖示檔案，並將它們複製到與 .py 檔案同級的目錄下。

執行程式，輸入用戶名和密碼，點擊「登入」按鈕，可以在彈出的提示框中顯示輸入的用戶名和密碼，如圖 9.32 所示，而點擊「退出」按鈕，可以直接關閉當前視窗。

圖 9.32 製作登入視窗

技巧

如果想為 PushButton 按鈕設置快速鍵，可以在創建物件時指定其文字，並在文字中包括 & 符號，這樣，& 符號後面的第一個字母預設就會作為快速鍵，例如，在上面的實例中，為「登入」按鈕設置快速鍵，則可以將創建「登入」按鈕的程式修改如下：

```
self.pushButton = QtWidgets.QPushButton("登入(&D)",self.centralwidget)
```

修改完成之後，按 Alt+D 快速鍵，即可執行與按一下「登入」按鈕相同的操作。

9.3.2 ToolButton：工具按鈕

ToolButton 控制項是一個工具按鈕，它本質上是一個按鈕，只是在按鈕中提供了預設文字「…」和可選的箭頭類型，它對應 PyQt5 中的 QToolButton 類別，ToolButton 控制項圖示如圖 9.33 所示。

Tool Button

圖 9.33 ToolButton 控制項圖示

ToolButton 控制項的使用方法與 PushButton 類似，不同的是，ToolButton 控制項可以設定工具按鈕的顯示樣式和箭頭類型，其中，工具按鈕的顯示樣式透過 QToolButton 類別的 setToolButtonStyle() 方法進行設定，主要支援以下 5 種樣式。

☑ Qt.ToolButtonIconOnly：只顯示圖示。

☑ Qt.ToolButtonTextOnly：只顯示文字。

☑ Qt.ToolButtonTextBesideIcon：文字顯示在圖示的旁邊。

☑ Qt.ToolButtonTextUnderIcon：文字顯示在圖示的下面。

☑ Qt.ToolButtonFollowStyle：跟隨系統樣式。

工具按鈕的箭頭類型透過 QToolButton 類別的 setArrowType() 方法進行設定，主要支持以下 5 種箭頭類型。

☑ Qt.NoArrow：沒有箭頭。

☑ Qt.UpArrow：向上的箭頭。

☑ Qt.DownArrow：向下的箭頭。

☑ Qt.LeftArrow：向左的箭頭。

☑ Qt.RightArrow：向右的箭頭。

【實例 9.8】設計一個向上箭頭的工具按鈕（程式碼範例：書附程式\Code\09\08）

本實例用來對名稱為 toolButton 的工具按鈕進行設定，設定其箭頭類型為向上箭頭，並且文字顯示在箭頭的下面。程式如下：

```
self.toolButton.setToolButtonStyle(QtCore.Qt.ToolButtonTextUnderIcon)        # 
設定顯示樣式
self.toolButton.setArrowType(QtCore.Qt.UpArrow)
# 設定箭頭類型
```

效果如圖 9.34 所示。

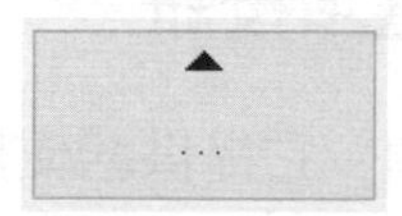

圖 9.34 文字在圖示下面的工具按鈕顯示效果

技巧

ToolButton 控制項中的箭頭圖示預設大小為 16×16，如果想改變箭頭圖示的大小，可以使用 setIconSize() 方法。例如，下面程式將 ToolButton 按鈕的箭頭圖示大小修改為 32×32：

```
self.toolButton.setIconSize(QtCore.QSize(32,32)) # 設置圖示大小
```

9.3.3 CommandLinkButton：命令連結按鈕

CommandLinkButton 控制項是一個命令連結按鈕，它對應 PyQt5 中的 QCommandLinkButton 類別，該類別與 PushButton 按鈕的用法類似，區別是，該按鈕自訂一個向右的箭頭圖示，CommandLinkButton 控制項圖示如圖 9.35 所示。

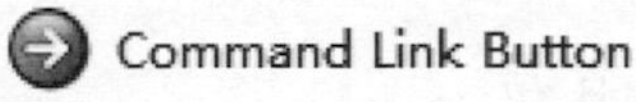

圖 9.35 CommandLinkButton 控制項圖示

【實例 9.9】命令連結按鈕的使用（程式碼範例：書附程式 \Code\09\09）

使用 Qt Designer 設計器創建一個 MainWindow 視窗，其中增加一個 CommandLinkButton 控制項，並設定其文字為「https://www.mingrisoft.com」，執行程式，預設效果如圖 9.36 所示，當將滑鼠移動到按鈕上時，顯示為超連結效果，如圖 9.37 所示。

圖 9.36 CommandLinkButton 控制項的預設效果

圖 9.37 滑鼠移動到 CommandLinkButton 控制項上的效果

9.3.4 RadioButton：選項按鈕

RadioButton 是選項按鈕控制項，它提供給使用者由兩個或多個互斥選項群組成的選項集，當使用者選中某選項按鈕時，同一組中的其他選項按鈕不能同時選定，RadioButton 控制項圖示如圖 9.38 所示。

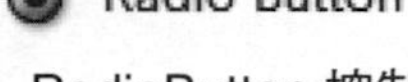

Radio Button

圖 9.38 RadioButton 控制項圖示

RadioButton 控制項對應 PyQt5 中的 QRadioButton 類別，該類別的常用方法及說明如表 9.11 所示。

表 9.11 QRadioButton 類別的常用方法及說明

方法	說明
setText()	設定選項按鈕顯示的文字
text()	獲取選項按鈕顯示的文字
setChecked() 或 setCheckable()	設定選項按鈕是否為選中狀態，True 為選中狀態，False 為未選中狀態
isChecked()	返回選項按鈕的狀態，True 為選中狀態，False 為未選中狀態

RadioButton 控制項常用的訊號有兩個：clicked 和 toggled，其中，clicked 訊號在每次點擊選項按鈕時都會發射，而 toggled 訊號則在選項按鈕的狀態改變時才會發射，因此，通常使用 toggled 訊號監控選項按鈕的選擇狀態。

【實例 9.10】選擇使用者登入角色（程式碼範例：書附程式 \Code\09\10）

修改【例 9.7】，在視窗中增加兩個 RadioButton 控制項，用來選擇管理員登入和普通使用者登入，它們的文字分別設定為「管理員」和「普通使用者」，然後定義一個槽函數 select()，用來判斷「管理員」選項按鈕和「普通使用者」選項按鈕分別選中時的彈出資訊，最後將「管理員」選項按鈕的 toggled 訊號與自訂的 select() 槽函數連結。程式如下：

```
from PyQt5 import QtCore, QtGui, QtWidgets
from PyQt5.QtWidgets import QMessageBox

class Ui_MainWindow(object):
    def setupUi(self, MainWindow):
        MainWindow.setObjectName("MainWindow")
        MainWindow.resize(215, 128)
        self.centralwidget = QtWidgets.QWidget(MainWindow)
        self.centralwidget.setObjectName("centralwidget")
        self.lineEdit_2 = QtWidgets.QLineEdit(self.centralwidget)
        self.lineEdit_2.setGeometry(QtCore.QRect(75, 44, 113, 20))
```

```
        self.lineEdit_2.setObjectName("lineEdit_2")
        self.lineEdit_2.setEchoMode(QtWidgets.QLineEdit.Password)
        # 設定文字標籤為密碼
        # 設定只能輸入 8 位數字
        self.lineEdit_2.setValidator(QtGui.QIntValidator(10000000,
99999999))
        self.pushButton_2 = QtWidgets.QPushButton(self.centralwidget)
        self.pushButton_2.setGeometry(QtCore.QRect(113, 97, 61, 23))
        self.pushButton_2.setObjectName("pushButton_2")
        self.lineEdit = QtWidgets.QLineEdit(self.centralwidget)
        self.lineEdit.setGeometry(QtCore.QRect(76, 12, 113, 20))
        self.lineEdit.setObjectName("lineEdit")
        self.pushButton = QtWidgets.QPushButton(self.centralwidget)
        self.pushButton.setGeometry(QtCore.QRect(33, 97, 61, 23))
        self.pushButton.setObjectName("pushButton")
        self.label_2 = QtWidgets.QLabel(self.centralwidget)
        self.label_2.setGeometry(QtCore.QRect(26, 46, 54, 12))
        self.label_2.setObjectName("label_2")
        self.label = QtWidgets.QLabel(self.centralwidget)
        self.label.setGeometry(QtCore.QRect(26, 16, 54, 12))
        self.label.setObjectName("label")
        self.radioButton = QtWidgets.QRadioButton(self.centralwidget)
        self.radioButton.setGeometry(QtCore.QRect(36, 73, 61, 16))
        self.radioButton.setObjectName("radioButton")
        self.radioButton.setChecked(True)      # 設定管理員選項按鈕預設選中
        self.radioButton_2 = QtWidgets.QRadioButton(self.centralwidget)
        self.radioButton_2.setGeometry(QtCore.QRect(106, 73, 71, 16))
        self.radioButton_2.setObjectName("radioButton_2")
        MainWindow.setCentralWidget(self.centralwidget)
        self.retranslateUi(MainWindow)
        # 為登入按鈕的 clicked 訊號綁定自訂槽函數
        self.pushButton.clicked.connect(self.login)
        # 為退出按鈕的 clicked 訊號綁定 MainWindow 視窗附帶的 close 槽函數
        self.pushButton_2.clicked.connect(MainWindow.close)
```

```
        # 為選項按鈕的 toggled 訊號綁定自訂槽函數
        self.radioButton.toggled.connect(self.select)
        QtCore.QMetaObject.connectSlotsByName(MainWindow)
    def login(self):
        # 使用 information() 方法彈出資訊提示框
        QMessageBox.information(MainWindow, "登入資訊", "用戶名："+self.
lineEdit.text()+"  密碼：
"+self.lineEdit_2.text(), QMessageBox.Ok)
    # 自訂槽函數，用來判斷使用者登入身份
    def select(self):
        if self.radioButton.isChecked():     # 判斷是否為管理員登入
            QMessageBox.information(MainWindow, "提示","您選擇的是管理員登入",
QMessageBox.Ok)
        elif self.radioButton_2.isChecked():   # 判斷是否為普通使用者登入
            QMessageBox.information(MainWindow, "提示", "您選擇的是普通使用者
登入",
QMessageBox.Ok)
    def retranslateUi(self, MainWindow):
        _translate = QtCore.QCoreApplication.translate
        MainWindow.setWindowTitle(_translate("MainWindow", "系統登入"))
        self.pushButton_2.setText(_translate("MainWindow", "重置"))
        self.pushButton.setText(_translate("MainWindow", "登入"))
        self.label_2.setText(_translate("MainWindow", "密碼："))
        self.label.setText(_translate("MainWindow", "用戶名："))
        self.radioButton.setText(_translate("MainWindow", "管理員"))
        self.radioButton_2.setText(_translate("MainWindow", "普通使用者"))
import sys
# 主方法，程式從此處啟動 PyQt 設計的表單
if __name__ == '__main__':
   app = QtWidgets.QApplication(sys.argv)
   MainWindow = QtWidgets.QMainWindow()        # 創建表單物件
   ui = Ui_MainWindow()                        # 創建 PyQt 設計的表單物件
   ui.setupUi(MainWindow)                      # 呼叫 PyQt 表單方法，對表單物件初始
```

```
化設定
    MainWindow.show()                          # 顯示表單
    sys.exit(app.exec_())                      # 程式關閉時退出處理程序
```

執行程式，「管理員」選項按鈕預設處於選中狀態，選中「普通使用者」選項按鈕，彈出「您選擇的是普通使用者登入」提示框，如圖 9.39 所示。

選中「管理員」選項按鈕，彈出「您選擇的是管理員登入」提示框，如圖 9.40 所示。

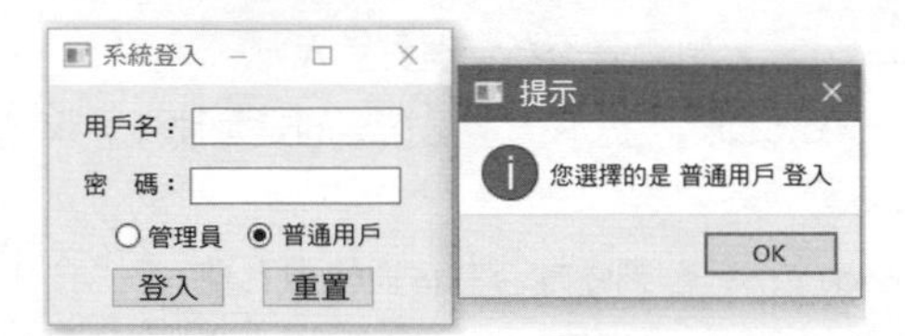

圖 9.39 選中 " 普通使用者 " 選項按鈕的提示

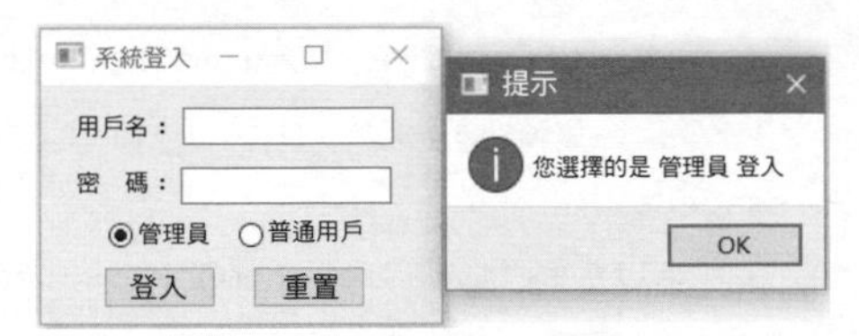

圖 9.40 選中 " 管理員 " 選項按鈕的提示

9.3.5 CheckBox：核取方塊

CheckBox 是核取方塊控制項，它用來表示是否選取了某個選項條件，常用於提供給使用者具有是 / 否或真 / 假值的選項，它對應 PyQt5 中的 QCheckBox 類別，CheckBox 控制項圖示如圖 9.41 所示。

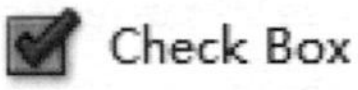

Check Box

圖 9.41 CheckBox 控制項圖示

CheckBox 控制項的使用與 RadioButton 控制項類似，但它是提供給使用者「多選多」的選擇，另外，它除了選中和未選中兩種狀態之外，還提供了第三種狀態：半選中。如果需要第三種狀態，需要使用 QCheckBox 類別的 setTristate() 方法使其生效，並且可以使用 checkState() 方法查詢當前狀態。

CheckBox 控制項的三種狀態值及說明如表 9.12 所示。

表 9.12 CheckBox 控制項的三種狀態值及說明

方法	說明
QT.Checked	選中
QT.PartiallyChecked	半選中
QT.Unchecked	未選中

CheckBox 控制項最常用的訊號是 stateChanged，用來在核取方塊的狀態發生改變時發射。

【實例 9.11】設定使用者許可權（程式碼範例：書附程式 \Code\09\11）

在 Qt Designer 設計器中創建一個視窗，實現透過核取方塊的選中狀態設定使用者許可權的功能。在視窗中增加 5 個 CheckBox 控制項，文字分別設定為「基本資訊管理」「進貨管理」「銷售管理」「庫存管理」和「系統管理」，主要用來表示要設定的許可權；增加一個 PushButtion 控制項，用來顯示選擇的許可權。設計完成後保存為 .ui 檔案，並使用 PyUIC 工具將其轉為 .py 程式檔案。在 .py 程式檔案中自訂一個 getvalue() 方法，用來根據 CheckBox 控制項的選中狀態記錄對應的許可權。程式如下：

```
def getvalue(self):
    oper=""                                      # 記錄使用者許可權
    if self.checkBox.isChecked():                # 判斷核取方塊是否選中
        oper+=self.checkBox.text()               # 記錄選中的許可權
    if self.checkBox_2.isChecked():
        oper +='\n'+ self.checkBox_2.text()
    if self.checkBox_3.isChecked():
        oper+='\n'+ self.checkBox_3.text()
    if self.checkBox_4.isChecked():
        oper+='\n'+ self.checkBox_4.text()
    if self.checkBox_5.isChecked():
        oper+='\n'+ self.checkBox_5.text()
    from  PyQt5.QtWidgets import QMessageBox
```

```
                                    # 使用 information() 方法彈出資訊提示，顯示
所有選擇的許可權
    QMessageBox.information(MainWindow, "提示", "您選擇的許可權如下：\n"+oper,
QMessageBox.Ok)
```

將「設定」按鈕的 clicked 訊號與自訂的槽函數 getvalue() 相連結。程式如下：

```
self.pushButton.clicked.connect(self.getvalue)
```

為 .py 檔案增加 __main__ 主方法，然後執行程式，選中對應許可權的核取方塊，點擊「設定」按鈕，即可在彈出提示框中顯示使用者選擇的許可權，如圖 9.42 所示。

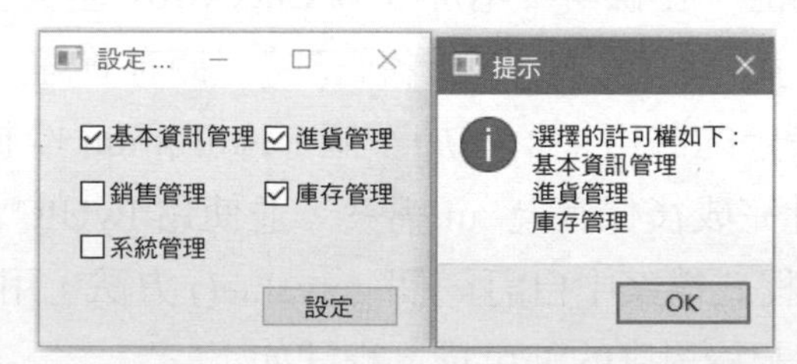

圖 9.42 透過核取方塊的選中狀態設定使用者許可權

技巧

在設計使用者許可權，或者考試系統中的多選題答案等功能時，可以使用 CheckBox 控制項來實現。

9.4 選擇清單類別控制項

選擇清單類別控制項主要以清單形式提供給使用者選擇的項目，使用者可以從中選擇項，本節將對 PyQt5 中的常用選擇清單類別控制項的使用進行講解，包括 ComboBox、FontComboBox 和 ListWidget 等。

9.4.1 ComboBox：下拉式選單方塊

ComboBox 控制項，又稱為下拉式方塊控制項，它主要用於在下拉式選單方塊中顯示資料，使用者可以從中選擇項，ComboBox 控制項圖示如圖 9.43 所示。

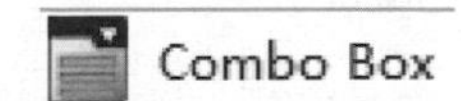

圖 9.43 ComboBox 控制項圖示

ComboBox 控制項對應 PyQt5 中的 QComboBox 類別，該類別的常用方法及說明如表 9.13 所示。

表 9.13 QComboBox 類別的常用方法及說明

方法	說明
addItem()	增加一個下拉清單項
addItems()	從清單中增加下拉選項
currentText()	獲取選中項的文字
currentIndex()	獲取選中項的索引
itemText(index)	獲取索引為 index 的項的文字
setItemText(index,text)	設定索引為 index 的項的文字
count()	獲取所有選項的數量
clear()	刪除所有選項

ComboBox 控制項常用的訊號有兩個：activated 和 currentIndexChanged，其中，activated 訊號在使用者選中一個下拉選項時發射，而 currentIndexChanged 訊號則在下拉選項的索引發生改變時發射。

【實例 9.12】在下拉清單中選擇職務（程式碼範例：書附程式 \Code\09\12）

在 Qt Designer 設計器中創建一個視窗，實現透過 ComboBox 控制項選擇職務的功能。在視窗中增加兩個 Label 控制項和一個 ComboBox，其中，第一個 Label 用來作為標識，將文字設定為「職務：」，第二個 Label 用來顯示 ComboBox 中選擇的職務；ComboBox 控制項用來作為職務的下拉清單。設計完成後保存為 .ui 檔案，並使用 PyUIC 工具將其轉為 .py 程式檔案。在 .py 程式檔案中自訂一個 showinfo() 方法，用來將 ComboBox 下拉清單中選擇的項顯示在 Label 標籤中。程式如下：

```
def showinfo(self):
    self.label_2.setText("您選擇的職務是："+self.comboBox.currentText()) # 顯
示選擇的職務
```

為 ComboBox 設定下拉清單項及訊號與槽的連結。程式如下：

```
# 定義職務列表
list=["總經理", "副總經理", "人事部經理", "財務部經理", "部門經理", "普通員工
"]
self.comboBox.addItems(list) # 將職務列表增加到 ComboBox 下拉清單中
# 將 ComboBox 控制項的選項更改訊號與自訂槽函數連結
self.comboBox.currentIndexChanged.connect(self.showinfo)
```

為 .py 檔案增加 __main__ 主方法，然後執行程式，當在職務清單中選中某個職務時，將在下方的 Label 標籤中顯示選中的職務，效果如圖 9.44 所示。

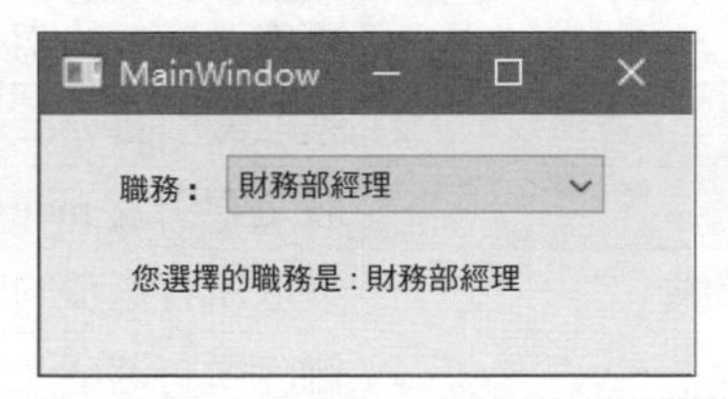

圖 9.44 使用 ComboBox 控制項選擇職務

9.4.2 FontComboBox：字型下拉式選單方塊

FontComboBox 控制項又稱為字型下拉式方塊控制項，它主要用於在下拉式選單方塊中顯示並選擇字型，它對應 PyQt5 中的 QFontComboBox 類別，FontComboBox 控制項圖示如圖 9.45 所示。

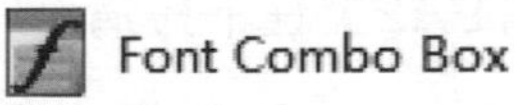

Font Combo Box

圖 9.45 FontComboBox 控制項圖示

FontComboBox 控制項的使用與 ComboBox 類似，但由於它的主要作用是選擇字型，所以 QFontComboBox 類別中提供了一個 setFontFilters() 方法，用來設定可以選擇的字型，該方法的參數值及說明如下。

☑ QFontComboBox.AllFonts：所有字型。

☑ QFontComboBox.ScalableFonts：可以自動伸縮的字型。

☑ QFontComboBox.NonScalableFonts：不自動伸縮的字型。

☑ QFontComboBox.MonospacedFonts：等寬字型。

☑ QFontComboBox.ProportionalFonts：比例字型。

【實例 9.13】動態改變標籤的字型（程式碼範例：書附程式 \Code\09\13）

在 Qt Designer 設計器中創建一個視窗，實現透過 FontComboBox 動態改變 Label 標籤字型的功能。在視窗中增加一個 Label 控制項和一個 FontComboBox，其中，Label 用來顯示文字，而 FontComboBox 控制項用來選擇字型。設計完成後保存為 .ui 檔案，並使用 PyUIC 工具將其轉為 .py 程式檔案。在 .py 程式檔案中自訂一個 setfont() 方法，用來將選擇的字型設定為 Label 標籤的字型。程式如下：

```
# 自訂槽函數，用來將選擇的字型設定為 Label 標籤的字型
def setfont(self):
    print(self.fontComboBox.currentText())          # 主控台中輸出選擇的字型
    # 為 Label 設定字型
    self.label.setFont(QtGui.QFont(self.fontComboBox.currentText()))
```

為 FontComboBox 設定要顯示的字型及訊號與槽的連結。程式如下：

```
# 設定字型下拉式選單方塊中顯示所有字型
self.fontComboBox.setFontFilters(QtWidgets.QFontComboBox.AllFonts)
# 當選擇的字型改變時，發射 currentIndexChanged 訊號，呼叫 setfont 槽函數
self.fontComboBox.currentIndexChanged.connect(self.setfont)
```

為 .py 檔案增加 __main__ 主方法，然後執行程式，在視窗中的字型下拉式選單方塊中選擇某種字型時，會在主控台中輸出選擇的字型，同時，Label 標籤中的字型也會更改為選擇的字型。如圖 9.46 和圖 9.47 所示是在字型下拉式選單方塊中分別選擇「隸書」字型和「楷體」字型時的效果。

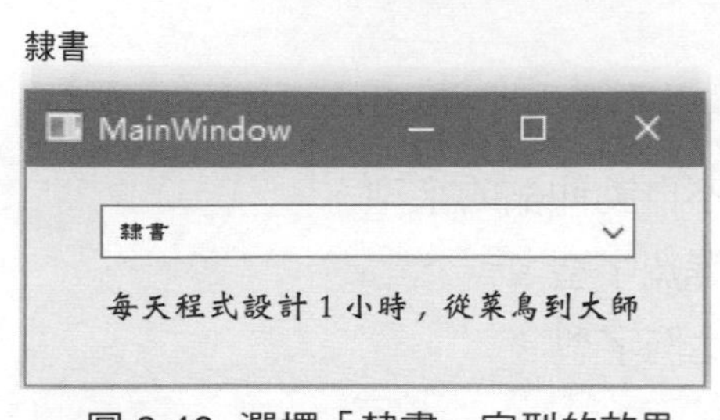

圖 9.46 選擇「隸書」字型的效果

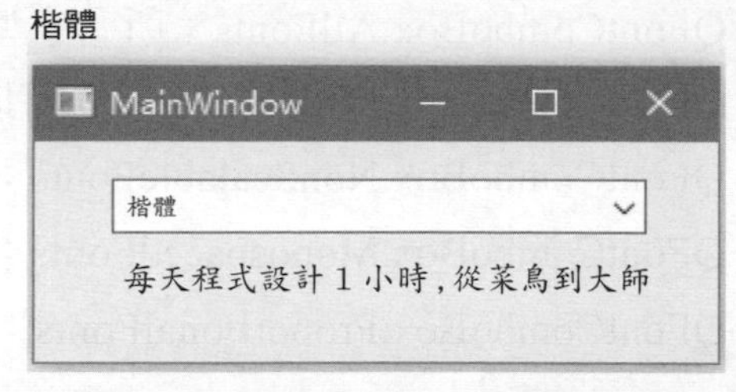

圖 9.47 選擇「楷體」字型的效果

9.4.3 ListWidget：列表

PyQt5 提供了兩種列表，分別是 ListWidget 和 ListView，其中，ListView 是以模型為基礎的，它是 ListWidget 的父類別，使用 ListView 時，首先需要建立模型，然後再保存資料；而 ListWidget 是 ListView 的升級版本，它已經內建了一個資料儲存模型 QListWidgetItem，我們在使用時，不必自己建立模型，而直接使用 addItem() 或 addItems() 方法即可增加清單項。所以在實際開發時，推薦使用 ListWidget 控制項作為清單，ListWidget 控制項圖示如圖 9.48 所示。

List Widget

圖 9.48 ListWidget 控制項圖示

ListWidget 控制項對應 PyQt5 中的 QListWidget 類別，該類別的常用方法及說明如表 9.14 所示。

表 9.14 QListWidget 類別的常用方法及說明

方法	說明
addItem()	在列表中增加項
addItems()	一次在列表中增加多項
insertItem()	在指定索引處插入項
setCurrentItem()	設定當前選擇項
item.setToolTip()	設定提示內容

方法	說明
item.isSelected()	判斷項是否選中
setSelectionMode()	設定清單的選擇模式，支援以下 5 種模式。 ◆ QAbstractItemView.NoSelection：不能選擇； ◆ QAbstractItemView.SingleSelection：單選； ◆ QAbstractItemView.MultiSelection：多選； ◆ QAbstractItemView.ExtendedSelection：正常單選，按 Ctrl 或 Shift 鍵後，可以多選； ◆ QAbstractItemView.ContiguousSelection：與 ExtendedSelection 類似
setSelectionBehavior()	設定選擇項的方式，支援以下 3 種方式。 ◆ QAbstractItemView.SelectItems：選中當前項； ◆ QAbstractItemView.SelectRows：選中整行； ◆ QAbstractItemView.SelectColumns：選中整列
setWordWrap()	設定是否自動換行，True 表示自動換行，False 表示不自動換行
setViewMode()	設定顯示模式，有以下兩種顯示模式。 ◆ QListView.ListMode：以清單形式顯示； ◆ QListView.IconMode：以圖表形式顯示
item.text()	獲取項的文字
clear()	刪除所有清單項

ListWidget 控制項常用的訊號有兩個：currentItemChanged 和 itemClicked，其中，currentItemChanged 訊號在列表中的選擇項發生改變時發射，而 itemClicked 訊號在點擊列表中的項時發射。

【實例 9.14】用清單展示中國大陸電影票房總排行榜（程式碼範例：書附程式 \Code\09\14）

本實例將使用 PyQt5 中的 ListWidget 列表展示中國大陸票房總排行榜的前 10 名，從中可以看到，其中的 90% 都是中國電影。

打開 Qt Designer 設計器，新建一個視窗，在視窗中增加一個 ListWidget 控制項，設計完成後保存為 .ui 檔案，並使用 PyUIC 工具將其轉為 .py 程式檔案。在 .py 程式檔案中，首先對 ListWidget 的顯示資料及 itemClicked 訊號進行設定。主要程式如下：

```
# 設定列表中可以多選
self.listWidget.setSelectionMode(QtWidgets.QAbstractItemView.MultiSelection)
# 設定選中方式為整行選中
self.listWidget.setSelectionBehavior(QtWidgets.QAbstractItemView.SelectRows)
# 設定以清單形式顯示資料
self.listWidget.setViewMode(QtWidgets.QListView.ListMode)
self.listWidget.setWordWrap(True)                                    # 設定自動換行
from collections import OrderedDict
# 定義有序字典，作為 List 清單的資料來源
dict=OrderedDict({'第1名':'戰狼2,2017年上映，票房56.83億','第2名':'哪吒之
魔童降世，2019年上映，票房50.12億',
         '第3名':'流浪地球，2019年上映，票房46.86億','第4名':'復仇者聯盟：
終局之戰，2019年上映，票房42.50億',
         '第5名':'紅海行動，2018年上映，票房36.51億','第6名':'唐人街探案2，
2018年上映，票房33.98億',
         '第7名': '美人魚，2016年上映，票房33.86億', '第8名': '我和我的祖國，
2019年上映，票房31.71億',
         '第9名': '我不是藥神，2018年上映，票房31.00億', '第10名': '中國機長，
2019年上映，票房29.13億'})
for key,value in dict.items():                                       # 遍歷字典，並分別獲取
到鍵值
    self.item = QtWidgets.QListWidgetItem(self.listWidget)# 創建清單項
    self.item.setText(key+'：'+value)                                # 設定項目文字
    self.item.setToolTip(value)                                      # 設定提示文字
self.listWidget.itemClicked.connect(self.gettext)
```

技巧

Python 中的字典預設是無序的，可以借助 collections 模組的 OrderedDict 類來使字典有序。

上面程式中用到了 gettext() 槽函數，該函數是自訂的函數，用來獲取清單中選中項的值，並顯示在彈出的提示框中。程式如下：

```
def gettext(self,item):                                  # 自訂槽函數，獲取清單選中項的值
    if item.isSelected():                                # 判斷項是否選中
        from PyQt5.QtWidgets import QMessageBox
        QMessageBox.information(MainWindow," 提示 "," 您選擇的是："+item.
text(),QMessageBox.Ok)
```

為 .py 檔案增加 __main__ 主方法，然後執行程式，效果如圖 9.49 所示。

當使用者點擊列表中的某項時，彈出提示框，提示選擇了某一項，舉例來說，點擊圖 9.49 中的第 3 項，則彈出如圖 9.50 所示的對話方塊。

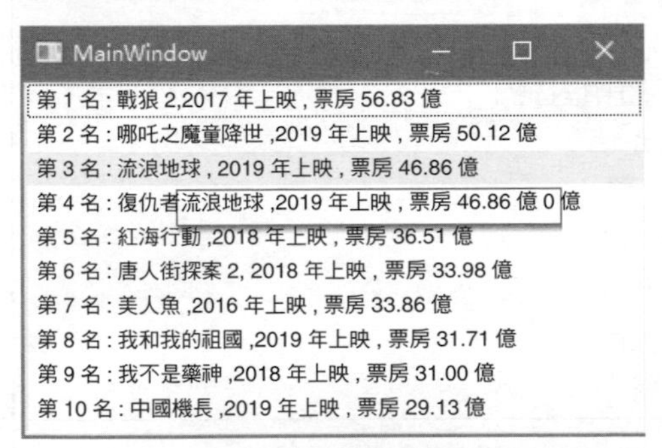

圖 9.49 對 QListWidget 列表進行資料綁定

圖 9.50 點擊清單項時彈出提示框

9.5 容器控制項

容器控制項可以將視窗中的控制項進行分組處理，使視窗的分類更清晰，常用的容器控制項有 GroupBox 群組方塊、TabWidget 標籤和 ToolBox 工具盒，本節將對它們的常用方法及使用方式進行詳解。

9.5.1 GroupBox：群組方塊

GroupBox 控制項又稱為群組方塊控制項，主要為其他控制項提供分組，並

且按照控制項的分組來細分視窗的功能，GroupBox 控制項圖示如圖 9.51 所示。

圖 9.51 GroupBox 控制項圖示

GroupBox 控制項對應 PyQt5 中的 QGroupBox 類別，該類別的常用方法及說明如表 9.15 所示。

表 9.15 QGroupBox 類別的常用方法及說明

方法	說明
setAlignment()	設定對齊方式，包括水平對齊和垂直對齊兩種 水平對齊方式包括以下 4 種。 Qt.AlignLeft：左對齊； Qt.AlignHCenter：水平置中對齊； Qt.AlignRight：右對齊； Qt.AlignJustify：兩端對齊 垂直對齊方式包括以下 3 種。 Qt.AlignTop：頂部對齊； Qt.AlignVCenter：垂直置中； Qt.AlignBottom：底部對齊
setTitle()	設定分組標題
setFlat()	設定是否以扁平樣式顯示

QGroupBox 類別最常用的是 setTitle() 方法，用來設定群組方塊的標題。舉例來說，下面程式用來為 GroupBox 控制項設定標題「系統登入」：

```
self.groupBox.setTitle("系統登入")
```

9.5.2 TabWidget：標籤

TabWidget 控制項又稱索引標籤控制項，它主要為其他控制項提供分組，並且按照控制項的分組來細分視窗的功能，TabWidget 控制項圖示如圖 9.52 所示。

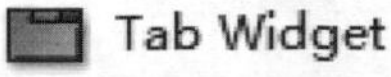

Tab Widget

圖 9.52 TabWidget 控制項圖示

TabWidget 控制項對應 PyQt5 中的 QTabWidget 類別，該類別的常用方法及說明如表 9.16 所示。

表 9.16 QTabWidget 類別的常用方法及說明

方法	說明
addTab()	增加標籤
insertTab()	插入標籤
removeTab()	刪除標籤
currentWidget()	獲取當前標籤
currentIndex()	獲取當前標籤的索引
setCurrentIndex()	設定當前標籤的索引
setCurrentWidget()	設定當前標籤
setTabPosition()	設定標籤的標題位置，支援以下 4 個位置。 ◆ QTabWidget.North：標題在北方，即上邊，如圖 9.53 所示，這是預設值； ◆ QTabWidget.South：標題在南方，即下邊，如圖 9.54 所示； ◆ QTabWidget.West：標題在西方，即左邊，如圖 9.55 所示； ◆ QTabWidget.East：題在東方，即右邊，如圖 9.56 所示
setTabsClosable()	設定是否可以獨立關閉標籤，True 表示可以關閉，在每個標籤旁邊會有個關閉按鈕，如圖 9.57 所示；False 表示不可以關閉
setTabText()	設定標籤標題文字
tabText()	獲取指定標籤的標題文字

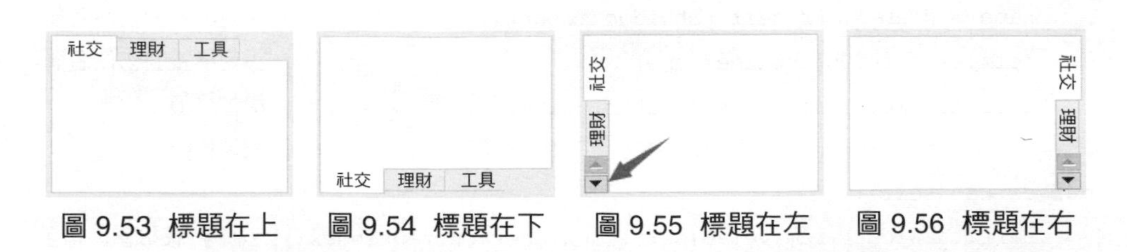

圖 9.53 標題在上　圖 9.54 標題在下　圖 9.55 標題在左　圖 9.56 標題在右

圖 9.57 透過將 setTabsClosable() 方法設定為 True 可以單獨關閉標籤

說明

TabWidget 在顯示標籤時，如果預設大小顯示不下，會自動生成向前和向後的箭頭，使用者可以透過按一下箭頭，查看未顯示的標籤，如圖 9.55 所示。

TabWidget 控制項最常用的訊號是 currentChanged，該訊號在切換標籤時發射。

【實例 9.15】標籤的動態增加和刪除（程式碼範例：書附程式 \Code\09\15）

打開 Qt Designer 設計器，新建一個視窗，在視窗中增加一個 TabWidget 控制項和兩個 PushButton 控制項，其中，TabWidget 控制項作為標籤，兩個 PushButton 控制項分別執行增加和刪除標籤的操作，設計完成後保存為 .ui 檔案，並使用 PyUIC 工具將其轉為 .py 程式檔案。在 .py 程式檔案中，首先定義 3 個函數，分別實現新增標籤、刪除標籤和獲取選中標籤及索引的功能。主要程式如下：

```
# 新增標籤
def addtab(self):
    self.atab = QtWidgets.QWidget()                        # 創建標籤物件
    name = "tab_"+str(self.tabWidget.count()+1)            # 設定標籤的物件名稱
    self.atab.setObjectName(name)                          # 設定標籤的物件名稱
    self.tabWidget.addTab(self.atab, name)                 # 增加標籤
                                                           # 刪除標籤
def deltab(self):
    self.tabWidget.removeTab(self.tabWidget.currentIndex())    # 移除當前標籤
# 獲取選中的標籤及索引
def gettab(self,currentIndex):
    from PyQt5.QtWidgets import QMessageBox
```

```
    QMessageBox.information(MainWindow,"提示","您選擇了"+ self.tabWidget.
tabText(currentIndex)+" 標籤，索引為："+ str(self.tabWidget.
currentIndex()),QMessageBox.Ok)
```

分別為「增加」「刪除」按鈕，以及標籤的 currentChanged 訊號綁定自訂的槽函數。程式如下：

```
self.pushButton.clicked.connect(self.addtab)            # 為"增加"按鈕綁定點擊訊號
self.pushButton_2.clicked.connect(self.deltab)          # 為"刪除"按鈕綁定點擊訊號
self.tabWidget.currentChanged.connect(self.gettab)  # 為標籤綁定頁面切換訊號
```

為 .py 檔案增加 __main__ 主方法，然後執行程式，視窗中預設有兩個標籤，點擊「增加」按鈕，可以按順序增加標籤，點擊「刪除」按鈕，可以刪除當前滑鼠焦點所在的標籤，如圖 9.58 所示。

當切換標籤時，在彈出的提示框中將顯示當前選擇的標籤及其索引，如圖 9.59 所示。

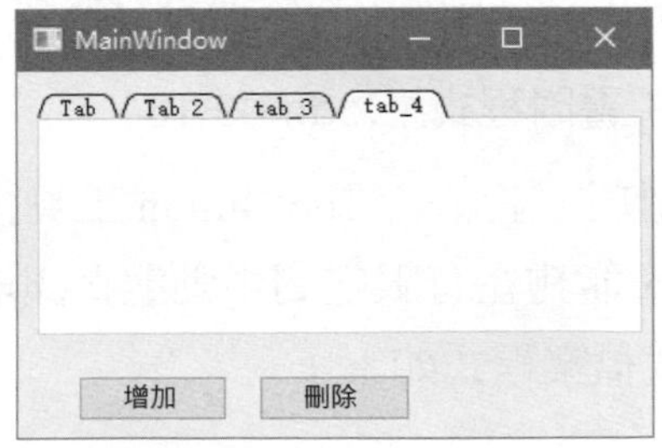

圖 9.58 增加和刪除標籤

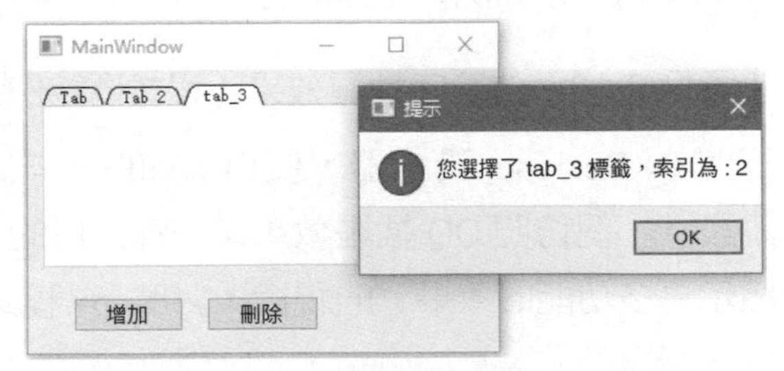

圖 9.59 顯示當前選擇的標籤及其索引

說明

當刪除某個標籤時，標籤會自動切換到前一個，因此也會彈出相應的資訊提示。

9.5.3 ToolBox：工具盒

Tool Box

圖 9.60 ToolBox 控制項圖示

ToolBox 控制項又稱為工具盒控制項，它主要提供一種列狀的層疊標籤，ToolBox 控制項圖示如

圖 9.60 所示。

ToolBox 控制項對應 PyQt5 中的 QToolBox 類別，該類別的常用方法及說明如表 9.17 所示。

表 9.17 QToolBox 類別的常用方法及說明

方法	說明
addItem()	增加標籤
setCurrentIndex()	設定當前選中的標籤索引
setItemIcon()	設定標籤的圖示
setItemText()	設定標籤的標題文字
setItemEnabled()	設定標籤是否可用
insertItem()	插入新標籤
removeItem()	移除標籤
itemText()	獲取標籤的文字
currentIndex()	獲取當前標籤的索引

ToolBox 控制項最常用的訊號是 currentChanged，該訊號在切換標籤時發射。

【實例 9.16】仿 QQ 抽屜效果（程式碼範例：書附程式 \Code\09\16）

打開 Qt Designer 設計器，使用 ToolBox 控制項，並結合 ToolButton 工具按鈕設計一個仿照 QQ 抽屜效果（一種常用的、能夠在有限空間中動態直觀地顯示更多功能的效果）的視窗，對應 .py 程式檔案程式如下：

```
from PyQt5 import QtCore, QtGui, QtWidgets
class Ui_MainWindow(object):
    def setupUi(self, MainWindow):
        MainWindow.setObjectName("MainWindow")
        MainWindow.resize(142, 393)
        self.centralwidget = QtWidgets.QWidget(MainWindow)
        self.centralwidget.setObjectName("centralwidget")
        # 創建 ToolBox 工具盒
        self.toolBox = QtWidgets.QToolBox(self.centralwidget)
        self.toolBox.setGeometry(QtCore.QRect(0, 0, 141, 391))
```

```
        self.toolBox.setObjectName("toolBox")
        # 我的好友設定
        self.page = QtWidgets.QWidget()
        self.page.setGeometry(QtCore.QRect(0, 0, 141, 287))
        self.page.setObjectName("page")
        self.toolButton = QtWidgets.QToolButton(self.page)
        self.toolButton.setGeometry(QtCore.QRect(0, 0, 91, 51))
        icon = QtGui.QIcon()
        icon.addPixmap(QtGui.QPixmap(" 圖示 /01.png"), QtGui.QIcon.Normal,
QtGui.QIcon.Off)
        self.toolButton.setIcon(icon)
        self.toolButton.setIconSize(QtCore.QSize(96, 96))
        self.toolButton.setToolButtonStyle(QtCore.
Qt.ToolButtonTextBesideIcon)
        self.toolButton.setAutoRaise(True)
        self.toolButton.setObjectName("toolButton")
        self.toolButton_2 = QtWidgets.QToolButton(self.page)
        self.toolButton_2.setGeometry(QtCore.QRect(0, 49, 91, 51))
        icon1 = QtGui.QIcon()
        icon1.addPixmap(QtGui.QPixmap(" 圖示 /02.png"), QtGui.QIcon.Normal,
QtGui.QIcon.Off)
        self.toolButton_2.setIcon(icon1)
        self.toolButton_2.setIconSize(QtCore.QSize(96, 96))
        self.toolButton_2.setToolButtonStyle(QtCore.
Qt.ToolButtonTextBesideIcon)
        self.toolButton_2.setAutoRaise(True)
        self.toolButton_2.setObjectName("toolButton_2")
        self.toolButton_3 = QtWidgets.QToolButton(self.page)
        self.toolButton_3.setGeometry(QtCore.QRect(0, 103, 91, 51))
        icon2 = QtGui.QIcon()
        icon2.addPixmap(QtGui.QPixmap(" 圖示 /03.png"), QtGui.QIcon.Normal,
QtGui.QIcon.Off)
        self.toolButton_3.setIcon(icon2)
        self.toolButton_3.setIconSize(QtCore.QSize(96, 96))
```

```
        self.toolButton_3.setToolButtonStyle(QtCore.
Qt.ToolButtonTextBesideIcon)
        self.toolButton_3.setAutoRaise(True)
        self.toolButton_3.setObjectName("toolButton_3")
        self.toolBox.addItem(self.page, "")
        # 同學設定
        self.page_2 = QtWidgets.QWidget()
        self.page_2.setGeometry(QtCore.QRect(0, 0, 141, 287))
        self.page_2.setObjectName("page_2")
        self.toolButton_4 = QtWidgets.QToolButton(self.page_2)
        self.toolButton_4.setGeometry(QtCore.QRect(0, 0, 91, 51))
        icon3 = QtGui.QIcon()
        icon3.addPixmap(QtGui.QPixmap(" 圖示 /04.png"), QtGui.QIcon.Normal,
QtGui.QIcon.Off)
        self.toolButton_4.setIcon(icon3)
        self.toolButton_4.setIconSize(QtCore.QSize(96, 96))
        self.toolButton_4.setToolButtonStyle(QtCore.
Qt.ToolButtonTextBesideIcon)
        self.toolButton_4.setAutoRaise(True)
        self.toolButton_4.setObjectName("toolButton_4")
        self.toolBox.addItem(self.page_2, "")
        # 同事設定
        self.page_3 = QtWidgets.QWidget()
        self.page_3.setObjectName("page_3")
        self.toolButton_5 = QtWidgets.QToolButton(self.page_3)
        self.toolButton_5.setGeometry(QtCore.QRect(0, 1, 91, 51))
        icon4 = QtGui.QIcon()
        icon4.addPixmap(QtGui.QPixmap(" 圖示 /05.png"), QtGui.QIcon.Normal,
QtGui.QIcon.Off)
        self.toolButton_5.setIcon(icon4)
        self.toolButton_5.setIconSize(QtCore.QSize(96, 96))
        self.toolButton_5.setToolButtonStyle(QtCore.
Qt.ToolButtonTextBesideIcon)
        self.toolButton_5.setAutoRaise(True)
```

```
        self.toolButton_5.setObjectName("toolButton_5")
        self.toolButton_6 = QtWidgets.QToolButton(self.page_3)
        self.toolButton_6.setGeometry(QtCore.QRect(0, 50, 91, 51))
        icon5 = QtGui.QIcon()
        icon5.addPixmap(QtGui.QPixmap(" 圖示 /06.png"), QtGui.QIcon.Normal,
QtGui.QIcon.Off)
        self.toolButton_6.setIcon(icon5)
        self.toolButton_6.setIconSize(QtCore.QSize(96, 96))
        self.toolButton_6.setToolButtonStyle(QtCore.
Qt.ToolButtonTextBesideIcon)
        self.toolButton_6.setAutoRaise(True)
        self.toolButton_6.setObjectName("toolButton_6")
        self.toolBox.addItem(self.page_3, "")
        # 陌生人設定
        self.page_4 = QtWidgets.QWidget()
        self.page_4.setObjectName("page_4")
        self.toolButton_7 = QtWidgets.QToolButton(self.page_4)
        self.toolButton_7.setGeometry(QtCore.QRect(0, 7, 91, 51))
        icon6 = QtGui.QIcon()
        icon6.addPixmap(QtGui.QPixmap(" 圖示 /07.png"), QtGui.QIcon.Normal,
QtGui.QIcon.Off)
        self.toolButton_7.setIcon(icon6)
        self.toolButton_7.setIconSize(QtCore.QSize(96, 96))
        self.toolButton_7.setToolButtonStyle(QtCore.
Qt.ToolButtonTextBesideIcon)
        self.toolButton_7.setAutoRaise(True)
        self.toolButton_7.setObjectName("toolButton_7")
        self.toolBox.addItem(self.page_4, "")
        MainWindow.setCentralWidget(self.centralwidget)

        self.retranslateUi(MainWindow)
        self.toolBox.setCurrentIndex(0) # 預設選擇第一個頁面，即我的好友
        QtCore.QMetaObject.connectSlotsByName(MainWindow)
    def retranslateUi(self, MainWindow):
```

```
        _translate = QtCore.QCoreApplication.translate
        MainWindow.setWindowTitle(_translate("MainWindow", " 我的 QQ"))
        self.toolButton.setText(_translate("MainWindow", " 宋江 "))
        self.toolButton_2.setText(_translate("MainWindow", " 盧俊義 "))
        self.toolButton_3.setText(_translate("MainWindow", " 吳用 "))
        self.toolBox.setItemText(self.toolBox.indexOf(self.page), _
translate("MainWindow", " 我的好友 "))
        self.toolButton_4.setText(_translate("MainWindow", " 林沖 "))
        self.toolBox.setItemText(self.toolBox.indexOf(self.page_2), _
translate("MainWindow", " 同學 "))
        self.toolButton_5.setText(_translate("MainWindow", " 魯智深 "))
        self.toolButton_6.setText(_translate("MainWindow", " 武松 "))
        self.toolBox.setItemText(self.toolBox.indexOf(self.page_3), _
translate("MainWindow", " 同事 "))
        self.toolButton_7.setText(_translate("MainWindow", " 方臘 "))
        self.toolBox.setItemText(self.toolBox.indexOf(self.page_4), _
translate("MainWindow", " 陌生人 "))
import sys
# 主方法，程式從此處啟動 PyQt 設計的表單
if __name__ == '__main__':
   app = QtWidgets.QApplication(sys.argv)
   MainWindow = QtWidgets.QMainWindow()                # 創建表單物件
   ui = Ui_MainWindow()                                # 創建 PyQt 設計的表單物件
   ui.setupUi(MainWindow)                              # 呼叫 PyQt 表單方法，對表單物
件初始化設定
   MainWindow.setWindowFlags(QtCore.Qt.WindowCloseButtonHint) # 只顯示關閉按鈕
   MainWindow.show()                                   # 顯示表單
   sys.exit(app.exec_())                               # 程式關閉時退出處理程序
```

執行程式，分別點擊 ToolBox 工具盒中的標籤標題，即可進行切換顯示，如圖 9.61 ～圖 9.64 所示。

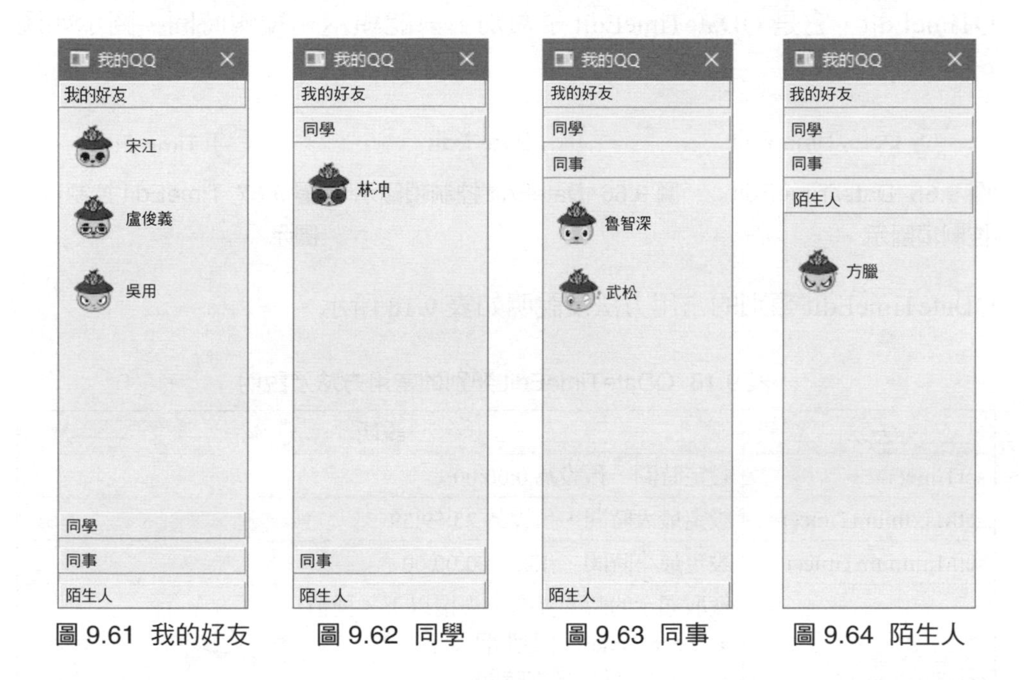

圖 9.61 我的好友　圖 9.62 同學　圖 9.63 同事　圖 9.64 陌生人

9.6 日期時間類別控制項

日期時間類別控制項主要是對日期、時間等資訊進行編輯、選擇或顯示，PyQt5 中提供了 Date/TimeEdit、DateEdit、TimeEdit 和 CalendarWidget 4 個相關的控制項，本節將對它們的常用方法和使用方式進行講解。

9.6.1 日期和（或）時間控制項

PyQt5 提供了 3 個日期時間控制項，分別是 Date/TimeEdit 控制項、DateEdit 控制項和 TimeEdit 控制項，其中，Date/TimeEdit 控制項對應的類別是 QDateTimeEdit，該控制項可以同時顯示和編輯日期時間，圖示如圖 9.65 所示；DateEdit 控制項對應的類別是 QDateEdit，它是 QDateTimeEdit 子類別，只能顯示和編輯日期，圖示如圖 9.66 所示；TimeEdit 控制項對應的類別是 QTimeEdit，它是 QDateTimeEdit 子類別，只能顯示和編輯時間，圖示如圖 9.67 所示。

圖 9.65 Date/TimeEdit 控制項圖示

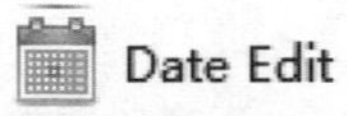

圖 9.66 DateEdit 控制項圖示

Time Edit

圖 9.67 TimeEdit 控制項圖示

QDateTimeEdit 類別的常用方法及說明如表 9.18 所示。

表 9.18 QDateTimeEdit 類別的常用方法及說明

方法	說明
setTime()	設定時間，預設為 0:00:00
setMaximumTime()	設定最大時間，預設為 23:59:59
setMinimumTime()	設定最小時間，預設為 0:00:00
setTimeSpec()	獲取顯示的時間標準，支援以下 4 種值。 ◆ LocalTime：本地時間； ◆ UTC：世界標準時間； ◆ OffsetFromUTC：與 UTC 等效的時間； ◆ TimeZone：時區
setDateTime()	設定日期時間，預設為 2000/1/10:00:00
setDate()	設定日期，預設為 2000/1/1
setMaximumDate()	設定最大日期，預設為 9999/12/31
setMinimumDate()	設定最小日期，預設為 1752/9/14
setDisplayFormat()	設定日期、時間的顯示樣式。 日期樣式（yyyy 表示 4 位數年份，MM 表示 2 位數月份，dd 表示 2 位數日）： ◆ yyyy/MM/dd、yyyy/M/d、yy/MM/dd、yy/M/d、yy/MM 和 Mm/dd 時間樣式（HH 表示 2 位數小時，mm 表示 2 位數分鐘，ss 表示 2 位數秒鐘）： ◆ HH:mm:ss、HH:mm、mm:ss、H:m 和 m:s

方法	說明
date()	獲取顯示的日期，返回值為 QDate 類型，如 QDate(2000,1,1)
time()	獲取顯示的時間，返回值為 QTime 類型，如 QTime(0,0)
dateTime()	獲取顯示的日期時間，返回值為 QDateTime 類型，如 QDateTime(2000, 1, 1, 0, 0)

說明

由於 QDateEdit 和 QTimeEdit 都是從 QDateTimeEdit 繼承而來的，因此，他們都擁有 QDateTimeEdit 類別的所有公共方法。

QDateTimeEdit 類別的常用訊號及說明如表 9.19 所示。

表 9.19 QDateTimeEdit 類別的常用訊號及說明

訊號	說明
timeChanged	時間發生改變時發射
dateChanged	日期發生改變時發射
dateTimeChanged	日期或時間發生改變時發射

舉例來說，在 Qt Designer 設計器的視窗中分別增加一個 Date/TimeEdit 控制項、一個 DateEdit 控制項和一個 TimeEdit 控制項，它們的顯示效果如圖 9.68 所示。

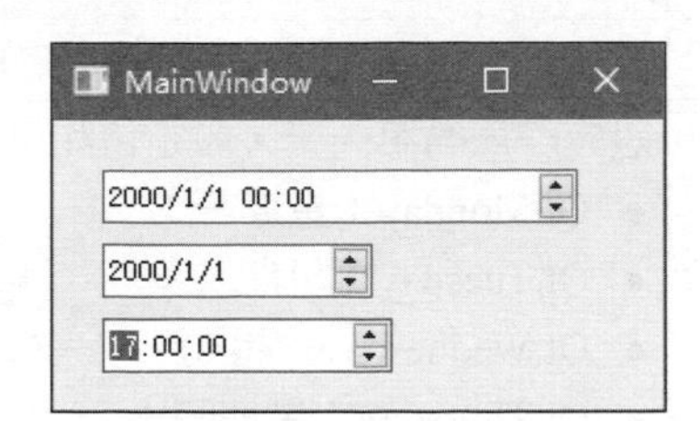

圖 9.68 日期時間類別控制項的顯示

技巧

（1）由於 date()、time() 和 dateTime() 方法的返回值分別是 QDate 類型、QTime 類型和 QDateTime 類型，無法直接使用，因此如果想要獲取日期時間控制項中的具體日期和（或）時間值，可以使用 text() 方法獲取。例如：

```
self.dateTimeEdit.text()
```

（2）使用日期時間控制項時，如果要改變日期時間，預設只能透過上下箭頭來改變，如果想彈出日曆控制項，設置 setCalendarPoput(True) 即可。

9.6.2 CalendarWidget：日曆控制項

CalendarWidget控制項又稱為日曆控制項，主要用來顯示和選擇日期，CalendarWidget控制項圖示如圖 9.69 所示。

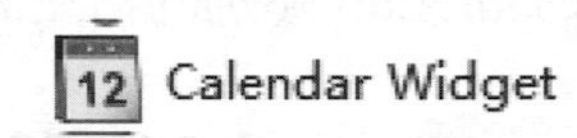

圖 9.69 CalendarWidget 控制項圖示

CalendarWidget 控制項對應 PyQt5 中的 QCalendarWidget 類別，該類別的常用方法及說明如表 9.20 所示。

表 9.20 QCalendarWidget 類別的常用方法及說明

方法	說明
setSelectedDate()	設定選中的日期，預設為當前日期
setMinimumDate()	設定最小日期，預設為 1752/9/14
setMaximumDate	設定最大日期，預設為 9999/12/31
setFirstDayOfWeek()	設定一周的第一天，設定值如下。 ◆ Qt.Monday：星期一； ◆ Qt.Tuesday：星期二； ◆ Qt.Wednesday：星期三； ◆ Qt.Thursday：星期四； ◆ Qt.Friday：星期五； ◆ Qt.Saturday：星期六； ◆ Qt.Sunday：星期日
setGridVisible()	設定是否顯示格線

方法	說明
setSelectionMode()	設定選擇模式，設定值如下。 ◆ QCalendarWidget.NoSelection：不能選中日期 ◆ QCalendarWidget.SingleSelection：可以選中一個日期
setHorizontalHeaderFormat()	設定水平頭部格式，分別如下。 ◆ QCalendarWidget.SingleLetterDayNames：" 周 "； ◆ QCalendarWidget.ShortDayNames：簡短天的名稱，如 " 週一 "； ◆ QCalendarWidget.LongDayNames：完整天的名稱，如 " 星期一 "
setVerticalHeaderFormat()	設定對齊方式，有水平和垂直兩種，分別如下。 ◆ QCalendarWidget.NoVerticalHeader：不顯示垂直頭部； ◆ QCalendarWidget.ISOWeekNumbers：以星期數字顯示垂直頭部
setNavigationBarVisible()	設定是否顯示導覽列
setDateEditEnabled()	設定是否可以編輯日期
setDateEditAcceptDelay ()	設定編輯日期的最長間隔，預設為 1500
selectedDate()	獲取選擇的日期，返回值為 QDate 類型

CalendarWidget 控制項最常用的訊號是 selectionChanged，該訊號在選擇的日期發生改變時發射。

【實例 9.17】獲取選中的日期（程式碼範例：書附程式 \Code\09\17）

在 Qt Designer 設計器中創建一個視窗，在視窗中增加一個 CalendarWidget 控制項，設計完成後保存為 .ui 檔案，並使用 PyUIC 工具將其轉為 .py 程式檔案。在 .py 程式檔案中自訂一個 getdate() 方法，用來獲取 CalendarWidget 控制項中選中的日期，並轉為「年 - 月 - 日」形式，顯示在彈出的提示框中，程式如下：

```
def getdate(self):
    from PyQt5.QtWidgets import QMessageBox
    date=QtCore.QDate(self.calendarWidget.selectedDate()) # 獲取當前選中日期的
QDate 物件
```

```
    year=date.year()                                        # 獲取年份
    month=date.month()                                      # 獲取月份
    day=date.day()                                          # 獲取日
    QMessageBox.information(MainWindow, "提示", str(year)+"-"+str(month)+"-
"+str(day), QMessageBox.Ok)
```

對 CalendarWidget 控制項進行設定，並為其 selectionChanged 訊號綁定自訂的 getdate() 槽函數，程式如下：

```
self.calendarWidget = QtWidgets.QCalendarWidget(self.centralwidget)
self.calendarWidget.setGeometry(QtCore.QRect(20, 10, 248, 197))
self.calendarWidget.setSelectedDate(QtCore.QDate(2020, 3, 23)) # 設定預設選中
的日期
self.calendarWidget.setMinimumDate(QtCore.QDate(1752, 9, 14))  # 設定最小日期
self.calendarWidget.setMaximumDate(QtCore.QDate(9999, 12, 31)) # 設定最大日期
self.calendarWidget.setFirstDayOfWeek(QtCore.Qt.Monday)        # 設定每週第一
天為星期一
self.calendarWidget.setGridVisible(True)                       # 設定格線可見
# 設定可以選中單一日期
self.calendarWidget.setSelectionMode(QtWidgets.QCalendarWidget.
SingleSelection)
# 設定水平標頭為簡短形式，即"週一"形式
self.calendarWidget.setHorizontalHeaderFormat(QtWidgets.QCalendarWidget.
ShortDayNames)
# 設定垂直標頭為周數
self.calendarWidget.setVerticalHeaderFormat(QtWidgets.QCalendarWidget.
ISOWeekNumbers)
self.calendarWidget.setNavigationBarVisible(True)          # 設定顯示導覽列
self.calendarWidget.setDateEditEnabled(True)               # 設定日期可以編輯
self.calendarWidget.setObjectName("calendarWidget")
# 選中日期變化時顯示選擇的日期
self.calendarWidget.selectionChanged.connect(self.getdate)
```

為 .py 檔案增加 __main__ 主方法，然後執行程式，日期控制項在視窗中的顯示效果如圖 9.70 所示，點擊某個日期時，可以彈出對話方塊進行顯示，如圖 9.71 所示。

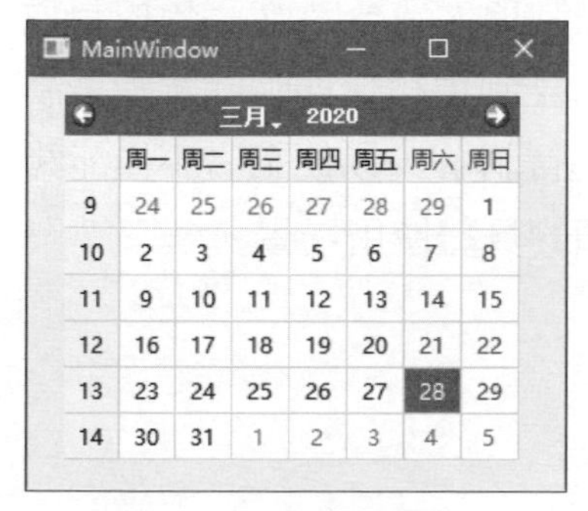

圖 9.70 日曆控制項效果

圖 9.71 在彈出對話方塊中顯示選中的日期

在 PyQt5 中，如果要獲取當前系統的日期時間，可以借助 QtCore 模組下的 QDateTime 類別、QDate 類別或者 QTime 類別實現。其中，獲取當前系統的日期時間可以使用 QDateTime 類別的 currentDateTime() 方法，獲取當前系統的日期可以使用 QDate 類別的 currentDate() 方法，獲取當前系統的時間可以使用 QTime 類別的 currentTime() 方法，程式如下：

```
datetime= QtCore.QDateTime.currentDateTime()    # 獲取當前系統日期時間
date=QtCore.QDate.currentDate()                 # 獲取當前日期
time=QtCore.QTime.currentTime()                 # 獲取當前時間
```

9.7 小結

本章主要介紹了 PyQt5 中的常用控制項，在講解的過程中，透過大量的實例演示控制項的用法。PyQt5 程式中，常用控制項大致分為文字類控制項、按鈕類別控制項、選擇清單類別控制項、容器控制項和日期時間類別控制項。每個控制項都透過實際開發中用到的實例進行講解，以便讀者不僅能夠學會控制項的使用方法，還能夠熟悉每個控制項的具體使用場景。

10

PyQt5 佈局管理

前面設計的視窗程式都是絕對佈局，即在 Qt Designer 視窗中，將控制項放到視窗中的指定位置上，那麼該控制項的大小和位置就會固定在初始放置的位置。除了絕對佈局，PyQt5 還提供了一些常用的佈局方式，如垂直佈局、水平佈局、網格佈局、表單佈局等。本章將對開發 PyQt5 視窗應用程式中經常用到的佈局方式進行詳細講解。

10.1 線性佈局

線性佈局是將放入其中的元件按照垂直或水平方向來佈局，也就是控制放入其中的元件水平排列或垂直排列。其中，將垂直排列的稱為垂直線性佈局管理器，如圖 10.1 所示，用 VerticalLayout 控制項表示，其基礎類別為 QVBoxLayout；將水平排列的稱為水平線性佈局管理器，如圖 10.2 所示，用 HorizontalLayout 控制項表示，其基礎類別為 QHBoxLayout。在垂直線性佈局管理器中，每一行只能放一個元件，而在水平線性佈局管理器中，每一列只能放一個元件。

圖 10.1 垂直線性佈局管理器

圖 10.2 水平線性佈局管理器

下面分別對 PyQt5 中的垂直佈局管理器和水平佈局管理器進行講解。

10.1.1 VerticalLayout：垂直佈局

VerticalLayout 控制項表示垂直佈局，其基礎類別是 QVBoxLayout，它的特點是：放入該佈局管理器中的控制項預設垂直排列，圖 10.3 所示為在 PyQt5 的設計視窗中增加了一個 VerticalLayout 控制項，並在其中增加了 4 個 PushButton 控制項。

對應的 Python 程式如下：

```
# 垂直佈局
vlayout=QVBoxLayout()
btn1=QPushButton()
btn1.setText('按鈕 1')
btn2 = QPushButton()
btn2.setText('按鈕 2')
btn3 = QPushButton()
btn3.setText('按鈕 3')
btn4 = QPushButton()
btn4.setText('按鈕 4')
vlayout.addWidget(btn1)
vlayout.addWidget(btn2)
vlayout.addWidget(btn3)
vlayout.addWidget(btn4)
```

```
self.setLayout(vlayout)
```

透過上面的程式，我們看到，在在垂直佈局管理器中增加控制項時，用到了 addWidget() 方法，除此之外，垂直佈局管理器中還有一個常用的方法—addSpacing()，用來設定控制項的上下間距。語法如下：

```
addSpacing(self,int)
```

參數 int 表示要設定的間距值。

舉例來說，將上面程式中的第一個按鈕和第二個按鈕之間的間距設定為 10，程式如下：

```
vlayout.addSpacing(10) # 設定兩個控制項之間的間距
```

效果比較如圖 10.4 所示。

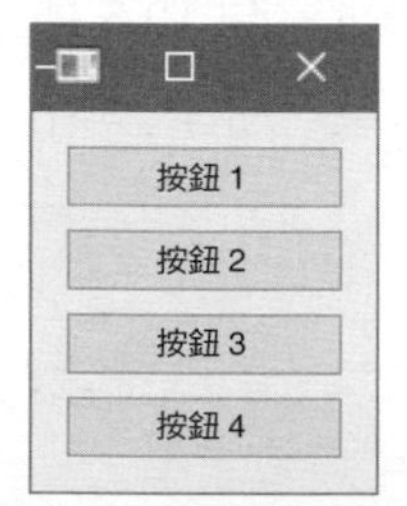

圖 10.3 垂直佈局的預設排列方式

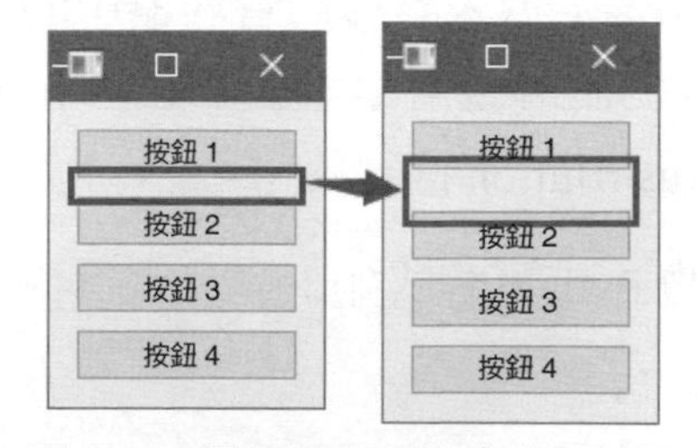

圖 10.4 調整間距前後的比較效果

技巧

在使用 addWidget 向版面配置管理器中添加控制項時，還可以指定控制項的伸縮量和對齊方式，該方法的標準形式如下：

```
addWidget(self, QWidget, stretch, alignment)
```

其中，QWidget 表示要添加的控制項，stretch 表示控制項的伸縮量，設置該伸縮量之後，控制項會隨著視窗的變化而變化；alignment 用來指定控制項的對齊方式，其取值如表 10.1 所示。

表 10.1 控制項對齊方式的取值及說明

值	說　明	值	說　明
Qt.AlignLeft	水平左對齊	Qt.AlignTop	垂直靠上對齊
Qt.AlignRight	水平右對齊	Qt.AlignBottom	垂直靠下對齊
Qt.AlignCenter	水平置中對齊	Qt.AlignVCenter	垂直置中對齊
Qt.AlignJustify	水平兩端對齊		

例如，向垂直版面配置管理器中添加一個名稱為 btn1，伸縮量為 1，對齊方式為垂直置中對齊的按鈕，程式如下：

```
vlayout.addWidget(btn1,1,QtCore.Qt.AlignVCenter)
```

10.1.2 HorizontalLayout：水平佈局

HorizontalLayout 控制項表示水平佈局，其基礎類別是 QHBoxLayout，它的特點是：放入該佈局管理器中的控制項預設水平排列，圖 10.5 所示為在 PyQt5 的設計視窗中增加了一個 HorizontalLayout 控制項，並在其中增加了 4 個 PushButton 控制項。

對應的 Python 程式如下：

```
# 水平佈局
hlayout=QHBoxLayout()
btn1=QPushButton()
btn1.setText('按鈕1')
btn2 = QPushButton()
btn2.setText('按鈕2')
btn3 = QPushButton()
btn3.setText('按鈕3')
btn4 = QPushButton()
btn4.setText('按鈕4')
hlayout.addWidget(btn1)
hlayout.addWidget(btn2)
hlayout.addWidget(btn3)
```

```
hlayout.addWidget(btn4)
self.setLayout(hlayout)
```

另外，水平佈局管理器中還有兩個常用的方法：addSpacing() 方法和 addStretch() 方法。其中，addSpacing() 方法用來設定控制項的左右間距，語法如下：

```
addSpacing(self,int)
```

參數 int 表示要設定的間距值。

舉例來說，將上面程式中的第一個按鈕和第二個按鈕的間距設定為 10。程式如下：

```
hlayout.addSpacing(10) # 設定兩個控制項之間的間距
```

效果比較如圖 10.6 所示。

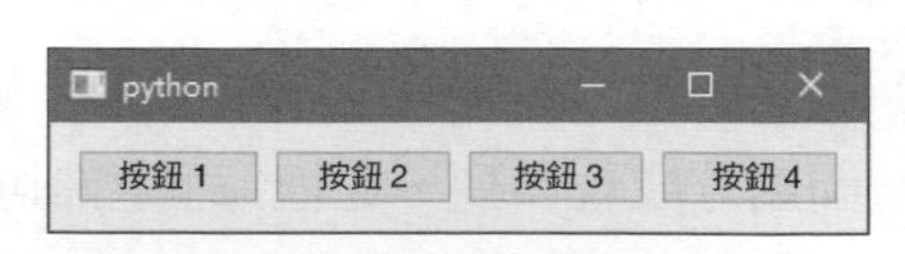

圖 10.5 水平佈局的預設排列方式

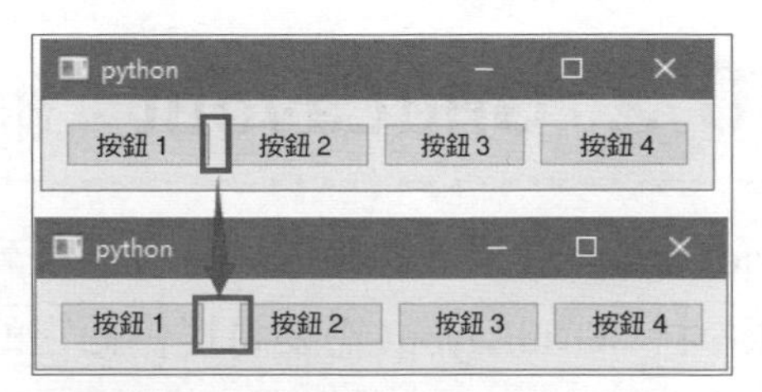

圖 10.6 調整間距前後的比較效果

addStretch() 方法用來增加一個可伸縮的控制項，並且將伸縮量增加到佈局尾端。語法如下：

```
addStretch(self,stretch)
```

參數 stretch 表示要均分的比例，預設值為 0。

舉例來說，下面程式在水平佈局管理器的第一個按鈕之前增加一個水平伸縮量。程式如下：

```
hlayout.addStretch(1)
```

效果如圖 10.7 所示。

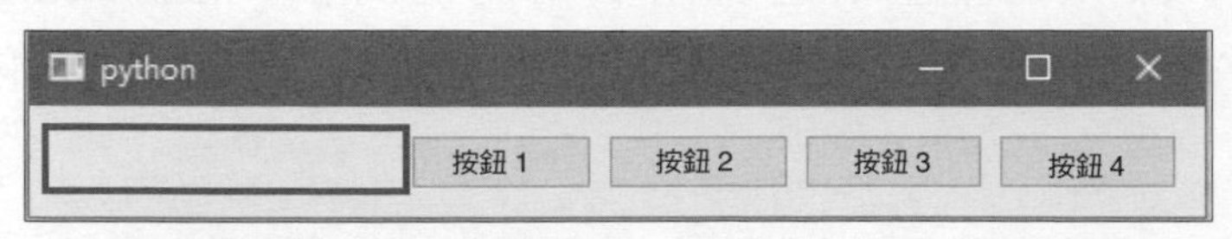

圖 10.7 在第一個按鈕之前增加一個伸縮量

而如果在每個按鈕之前增加一個水平伸縮量，則在執行時期，會顯示如圖 10.8 所示的效果。

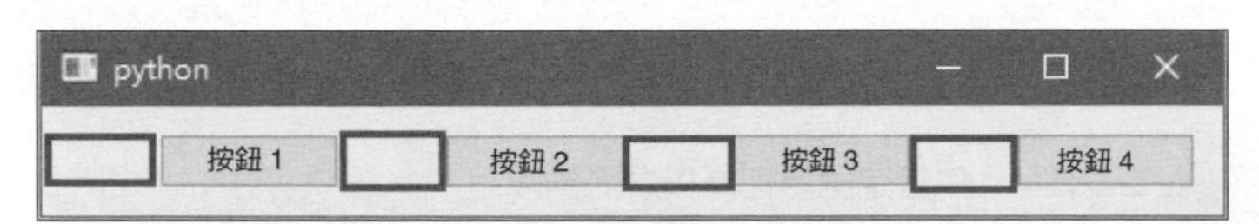

圖 10.8 在每個按鈕之前增加一個伸縮量的效果

10.2 GridLayout：網格佈局

GridLayout 被稱為網格佈局（多行多列），它將位於其中的控制項放入一個網格中。GridLayout 需要將提供給它的空間劃分成行和列，並把每個控制項插入正確的儲存格中。網格佈局如圖 10.9 所示。

圖 10.9 網格佈局

10.2.1 網格佈局的基本使用

網格控制項的基礎類別是 QGridLayout，其常用的方法及說明如表 10.2 所示。

表 10.2 網格控制項的常用方法及說明

方法	說明
addWidget (QWidget widget, int row, int clumn, Qt.Alignment alignment)	增加控制項，主要參數說明如下。 ◆ widget：要增加的控制項； ◆ row：增加控制項的行數； ◆ column：增加控制項的列數； ◆ alignment：控制項的對齊方式
addWidget (QWidget widget, int fromRow, int fromColumn, int rowSpan, int columnSpan, Qt.Alignment alignment)	跨行和列增加控制項，主要參數說明如下。 ◆ widget：要增加的控制項； ◆ fromRow：增加控制項的起始行數； ◆ fromColumn：增加控制項的起始列數； ◆ rowSpan：控制項跨越的行數； ◆ columnSpan：控制項跨越的列數； ◆ alignment：控制項的對齊方式
setRowStretch()	設定行比例
setColumnStretch()	設定列比例
setSpacing()	設定控制項在水平和垂直方向上的間距

【實例 10.1】使用網格佈局登入視窗（程式碼範例：書附程式\Code\10\01）

創建一個 .py 檔案，首先匯入 PyQt5 視窗程式開發所需的模組，定義一個類別，繼承自 QWidget，該類別中定義一個 initUI 方法，用來使用 GridLayout 網格佈局一個登入視窗；定義完成之後，在 __init__ 方法中呼叫，對視窗進行初始化；最後在 __main__ 方法中顯示創建的登入視窗。程式如下：

```
from PyQt5 import QtCore
from PyQt5.QtWidgets import *
class Demo(QWidget):
    def __init__(self,parent=None):
```

```
        super(Demo,self).__init__(parent)
        self.initUI() # 初始化視窗
    def initUI(self):
        grid=QGridLayout() # 創建網格佈局
        # 創建並設定標籤文字
        label1=QLabel()
        label1.setText("用戶名:")
        # 創建輸入文字標籤
        text1=QLineEdit()
        # 創建並設定標籤文字
        label2 = QLabel()
        label2.setText("密碼:")
        # 創建輸入文字標籤
        text2 = QLineEdit()
        # 創建"登入"和"取消"按鈕
        btn1=QPushButton()
        btn1.setText("登入")
        btn2 = QPushButton()
        btn2.setText("取消")
        # 在第一行第一列增加標籤控制項,並設定左對齊
        grid.addWidget(label1,0,0,QtCore.Qt.AlignLeft)
        # 在第一行第二列增加輸入文字標籤控制項,並設定左對齊
        grid.addWidget(text1, 0, 1, QtCore.Qt.AlignLeft)
        # 在第二行第一列增加標籤控制項,並設定左對齊
        grid.addWidget(label2, 1, 0, QtCore.Qt.AlignLeft)
        # 在第二行第二列增加輸入文字標籤控制項,並設定左對齊
        grid.addWidget(text2, 1, 1, QtCore.Qt.AlignLeft)
        # 在第三行第一列增加按鈕控制項,並設定置中對齊
        grid.addWidget(btn1, 2, 0, QtCore.Qt.AlignCenter)
        # 在第三行第二列增加按鈕控制項,並設定置中對齊
        grid.addWidget(btn2, 2, 1, QtCore.Qt.AlignCenter)
        self.setLayout(grid) # 設定網格佈局
if __name__=='__main__':
    import sys
```

```
app=QApplication(sys.argv) # 創建視窗程式
demo=Demo() # 創建視窗類別物件
demo.show() # 顯示視窗
sys.exit(app.exec_())
```

執行程式，視窗效果如圖 10.10 所示。

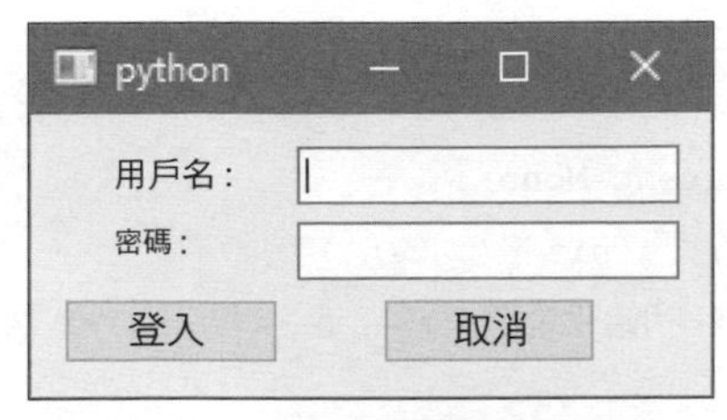

圖 10.10 使用網格佈局登入視窗

10.2.2 跨越行和列的網格佈局

使用網格佈局時，除了普通的按行、列進行佈局，還可以跨行、列進行佈局，實現該功能，需要使用 addWidget() 方法的以下形式：

```
addWidget ( QWidget widget, int fromRow, int fromColumn, int rowSpan, int
columnSpan,
Qt.Alignment alignment)
```

參數說明如下。

☑ widget：要增加的控制項。

☑ fromRow：增加控制項的起始行數。

☑ fromColumn：增加控制項的起始列數。

☑ rowSpan：控制項跨越的行數。

☑ columnSpan：控制項跨越的列數。

☑ alignment：控制項的對齊方式。

【實例 10.2】跨行列佈局 QQ 登入視窗（程式碼範例：書附程式\Code\10\02）

創建一個 .py 檔案，首先匯入 PyQt5 視窗程式開發所需的模組，然後透過在網格佈局中跨行和列佈局一個 QQ 登入視窗。程式如下：

```
from PyQt5 import QtCore,QtGui,QtWidgets
from PyQt5.QtWidgets import *
class Demo(QWidget):
    def __init__(self,parent=None):
        super(Demo,self).__init__(parent)
        self.initUI()  # 初始化視窗
    def initUI(self):
        self.setWindowTitle("QQ 登入視窗 ")
        grid=QGridLayout() # 創建網格佈局
        # 創建頂部圖片
        label1 = QLabel()
        label1.setPixmap(QtGui.QPixmap("images/top.png"))
        # 創建並設定用戶名標籤文字
        label2=QLabel()
        label2.setPixmap(QtGui.QPixmap("images/qq1.png"))
        # 創建用戶名輸入文字標籤
        text1=QLineEdit()
        # 創建並設定標籤文字
        label3 = QLabel()
        label3.setPixmap(QtGui.QPixmap("images/qq2.png"))
        # 創建輸入文字標籤
        text2 = QLineEdit()
        # 創建 " 安全登入 " 按鈕
        btn1=QPushButton()
        btn1.setText(" 安全登入 ")
        # 在第一行第一列到第三行第四列增加標籤控制項，並設定置中對齊
        grid.addWidget(label1,0,0,3,4,QtCore.Qt.AlignCenter)
        # 在第四行第二列增加標籤控制項，並設定右對齊
```

```
        grid.addWidget(label2, 3, 1, QtCore.Qt.AlignRight)
        # 在第四行第三列增加輸入文字標籤控制項，並設定左對齊
        grid.addWidget(text1, 3, 2, QtCore.Qt.AlignLeft)
        # 在第五行第二列增加標籤控制項，並設定右對齊
        grid.addWidget(label3, 4, 1, QtCore.Qt.AlignRight)
        # 在第五行第三列增加輸入文字標籤控制項，並設定左對齊
        grid.addWidget(text2, 4, 2, QtCore.Qt.AlignLeft)
        # 在第六行第二列到第三列增加按鈕控制項，並設定置中對齊
        grid.addWidget(btn1, 5, 1,1,2, QtCore.Qt.AlignCenter)
        self.setLayout(grid) # 設定網格佈局
if __name__=='__main__':
    import sys
    app=QApplication(sys.argv) # 創建視窗程式
    demo=Demo() # 創建視窗類別物件
    demo.show() # 顯示視窗
    sys.exit(app.exec_())
```

說明

上面程式用到了 top.png、qq1.png 和 qq2.png 這 3 張圖片，這 3 張圖片需要提前存放到與 .py 檔案同級路徑下的 images 資料夾中。

執行程式，視窗效果如圖 10.11 所示。

圖 10.11 跨行列佈局 QQ 登入視窗

技巧

當視窗中的控制項版面配置比較複雜時，應該儘量使用網格版面配置，而非使用水平和垂直版面配置的組合或者嵌套的形式，因為在多數情況下，後者往往會更加複雜而難以控制。網格版面配置使得視窗設計器能夠以更大的自由度來排列組合控制項，而僅僅帶來了微小的複雜度負擔。

10.3 FormLayout：表單佈局

FormLayout 控制項表示表單佈局，它的基礎類別是 QFormLayout，該控制項以表單方式進行佈局。

表單是一種網頁中常見的與使用者互動的方式，其主要由兩列組成，第一列用來顯示資訊，給使用者提示，而第二列需要使用者進行輸入或選擇，圖 10.12 所示的 IT 教育類網站—明日學院的登入視窗就是一種典型的表單佈局。

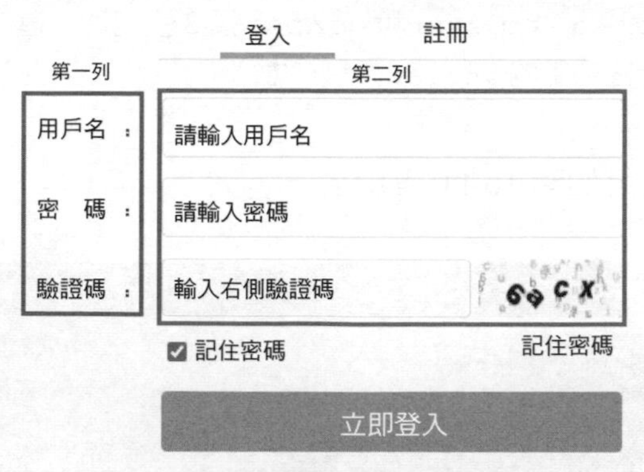

圖 10.12 典型的表單佈局

表單佈局最常用的方式是 addRow() 方法，該方法用來在表單佈局中增加一行，在一行中可以增加兩個控制項，分別位於一行中的兩列上。addRow() 方法語法如下：

```
addRow(self, __args)
```

參數 __args 表示要增加的控制項，通常是兩個控制項物件。

【實例 10.3】使用表單佈局登入視窗（程式碼範例：書附程式\Code\10\03）

創建一個 .py 檔案，使用表單佈局實現【實例 10.1】的功能，佈局一個通用的登入視窗。程式如下：

```
from PyQt5 import QtCore,QtWidgets,QtGui
from PyQt5.QtWidgets import *
class Demo(QWidget):
    def __init__(self,parent=None):
        super(Demo,self).__init__(parent)
        self.initUI()                           # 初始化視窗
    def initUI(self):
        form=QFormLayout()                      # 創建表單佈局
        # 創建並設定標籤文字
        label1=QLabel()
        label1.setText("用戶名：")
        # 創建輸入文字標籤
        text1=QLineEdit()
        # 創建並設定標籤文字
        label2 = QLabel()
        label2.setText("密碼：")
        # 創建輸入文字標籤
        text2 = QLineEdit()
        # 創建"登入"和"取消"按鈕
        btn1=QPushButton()
        btn1.setText("登入")
        btn2 = QPushButton()
        btn2.setText("取消")
        # 將上面創建的 6 個控制項分為 3 行增加到表單佈局中
        form.addRow(label1,text1)
        form.addRow(label2,text2)
        form.addRow(btn1,btn2)
```

```
        self.setLayout(form)                         # 設定表單佈局
if __name__=='__main__':
    import sys
    app=QApplication(sys.argv)                       # 創建視窗程式
    demo=Demo()                                      # 創建視窗類別物件
    demo.show()                                      # 顯示視窗
    sys.exit(app.exec_())
```

執行程式，視窗效果如圖 10.13 所示。

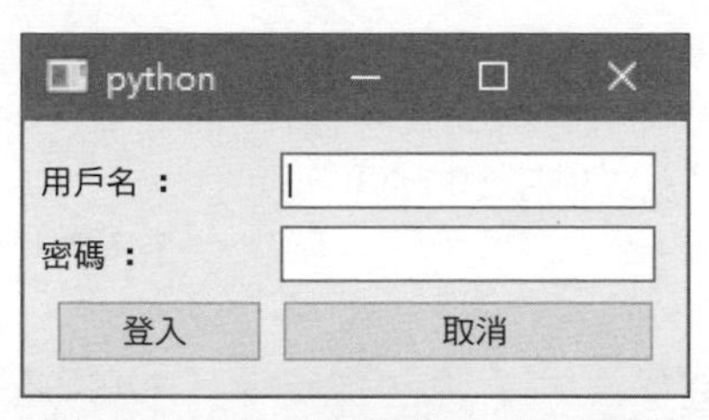

圖 10.13 使用表單佈局登入視窗

另外，表單佈局還提供了一個 setRowWrapPolicy() 方法，用來設定表單佈局中每一列的置放方式。該方法的語法如下：

```
setRowWrapPolicy(RowWrapPolicy policy)
```

參數 policy 的設定值及說明如下。

☑ QFormLayout.DontWrapRows：文字標籤總是出現在標籤的後面，其中標籤被指定足夠的水平空間以適應表單中出現的最寬的標籤，其餘的空間被指定文字標籤。

☑ QFormLayout.DrapLongRows：適用於小螢幕，當標籤和文字標籤在螢幕的當前行顯示不全時，文字標籤會顯示在下一行，使得標籤獨佔一行。

☑ QFormLayout.WrapAllRows：標籤總是在文字標籤的上一行。

舉例來說，在【例 10.3】中增加以下程式：

```
# 設定標籤總在文字標籤的上方
form.setRowWrapPolicy(QtWidgets.QFormLayout.WrapAllRows)
```

則效果如圖 10.14 所示。

技巧

如圖 10.14 所示，由於表單版面配置中的最後一行是兩個按鈕，但設置標籤總在文字標籤上方後，預設第二列會作為一個文字標籤填充整個版面配置，所以就出現了「取消」按鈕比「登入」按鈕長的情況，想改變這種情況，可以在使用 addRow() 方法添加按鈕時，一行只添加一個按鈕控制項。即將下面的程式：

```
form.addRow(btn1,btn2)
```

修改如下：

```
form.addRow(btn1)
form.addRow(btn2)
```

再次執行程式，效果如圖 10.15 所示。

圖 10.14 設定標籤總在文字標籤的上方　圖 10.15 表單佈局中一行只增加一個按鈕

技巧

當要設計的視窗是一種類似於兩列和若干行組成的形式時，使用表單版面配置要比網格版面配置更方便。

10.4 佈局管理器的巢狀結構

在進行使用者介面設計時，很多時候只透過一種佈局管理器很難實現想要的介面效果，這時就需要將多種佈局管理器混合使用，即佈局管理器的巢狀結構。本節將透過具體的實例講解佈局管理器的巢狀結構使用。

10.4.1 巢狀結構佈局的基本使用

多種佈局管理器之間可以互相巢狀結構，在實現佈局管理器的巢狀結構時，只需要記住以下兩點原則即可：

☑ 在一個佈局檔案中，最多只能有一個頂層佈局管理器。如果想要使用多個佈局管理器，就需要使用一個根佈局管理器將它們包括起來。

☑ 不能巢狀結構太深。如果巢狀結構太深，則會影響性能，主要會降低頁面的載入速度。

舉例來說，在【實例 10.3】中使用表單佈局製作了一個登入視窗，但表單佈局的預設兩列中只能增加一個控制項，現在需要在「密碼」文字標籤下方提示「密碼只能輸入 8 位」，這時單純使用表單佈局是無法實現的。我們可以在「密碼」文字標籤的列中巢狀結構一個垂直佈局管理器，在其中增加一個輸入密碼的文字標籤和一個用於提示的標籤，這樣就可以實現想要的功能。修改後的關鍵程式如下：

```
def initUI(self):
    form=QFormLayout()                                    # 創建表單佈局
    # 創建並設定標籤文字
    label1=QLabel()
    label1.setText("用戶名：")
    # 創建輸入文字標籤
    text1=QLineEdit()
    # 創建並設定標籤文字
    label2 = QLabel()
```

```
    label2.setText("密碼：")
    # 創建輸入文字標籤
    text2 = QLineEdit()
    # 創建"登入"和"取消"按鈕
    btn1=QPushButton()
    btn1.setText("登入")
    btn2 = QPushButton()
    btn2.setText("取消")
    # 將上面創建的6個控制項分為3行增加到表單佈局中
    form.addRow(label1,text1)
    vlayout = QVBoxLayout()                         # 創建垂直佈局管理器
    vlayout.addWidget(text2)                        # 在垂直佈局中增加密碼輸入框
    vlayout.addWidget(QLabel("密碼只能輸入8位"))    # 在垂直佈局中增加提示標籤
    form.addRow(label2, vlayout)                    # 將垂直佈局巢狀結構進表單佈
局中
    form.addRow(btn1,btn2)
    self.setLayout(form)                            # 設定表單佈局
```

執行結果比較如圖 10.16 所示。

圖 10.16 透過在表單佈局中巢狀結構垂直佈局使一個儲存格中可以置放兩個控制項

10.4.2 透過巢狀結構佈局設計一個微信聊天視窗

【實例 10.4】設計微信聊天視窗（程式碼範例：書附程式 \Code\10\04）

創建一個 .py 檔案，透過在 GirdLayout 網格佈局中巢狀結構垂直佈局，設計

一個微信聊天視窗，該視窗主要模擬兩個人的對話，並且在視窗下方顯示輸入框及「發送」按鈕。程式如下：

```
from PyQt5 import QtCore,QtGui
from PyQt5.QtWidgets import *
class Demo(QWidget):
    def __init__(self,parent=None):
        super(Demo,self).__init__(parent)
        self.initUI()                                   # 初始化視窗
    def initUI(self):
        self.setWindowTitle("微信交流")
        grid=QGridLayout()                              # 創建網格佈局
        # 創建頂部時間欄
        label1 = QLabel()
        # 顯示當前日期時間
        label1.setText(QtCore.QDateTime.currentDateTime().toString("yyyy-MM-
dd HH:mm:ss"))
        # 在第一行第一列到第一行第四列增加標籤控制項，並設定置中對齊
        grid.addWidget(label1, 0, 0, 1, 4, QtCore.Qt.AlignCenter)
        # 創建對方使用者圖示、暱稱及資訊，並在網格中巢狀結構垂直佈局顯示
        label2=QLabel()
        label2.setPixmap(QtGui.QPixmap("images/head1.png"))
        vlayout1=QVBoxLayout()
        vlayout1.addWidget(QLabel("馬雲"))
        vlayout1.addWidget(QLabel("老馬，在不在，最近還好嗎？"))
        grid.addWidget(label2, 1, 0, QtCore.Qt.AlignRight)
        grid.addLayout(vlayout1, 1, 1)
        # 創建自己的圖示、暱稱及資訊，並在網格中巢狀結構垂直佈局顯示
        label3=QLabel()
        label3.setPixmap(QtGui.QPixmap("images/head2.png"))
        vlayout2=QVBoxLayout()
        vlayout2.addWidget(QLabel("馬化騰"))
        vlayout2.addWidget(QLabel("還行，最近經濟不太景氣啊！"))
        grid.addWidget(label3, 2, 3, QtCore.Qt.AlignLeft)
```

```
        grid.addLayout(vlayout2, 2, 2)
        # 創建對方使用者圖示、暱稱及第 2 筆資訊，並在網格中巢狀結構垂直佈局顯示
        label4=QLabel()
        label4.setPixmap(QtGui.QPixmap("images/head1.png"))
        label4.resize(24,24)
        vlayout3=QVBoxLayout()
        vlayout3.addWidget(QLabel(" 馬雲 "))
        vlayout3.addWidget(QLabel(" 嗯，都差不多，一起渡過難關吧……"))
        grid.addWidget(label4, 3, 0, QtCore.Qt.AlignRight)
        grid.addLayout(vlayout3, 3, 1)
        # 創建輸入框，並設定寬度和高度，跨列增加到網格佈局中
        text=QTextEdit()
        text.setFixedWidth(500)
        text.setFixedHeight(80)
        # 在第一行第一列到第一行第四列增加標籤控制項，並設定置中對齊
        grid.addWidget(text, 4, 0, 1, 4, QtCore.Qt.AlignCenter)
        # 增加 " 發送 " 按鈕
        grid.addWidget(QPushButton(" 發送 "), 5, 3, QtCore.Qt.AlignRight)
        self.setLayout(grid)                    # 設定網格佈局
if __name__=='__main__':
    import sys
    app=QApplication(sys.argv)                  # 創建視窗程式
    demo=Demo()                                 # 創建視窗類別物件
    demo.show()                                 # 顯示視窗
    sys.exit(app.exec_())
```

執行程式，效果如圖 10.17 所示。

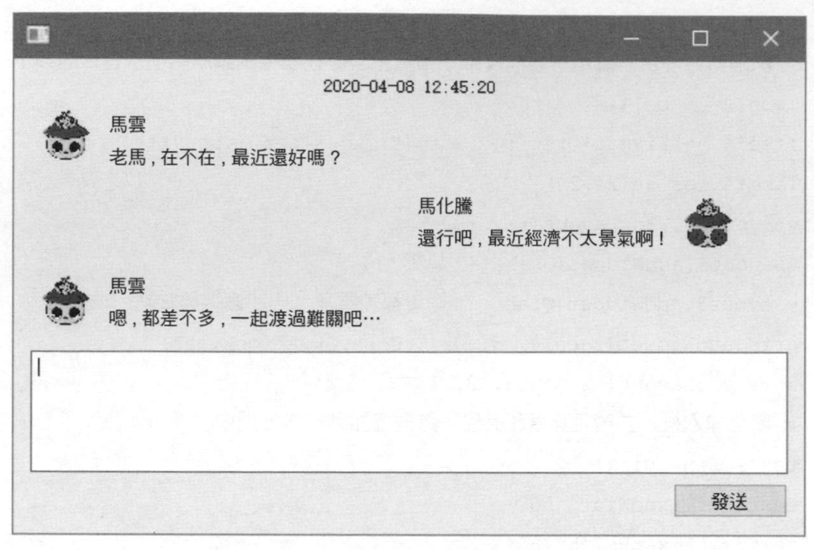

圖 10.17 透過巢狀結構佈局設計一個微信聊天視窗

10.5 MDIArea：MDI 視窗設計

以上講解了 4 種常用的視窗佈局方式，並對各種佈局方式的巢狀結構使用進行了介紹，本節將介紹一種特殊的視窗—MDI 視窗。

10.5.1 認識 MDI 視窗

MDI 視窗（Multiple-Document Interface）又稱作多重文件介面，它主要用於同時顯示多個文件，每個文件顯示在各自的視窗中。MDI 視窗中通常有包含子功能表的視窗選單，用於在視窗或文件之間進行切換，MDI 視窗十分常見。圖 10.18 所示為一個 MDI 視窗介面。

MDI 視窗的應用非常廣泛，舉例來說，如果某公司的庫存系統需要實現自動化，則需要使用視窗來輸入客戶和貨物的資料、發出訂單以及追蹤訂單。這些視窗必須連結或從屬於一個介面，並且必須能夠同時處理多個檔案。這樣，就需要建立 MDI 視窗以解決這些需求。

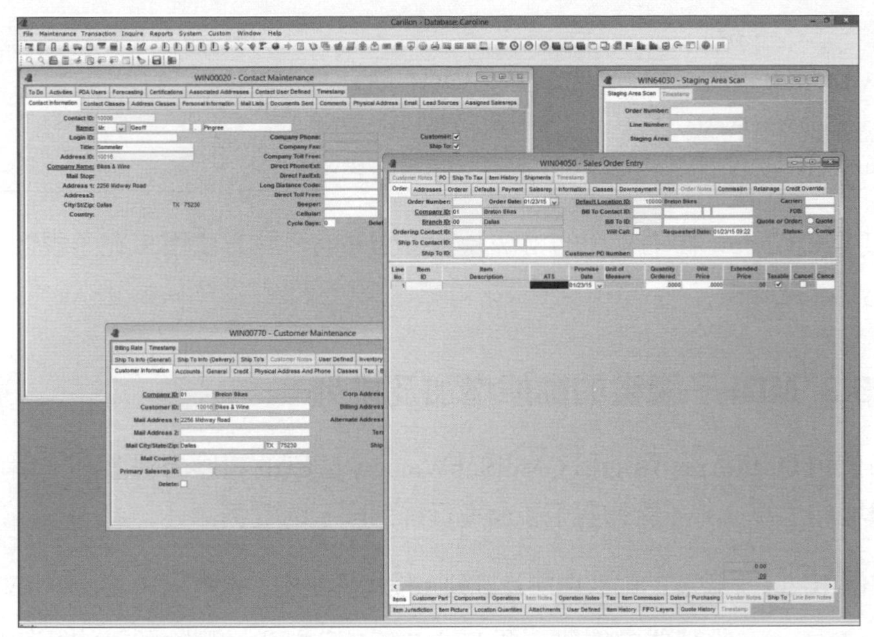

圖 10.18 MDI 視窗介面 (圖片來源：https://carillonerp.com/blog/mdi-vs-sdi/)

10.5.2 子視窗基礎類別

在 PyQt5 中使用 MDIArea 控制項來設計 MDI 視窗，其基礎類別是 QMdiArea，而子視窗是一個 QMdiSubWindow 類別的實例，我們可以將任何 QWidget 設定為子視窗的內部控制項，子視窗預設在 MDI 區域是串聯顯示的。

QMdiArea 類別的常用方法及說明如表 10.3 所示。

表 10.3 QMdiArea 類別的常用方法及說明

方法	說明
addSubWindow()	增加子視窗
removeSubWindow()	刪除子視窗
setActiveSubWindow()	啟動子視窗
closeActiveSubWindow()	關閉正在活動狀態的子視窗

方法	說明
subWindowList()	獲取 MDI 區域的子視窗清單
cascadeSubWindows()	串聯排列顯示子視窗
tileSubWindows()	延展排列顯示子視窗

QMdiSubWindow 類別常用的方法為 setWidget()，該方法用來在子視窗中增加 PyQt5 控制項。

10.5.3 MDI 子視窗的動態增加及排列

本節使用 QMdiArea 類別和 QMdiSubWindow 類別的對應方法設計一個可以動態增加子視窗，並能夠對子視窗進行排列顯示的實例。

【實例 10.5】子視窗的動態增加及排列（程式碼範例：書附程式 \Code\10\05）

在 Qt Designer 設計器中創建一個 MainWindow 視窗，刪除預設的狀態列，然後增加一個 MDIArea 控制項，適當調整大小，設計完成後，保存為 .ui 檔案，並使用 PyUIC 工具將其轉為 .py 程式檔案。在 .py 檔案中自訂一個 action() 槽函數，用來根據點擊的選單項，執行對應的新建子視窗、延展顯示子視窗和串聯顯示子視窗操作；然後將自訂的 action() 槽函數與選單的 triggered 訊號相連結。最後為 .py 檔案增加 __main__ 主方法。完整程式如下：

```
from PyQt5 import QtCore, QtWidgets
from PyQt5.QtWidgets import *
class Ui_MainWindow(object):
    def setupUi(self, MainWindow):
        MainWindow.setObjectName("MainWindow")
        MainWindow.resize(481, 274) # 設定視窗大小
        MainWindow.setWindowTitle("MDI 視窗 ") # 設定視窗標題
        self.centralwidget = QtWidgets.QWidget(MainWindow)
        self.centralwidget.setObjectName("centralwidget")
        # 創建 MDI 視窗區域
        self.mdiArea = QtWidgets.QMdiArea(self.centralwidget)
```

```
    self.mdiArea.setGeometry(QtCore.QRect(0, 0, 481, 251))
    self.mdiArea.setObjectName("mdiArea")
    MainWindow.setCentralWidget(self.centralwidget)
    # 創建功能表列
    self.menubar = QtWidgets.QMenuBar(MainWindow)
    self.menubar.setGeometry(QtCore.QRect(0, 0, 481, 23))
    self.menubar.setObjectName("menubar")
    # 設定主選單
    self.menu = QtWidgets.QMenu(self.menubar)
    self.menu.setObjectName("menu")
    self.menu.setTitle(" 子表單操作 ")
    MainWindow.setMenuBar(self.menubar)
    # 設定新建選單項
    self.actionxinjian = QtWidgets.QAction(MainWindow)
    self.actionxinjian.setObjectName("actionxinjian")
    self.actionxinjian.setText(" 新建 ")
    # 設定延展選單項
    self.actionpingpu = QtWidgets.QAction(MainWindow)
    self.actionpingpu.setObjectName("actionpingpu")
    self.actionpingpu.setText(" 延展顯示 ")
    # 設定多層次選單項
    self.actionjilian = QtWidgets.QAction(MainWindow)
    self.actionjilian.setObjectName("actionjilian")
    self.actionjilian.setText(" 串聯顯示 ")
    # 將新建的 3 個選單項增加到主選單中
    self.menu.addAction(self.actionxinjian)
    self.menu.addAction(self.actionpingpu)
    self.menu.addAction(self.actionjilian)
    # 將設定完成的主選單增加到功能表列中
    self.menubar.addAction(self.menu.menuAction())
    QtCore.QMetaObject.connectSlotsByName(MainWindow)
    # 為選單項連結訊號
    self.menubar.triggered[QAction].connect(self.action)
count=0                                     # 定義變數，用來表示新建的子視窗個數
```

```
    # 自訂槽函數，根據選擇的選單執行對應操作
    def action(self,m):
        if m.text()==" 新建 ":
            sub=QMdiSubWindow()                    # 創建子視窗物件
            self.count = self.count + 1            # 記錄子視窗個數
            # 設定子視窗標題
            sub.setWindowTitle(" 子視窗 "+str(self.count))
            # 在子視窗中增加一個標籤，並設定文字
            sub.setWidget(QLabel(" 這是第 %d 個子視窗 "%self.count))
            self.mdiArea.addSubWindow(sub)         # 將新建的子視窗增加到 MDI 區域
            sub.show()                             # 顯示子視窗
        elif m.text()==" 延展顯示 ":
            self.mdiArea.tileSubWindows()          # 對子視窗延展排列
        elif m.text()==" 串聯顯示 ":
            self.mdiArea.cascadeSubWindows()       # 對子視窗串聯排列
# 主方法
if __name__ == '__main__':
    import sys
    app = QApplication(sys.argv)
    MainWindow = QMainWindow()                 # 創建表單物件
    ui = Ui_MainWindow()                       # 創建 PyQt5 設計的表單物件
    ui.setupUi(MainWindow)                     # 呼叫 PyQt5 表單的方法對表單物件進行初
始化設定
    MainWindow.show()                          # 顯示表單
    sys.exit(app.exec_())                      # 程式關閉時退出處理程序
```

執行程式，點擊「新建」選單項，可以根據點擊的次數創建多個子視窗，並並排顯示在 MDI 區域，如圖 10.19 所示。

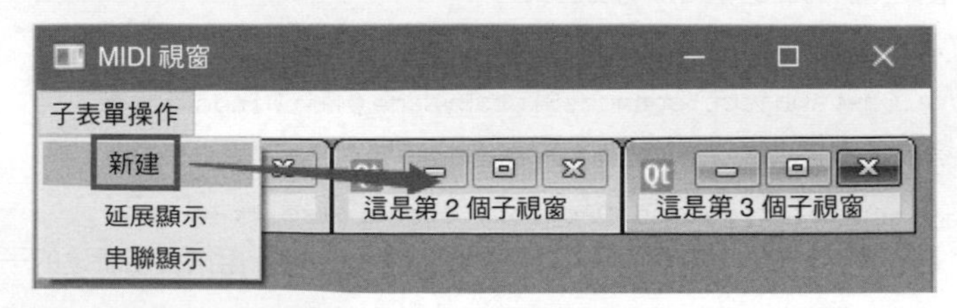

圖 10.19 新建子視窗

點擊「延展顯示」選單，可以對 MDI 區域中顯示的子視窗進行延展顯示，如圖 10.20 所示。

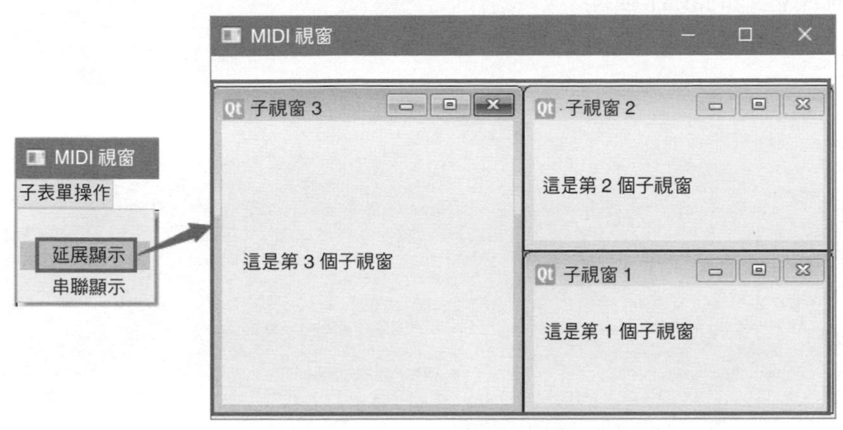

圖 10.20 延展顯示子視窗

點擊「串聯顯示」選單，可以將 MDI 區域中顯示的子視窗進行串聯顯示，如圖 10.21 所示。

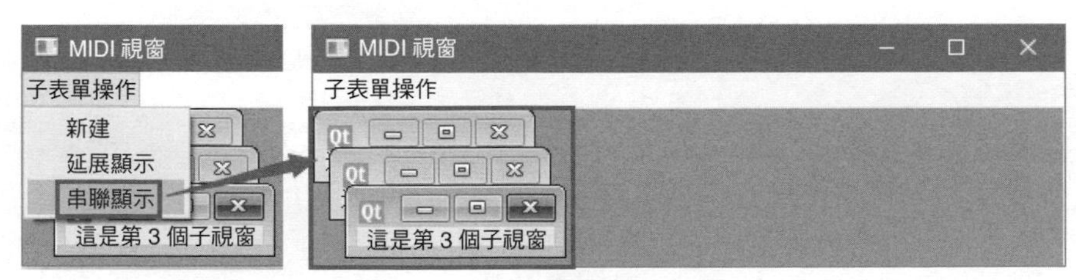

圖 10.21 串聯顯示子視窗

10.6 小結

佈局管理是 PyQt5 程式中非常重要的內容，透過合理的佈局，可以使我們的程式介面變得美觀、大方，而且能夠自我調整各種環境。本章首先對 PyQt5 中常用的 4 種佈局方式進行了講解，包括垂直佈局、水平佈局、網格佈局和表單佈局，每種佈局方式都有適合於自己的應用場景；然後對各種佈局的巢狀結構使用進行了講解；最後對 MDI 視窗程式的設計介紹。閱讀本章之後，讀者應該能夠靈活地使用各種佈局方式對自己的程式介面進行佈局，並熟悉 MDI 視窗程式的設計過程。

11

選單、工具列和狀態列

選單是視窗應用程式的主要使用者介面要素，工具列為應用程式提供了作業系統的介面，狀態列顯示系統的一些狀態資訊，在 PyQt5 中，選單、工具列和狀態列都不以標準控制項的形式表現，那麼，如何使用選單、工具列和狀態列呢？本章將對開發 PyQt5 視窗應用程式時的選單、工具列和狀態列設計進行詳細講解。

11.1 選單

在 PyQt5 中，功能表列使用 QMenuBar 類別表示，它分為兩部分：主選單和選單項，其中，主選單被顯示為一個 QMenu 類別，而選單項則使用 QAciton 類別表示。一個 QMenu 中可以包含任意多個 QAction 物件，也可以包含另外的 QMenu，用來表示多層次選單。本節將對選單的設計及使用進行詳細講解。

11.1.1 選單基礎類別

在 PyQt5 視窗中創建選單時，需要 QMenuBar 類別、QMenu 類別和 QAction 類別，創建一個選單，基本上就是使用這 3 個類別完成圖 11.1 所示的 3 個步驟。本節將分別對這 3 個類別說明。

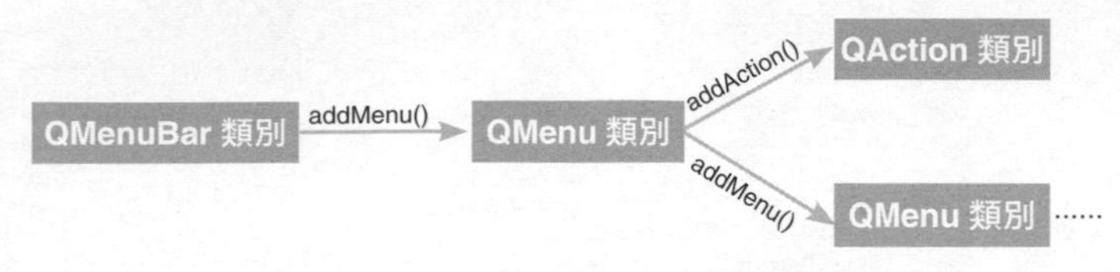

圖 11.1 創建選單的 3 個步驟

1．QMenuBar 類別

QMenuBar 類別是所有視窗的功能表列，使用者需要在此基礎上增加不同的 QMenu 和 QAction，創建功能表列有兩種方法，分別是 QMenuBar 類別的建構方法或 MainWindow 物件的 menuBar() 方法。程式如下：

```
self.menuBar = QtWidgets.QMenuBar(MainWindow)
```

或

```
self.menuBar = MainWindow.menuBar()
```

創建完功能表列之後，就可以使用 QMenuBar 類別的相關方法進行選單的設定了，QMenuBar 類別的常用方法如表 11.1 所示。

表 11.1 QMenuBar 類別的常用方法及說明

方法	說明	方法	說明
addAction()	增加選單項	addMenu()	增加選單
addActions()	增加多個選單項	addSeparator()	增加分割線

2．QMenu 類別

QMenu 類別表示功能表列中的選單，可以顯示文字和圖示，但是並不負責執行操作，類似 Label 的作用。QMenu 類別的常用方法如表 11.2 所示。

表 11.2 QMenu 類別的常用方法及說明

方法	說明	方法	說明
addAction()	增加選單項	setTitle()	設定選單的文字
addMenu()	增加選單	title()	獲取選單的標題文字
addSeparator()	增加分割線		

3．QAction 類別

PyQt5 將使用者與介面進行互動的元素抽象為一種「動作」，使用 QAction 類別表示。QAction 才是真正負責執行操作的部件。QAction 類別的常用方法如表 11.3 所示。

表 11.3 QAction 類別的常用方法及說明

方法	說明	方法	說明
setIcon()	設定選單項圖示	setShortcut()	設定快速鍵
setIconVisibleInMenu()	設定圖示是否顯示	setToolTip()	設定提示文字
setText()	增加選單項文字	setEnabled()	設定選單項是否可用
setIconText()	設定圖示文字	text()	獲取選單項的文字

QAction 類別有一個常用的訊號 triggered，用來在點擊選單項時發射。

使用 PyQt5 中的選單時，只有 QAction 選單項可以執行操作，QMenuBar 功能表列和 QMenu 選單都是不會執行任何操作的，這點一定要注意，這與其他語言的視窗程式設計有所不同。

11.1.2 增加和刪除選單

在 PyQt5 中，使用 Qt Designer 設計器創建一個 MainWindow 視窗時，視窗中預設有一個功能表列和一個狀態列，如圖 11.2 所示。

由於一個視窗中只能有一個功能表列，所以在預設的 MainWindow 視窗中點擊右鍵，是無法增加選單的，如圖 11.3 所示，這時首先需要刪除原有的選單，刪除選單非常簡單，在選單上點擊右鍵，選擇「Remove Menu Bar」即可，如圖 11.4 所示。

增加選單也非常簡單，在一個空視窗上點擊右鍵，在彈出的快顯功能表中選擇「Create Menu Bar」即可，如圖 11.5 所示。

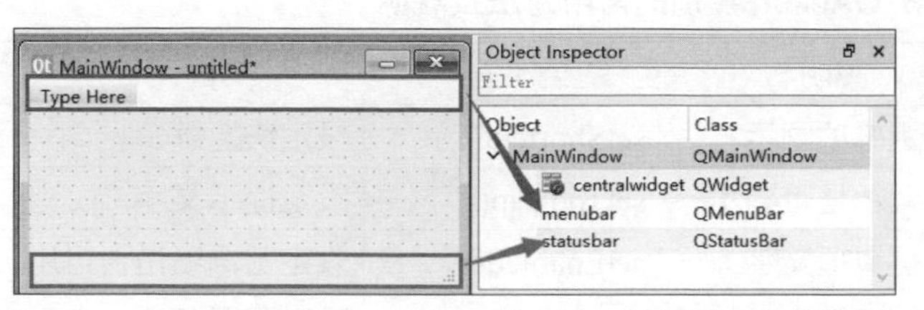

圖 11.2 MainWindow 視窗中的預設功能表列和狀態列

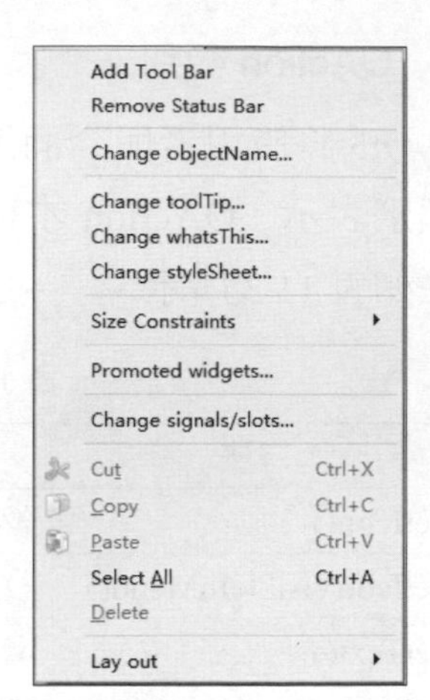

圖 11.3 Main Window 視窗的預設右鍵選單

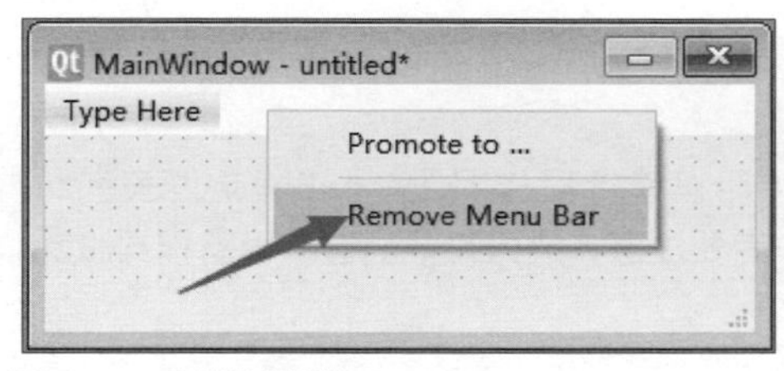

圖 11.4 刪除選單

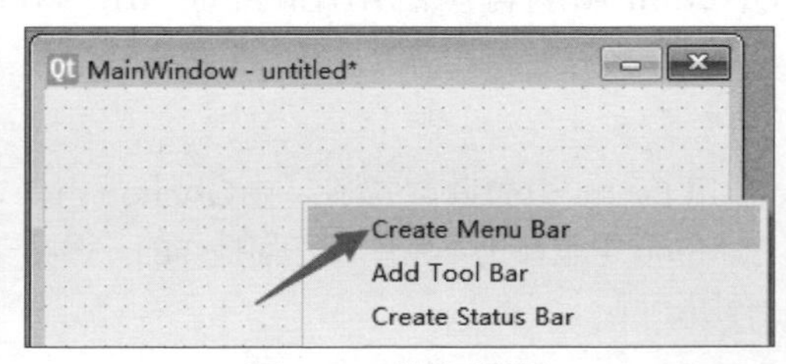

圖 11.5 增加選單

11.1.3 設定選單項

設定選單項，即為選單增加對應的選單項，在預設的選單上雙擊，即可將選單項變為一個輸入框，如圖 11.6 所示。

輸入完成後，按 Enter 鍵，即可在增加的選單右側和下方自動生成新的提示，如圖 11.7 所示，根據自己的需求繼續重複上面的步驟增加選單和選單項即可。

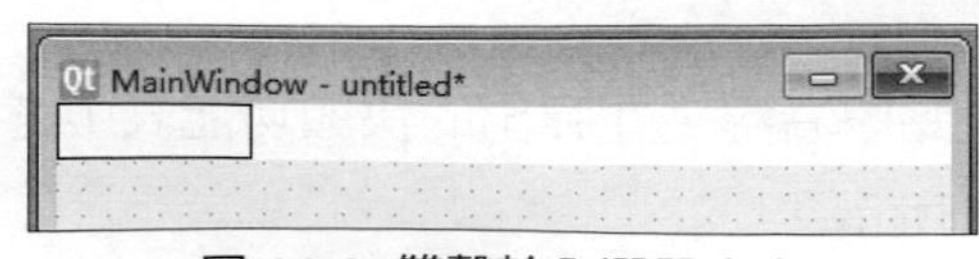

圖 11.6 雙擊輸入選單文字

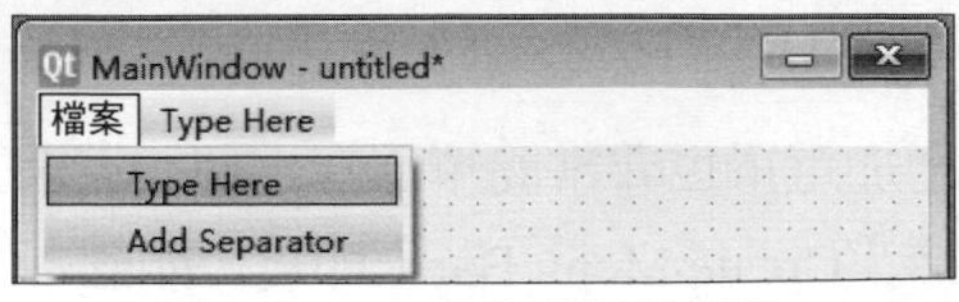

圖 11.7 自動生成新的提示

11.1.4 為選單設定快速鍵

為選單設定快速鍵有兩種方法，一種是在輸入選單文字時設定，一種使用 setShortcut() 方法設定，下面分別講解。

☑ 在輸入選單文字時設定快速鍵

輸入選單文字時設定快速鍵，只需要在文字中輸入「&+ 字母」的形式即可，舉例來說，在圖 11.8 中為「新建」選單設定快速鍵，則直接輸入文字「(&N)」，這時就可以使用 Alt+N 快速鍵來呼叫該選單。

☑ 使用 setShortcut() 方法設定快速鍵

使用 setShortcut() 方法設定快速鍵時，只需要輸入對應的快捷組合鍵即可，例如：

```
self.actionxinjian.setShortcut("Ctrl+N")
```

使用上面兩種方法設定快速鍵的最終效果如圖 11.9 所示。

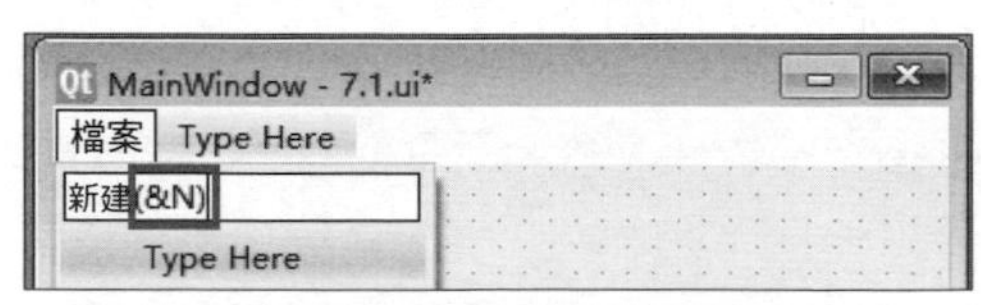

圖 11.8 在輸入選單文字時設定快速鍵

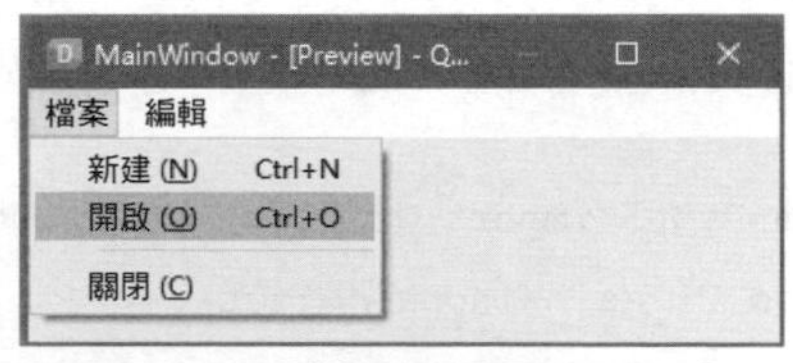

圖 11.9 設定完快速鍵的效果

11.1.5 為選單設定圖示

為選單設定圖示需要使用 setIcon() 方法，該方法要求有一個 QIcon 物件作為參數。舉例來說，下面的程式是為「新建」選單設定圖示：

```
icon = QtGui.QIcon()
icon.addPixmap(QtGui.QPixmap("images/new.ico"), QtGui.QIcon.Normal, QtGui.
QIcon.Off)
self.actionxinjian.setIcon(icon)
```

為選單設定圖示後的效果如圖 11.10 所示。

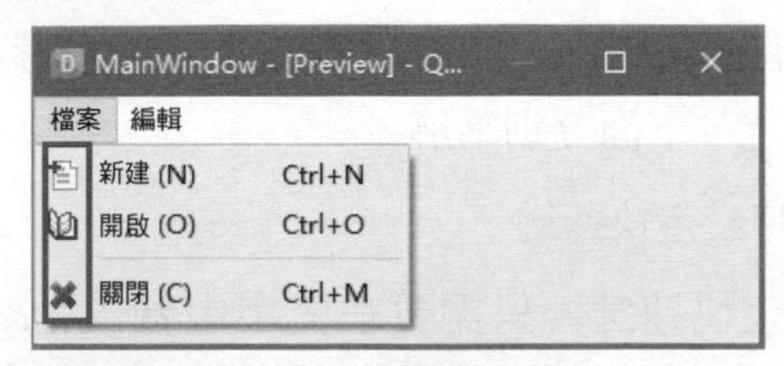

圖 11.10 為選單設定圖示

11.1.6 選單的功能實現

在點擊選單項時，可以觸發其 triggered 訊號，透過為該訊號連結槽函數，可以實現對應的選單項功能。

【實例 11.1】點擊選單項，彈出資訊提示框（程式碼範例：書附程式\Code\11\01）

在前面設計的功能表列基礎上，為選單項增加對應的事件，點擊選單項時，彈出資訊提示框，提示選擇了哪個選單。完整程式如下：

```
from PyQt5 import QtCore, QtGui, QtWidgets
class Ui_MainWindow(object):
    def setupUi(self, MainWindow):
        MainWindow.setObjectName("MainWindow")
        MainWindow.resize(344, 115)
        self.centralwidget = QtWidgets.QWidget(MainWindow)
        self.centralwidget.setObjectName("centralwidget")
        MainWindow.setCentralWidget(self.centralwidget)
        # self.menuBar = MainWindow.menuBar()
        # 增加功能表列
        self.menuBar = QtWidgets.QMenuBar(MainWindow)
        self.menuBar.setGeometry(QtCore.QRect(0, 0, 344, 23))
        self.menuBar.setObjectName("menuBar")
        # 增加 " 檔案 " 選單
```

```
        self.menu = QtWidgets.QMenu(self.menuBar)
        self.menu.setObjectName("menu")
        self.menu.setTitle(" 檔案 ")
        # 增加 " 編輯 " 選單
        self.menu_2 = QtWidgets.QMenu(self.menuBar)
        self.menu_2.setObjectName("menu_2")
        self.menu_2.setTitle(" 編輯 ")
        MainWindow.setMenuBar(self.menuBar)
        # 增加 " 新建 " 選單
        self.actionxinjian = QtWidgets.QAction(MainWindow)
        self.actionxinjian.setEnabled(True)                # 設定選單可用
        # 為選單設定圖示
        icon = QtGui.QIcon()
        icon.addPixmap(QtGui.QPixmap("images/new.ico"), QtGui.QIcon.Normal,
QtGui.QIcon.Off)
        self.actionxinjian.setIcon(icon)
        # 設定選單為 Windows 快速鍵
        self.actionxinjian.setShortcutContext(QtCore.Qt.WindowShortcut)
        self.actionxinjian.setIconVisibleInMenu(True)          # 設定圖示可見
        self.actionxinjian.setObjectName("actionxinjian")
        self.actionxinjian.setText(" 新建 (&N)")               # 設定選單文字
        self.actionxinjian.setIconText(" 新建 ")               # 設定圖示文字
        self.actionxinjian.setToolTip(" 新建 ")                # 設定提示文字
        self.actionxinjian.setShortcut("Ctrl+N")               # 設定快速鍵
        # 增加 " 打開 " 選單
        self.actiondakai = QtWidgets.QAction(MainWindow)
        # 為選單設定圖示
        icon1 = QtGui.QIcon()
        icon1.addPixmap(QtGui.QPixmap("images/open.ico"), QtGui.QIcon.
Normal, QtGui.QIcon.Off)
        self.actiondakai.setIcon(icon1)
        self.actiondakai.setObjectName("actiondakai")
        self.actiondakai.setText(" 打開 (&O)")                 # 設定選單文字
        self.actiondakai.setIconText(" 打開 ")                 # 設定圖示文字
```

```
        self.actiondakai.setToolTip("打開")                         # 設定提示文字
        self.actiondakai.setShortcut("Ctrl+O")                      # 設定快速鍵
        # 增加"關閉"選單
        self.actionclose = QtWidgets.QAction(MainWindow)
        # 為選單設定圖示
        icon2 = QtGui.QIcon()
        icon2.addPixmap(QtGui.QPixmap("images/close.ico"), QtGui.QIcon.Normal,
QtGui.QIcon.Off)
        self.actionclose.setIcon(icon2)
        self.actionclose.setObjectName("actionclose")
        self.actionclose.setText("關閉(&C)")                        # 設定選單文字
        self.actionclose.setIconText("關閉")                        # 設定圖示文字
        self.actionclose.setToolTip("關閉")                         # 設定提示文字
        self.actionclose.setShortcut("Ctrl+M")                      # 設定快速鍵
        self.menu.addAction(self.actionxinjian)                     # 在"檔案"選單中增
加"新建"選單項
        self.menu.addAction(self.actiondakai)                       # 在"檔案"選單中增
加"打開"選單項
        self.menu.addSeparator()                                    # 增加分割線
        self.menu.addAction(self.actionclose)                       # 在"檔案"選單中增
加"關閉"選單項
        # 將"檔案"選單的選單項增加到功能表列中
        self.menuBar.addAction(self.menu.menuAction())
        # 將"編輯"選單的選單項增加到功能表列中
        self.menuBar.addAction(self.menu_2.menuAction())
        self.retranslateUi(MainWindow)
        QtCore.QMetaObject.connectSlotsByName(MainWindow)
        # 為選單中的QAction綁定triggered訊號
        self.menu.triggered[QtWidgets.QAction].connect(self.getmenu)
    def getmenu(self,m):
        from PyQt5.QtWidgets import QMessageBox
        # 使用information()方法彈出資訊提示框
        QMessageBox.information(MainWindow,"提示","您選擇的是"+m.
text(),QMessageBox.Ok)
    def retranslateUi(self, MainWindow):
        _translate = QtCore.QCoreApplication.translate
```

```
        MainWindow.setWindowTitle(_translate("MainWindow", "MainWindow"))
import sys
# 主方法，程式從此處啟動 PyQt 設計的表單
if __name__ == '__main__':
    app = QtWidgets.QApplication(sys.argv)
    MainWindow = QtWidgets.QMainWindow()          # 創建表單物件
    ui = Ui_MainWindow()                          # 創建 PyQt 設計的表單物件
    ui.setupUi(MainWindow)                        # 呼叫 PyQt 表單方法，對表單物件初
始化設定
    MainWindow.show()                             # 顯示表單
    sys.exit(app.exec_())                         # 程式關閉時退出處理程序
```

技巧

上面的程式為選單項綁定 triggered 訊號時，透過 QMenu 選單進行了綁定：self.menu. triggered[QtWidgets.QAction].connect(self.getmenu)，其實，如果每個選單項實現的功能不同，還可以單獨為每個選單項綁定 triggered 訊號。例如下面的程式：

```
    # 單獨為 " 新建 " 選單綁定 triggered 訊號
    self.actionxinjian.triggered.connect(self.getmenu)
def getmenu(self):
    from PyQt5.QtWidgets import QMessageBox
    # 使用 information() 方法彈出資訊提示框
    QMessageBox.information(MainWindow," 提示 "," 您選擇的是 "+self.
actionxinjian.text(), QMessageBox.Ok)
```

執行程式，點擊功能表列中的某個選單，即可彈出提示框，提示您選擇了哪個選單，如圖 11.11 所示。

圖 11.11 觸發選單的 triggered 訊號

11.2 工具列

工具列主要為視窗應用程式提供一些常用的快捷按鈕、操作等。在 PyQt5 中，用 QToolBar 類別表示工具列。本節將對工具列的使用進行講解。

11.2.1 工具列類別：QToolBar

QToolBar 類別表示工具列，它是一個由文字按鈕、圖示或其他小控制群組成的可移動面板，通常位於功能表列下方。

QToolBar 類別的常用方法如表 11.4 所示。

表 11.4 QToolBar 類別的常用方法及說明

方法	說明
addAction()	增加具有文字或圖示的工具按鈕
addActions()	一次增加多個工具按鈕
addWidget()	增加工具列中按鈕以外的控制項
addSeparator()	增加分割線
setIconSize()	設定工具列中圖示的大小
setMovable()	設定工具列是否可以移動
setOrientation()	設定工具列的方向，設定值如下。 ◆ Qt.Horizontal：水平工具列； ◆ Qt.Vertical：垂直工具列
setToolButtonStyle()	設定工具列按鈕的顯示樣式，主要支援以下 5 種樣式。 ◆ Qt.ToolButtonIconOnly：只顯示圖示； ◆ Qt.ToolButtonTextOnly：只顯示文字； ◆ Qt.ToolButtonTextBesideIcon：文字顯示在圖示的旁邊； ◆ Qt.ToolButtonTextUnderIcon：文字顯示在圖示的下面； ◆ Qt.ToolButtonFollowStyle：跟隨系統樣式

點擊工具列中的按鈕時，會發射 actionTriggered 訊號，透過為該訊號連結對應的槽函數，即可實現工具列的對應功能。

11.2.2 增加工具列

在 PyQt5 的 Qt Designer 設計器中創建一個 Main Window 視窗，一個視窗中可以有多個工具列，增加工具列非常簡單，點擊右鍵，在彈出的快顯功能表中選擇「Add Tool Bar」即可，如圖 11.12 所示。

對應的 Python 程式如下：

```
self.toolBar = QtWidgets.QToolBar(MainWindow)
self.toolBar.setObjectName("toolBar")
MainWindow.addToolBar(QtCore.Qt.TopToolBarArea, self.toolBar)
```

除了使用 QToolBar 類別的建構函數創建工具列之外，還可以直接使用 MainWindow 物件的 addToolBar() 方法進行增加，舉例來說，上面的程式可以替換如下：

```
MainWindow.addToolBar("toolBar")
```

11.2.3 為工具列增加圖示按鈕

為工具列增加圖示按鈕，需要用到 addAction() 方法，需要在該方法中傳入一個 QIcon 物件，用來指定按鈕的圖示和文字；另外，工具列中的按鈕預設只顯示圖示，可以透過 setToolButtonStyle() 方法設定為既顯示圖示又顯示文字。舉例來說，下面程式為在工具列中增加一個「新建」按鈕，並且同時顯示圖示和文字，圖示和文字的組合方式為圖示顯示在文字上方。程式如下：

```
# 設定工具列中按鈕的顯示方式為：文字顯示在圖示的下方
self.toolBar.setToolButtonStyle(QtCore.Qt.ToolButtonTextUnderIcon)
self.toolBar.addAction(QtGui.QIcon("images/new.ico")," 新建 ") # 為工具列增加
QAction
```

效果如圖 11.13 所示。

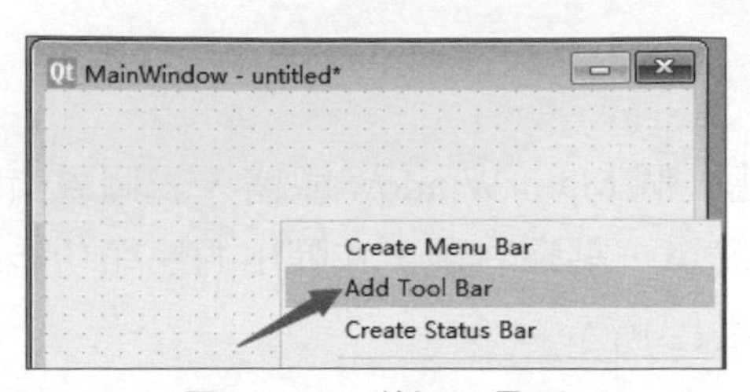

圖 11.12　增加工具列

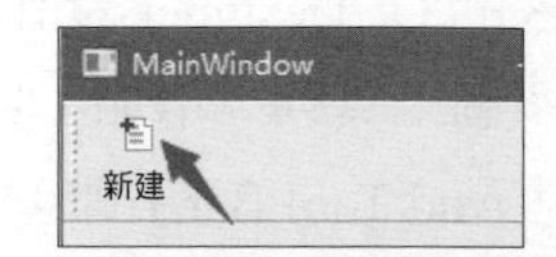

圖 11.13 為工具列增加一個圖示按鈕

11.2.4 一次為工具列增加多個圖示按鈕

一次為工具列增加多個圖示按鈕需要用到 addActions() 方法，需要在該方法中傳入一個 Iterable 疊代器物件，物件中的元素必須是 QAction 物件。舉例來說，下面的程式使用 addActions() 方法同時為工具列增加「打開」和「關閉」兩個圖示按鈕：

```
# 創建 " 打開 " 按鈕物件
self.open = QtWidgets.QAction(QtGui.QIcon("images/open.ico")," 打開 ")
# 創建 " 關閉 " 按鈕物件
self.close = QtWidgets.QAction(QtGui.QIcon("images/close.ico"), " 關閉 ")
self.toolBar.addActions([self.open,self.close]) # 將創建的兩個 QAction 增加到工
具列中
```

效果如圖 11.14 所示。

11.2.5 在工具列中增加其他控制項

除了使用 QAction 物件在工具列中增加圖示按鈕之外，PyQt5 還支援在工具列中增加標準控制項，如常用的 Label、LineEdit、ComboBox、CheckBox 等，這需要用到 QToolBar 物件的 addWidget() 方法。舉例來說，下面的程式是在工具列中增加一個 ComboBox 下拉清單：

```
# 創建一個 ComboBox 下拉清單控制項
self.combobox = QtWidgets.QComboBox()
```

```
# 定義職務列表
list = ["總經理", "副總經理", "人事部經理", "財務部經理", "部門經理", "普通員
工"]
self.combobox.addItems(list)                # 將職務列表增加到 ComboBox 下拉清單中
self.toolBar.addWidget(self.combobox)       # 將下拉清單增加到工具列中
```

效果如圖 11.15 所示。

圖 11.14 在工具列中同時增加多個圖示按鈕

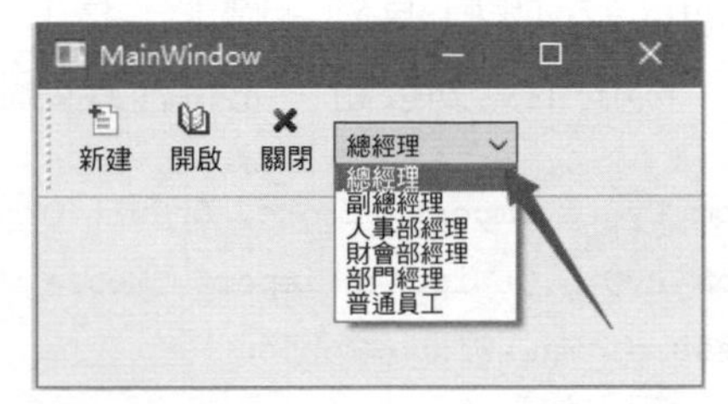

圖 11.15 在工具列中增加 PyQt5 標準控制項

11.2.6 設定工具列按鈕的大小

工具列中的圖示按鈕預設大小是 24×24，但在使用時，根據實際的需要，對工具列按鈕大小的要求也會有所不同，這時可以使用 setIconSize() 方法改變工具列按鈕的大小。舉例來說，下面程式將工具列中的圖示按鈕大小修改為 16×16：

```
self.toolBar.setIconSize(QtCore.QSize(16,16)) # 設定工具列圖示按鈕的大小
```

工具列按鈕的大小修改前後的比較效果如圖 11.16 所示。

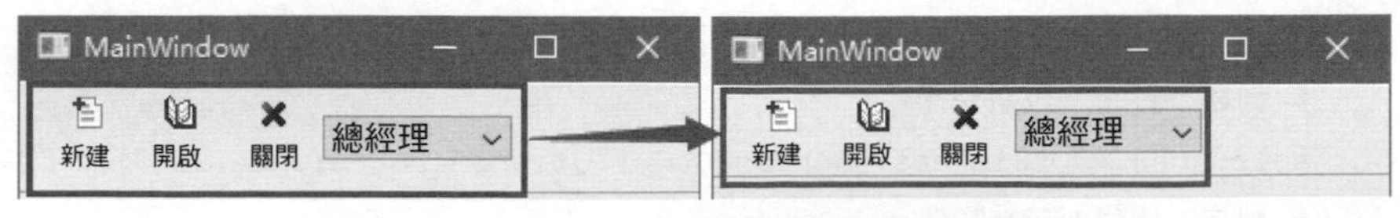

圖 11.16 工具列按鈕大小修改前後的比較效果

11.2.7 工具列的點擊功能實現

在點擊工具列中的按鈕時，可以觸發其 actionTriggered 訊號，透過為該訊號連結對應槽函數，可以實現工具列的對應功能。

【實例 11.2】獲取點擊的工具列按鈕（程式碼範例：書附程式 \Code\11\02）

在前面設計的工具列基礎上，為工具列按鈕增加對應的事件，提示使用者點擊了哪個工具列按鈕。完整程式如下：

```
from PyQt5 import QtCore, QtGui, QtWidgets
from PyQt5.QtWidgets import QMessageBox
class Ui_MainWindow(object):
    def setupUi(self, MainWindow):
        MainWindow.setObjectName("MainWindow")
        MainWindow.resize(309, 137)
        self.centralwidget = QtWidgets.QWidget(MainWindow)
        self.centralwidget.setObjectName("centralwidget")
        MainWindow.setCentralWidget(self.centralwidget)
        self.toolBar = QtWidgets.QToolBar(MainWindow)
        self.toolBar.setObjectName("toolBar")
        self.toolBar.setMovable(True)                          # 設定工具列可移動
        self.toolBar.setOrientation(QtCore.Qt.Horizontal)
                                                               # 設定工具列為水平工具列
        # 設定工具列中按鈕的顯示方式為：文字顯示在圖示的下方
        self.toolBar.setToolButtonStyle(QtCore.Qt.ToolButtonTextUnderIcon)
        # 為工具列增加 QAction
        self.toolBar.addAction(QtGui.QIcon("images/new.ico")," 新建 ")
        # 創建 " 打開 " 按鈕物件
        self.open = QtWidgets.QAction(QtGui.QIcon("images/open.ico")," 打開 ")
        # 創建 " 關閉 " 按鈕物件
        self.close = QtWidgets.QAction(QtGui.QIcon("images/close.ico"), " 關閉 ")
        self.toolBar.addActions([self.open,self.close])        # 將創建的兩個
QAction 增加到工具列中
        # self.toolBar.setIconSize(QtCore.QSize(16,16))        # 設定工具列圖
```

示按鈕的大小

```
        # 創建一個 ComboBox 下拉清單控制項
        self.combobox = QtWidgets.QComboBox()
        # 定義職務列表
        list = ["總經理", "副總經理", "人事部經理", "財務部經理", "部門經理",
"普通員工"]
        self.combobox.addItems(list)       # 將職務列表增加到 ComboBox 下拉清單中
        self.toolBar.addWidget(self.combobox)       # 將下拉清單增加到工具列中
        MainWindow.addToolBar(QtCore.Qt.TopToolBarArea, self.toolBar)
        # 將 ComboBox 控制項的選項更改訊號與自訂槽函數連結
        self.combobox.currentIndexChanged.connect(self.showinfo)
        # 為選單中的 QAction 綁定 triggered 訊號
        self.toolBar.actionTriggered[QtWidgets.QAction].connect(self.
getvalue)
    def getvalue(self,m):
        # 使用 information() 方法彈出資訊提示框
        QMessageBox.information(MainWindow,"提示","您點擊了"+m.
text(),QMessageBox.Ok)
    def showinfo(self):
        # 顯示選擇的職務
        QMessageBox.information(MainWindow, "提示", "您選擇的職務是：" + self.
combobox.
currentText(), QMessageBox.Ok)
        self.retranslateUi(MainWindow)
        QtCore.QMetaObject.connectSlotsByName(MainWindow)
    def retranslateUi(self, MainWindow):
        _translate = QtCore.QCoreApplication.translate
        MainWindow.setWindowTitle(_translate("MainWindow", "MainWindow"))
        self.toolBar.setWindowTitle(_translate("MainWindow", "toolBar"))
import sys
# 主方法，程式從此處啟動 PyQt 設計的表單
if __name__ == '__main__':
    app = QtWidgets.QApplication(sys.argv)
    MainWindow = QtWidgets.QMainWindow()          # 創建表單物件
```

```
ui = Ui_MainWindow()                          # 創建 PyQt 設計的表單物件
ui.setupUi(MainWindow)                        # 呼叫 PyQt 表單方法，對表單物件初始化設定
MainWindow.show()                             # 顯示表單
sys.exit(app.exec_())                         # 程式關閉時退出處理程序
```

說明

按一下工具列中的 QAction 物件預設會發射 actionTriggered 訊號，但是，如果為工具列添加了其他控制項，並不會發射 actionTriggered 訊號，而是會發射它們自己特有的訊號。例如，在上面工具列中添加的 ComboBox 下拉清單，在選擇下拉清單中的項時，會發射其本身的 currentIndexChanged 訊號。

執行程式，點擊工具列中的某個圖示按鈕，提示您點擊了哪個按鈕，如圖 11.17 所示。

當使用者選擇工具列中下拉清單中的項時，提示選擇了哪一項，如圖 11.18 所示。

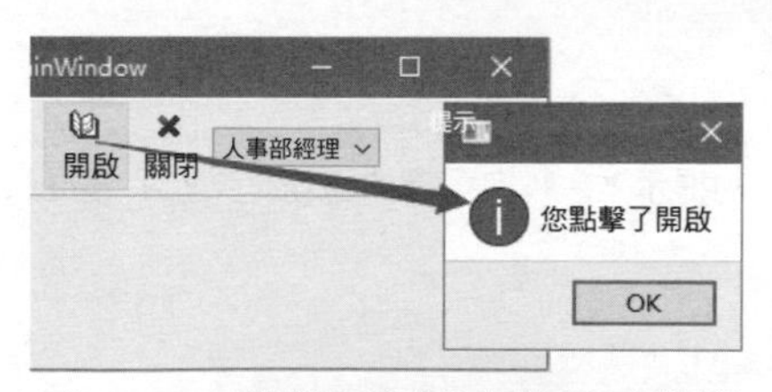

圖 11.17 點擊工具列中的圖示按鈕效果

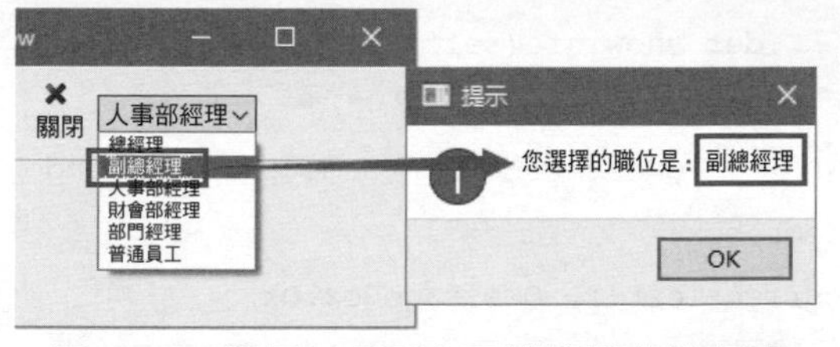

圖 11.18 選擇工具列中下拉清單中的項時的效果

11.3 狀態列

狀態列通常放在視窗的最底部，用於顯示視窗上的一些物件的相關資訊或程式資訊，舉例來說，顯示當前登入使用者、即時顯示登入時間、顯示任務執行進度等，在 PyQt5 中用 QStatusBar 類別表示狀態列。本節將對狀態列的使用進行講解。

11.3.1 狀態列類別：QStatusBar

QStatusBar 類別表示狀態列，它是一個放置在視窗底部的水平列。QStatusBar 類別的常用方法如表 11.5 所示。

表 11.5 QStatusBar 類別的常用方法及說明

方法	說明
addWidget()	在狀態列中增加控制項
addPermanentWidget()	增加永久性控制項，不會被臨時訊息掩蓋，位於狀態列最右端
removeWidget()	移除狀態列中的控制項
showMessage()	在狀態列中顯示一筆一筆資訊
clearMessage()	刪除正在顯示的臨時資訊

QAction 類別有一個常用的訊號 triggered，用來在點擊選單項時發射。

11.3.2 增加狀態列

在 PyQt5 中，使用 Qt Designer 設計器創建一個 MainWindow 視窗時，視窗中預設有一個功能表列和一個狀態列，由於一個視窗中只能有一個狀態列，所以首先需要刪除原有的狀態列，刪除狀態列非常簡單，在視窗中點擊右鍵，選擇「Remove Status Bar」即可，如圖 11.19 所示。

增加狀態列也非常簡單，在一個空視窗上點擊右鍵，在彈出的快顯功能表中選擇「Create Status Bar」即可，如圖 11.20 所示。

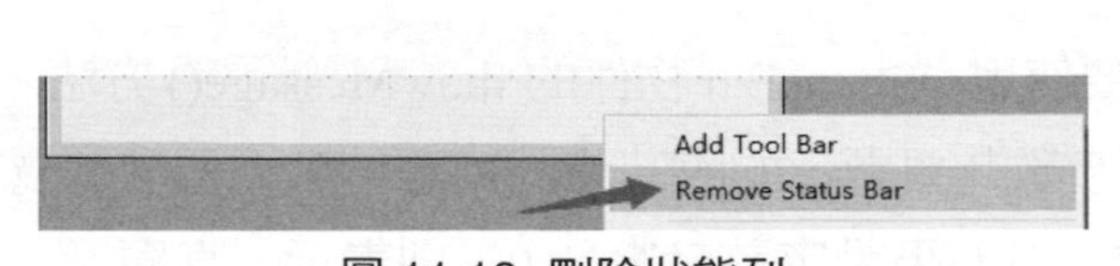

圖 11.19 刪除狀態列

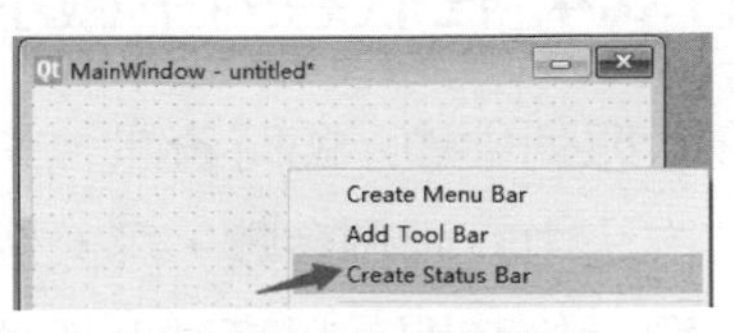

圖 11.20 增加狀態列

對應的 Python 程式如下：

```
self.statusbar = QtWidgets.QStatusBar(MainWindow)
self.statusbar.setObjectName("statusbar")
MainWindow.setStatusBar(self.statusbar)
```

11.3.3 在狀態列中增加控制項

PyQt5 支援在狀態列中增加標準控制項，如常用的 Label、ComboBox、CheckBox、ProgressBar 等，這需要用到 QStatusBar 物件的 addWidget() 方法。舉例來說，在狀態列中增加一個 Label 控制項，用來顯示版權資訊。程式如下：

```
self.label=QtWidgets.QLabel()                          # 創建一個 Label 控制項
self.label.setText('版權所有：吉林省明日科技有限公司')          # 設定 Label 的文字
self.statusbar.addWidget(self.label)                   # 將 Label 控制項增加
到狀態列中
```

效果如圖 11.21 所示。

圖 11.21 在狀態列中增加 PyQt5 標準控制項

11.3.4 在狀態列中顯示和刪除臨時資訊

在狀態列中顯示臨時資訊，需要使用 QStatusBar 物件的 showMessage() 方法，該方法中有兩個參數，第一個參數為要顯示的臨時資訊內容，第二個參數為要顯示的時間，以毫秒為單位，但如果設定該參數為 0，則表示一直顯示。舉例來說，下面的程式為在狀態列中顯示當前登入使用者的資訊：

```
self.statusbar.showMessage('當前登入使用者：mr',0)   # 在狀態列中顯示臨時資訊
```

效果如圖 11.22 所示。

預設情況下，狀態列中的臨時資訊和添加的控制項不能同時顯示，否則會發生覆蓋重合的情況。例如，將上面講解的在狀態列中添加 Label 控制項和顯示臨時資訊的程式全部保留，即程式如下：

```
self.label=QtWidgets.QLabel()                         # 創建一個 Label 控制項
self.label.setText('版權所有：吉林省明日科技有限公司')# 設置 Label 的文字
self.statusbar.addWidget(self.label)                  # 將 Label 控制項添加到狀態列中
self.statusbar.showMessage('當前登入使用者：mr', 0)   # 在狀態列中顯示臨時資訊
```

則執行時期會出現如圖 11.23 所示的效果。要解決該問題，可以使用 addPermanentWidget() 方法向狀態列中添加控制項。

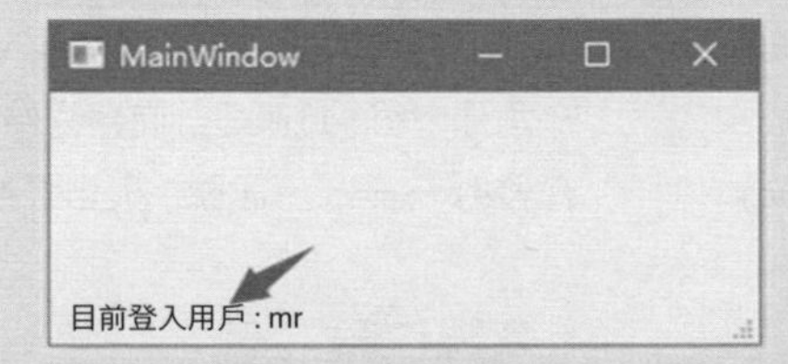

圖 11.22 在狀態列中顯示臨時資訊

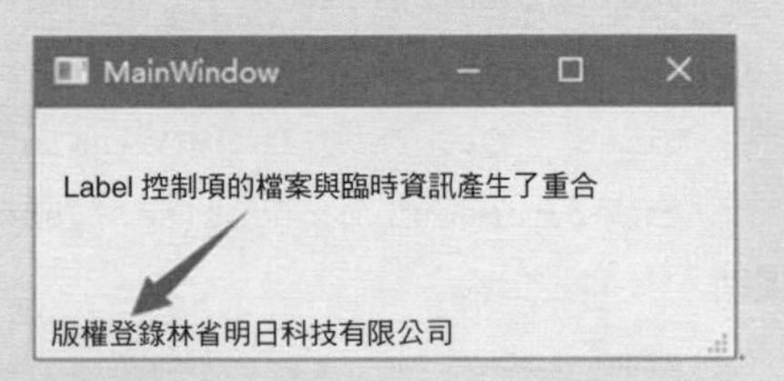

圖 11.23 狀態列預設不能同時顯示臨時資訊和 PyQt5 標準控制項

刪除臨時資訊使用 QStatusBar 物件的 clearMessage() 方法。例如：

```
self.statusbar.clearMessage() # 清除狀態列中的臨時資訊
```

11.3.5 在狀態列中即時顯示當前時間

【實例 11.3】在狀態列中即時顯示當前時間（程式碼範例：書附程式\Code\11\03）

在 PyQt5 的 Qt Designer 設計器中創建一個 MainWindow 視窗，刪除預設的功能表列，保留狀態列，然後調整視窗的大小，並保存為 .ui 檔案，將 .ui 檔

案轉為 .py 檔案，在 .py 檔案中使用 QTimer 計時器即時獲取當前的日期時間，並使用 QStatusBar 物件的 showMessage() 方法顯示在狀態列上。程式如下：

```
from PyQt5 import QtCore, QtGui, QtWidgets
class Ui_MainWindow(object):
    def setupUi(self, MainWindow):
        MainWindow.setObjectName("MainWindow")
        MainWindow.resize(301, 107)
        self.centralwidget = QtWidgets.QWidget(MainWindow)
        self.centralwidget.setObjectName("centralwidget")
        MainWindow.setCentralWidget(self.centralwidget)
        # 增加一個狀態列
        self.statusbar = QtWidgets.QStatusBar(MainWindow)
        self.statusbar.setObjectName("statusbar")
        MainWindow.setStatusBar(self.statusbar)
        timer = QtCore.QTimer(MainWindow)              # 創建一個 QTimer 計時器物件
        timer.timeout.connect(self.showtime)           # 發射 timeout 訊號，與自訂槽
函數連結
        timer.start()                                  # 啟動計時器
    # 自訂槽函數，用來在狀態列中顯示當前日期時間
    def showtime(self):
        datetime = QtCore.QDateTime.currentDateTime()      # 獲取當前日期時間
        text = datetime.toString("yyyy-MM-dd HH:mm:ss")  # 對日期時間進行格式化
        self.statusbar.showMessage('當前日期時間：'+text, 0)
                                                       # 在狀態列中顯示日期時間
        self.retranslateUi(MainWindow)
        QtCore.QMetaObject.connectSlotsByName(MainWindow)
    def retranslateUi(self, MainWindow):
        _translate = QtCore.QCoreApplication.translate
        MainWindow.setWindowTitle(_translate("MainWindow", "MainWindow"))
import sys
# 主方法，程式從此處啟動 PyQt 設計的表單
if __name__ == '__main__':
   app = QtWidgets.QApplication(sys.argv)
```

```
MainWindow = QtWidgets.QMainWindow()          # 創建表單物件
ui = Ui_MainWindow()                        # 創建 PyQt 設計的表單物件
ui.setupUi(MainWindow)                      # 呼叫 PyQt 表單的方法對表單物件進行初始化設定
MainWindow.show()                           # 顯示表單
sys.exit(app.exec_())                       # 程式關閉時退出處理程序
```

技巧

上面代碼中用到了 PyQt5 中的 QTimer 類，該類是一個計時器類，它最常用的兩個方法是 start() 方法和 stop() 方法，其中，start() 方法用來啟動計時器，參數以秒為單位，預設為 1 秒；stop() 方法用來停止計時器。另外，QTimer 類還提供了一個 timeout 訊號，在執行定時操作時發射該訊號。

執行程式，在視窗中的狀態列中會即時顯示當前的日期時間，效果如圖 11.24 所示。

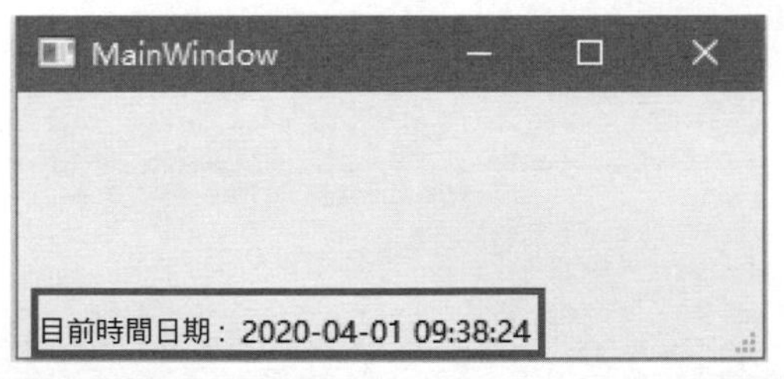

圖 11.24 在視窗狀態列中即時顯示當前日期時間

說明

圖 11.24 顯示的日期時間是跟隨系統即時變化的。

11.4 小結

本章主要對 PyQt5 中的選單、工具列和狀態列的使用進行了詳細講解，在 PyQt5 中，分別使用 QMenu、QToolBar 和 QStatusBar 類別表示選單、工具列和狀態列。選單、工具列和狀態列是一個專案中最常用到的 3 大部分，因此，讀者在學習本章內容時，應該熟練掌握它們的設計及使用方法，並能將其運用於實際專案開發中。

12

PyQt5 進階控制項的使用

PyQt5 中包含了很多用於簡化視窗設計的視覺化控制項，除了第 5 章講解的常用控制項，還有一些關於進度、展示資料等的進階控制項。本章將對 PyQt5 視窗應用程式中進階控制項的使用進行詳細講解。

12.1 進度指示器類別控制項

進度指示器類別控制項主要顯示任務的執行進度，PyQt5 提供了進度指示器控制項和滑動桿控制項這兩種類型的進度指示器類別控制項，其中，進度指示器控制項是我們通常所看到的進度指示器，用 ProgressBar 控制項表示，而滑動桿控制項是以刻度線的形式出現。本節將對 PyQt5 中的進度指示器類別控制項進行詳細講解。

12.1.1 ProgressBar：進度指示器

ProgressBar 控制項表示進度指示器，通常在執行長時間任務時，用進度指示器告訴使用者當前的進展情況。ProgressBar 控制項圖示如圖 12.1 所示。

Progress Bar

圖 12.1 ProgressBar 控制項圖示

ProgressBar 控制項對應 PyQt5 中的 QProgressBar 類別，它其實就是 QProgressBar 類別的物件。QProgressBar 類別的常用方法及說明如表 12.1 所示。

表 12.1 QProgressBar 類別的常用方法及說明

方法	說明
setMinimum()	設定進度指示器的最小值，預設值為 0
setMaximum()	設定進度指示器的最大值，預設值為 99
setRange()	設定進度指示器的設定值範圍，相當於 setMinimum() 和 setMaximum() 的結合
setValue()	設定進度指示器的當前值
setFormat()	設定進度指示器的文字顯示格式，有以下 3 種格式。 ◆ %p%：顯示完成的百分比，預設格式； ◆ %v：顯示當前的進度值； ◆ %m：顯示整體步進值
setLayoutDirection()	設定進度指示器的佈局方向，支持以下 3 個方向值。 ◆ Qt.LeftToRight：從左至右； ◆ Qt.RightToLeft：從右至左； ◆ Qt.LayoutDirectionAuto：跟隨佈局方向自動調整
setAlignment()	設定對齊方式，有水平和垂直兩種，分別如下。 水平對齊方式 ◆ Qt.AlignLeft：左對齊； ■ Qt.AlignHCenter：水平置中對齊； ■ Qt.AlignRight：右對齊； ■ Qt.AlignJustify：兩端對齊； ◆ 垂直對齊方式 ■ Qt.AlignTop：頂部對齊； ■ Qt.AlignVCenter：垂直置中； ■ Qt.AlignBottom：底部對齊
setOrientation()	設定進度指示器的顯示方向，有以下兩個方向。 ◆ Qt.Horizontal：水平方向； ◆ Qt.Vertical：垂直方向
setInvertedAppearance()	設定進度指示器是否以反方向顯示進度
setTextDirection()	設定進度指示器的文字顯示方向，有以下兩個方向。 ◆ QProgressBar.TopToBottom：從上到下； ◆ QProgressBar.BottomToTop：從下到上

方法	說明
setProperty()	對進度指示器的屬性進行設定，可以是任何屬性，如 self.progressBar.setProperty("value", 24)
minimum()	獲取進度指示器的最小值
maximum()	獲取進度指示器的最大值
value()	獲取進度指示器的當前值

ProgressBar 控制項最常用的訊號是 valueChanged，在進度指示器的值發生改變時發射。

透過對 ProgressBar 控制項的顯示方向、對齊方式、佈局方向等進行設定，該控制項可以支援 4 種水平進度指示器顯示方式和 2 種垂直進度指示器顯示方式，它們的效果如圖 12.2 所示，使用者可以根據自身需要選擇適合自己的顯示方式。

技巧

如果將最小值和最大值都設置為 0，那麼進度指示器會顯示為一個不斷循環捲動的繁忙進度，而非步驟的百分比。

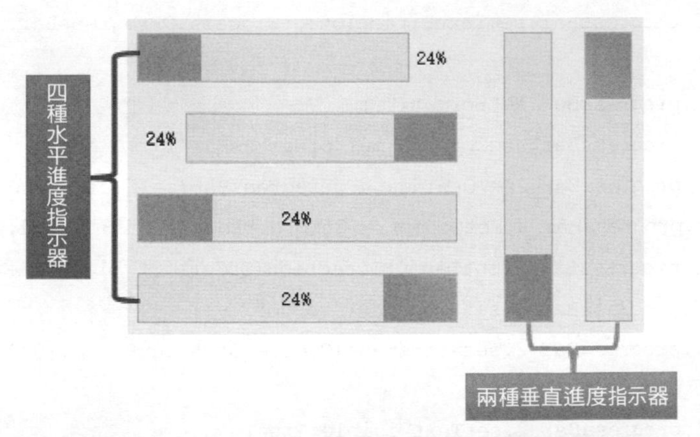

圖 12.2 ProgressBar 支援的進度指示器顯示樣式

【實例 12.1】模擬一個跑煤油燈效果（程式碼範例：書附程式 \Code\12\01）

打開 Qt Designer 設計器，創建一個視窗，並在視窗中增加 4 個 ProgressBar 控制項和一個 PushButton 控制項，然後將該視窗轉為 .py 檔案，在 .py 檔案中對進度指示器和 PushButton 按鈕的 clicked 訊號進行綁定，程式如下：

```
from PyQt5 import QtCore, QtGui, QtWidgets
class Ui_MainWindow(object):
    def setupUi(self, MainWindow):
        MainWindow.setObjectName("MainWindow")
        MainWindow.resize(305, 259)
        self.centralwidget = QtWidgets.QWidget(MainWindow)
        self.centralwidget.setObjectName("centralwidget")
        self.progressBar = QtWidgets.QProgressBar(self.centralwidget)
        self.progressBar.setGeometry(QtCore.QRect(50, 10, 201, 31))
        self.progressBar.setLayoutDirection(QtCore.Qt.LeftToRight)
        self.progressBar.setProperty("value", -1)
        self.progressBar.setAlignment(QtCore.Qt.AlignHCenter|QtCore.
Qt.AlignTop)
        self.progressBar.setTextVisible(True)
        self.progressBar.setOrientation(QtCore.Qt.Horizontal)
        self.progressBar.setTextDirection(QtWidgets.QProgressBar.
TopToBottom)
        self.progressBar.setFormat("")
        self.progressBar.setObjectName("progressBar")
        self.progressBar_2 = QtWidgets.QProgressBar(self.centralwidget)
        self.progressBar_2.setGeometry(QtCore.QRect(50, 180, 201, 31))
        self.progressBar_2.setLayoutDirection(QtCore.Qt.RightToLeft)
        self.progressBar_2.setProperty("value", -1)
        self.progressBar_2.setAlignment(QtCore.Qt.AlignBottom|QtCore.
Qt.AlignHCenter)
        self.progressBar_2.setTextVisible(True)
        self.progressBar_2.setOrientation(QtCore.Qt.Horizontal)
        self.progressBar_2.setTextDirection(QtWidgets.QProgressBar.
TopToBottom)
```

```
        self.progressBar_2.setObjectName("progressBar_2")
        self.progressBar_3 = QtWidgets.QProgressBar(self.centralwidget)
        self.progressBar_3.setGeometry(QtCore.QRect(20, 10, 31, 201))
        self.progressBar_3.setLayoutDirection(QtCore.Qt.LeftToRight)
        self.progressBar_3.setProperty("value", -1)
        self.progressBar_3.setAlignment(QtCore.Qt.AlignLeading|QtCore.
Qt.AlignLeft|QtCore.Qt.AlignTop)
        self.progressBar_3.setTextVisible(True)
        self.progressBar_3.setOrientation(QtCore.Qt.Vertical)
        self.progressBar_3.setTextDirection(QtWidgets.QProgressBar.
TopToBottom)
        self.progressBar_3.setObjectName("progressBar_3")
        self.progressBar_1 = QtWidgets.QProgressBar(self.centralwidget)
        self.progressBar_1.setGeometry(QtCore.QRect(250, 10, 31, 201))
        self.progressBar_1.setLayoutDirection(QtCore.Qt.LeftToRight)
        self.progressBar_1.setProperty("value", -1)

        self.progressBar_1.setAlignment(QtCore.Qt.AlignLeading|QtCore.
Qt.AlignLeft|QtCore.Qt.AlignTop)
        self.progressBar_1.setTextVisible(True)
        self.progressBar_1.setOrientation(QtCore.Qt.Vertical)
        self.progressBar_1.setTextDirection(QtWidgets.QProgressBar.
TopToBottom)
        self.progressBar_1.setObjectName("progressBar_1")
        self.pushButton = QtWidgets.QPushButton(self.centralwidget)
        self.pushButton.setGeometry(QtCore.QRect(90, 220, 101, 31))
        self.pushButton.setObjectName("pushButton")
        MainWindow.setCentralWidget(self.centralwidget)
        self.retranslateUi(MainWindow)
        QtCore.QMetaObject.connectSlotsByName(MainWindow)
        self.timer = QtCore.QBasicTimer()                    # 創建計時器物件
        # 為按鈕綁定點擊訊號
        self.pushButton.clicked.connect(self.running)
    # 控制進度指示器的捲動效果
```

```
    def running(self):
        if self.timer.isActive():                          # 判斷計時器是否開啟
            self.timer.stop()                              # 停止計時器
            self.pushButton.setText('開始')                 # 設定按鈕的文字
            # 設定 4 個進度指示器的最大值為 100
            self.progressBar.setMaximum(100)
            self.progressBar_1.setMaximum(100)
            self.progressBar_2.setMaximum(100)
            self.progressBar_3.setMaximum(100)
        else:
            self.timer.start(100,MainWindow)               # 啟動計時器
            self.pushButton.setText('停止')                 # 設定按鈕的文字
            # 將 4 個進度指示器的最大值和最小值都設定為 0，以便顯示循環捲動的效果
            self.progressBar.setMinimum(0)
            self.progressBar.setMaximum(0)
            self.progressBar_1.setInvertedAppearance(True) # 設定進度反方向顯示
            self.progressBar_1.setMinimum(0)
            self.progressBar_1.setMaximum(0)
            self.progressBar_2.setMinimum(0)
            self.progressBar_2.setMaximum(0)
            self.progressBar_3.setMinimum(0)
            self.progressBar_3.setMaximum(0)
    def retranslateUi(self, MainWindow):
        _translate = QtCore.QCoreApplication.translate
        MainWindow.setWindowTitle(_translate("MainWindow", "跑煤油燈效果"))
        self.pushButton.setText(_translate("MainWindow", "開始"))
import sys
# 主方法，程式從此處啟動 PyQt 設計的表單
if __name__ == '__main__':
   app = QtWidgets.QApplication(sys.argv)
   MainWindow = QtWidgets.QMainWindow()        # 創建表單物件
   ui = Ui_MainWindow()                    # 創建 PyQt 設計的表單物件
   ui.setupUi(MainWindow)                  # 呼叫 PyQt 表單的方法對表單物件進行初始化設定
   MainWindow.show()                       # 顯示表單
```

```
sys.exit(app.exec_())                # 程式關閉時退出處理程序
```

技巧

上面程式用到了 QBasicTimer 類別，該類別是 QtCore 模組中包含的一個類別，主要用來為物件提供計時器事件。QBasicTimer 計時器是一個重複的計時器，除非呼叫 stop() 方法，否則它將發送後續的計時器事件。啟動計時器使用 start() 方法，該方法有兩個參數，分別為逾時時間（毫秒）和接收事件的物件，而停止計時器使用 stop() 方法即可。

執行程式，初始效果如圖 12.3 所示，點擊「開始」按鈕，執行跑煤油燈效果，並且按鈕的文字變為「停止」，如圖 12.4 所示，點擊「停止」按鈕，即可恢復如圖 12.3 所示的預設效果。

圖 12.3 預設靜止效果

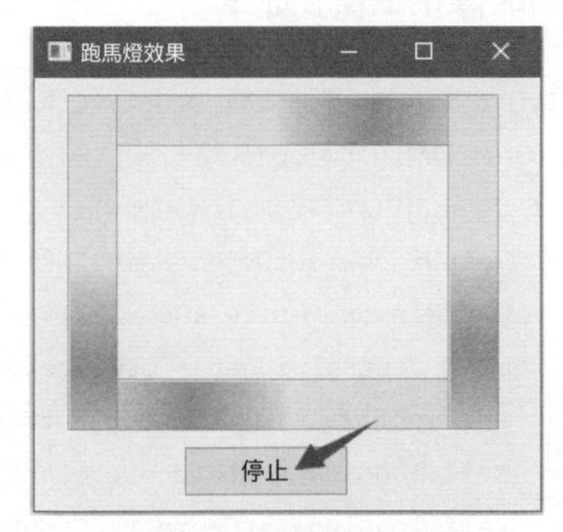

圖 12.4 跑煤油燈效果

12.1.2 自訂等待提示框

在使用 PyQt5 創建桌面視窗應用程式時，有時會遇到等待長任務執行的情況，PyQt5 提供的 ProgressBar 控制項（即 QProgressBar 物件）雖然也可以透過循環捲動的方式等待任務執行完成，但與我們通常見到的如圖 12.5 所示的等待提示框相比，美觀程度上有所欠缺，因此，本節將介紹如何在 PyQt5 中自訂等待提示。

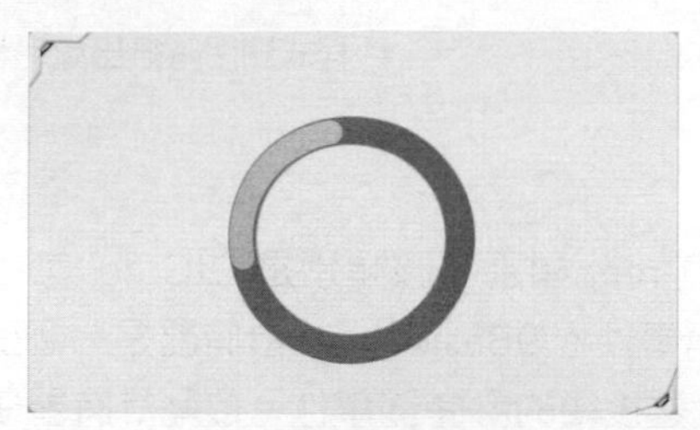

圖 12.5 等待提示框

【實例 12.2】自訂等待提示框（程式碼範例：書附程式 \Code\12\02）

使用 PyQt5 實現等待提示框時，可以透過載入 gif 圖片的方式模擬等待提示框，首先在創建主視窗時，在視窗的中間位置增加一個可以載入 gif 圖片的 Label 控制項，然後再增加兩個 PushButton 按鈕，分別用於控制等待提示框的啟動與停止。程式如下：

```
from PyQt5 import QtCore, QtGui, QtWidgets
class Ui_MainWindow(object):
    def setupUi(self, MainWindow):
        MainWindow.setObjectName("MainWindow")
        MainWindow.resize(400, 227)
        self.centralwidget = QtWidgets.QWidget(MainWindow)
        self.centralwidget.setObjectName("centralwidget")
        self.loading = QtWidgets.QLabel(self.centralwidget)
        self.loading.setGeometry(QtCore.QRect(150, 20, 100, 100))
        self.loading.setStyleSheet("")
        self.loading.setText("")
        self.loading.setObjectName("loading")
        self.pushButton_start = QtWidgets.QPushButton(self.centralwidget)
        self.pus hButton_start.setGeometry(QtCore.QRect(50, 140, 100, 50))
        self.pushButton_start.setObjectName("pushButton_start")
        self.pushButton_stop = QtWidgets.QPushButton(self.centralwidget)
        self.pushButton_stop.setGeometry(QtCore.QRect(250, 140, 100, 50))
        self.pushButton_stop.setObjectName("pushButton_stop")
        MainWindow.setCentralWidget(self.centralwidget)
```

```
        self.retranslateUi(MainWindow)
        QtCore.QMetaObject.connectSlotsByName(MainWindow)
        self.pushButton_start.clicked.connect(self.start_loading)    # 啟動載
入提示框
        self.pushButton_stop.clicked.connect(self.stop_loading)      # 停止載
入提示框
    def start_loading(self):
        self.gif = QtGui.QMovie('loading.gif')                 # 載入 gif 圖片
        self.loading.setMovie(self.gif)  # 設定 gif 圖片
        self.gif.start()                 # 啟動圖片，實現等待 gif 圖片的顯示
    def stop_loading(self):
        self.gif.stop()
        self.loading.clear()
    def retranslateUi(self, MainWindow):
        _translate = QtCore.QCoreApplication.translate
        MainWindow.setWindowTitle(_translate("MainWindow", "MainWindow"))
        self.pushButton_start.setText(_translate("MainWindow", "啟動等待提示"))
        self.pushButton_stop.setText(_translate("MainWindow", "停止等待提示"))
import sys
# 主方法，程式從此處啟動 PyQt 設計的表單
if __name__ == '__main__':
   app = QtWidgets.QApplication(sys.argv)
   MainWindow = QtWidgets.QMainWindow()        # 創建表單物件
   ui = Ui_MainWindow()                    # 創建 PyQt 設計的表單物件
   ui.setupUi(MainWindow)                  # 呼叫 PyQt 表單的方法對表單物件進行初始化設定
   MainWindow.show()                       # 顯示表單
   sys.exit(app.exec_())                   # 程式關閉時退出處理程序
```

說明

上面程式中使用 QLabel 類別的 setMovie() 方法為其設置要顯示的 gif 動畫圖片，該方法要求有一個 QMovie 物件作為參數，QMovie 類別是 QtGui 模組中提供的一個用來顯示簡單且沒有聲音動畫的類別。

執行程式，點擊「啟動等待提示」按鈕，將顯示如圖 12.6 所示的執行效果，點擊「停止等待提示」按鈕，將自動關閉等待提示框。

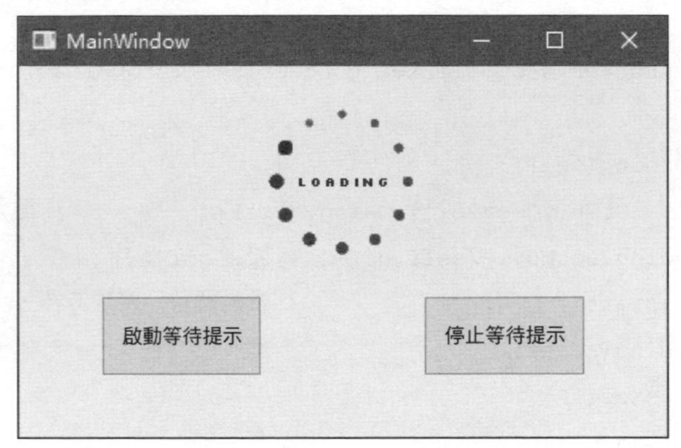

圖 12.6 自訂等待提示框

12.1.3 滑動桿：QSlider

PyQt5 提供了兩個滑動桿控制項，分別是水平滑動桿 HorizontalSlider（見圖 12.7）和垂直滑動桿 VerticalSlider（見圖 12.8），但這兩個滑動桿控制項對應的類別都是 QSlider 類別，該類別提供了一個 setOrientation() 方法，透過設定該方法的參數，可以將滑動桿顯示為水平或垂直。

圖 12.7 HorizontalSlider 控制項圖示　圖 12.8 VerticalSlider 控制項圖示

QSlider 滑動桿類別的常用方法及說明如表 12.2 所示。

表 12.2 QSlider 滑動桿類別的常用方法及說明

方法	說明
setMinimum()	設定滑動桿最小值
setMaximum()	設定滑動桿最大值
setOrientation()	設定滑動桿顯示方向，設定值如下。 ◆ Qt.Horizontal：水平滑動桿； ◆ Qt.Vertical：垂直滑動桿

setPageStep()	設定步進值，透過滑鼠點擊滑動桿時使用
setSingleStep()	設定步進值，透過滑鼠滑動滑動桿時使用
setValue()	設定滑動桿的值
setTickInterval()	設定滑動桿的刻度間隔
setTickPosition()	設定滑動桿刻度的標記位置，設定值如下。 ◆ QSlider.NoTicks：不顯示刻度，這是預設設定； ◆ QSlider.TicksBothSides：在滑動桿的兩側都顯示刻度； ◆ QSlider.TicksAbove：在水平滑動桿的上方顯示刻度； ◆ QSlider.TicksBelow：在水平滑動桿的下方顯示刻度； ◆ QSlider.TicksLeft：在垂直滑動桿的左側顯示刻度； ◆ QSlider.TicksRight：在垂直滑動桿的右側顯示刻度
value()	獲取滑動桿的當前值

QSlider 滑動桿類別的常用訊號及說明如表 12.3 所示。

表 12.3 QSlider 滑動桿類別的常用訊號及說明

訊號	說明
valueChanged	當滑動桿的值發生改變時發射該訊號
sliderPressed	當使用者按下滑動桿時發射該訊號
sliderMoved	當使用者滑動滑動桿時發射該訊號
sliderReleased	當使用者釋放滑動桿時發射該訊號

QSlider 滑動桿只能控制整數範圍，因此，它不適合於需要準確的大範圍取值的場景。

【實例 12.3】使用滑動桿控制標籤中的字型大小（程式碼範例：書附程式\Code\12\03）

在 Qt Designer 設計器中創建一個視窗，在視窗中分別增加一個 HorizontalSlider 水平滑動桿和一個 VerticalSlider 垂直滑動桿，然後增加一個 HorizontalLayout 水平佈局管理器，在該佈局管理器中增加一個 Label 標籤，用來顯示文字。設計完成後，保存為 .ui 檔案，並使用 PyUIC 工具將其轉為

.py 程式檔案。在 .py 檔案中透過綁定水平滑動桿的 valueChanged 訊號，實現滑動水平滑動桿時，即時改變垂直滑動桿的刻度值，同時改變 Label 標籤中的字型大小。程式如下：

```
from PyQt5 import QtCore, QtGui, QtWidgets
class Ui_MainWindow(object):
    def setupUi(self, MainWindow):
        MainWindow.setObjectName("MainWindow")
        MainWindow.resize(313, 196)
        self.centralwidget = QtWidgets.QWidget(MainWindow)
        self.centralwidget.setObjectName("centralwidget")
        # 創建水平滑動桿
        self.horizontalSlider = QtWidgets.QSlider(self.centralwidget)
        self.horizontalSlider.setGeometry(QtCore.QRect(20, 10, 231, 22))
        self.horizontalSlider.setMinimum(8)          # 設定最小值為 8
        self.horizontalSlider.setMaximum(72)         # 設定最大值為 72
        self.horizontalSlider.setSingleStep(1)       # 設定透過滑鼠滑動時的步進值
        self.horizontalSlider.setPageStep(1)         # 設定透過滑鼠點擊時的步進值
        self.horizontalSlider.setProperty("value", 8)      # 設定預設值為 8
        self.horizontalSlider.setOrientation(QtCore.Qt.Horizontal)   # 設定滑
動桿為水平滑動桿
        # 設定在滑動桿上方顯示刻度
        self.horizontalSlider.setTickPosition(QtWidgets.QSlider.TicksAbove)
        self.horizontalSlider.setTickInterval(3)           # 設定刻度的間隔
        self.horizontalSlider.setObjectName("horizontalSlider")
        # 創建垂直滑動桿
        self.verticalSlider = QtWidgets.QSlider(self.centralwidget)
        self.verticalSlider.setGeometry(QtCore.QRect(270, 20, 22, 171))
        self.verticalSlider.setMinimum(8)                  # 設定最小值為 8
        self.verticalSlider.setMaximum(72)                 # 設定最大值為 72
        self.verticalSlider.setOrientation(QtCore.Qt.Vertical) # 設定滑動桿為
垂直滑動桿
        self.verticalSlider.setInvertedAppearance(True)          # 設定刻度反方
向顯示
```

```
        # 設定在滑動桿右側顯示刻度
        self.verticalSlider.setTickPosition(QtWidgets.QSlider.TicksRight)
        self.verticalSlider.setTickInterval(3)              # 設定刻度的間隔
        self.verticalSlider.setObjectName("verticalSlider")
        # 創建一個水平佈局管理器，主要用來放置顯示文字的 Label
        self.horizontalLayoutWidget = QtWidgets.QWidget(self.centralwidget)
        self.horizontalLayoutWidget.setGeometry(QtCore.QRect(20, 70, 251, 
80))
        self.horizontalLayoutWidget.setObjectName("horizontalLayoutWidget")
        self.horizontalLayout = QtWidgets.QHBoxLayout(self.
horizontalLayoutWidget)
        self.horizontalLayout.setContentsMargins(0, 0, 0, 0)
        self.horizontalLayout.setObjectName("horizontalLayout")
        # 創建 Label 控制項，用來顯示文字
        self.label = QtWidgets.QLabel(self.horizontalLayoutWidget)
        self.label.setAlignment(QtCore.Qt.AlignCenter)     # 設定文字置中對齊
        self.label.setObjectName("label")
        self.horizontalLayout.addWidget(self.label)        # 將 Label 增加到水平
佈局管理器中
        MainWindow.setCentralWidget(self.centralwidget)
        self.retranslateUi(MainWindow)
        QtCore.QMetaObject.connectSlotsByName(MainWindow)
        # 為水平滑動桿綁定 valueChanged 訊號，在值發生更改時發射
        self.horizontalSlider.valueChanged.connect(self.setfontsize)
    # 定義槽函數，根據水平滑動桿的值改變垂直滑動桿的值和 Label 控制項的字型大小
    def setfontsize(self):
        value = self.horizontalSlider.value()
        self.verticalSlider.setValue(value)
        self.label.setFont(QtGui.QFont(" 楷體 ", value))
    def retranslateUi(self, MainWindow):
        _translate = QtCore.QCoreApplication.translate
        MainWindow.setWindowTitle(_translate("MainWindow", "MainWindow"))
        self.label.setText(_translate("MainWindow", " 敢想敢為，注重細節 "))
import sys
```

```
# 主方法，程式從此處啟動 PyQt 設計的表單
if __name__ == '__main__':
    app = QtWidgets.QApplication(sys.argv)
    MainWindow = QtWidgets.QMainWindow()          # 創建表單物件
    ui = Ui_MainWindow()                          # 創建 PyQt 設計的表單物件
    ui.setupUi(MainWindow)                        # 呼叫 PyQt 表單的方法對表單物件進行
初始化設定
    MainWindow.show()                             # 顯示表單
    sys.exit(app.exec_())                         # 程式關閉時退出處理程序
```

說明

上面程式用到了水平佈局管理器 HorizontalLayout，它實質上是一個 QHBoxLayout 類別的物件，它在這裡的主要作用是放置 Label 控制項，這樣，Label 控制項就只可以在水平佈局管理器中顯示，避免了字型設置過大時，超出視窗範圍的問題。

執行程式，預設效果如圖 12.9 所示，當用滑鼠滑動水平滑動桿的刻度時，垂直滑動桿的刻度值會隨之變化，另外，Label 標籤中的文字大小也會發生改變，如圖 12.10 所示。

圖 12.9 預設效果

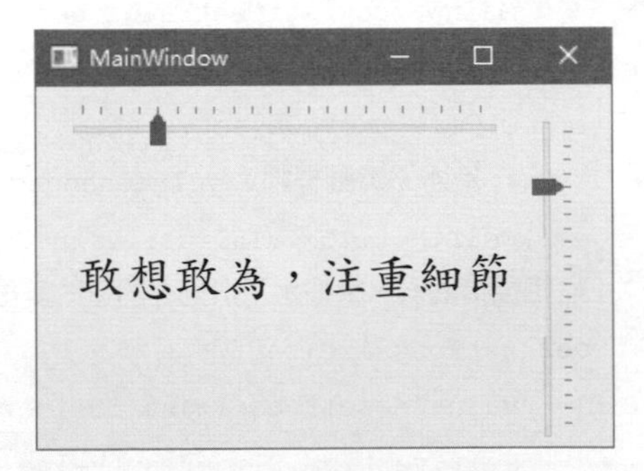

圖 12.10 滑動水平滑動桿改變垂直滑動桿和字型大小

12.2 樹控制項

樹控制項可以為使用者顯示節點層次結構，而每個節點又可以包含子節點，包含子節點的節點叫父節點，在設計樹狀結構（如導航選單等）時，非常方便。PyQt5 提供了兩個樹控制項，分別為 TreeView 和 TreeWidget，本節將對它們的使用進行詳解。

12.2.1 TreeView：樹狀檢視

TreeView 控制項對應 PyQt5 中的 QTreeView 類別，它是樹控制項的基礎類別，使用時，必須為其提供一個模型來與之配合。TreeView 控制項的圖示如圖 12.11 所示。

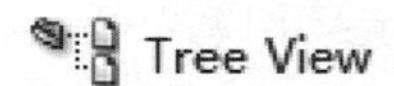

圖 12.11 TreeView 控制項圖示

QTreeView 類別的常用方法及說明如表 12.4 所示。

表 12.4 QTreeView 類別的常用方法及說明

方法	說明
autoExpandDelay()	獲取自動展開節點所需的延遲時間
collapse()	收縮指定級的節點
collapseAll()	收縮所有節點
expand()	展開指定級的節點
expandAll()	展開所有節點
header()	樹的標頭資訊，常用的有一個 setVisible() 方法，用來設定是否顯示頭
isHeaderHidder()	判斷是否隱藏頭部
setAutoExpandDelay()	設定自動展開的延遲時間，單位為毫秒，如果值小於 0，表示禁用自動展開
setAlternatingRowColors()	設定每間隔一行顏色是否一樣

方法	說明
setExpanded()	根據索引設定是否展開節點
setHeaderHidden()	設定是否隱藏頭部
setItemsExpandable()	設定項目是否展開
setModel()	設定要顯示的資料模型
setSortingEnabled()	設定點擊頭部時是否可以排序
setVerticalScrollBarPolicy()	設定是否顯示垂直捲動軸
setHorizontalScrollBarPolicy()	設定是否顯示水平捲軸
setEditTriggers()	設定預設的編輯觸發器
setExpandsOnDoubleClick()	設定是否支持雙擊展開樹節點
setWordWrap()	設定自動換行
selectionModel()	獲取選中的模型
sortByColumn()	根據列排序
setSelectionMode()	設定選中模式，設定值如下。 ◆ QAbstractItemView.NoSelection：不能選擇； ◆ QAbstractItemView.SingleSelection：單選； ◆ QAbstractItemView.MultiSelection：多選； ◆ QAbstractItemView.ExtendedSelection：正常單選，按 Ctrl 或 Shift 鍵後，可以多選； ◆ QAbstractItemView.ContiguousSelection：與 ExtendedSelection 類似
setSelectionBehavior()	設定選中方式，設定值如下。 ◆ QAbstractItemView.SelectItems：選中當前項； ◆ QAbstractItemView.SelectRows：選中整行； ◆ QAbstractItemView.SelectColumns：選中整列

下面分別介紹如何使用 TreeView 控制項分層顯示 PyQt5 內建模型的資料和自訂的資料。

1．使用內建模型中的資料

PyQt5 提供的內建模型及說明如表 12.5 所示。

表 12.5 PyQt5 提供的內建模型及說明

模型	說明
QStringListModel	儲存簡單的字串清單
QStandardItemModel	可以用於樹結構的儲存，提供了層次資料
QFileSystemModel	儲存本地系統的檔案和目錄資訊（針對當前專案）
QDirModel	儲存檔案系統
QSqlQueryModel	儲存 SQL 的查詢結構集
QSqlTableModel	儲存 SQL 中的表格資料
QSqlRelationalTableModel	儲存有外鍵關係的 SQL 表格資料
QSortFilterProxyModel	對模型中的資料進行排序或過濾

【實例 12.4】顯示系統檔案目錄（程式碼範例：書附程式 \Code\12\04）

使用系統內建的 QDirModel 作為資料模型，在 TreeView 中顯示系統的檔案目錄，程式如下：

```
from PyQt5 import QtCore, QtGui, QtWidgets
class Ui_MainWindow(object):
    def setupUi(self, MainWindow):
        MainWindow.setObjectName("MainWindow")
        MainWindow.resize(469, 280)
        self.centralwidget = QtWidgets.QWidget(MainWindow)
        self.centralwidget.setObjectName("centralwidget")
        self.treeView = QtWidgets.QTreeView(self.centralwidget) # 創建樹物件
        self.treeView.setGeometry(QtCore.QRect(0, 0, 471, 281)) # 設定座標位置
和大小
        # 設定垂直捲動軸為隨選顯示
        self.treeView.setVerticalScrollBarPolicy(QtCore.
Qt.ScrollBarAsNeeded)
        # 設定水平捲軸為隨選顯示
        self.treeView.setHorizontalScrollBarPolicy(QtCore.
Qt.ScrollBarAsNeeded)
        # 設定雙擊或按下 Enter 鍵時，樹節點可編輯
```

```
self.treeView.setEditTriggers(QtWidgets.QAbstractItemView.
DoubleClicked|QtWidgets.
QAbstractItemView.EditKeyPressed)
        # 設定樹節點為單選
        self.treeView.setSelectionMode(QtWidgets.QAbstractItemView.
SingleSelection)
        # 設定選中節點時為整行選中
        self.treeView.setSelectionBehavior(QtWidgets.QAbstractItemView.
SelectRows)
        self.treeView.setAutoExpandDelay(-1)   # 設定自動展開延遲時間為 -1，表示
自動展開不可用
        self.treeView.setItemsExpandable(True)      # 設定是否可以展開項
        self.treeView.setSortingEnabled(True)  # 設定點擊頭部可排序
        self.treeView.setWordWrap(True)        # 設定自動換行
        self.treeView.setHeaderHidden(False)        # 設定不隱藏頭部
        self.treeView.setExpandsOnDoubleClick(True) # 設定雙擊可以展開節點
        self.treeView.setObjectName("treeView")
        self.treeView.header().setVisible(True)     # 設定顯示頭部
        MainWindow.setCentralWidget(self.centralwidget)
        self.retranslateUi(MainWindow)
        QtCore.QMetaObject.connectSlotsByName(MainWindow)
        model =QtWidgets.QDirModel()                # 創建儲存檔案系統的模型
        self.treeView.setModel(model)               # 為樹控制項設定資料模型
    def retranslateUi(self, MainWindow):
        _translate = QtCore.QCoreApplication.translate
        MainWindow.setWindowTitle(_translate("MainWindow", "MainWindow"))
import sys
# 主方法，程式從此處啟動 PyQt 設計的表單
if __name__ == '__main__':
   app = QtWidgets.QApplication(sys.argv)
   MainWindow = QtWidgets.QMainWindow()             # 創建表單物件
   ui = Ui_MainWindow()                             # 創建 PyQt 設計的表單物件
   ui.setupUi(MainWindow)                           # 呼叫 PyQt 表單方法，對表單物件初
```

始化設定

```
    MainWindow.show()                                    # 顯示表單
    sys.exit(app.exec_())                                # 程式關閉時退出處理程序
```

執行程式，效果如圖 12.12 所示。

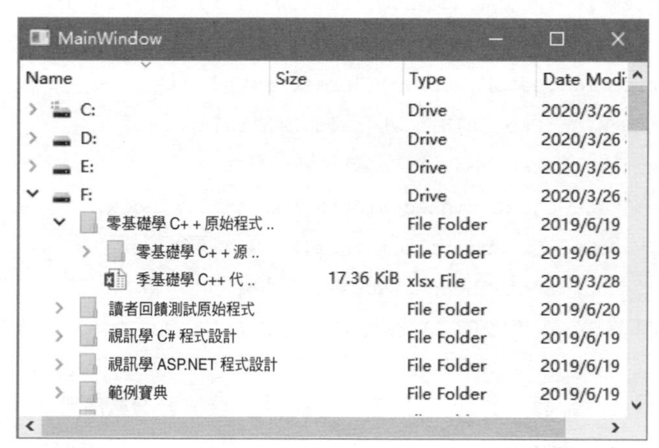

圖 12.12 使用內建模型在 TreeView 中顯示資料

2．使用自訂資料

PyQt5 提供了一個 QStandardItemModel 模型，該模型可以儲存任意層次結構的資料，本節將介紹如何使用 QStandardItemModel 模型儲存資料，並顯示在 TreeView 控制項中。

【實例 12.5】使用 TreeView 顯示各班級的學生成績資訊（程式碼範例：書附程式 \Code\12\05）

創建一個 PyQt5 視窗，並在其中增加一個 TreeView 控制項，然後在 .py 檔案中使用 QStandardItemModel 模型儲存某年級下的各個班級的學生成績資訊，最後將設定完的 QStandardItemModel 模型作為 TreeView 控制項的資料模型進行顯示。程式如下：

```
from PyQt5 import QtCore, QtGui, QtWidgets
class Ui_MainWindow(object):
    def setupUi(self, MainWindow):
```

```
        MainWindow.setObjectName("MainWindow")
        MainWindow.resize(422, 197)
        self.centralwidget = QtWidgets.QWidget(MainWindow)
        self.centralwidget.setObjectName("centralwidget")
        # 創建一個 TreeView 樹狀檢視
        self.treeView = QtWidgets.QTreeView(self.centralwidget)
        self.treeView.setGeometry(QtCore.QRect(0, 0, 421, 201))
        self.treeView.setObjectName("treeView")
        MainWindow.setCentralWidget(self.centralwidget)
        self.retranslateUi(MainWindow)
        QtCore.QMetaObject.connectSlotsByName(MainWindow)
        model = QtGui.QStandardItemModel()   # 創建資料模型
        model.setHorizontalHeaderLabels(['年級','班級','姓名','分數'])
        name=['馬雲','馬化騰','李彥宏','王興','劉強東','董明珠','張一鳴','
任正非','丁磊','程維'] # 姓名列表
        score=[65,89,45,68,90,100,99,76,85,73]     # 分數串列
        import  random
        # 設定資料
        for i in range(0,6):
            # 一級節點：年級，只設第 1 列的資料
            grade = QtGui.QStandardItem(("%s 年級")%(i + 1))
            model.appendRow(grade)              # 一級節點
            for j in range(0,4):
                # 二級節點：班級、姓名、分數
                itemClass = QtGui.QStandardItem(("%s 班")%(j+1))
                itemName = QtGui.QStandardItem(name[random.randrange(10)])
                itemScore = QtGui.QStandardItem(str(score[random.
randrange(10)]))
                # 將二級節點增加到一級節點上
                grade.appendRow([QtGui.QStandardItem(""),itemClass,itemName,
itemScore])
        self.treeView.setModel(model)              # 為 TreeVIew 設定資料模型
    def retranslateUi(self, MainWindow):
```

```
        _translate = QtCore.QCoreApplication.translate
        MainWindow.setWindowTitle(_translate("MainWindow", "MainWindow"))
import sys
# 主方法，程式從此處啟動 PyQt 設計的表單
if __name__ == '__main__':
   app = QtWidgets.QApplication(sys.argv)
   MainWindow = QtWidgets.QMainWindow()  # 創建表單物件
   ui = Ui_MainWindow()                  # 創建 PyQt 設計的表單物件
   ui.setupUi(MainWindow)                # 呼叫 PyQt 表單的方法對表單物件進行初始
化設定
   MainWindow.show()                     # 顯示表單
   sys.exit(app.exec_())                 # 程式關閉時退出處理程序
```

執行程式，展開年級節點，效果如圖 12.13 所示。

MainWindow

年級	班級	姓名	分數
> 1 年級			
∨ 2 年級			
	1 班	劉強東	45
	2 班	王興	73
	3 班	任正非	65
	4 班	馬雲	45
> 3 年級			
> 4 年級			
> 5 年級			

圖 12.13 使用 TreeView 顯示 QStandardItemModel 模型中設定的自訂資料

12.2.2 TreeWidget：樹控制項

TreeWidget 控制項對應 PyQt5 中的 QTreeWidget 類別，它提供了一個使用預先定義樹模型的樹狀檢視，它的每一個樹節點都是一個 QTreeWidgetItem。TreeWidget 控制項的圖示如圖 12.14 所示。

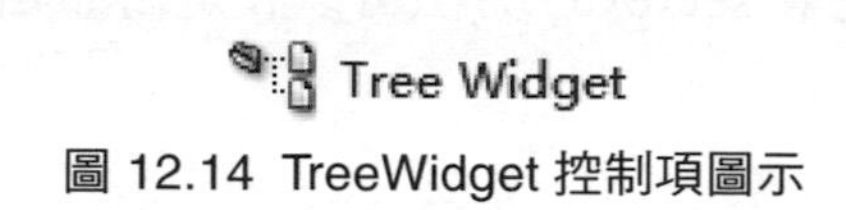

圖 12.14 TreeWidget 控制項圖示

由於 QTreeWidget 類別繼承自 QTreeView，因此，它具有 QTreeView 的所有公共方法，另外，它還提供了一些自身特有的方法，如表 12.6 所示。

表 12.6 QTreeWidget 類別的常用方法及說明

方法	說明
addTopLevelItem()	增加頂級節點
insertTopLevelItems()	在樹的頂層索引中插入節點
invisibleRootItem()	獲取樹控制項中不可見的根選項
setColumnCount()	設定要顯示的列數
setColumnWidth()	設定列的寬度
selectedItems()	獲取選中的樹節點

QTreeWidgetItem 類別表示 QTreeWidget 中的樹節點項，該類別的常用方法如表 12.7 所示。

表 12.7 QTreeWidgetItem 類別的常用方法及說明

方法	說明
addChild()	增加子節點
setText()	設定節點的文字
setCheckState()	設定指定節點的選中狀態，設定值如下。 ◆ Qt.Checked：節點選中； ◆ Qt.Unchecked：節點未選中
setIcon()	為節點設定圖示
text()	獲取節點的文字

下面對 TreeWidget 控制項的常見用法進行講解。

1．使用 TreeWidget 控制項顯示樹結構

使用 TreeWidget 控制項顯示樹結構主要用到 QTreeWidgetItem 類別，該類別表示標準樹節點，透過其 setText() 方法可以設定樹節點的文字。

【實例 12.6】使用 TreeWidget 顯示樹結構（程式碼範例：書附程式\Code\12\06）

創建一個 PyQt5 視窗，並在其中增加一個 TreeWidget 控制項，然後保存為 .ui 檔案，並使用 PyUIC 工具將其轉為 .py 檔案，在 .py 檔案中，透過創建 QTreeWidgetItem 物件為樹控制項設定樹節點。程式如下：

```
from PyQt5 import QtCore, QtGui, QtWidgets
from PyQt5.QtWidgets import QTreeWidgetItem


class Ui_MainWindow(object):
    def setupUi(self, MainWindow):
        MainWindow.setObjectName("MainWindow")
        MainWindow.resize(240, 150)
        self.centralwidget = QtWidgets.QWidget(MainWindow)
        self.centralwidget.setObjectName("centralwidget")
        self.treeWidget = QtWidgets.QTreeWidget(self.centralwidget)
        self.treeWidget.setGeometry(QtCore.QRect(0, 0, 240, 150))
        self.treeWidget.setObjectName("treeWidget")
        self.treeWidget.setColumnCount(2)          # 設定樹結構中的列數
        self.treeWidget.setHeaderLabels(['姓名','職務']) # 設定列標題名
        root=QTreeWidgetItem(self.treeWidget)       # 創建節點
        root.setText(0,'組織結構')                  # 設定頂級節點文字
        # 定義字典，儲存樹中顯示的資料
        dict= {'任正非':'華為董事長','馬雲':'阿里巴巴創始人','馬化騰':'騰訊
CEO','李彥宏':'百度 CEO','董明珠':'格力董事長'}
        for key,value in dict.items():            # 遍歷字典
            child=QTreeWidgetItem(root)           # 創建子節點
            child.setText(0,key)                  # 設定第一列的值
            child.setText(1,value)                # 設定第二列的值
        self.treeWidget.addTopLevelItem(root)  # 將創建的樹節點增加到樹控制項中
        self.treeWidget.expandAll()               # 展開所有樹節點
        MainWindow.setCentralWidget(self.centralwidget)
        self.retranslateUi(MainWindow)
```

```
        QtCore.QMetaObject.connectSlotsByName(MainWindow)
    def retranslateUi(self, MainWindow):
        _translate = QtCore.QCoreApplication.translate
        MainWindow.setWindowTitle(_translate("MainWindow", "MainWindow"))
import sys
# 主方法，程式從此處啟動 PyQt 設計的表單
if __name__ == '__main__':
    app = QtWidgets.QApplication(sys.argv)
    MainWindow = QtWidgets.QMainWindow()   # 創建表單物件
    ui = Ui_MainWindow()                   # 創建 PyQt 設計的表單物件
    ui.setupUi(MainWindow)                 # 呼叫 PyQt 表單的方法對表單物件進行初始
化設定
    MainWindow.show()                      # 顯示表單
    sys.exit(app.exec_())                  # 程式關閉時退出處理程序
```

執行程式，效果如圖 12.15 所示。

2．為節點設定圖示

為節點設定圖示主要用到了 QTreeWidgetItem 類別的 setIcon() 方法。舉例來說，為【實例 12.6】中的第一列每個企業家姓名前面設定其對應公司的圖示，程式如下：

```
# 為節點設定圖示
if key=='任正非':
    child.setIcon(0,QtGui.QIcon('images/華為.jpg'))
elif key=='馬雲':
    child.setIcon(0,QtGui.QIcon('images/阿里巴巴.jpg'))
elif key=='馬化騰':
    child.setIcon(0,QtGui.QIcon('images/騰訊.png'))
elif key=='李彥宏':
    child.setIcon(0,QtGui.QIcon('images/百度.jpg'))
elif key=='董明珠':
child.setIcon(0,QtGui.QIcon('images/格力.jpeg'))
```

說明

上面程式用到了 5 張圖片，需要在 .py 檔案的同級目錄中創建 images 資料夾，並將用到的 5 張圖片提前放到該資料夾中。

執行程式，效果如圖 12.16 所示。

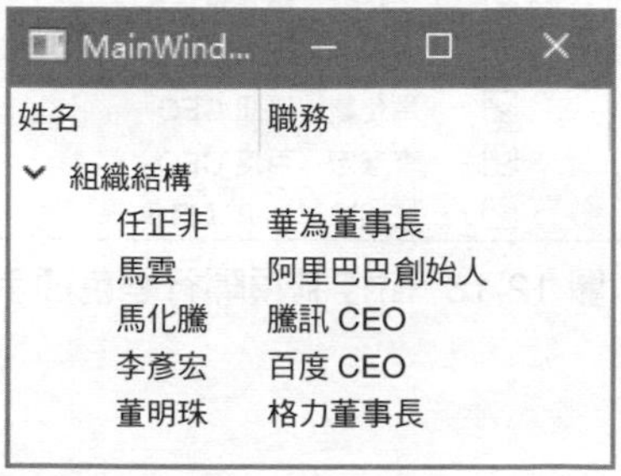

圖 12.15 使用 TreeWidget 顯示樹結構

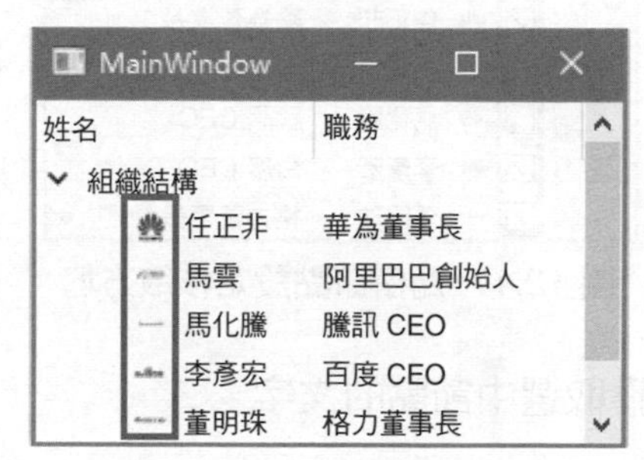

圖 12.16 為樹節點設定圖示

3．為節點設定核取方塊

為節點設定核取方塊主要用到了 QTreeWidgetItem 類別的 setCheckState() 方法，該方法可以設定選中（Qt.Checked），也可以設定未選中（Qt.Unchecked）。舉例來說，為【實例 12.6】中的第一列設定核取方塊，並全部設定為選中狀態。程式如下：

```
child.setCheckState(0,QtCore.Qt.Checked) # 為節點設定核取方塊，並且選中
```

執行程式，效果如圖 12.17 所示。

4．設定隔行變色顯示樹節點

隔行變色顯示樹節點需要用到 TreeWidget 控制項的 setAlternatingRowColors() 方法，設定為 True 表示隔行換色，設定為 False 表示統一顏色。舉例來說，將【實例 12.6】中的樹設定為隔行變色形式顯示，程式如下：

```
self.treeWidget.setAlternatingRowColors(True) # 設定隔行變色
```

執行程式，效果如圖 12.18 所示，樹控制項的奇數行為淺灰色背景，而偶數行為白色背景。

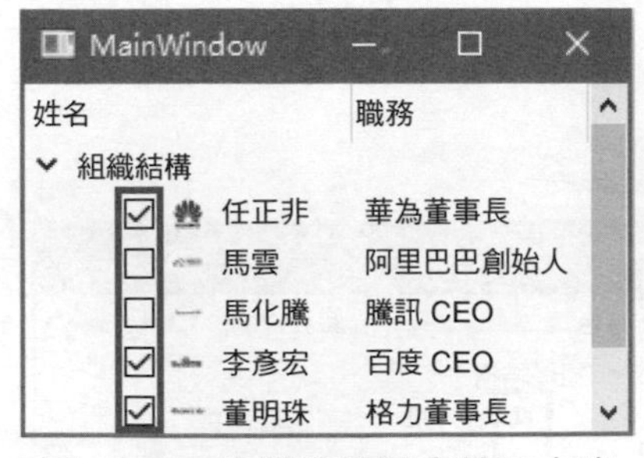

圖 12.17 為樹節點設定核取方塊

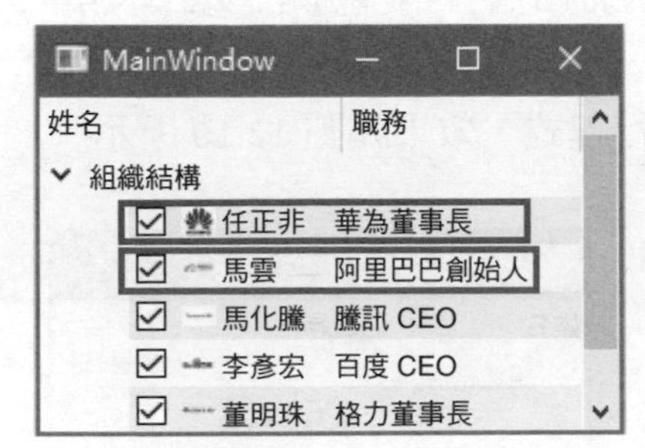

圖 12.18 樹控制項隔行變色顯示

5．獲取選中節點的文字

獲取選中節點的文字時，首先需要使用 currentItem() 方法獲取當前的選中項，然後透過 text() 方法獲取指定列的文字。舉例來說，在點擊【實例 12.6】中的樹節點時，定義一個槽函數，用來顯示點擊的樹節點文字，程式如下：

```
def gettreetext(self,index):
    item=self.treeWidget.currentItem()                    # 獲取當前選中項
    # 彈出提示框，顯示選中項的文字
    QtWidgets.QMessageBox.information(MainWindow,'提示','您選擇的是：%s --
%s'%(item.text(0),item.text(1)), QtWidgets.QMessageBox.Ok)
```

為樹控制項的 clicked 訊號綁定自訂的槽函數，以便在點擊樹控制項時發射。程式如下：

```
self.treeWidget.clicked.connect(self.gettreetext)  # 為樹控制項綁定點擊訊號
```

執行程式，點擊樹中的節點，即可彈出提示框，顯示點擊的樹節點的文字，如圖 12.19 所示。

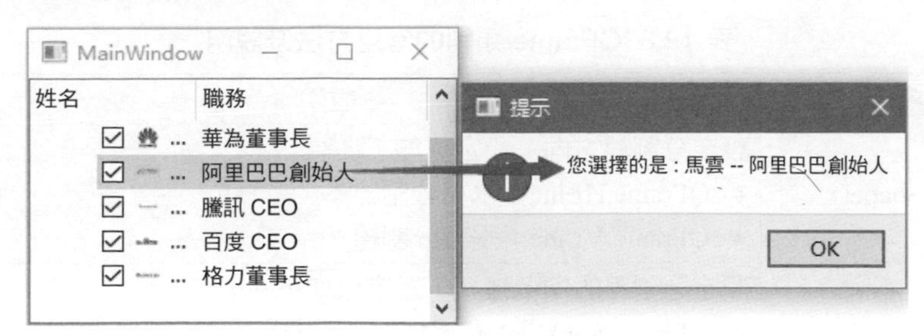

圖 12.19 獲取選中節點的文字

12.3 分割控制項

分割類別控制項主要對視窗中的區域進行功能劃分，使視窗看起來更加合理、美觀，PyQt5 提供了分割線和彈簧兩種類型的分割控制項，下面對它們的使用進行講解。

12.3.1 分割線：QFrame

PyQt5 提供了兩個分割線控制項，分別是水平分割線 HorizontalLine（見圖 12.20）和垂直分割線 VerticalLine（見圖 12.21），但這兩個分割線控制項對應的類別都是 QFrame 類別，該類別提供了一個 setFrameShape() 方法，透過設定該方法的參數，可以將分割線顯示為水平或垂直。

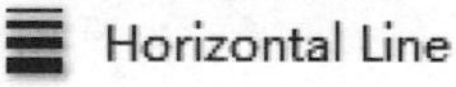

Horizontal Line

圖 12.20 HorizontalLine 控制項圖示

Vertical Line

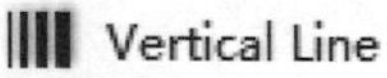

圖 12.21 VerticalLine 控制項圖示

QFrame 類別的常用方法及說明如表 12.8 所示。

表 12.8 QFrame 類別的常用方法及說明

方法	說明
setFrameShape()	設定分割線方向，設定值如下。 ◆ QFrame.HLine：水平分割線； ◆ QFrame.VLine：垂直分割線
setFrameShadow()	設定分割線的顯示樣式，設定值如下。 ◆ QFrame.Sunken：有邊框陰影，並且下沉顯示，這是預設設定； ◆ QFrame.Plain：無陰影； ◆ QFrame.Raised：有邊框陰影，並且凸起顯示
setLineWidth()	設定分割線的寬度
setMidLineWidth()	設定分割線的中間線寬度

【實例 12.7】PyQt5 視窗中的分割線展示（程式碼範例：書附程式\Code\12\07）

在 Qt Designer 設計器中創建一個視窗，在視窗中增加 8 個 Label 控制項，分別用來作為區域和分割線的標識；增加 3 個 HorizontalLine 水平分割線和 4 個 VerticalLine 垂直分割線，其中，用 3 個 HorizontalLine 水平分割線和 3 個 VerticalLine 垂直分割線顯示分割線的各種樣式，而剩餘的 VerticalLine 垂直分割線用來將視窗分成兩個區域。關於分割線的方法呼叫對應程式如下：

```
# 增加水平分割線，並設定顯示樣式為 Sunken，表示有下沉顯示的邊框陰影
self.line_1 = QtWidgets.QFrame(self.centralwidget)
self.line_1.setGeometry(QtCore.QRect(70, 50, 261, 16))
self.line_1.setFrameShadow(QtWidgets.QFrame.Sunken)      # 設定分割線顯示樣式
self.line_1.setLineWidth(8)
self.line_1.setMidLineWidth(8)
self.line_1.setFrameShape(QtWidgets.QFrame.HLine)        # 設定水平分割線
self.line_1.setObjectName("line_1")
# 增加水平分割線，並設定顯示樣式為 Plain，表示無陰影
self.line_2 = QtWidgets.QFrame(self.centralwidget)
self.line_2.setGeometry(QtCore.QRect(70, 80, 261, 16))
self.line_2.setFrameShadow(QtWidgets.QFrame.Plain)       # 設定分割線顯示樣式
self.line_2.setLineWidth(8)
```

```
self.line_2.setMidLineWidth(8)
self.line_2.setFrameShape(QtWidgets.QFrame.HLine)          # 設定水平分割線
self.line_2.setObjectName("line_2")
# 增加水平分割線，並設定顯示樣式為 Raised，表示有凸起顯示的邊框陰影
self.line_3 = QtWidgets.QFrame(self.centralwidget)
self.line_3.setGeometry(QtCore.QRect(70, 110, 261, 16))
self.line_3.setFrameShadow(QtWidgets.QFrame.Raised)       # 設定分割線顯示樣式
self.line_3.setLineWidth(8)
self.line_3.setMidLineWidth(8)
self.line_3.setFrameShape(QtWidgets.QFrame.HLine)          # 設定水平分割線
self.line_3.setObjectName("line_3")
# 增加垂直分割線，並設定顯示樣式為 Sunken，表示有下沉顯示的邊框陰影
self.line_4 = QtWidgets.QFrame(self.centralwidget)
self.line_4.setGeometry(QtCore.QRect(370, 50, 16, 101))
self.line_4.setFrameShadow(QtWidgets.QFrame.Sunken)       # 設定分割線顯示樣式
self.line_4.setLineWidth(4)
self.line_4.setMidLineWidth(4)
self.line_4.setFrameShape(QtWidgets.QFrame.VLine)          # 設定垂直分割線
self.line_4.setObjectName("line_4")
# 增加垂直分割線，並設定顯示樣式為 Plain，表示無陰影
self.line_5 = QtWidgets.QFrame(self.centralwidget)
self.line_5.setGeometry(QtCore.QRect(430, 50, 16, 101))
self.line_5.setFrameShadow(QtWidgets.QFrame.Plain)        # 設定分割線顯示樣式
self.line_5.setLineWidth(4)
self.line_5.setMidLineWidth(4)
self.line_5.setFrameShape(QtWidgets.QFrame.VLine)          # 設定垂直分割線
self.line_5.setObjectName("line_5")
# 增加垂直分割線，並設定顯示樣式為 Raised，表示有凸起顯示的邊框陰影
self.line_6 = QtWidgets.QFrame(self.centralwidget)
self.line_6.setGeometry(QtCore.QRect(480, 50, 16, 101))
self.line_6.setFrameShadow(QtWidgets.QFrame.Raised)       # 設定分割線顯示樣式
self.line_6.setLineWidth(4)
self.line_6.setMidLineWidth(4)
self.line_6.setFrameShape(QtWidgets.QFrame.VLine)          # 設定垂直分割線
self.line_6.setObjectName("line_6")
```

程式的預覽效果如圖 12.22 所示，圖中展示了 3 種不同樣式的水平分割線和 3 種不同樣式的垂直分割線。

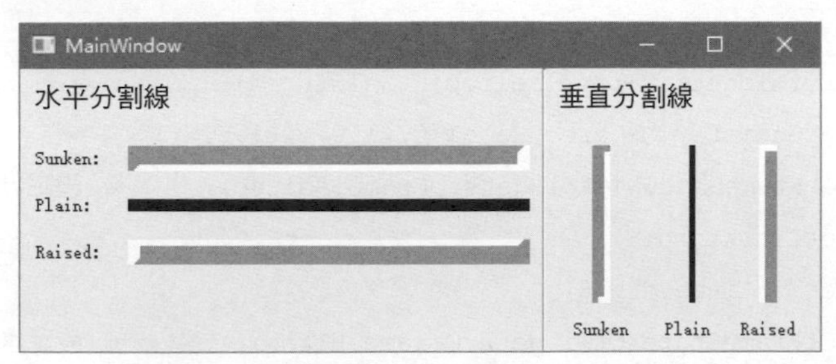

圖 12.22 PyQt5 中支援的分割線樣式

12.3.2 彈簧：QSpacerItem

PyQt5 提供了兩個彈簧控制項，分別是 HorizontalSpacer（見圖 12.23）和 VerticalSpacer（見圖 12.24 所示），但這兩個控制項對應的類別都是 QSpacerItem 類別，水平和垂直主要透過寬度和高度（水平彈簧的預設寬度和高度分別是 40、20，而垂直彈簧的預設寬度和高度分別是 20、40）進行區分。

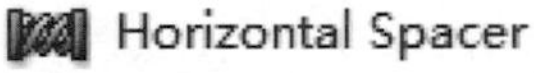

Horizontal Spacer

圖 12.23 HorizontalSpacer 控制項圖示

Vertical Spacer

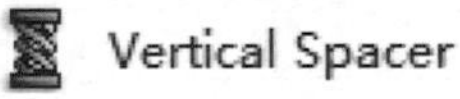

圖 12.24 VerticalSpacer 控制項圖示

QSpacerItem 彈簧主要用在佈局管理器中，用來使佈局管理器中的控制項佈局更加合理。

【實例 12.8】使用彈簧控制項改變控制項位置（程式碼範例：書附程式\Code\12\08）

在 Qt Designer 設計器中創建一個視窗，在視窗中增加一個 VerticalLayout 垂直佈局管理器，並在該佈局管理器中任意增加控制項，預設都是從下往上排列，設計效果和預覽效果分別如圖 12.25 和圖 12.26 所示。

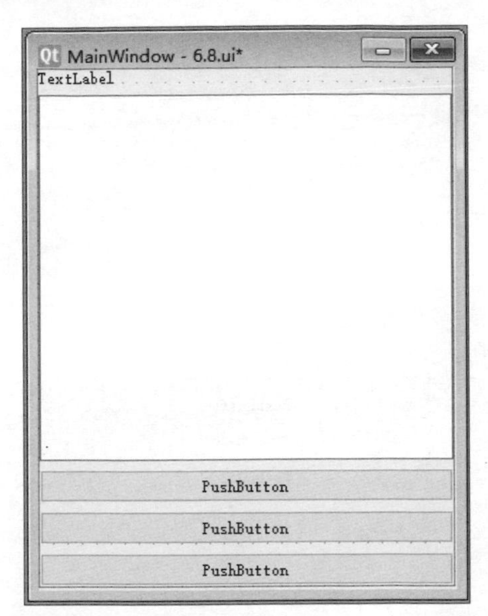

圖 12.25 在垂直佈局管理器中增加控制項的設計效果

圖 12.26 在垂直佈局管理器中增加控制項的執行效果

從圖 12.26 可以看到，如果想要在垂直佈局管理器中改變某個控制項的位置，預設是無法改變的，那麼怎麼辦呢？ PyQt5 提供了彈簧控制項來方便開發人員能夠根據自身需求更合理地置放控制項的位置，舉例來說，透過應用彈簧對圖 12.25 中的控制項位置進行改動，設計效果和預覽效果分別如圖 12.27 和圖 12.28 所示。

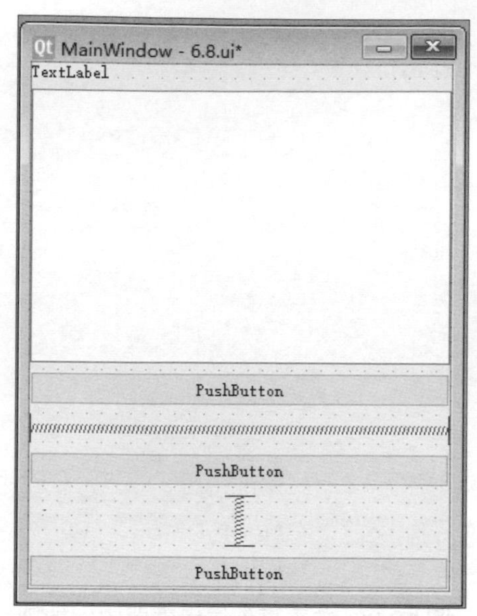

圖 12.27 使用彈簧更改控制項位置的設計效果

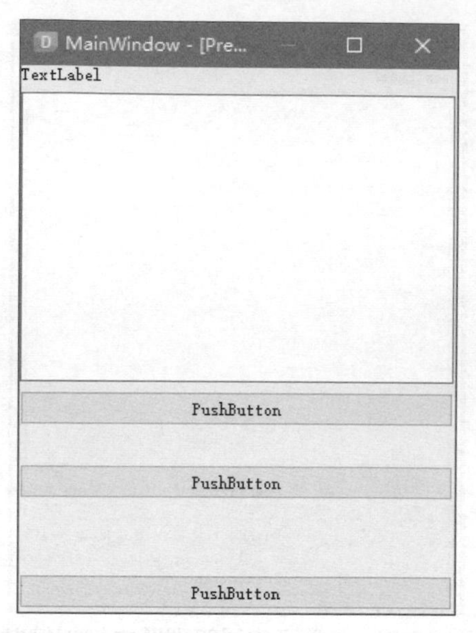

圖 12.28 使用彈簧更改控制項位置的執行效果

說明

彈簧控制項只在設計視窗時顯示，在實際執行時期不顯示。

12.4 其他控制項

除了前面講解的一些常用控制項之外，PyQt5 還提供了一些比較有特色的控制項，本節將對它們的使用進行講解。

12.4.1 Dial：旋鈕控制項

Dial 控制項，又稱為旋鈕控制項，它本質上類似於一個滑動桿控制項，只是顯示的樣式不同。Dial 控制項圖示如圖 12.29 所示。

圖 12.29 Dial 控制項圖示

Dial 控制項對應 PyQt5 中的 QDial 類別，QDial 類別的常用方法及說明如表 12.9 所示。

表 12.9 QDial 控制項常用方法及說明

方法	說明
setFixedSize()	設定旋鈕的大小
setRange()	設定錶碟的數值範圍
setMinimum()	設定最小值
setMaximum()	設定最大值
setNotchesVisible()	設定是否顯示刻度

【實例 12.9】使用旋鈕控制標籤中的字型大小（程式碼範例：書附程式\Code\12\09）

使用 Dial 控制項實現【實例 12.3】的功能，用 Dial 控制項控制 Lable 控制項中的字型大小。程式如下：

```
from PyQt5 import QtCore, QtGui, QtWidgets
class Ui_MainWindow(object):
    def setupUi(self, MainWindow):
        MainWindow.setObjectName("MainWindow")
        MainWindow.resize(402, 122)
        self.centralwidget = QtWidgets.QWidget(MainWindow)
        self.centralwidget.setObjectName("centralwidget")
        # 增加一個垂直佈局管理器，用來顯示文字
        self.horizontalLayoutWidget = QtWidgets.QWidget(self.centralwidget)
        self.horizontalLayoutWidget.setGeometry(QtCore.QRect(130, 20, 251, 
81))
        self.horizontalLayoutWidget.setObjectName("horizontalLayoutWidget")
        self.horizontalLayout = QtWidgets.QHBoxLayout(self.
horizontalLayoutWidget)
        self.horizontalLayout.setContentsMargins(0, 0, 0, 0)
        self.horizontalLayout.setObjectName("horizontalLayout")
        self.label = QtWidgets.QLabel(self.horizontalLayoutWidget)
```

```
        # 設定 Label 標籤水平左對齊，垂直置中對齊
        self.label.setAlignment(QtCore.Qt.AlignLeft | QtCore.Qt.AlignVCenter)
        self.label.setObjectName("label")
        self.horizontalLayout.addWidget(self.label)
        # 增加 Dial 控制項
        self.dial = QtWidgets.QDial(self.centralwidget)
        self.dial.setGeometry(QtCore.QRect(20, 20, 71, 71))
        self.dial.setMinimum(8)                          # 設定最小值為 8
        self.dial.setMaximum(72)                         # 設定最大值為 72
        self.dial.setNotchesVisible(True)                # 顯示刻度
        self.dial.setObjectName("dial")
        MainWindow.setCentralWidget(self.centralwidget)

        self.retranslateUi(MainWindow)
        QtCore.QMetaObject.connectSlotsByName(MainWindow)
        # 為旋鈕控制項綁定 valueChanged 訊號，在值發生更改時發射
        self.dial.valueChanged.connect(self.setfontsize)
    # 定義槽函數，根據旋鈕的值改變 Label 控制項的字型大小
    def setfontsize(self):
        value = self.dial.value()                             # 獲取旋鈕的值
        self.label.setFont(QtGui.QFont("楷體", value))   # 設定 Label 的字型和
大小
    def retranslateUi(self, MainWindow):
        _translate = QtCore.QCoreApplication.translate
        MainWindow.setWindowTitle(_translate("MainWindow", "MainWindow"))
        self.label.setText(_translate("MainWindow", "敢想敢為，注重細節"))
import sys
# 主方法，程式從此處啟動 PyQt 設計的表單
if __name__ == '__main__':
   app = QtWidgets.QApplication(sys.argv)
   MainWindow = QtWidgets.QMainWindow()   # 創建表單物件
   ui = Ui_MainWindow()                   # 創建 PyQt 設計的表單物件
   ui.setupUi(MainWindow)                 # 呼叫 PyQt 表單方法，對表單物件初始化設定
   MainWindow.show()                      # 顯示表單
   sys.exit(app.exec_())                  # 程式關閉時退出處理程序
```

執行程式，預設效果如圖 12.30 所示，當用滑鼠滑動改變旋鈕的刻度值時，Label 標籤中的文字大小也會發生改變，如圖 12.31 所示。

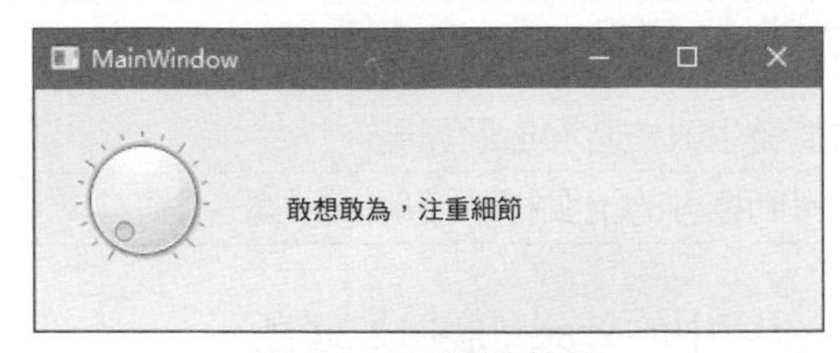

圖 12.30 預設效果

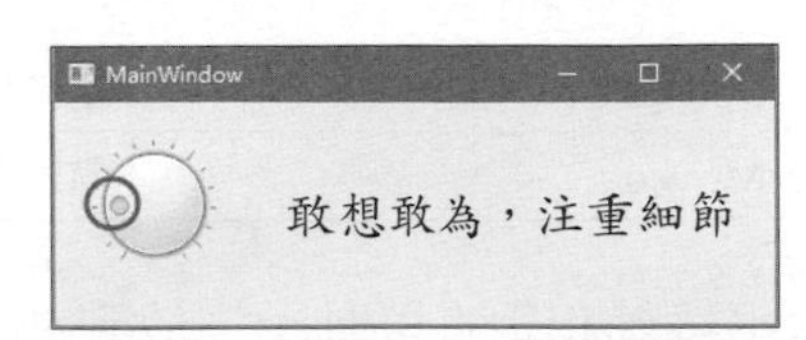

圖 12.31 改變旋鈕的值時改變 Label 的字型大小

12.4.2 捲軸：QScrollBar

PyQt5 提供了兩個捲軸控制項，分別是水平捲軸 HorizontalScrollBar（見圖 12.32）和垂直捲動軸 VerticalScrollBar（見圖 12.33），但這兩個捲軸控制項對應的類別都是 QScrollBar 類別，這兩個控制項透過水平的或垂直的捲軸，可以擴大當前視窗的有效載入面積，從而載入更多的控制項。

Horizontal Scroll Bar

圖 12.32 HorizontalScrollBar 控制項圖示

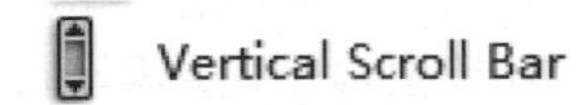

圖 12.33 VerticalScrollBar 控制項圖示

QScrollBar 捲軸類別的常用方法及說明如表 12.10 所示。

表 12.10 QScrollBar 捲軸類別的常用方法及說明

方法	說明
setMinimum()	設定捲軸最小值
setMaximum()	設定捲軸最大值
setOrientation()	設定捲軸顯示方向，設定值如下。 ◆ Qt.Horizontal：水平捲軸； ◆ Qt.Vertical：垂直捲動軸
setValue()	設定捲軸的值
value()	獲取捲軸的當前值

QScrollBar 捲軸類別的常用訊號及說明如表 12.11 所示。

表 12.11 QScrollBar 捲軸類別的常用訊號及說明

訊號	說明
valueChanged	當捲軸的值發生改變時發射該訊號
sliderMoved	當使用者滑動捲軸的滑動桿時發射該訊號

將水平捲軸和垂直捲動軸拖放到 PyQt5 視窗中的效果如圖 12.34 所示。

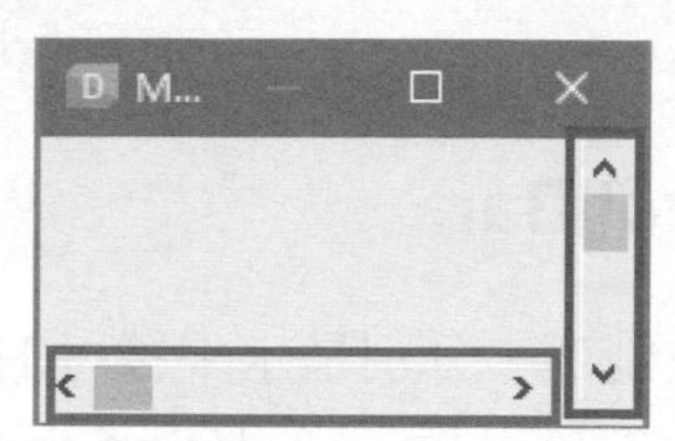

圖 12.34 PyQt5 視窗中的水平捲軸和垂直捲動軸效果

技巧

捲軸控制項通常與其他控制項配合使用，如 ScrollArea、TableWidget 表格等，另外，也可以使用捲軸控制項實現與滑動桿控制項同樣的功能，實際上，捲軸控制項也是一種特殊的滑動桿控制項。

12.5 小結

本章重點講解了 PyQt5 程式開發中用到的一些進階控制項，主要包括 ProgressBar 進度指示器控制項、QSlider 滑動桿控制項、樹控制項、分割線控制項、彈簧控制項、Dial 旋鈕控制項和 QScrollBar 捲軸控制項，另外，還對如何在程式中自訂等待提示框進行了介紹。學習本章內容時，重點需要掌握 ProgressBar 進度指示器控制項、QSlider 滑動桿控制項和 TreeWidget 樹控制項的使用方法。

13 對話方塊的使用

平時在使用各種軟體或網站時，經常會看到各種各樣的對話方塊，有的對話方塊可以與使用者進行互動，而有的只是顯示一些提示訊息。使用 PyQt5 設計的視窗程式，同樣支援彈出對話方塊，在 PyQt5 中，常用的對話方塊有 QMessageBox 內建對話方塊、QFileDialog 對話方塊、QInputDialog 對話方塊、QFontDialog 對話方塊和 QColorDialog 對話方塊。本章將對開發 PyQt5 視窗應用程式中經常用到的對話方塊進行詳細講解。

13.1 QMessageBox：對話方塊

我們平時使用軟體時可以看到各種各樣的對話方塊，如圖 13.1 所示為對話方塊。

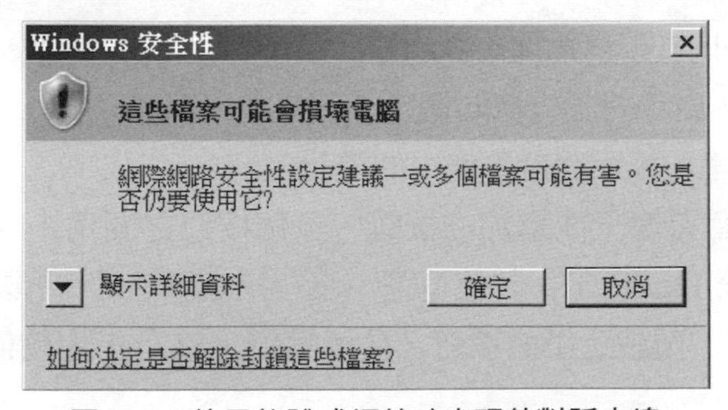

圖 13.1 使用軟體或網站時出現的對話方塊

本節將對 PyQt5 中的 QMessageBox 對話方塊進行講解。

13.1.1 對話方塊的種類

在 PyQt5 中，對話方塊使用 QMessageBox 類別表示，PyQt5 內建 5 種不同類型的對話方塊，分別是訊息對話方塊、問答對話方塊、警告對話方塊、錯誤對話方塊和關於對話方塊，它們的主要區別在於，彈出的對話方塊中的圖示不同。PyQt5 內建的 5 種不同類型的對話方塊及說明如表 13.1 所示。

表 13.1 PyQt5 內建的 5 種不同類型對話方塊

對話方塊類型	說明	對話方塊類型	說明
QMessageBox.information()	訊息對話方塊	QMessageBox.critical()	錯誤對話方塊
QMessageBox.question()	問答對話方塊	QMessageBox.about()	關於對話方塊
QMessageBox.warning()	警告對話方塊		

13.1.2 對話方塊的使用方法

PyQt5 內建的 5 種不同類型對話方塊在使用時是類似的，本節將以訊息對話方塊為例講解對話方塊的使用方法。訊息對話方塊使用 QMessageBox.information() 表示，它的語法格式如下：

```
QMessageBox.information(QWidget, 'Title', 'Content', buttons, defaultbutton)
```

☑ QWidget：self 或視窗物件，表示該對話方塊所屬的視窗。

☑ Title：字串，表示對話方塊的標題。

☑ Content：字串，表示對話方塊中的提示內容。

☑ buttons：對話方塊上要增加的按鈕，多個按鈕之間用「|」來連接，常見的按鈕種類如表 13.2 所示，該值可選，沒有指定該值時，預設為 OK 按鈕。

☑ defaultbutton：預設選中的按鈕，該值可選，沒有指定該值時，預設為第一個按鈕。

表 13.2 對話方塊中的按鈕種類

按鈕種類	說明	按鈕種類	說明
QMessageBox.Ok	同意操作	QMessageBox.Ignore	忽略操作
QMessageBox.Yes	同意操作	QMessageBox.Close	關閉操作
QMessageBox.No	取消操作	QMessageBox.Cancel	取消操作
QMessageBox.Abort	終止操作	QMessage.Open	打開操作
QMessageBox.Retry	重試操作	QMessage.Save	保存操作

說明

QMessageBox.about() 關於對話方塊中不能指定按鈕。其語法如下：

```
QMessageBox.about(QWidget, 'Title', 'Content')
```

【實例 13.1】彈出 5 種不同的對話方塊（程式碼範例：書附程式 \Code\13\01）

打開 Qt Designer 設計器，新建一個視窗，在視窗中增加 5 個 PushButton 控制項，並分別設定它們的文字為「訊息方塊」「警告框」「問答框」「錯誤框」和「關於框」，設計完成後保存為 .ui 檔案，使用 PyUIC 工具將其轉為 .py 程式檔案。在 .py 程式檔案中，定義 5 個槽函數，分別使用 QMessageBox 類別的不同方法彈出對話方塊。程式如下：

```
def info(self):                         # 顯示訊息對話方塊
    QMessageBox.information(None, '訊息', '這是一個訊息對話方塊', QMessageBox.
Ok)
def warn(self):                         # 顯示警告對話方塊
    QMessageBox.warning(None, '警告', '這是一個警告對話方塊', QMessageBox.Ok)
def question(self):                     # 顯示問答對話方塊
    QMessageBox.question(None, '問答', '這是一個問答對話方塊', QMessageBox.Ok)
def critical(self):                     # 顯示錯誤對話方塊
    QMessageBox.critical(None, '錯誤', '這是一個錯誤對話方塊', QMessageBox.Ok)
def about(self):                        # 顯示關於對話方塊
    QMessageBox.about(None, '關於', '這是一個關於對話方塊')
```

分別為 5 個 PushButton 控制項的 clicked 訊號綁定自訂的槽函數，以便在點擊按鈕時，彈出對應的對話方塊。程式如下：

```
# 連結 " 訊息方塊 " 按鈕的方法
self.pushButton.clicked.connect(self.info)
# 連結 " 警告框 " 按鈕的方法
self.pushButton_2.clicked.connect(self.warn)
# 連結 " 問答框 " 按鈕的方法
self.pushButton_3.clicked.connect(self.question)
# 連結 " 錯誤框 " 按鈕的方法
self.pushButton_4.clicked.connect(self.critical)
# 連結 " 關於框 " 按鈕的方法
self.pushButton_5.clicked.connect(self.about)
```

為 .py 檔案增加__main__主方法，然後執行程式，主視窗效果如圖 13.2 所示。分別點擊主視窗的各個按鈕，可以彈出對應的對話方塊，訊息對話方塊、警告對話方塊、問答對話方塊、錯誤對話方塊和關於對話方塊的效果分別如圖 13.2 ～圖 13.7 所示。

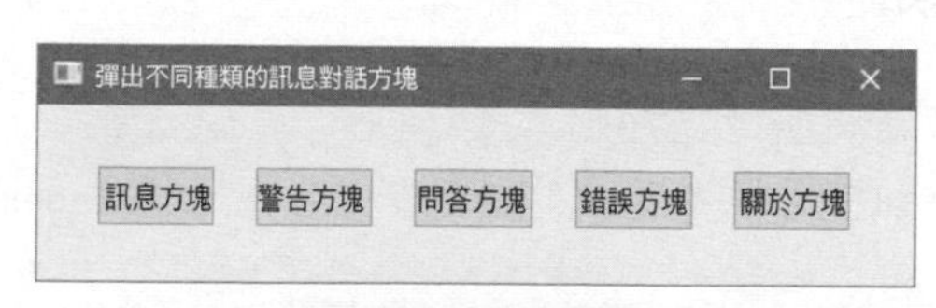

圖 13.2 主視窗

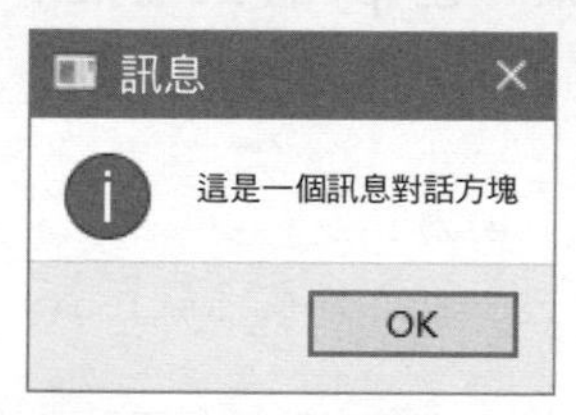

圖 13.3 訊息對話方塊

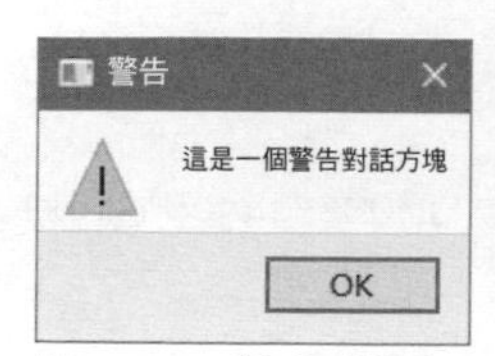

圖 13.4 警告對話方塊

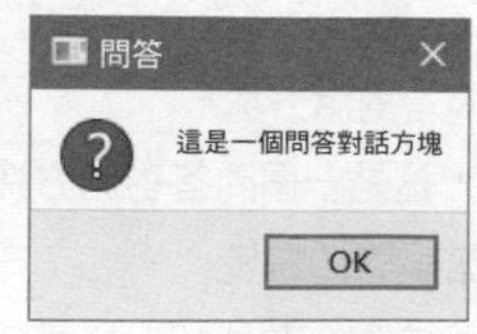

圖 13.5 問答對話方塊

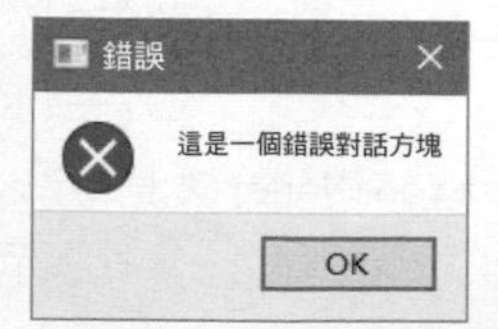

圖 13.6 錯誤對話方塊

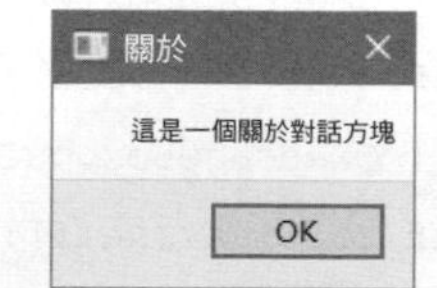

圖 13.7 關於對話方塊

13.1.3 與對話方塊進行互動

實際開發時，可能會需要根據對話方塊的返回值執行對應的操作，PyQt5 中的 QMessageBox 對話方塊支持獲取返回值，舉例來說，修改【實例 13.1】中的訊息對話方塊的槽函數，使其彈出一個帶有「Yes」和「No」按鈕的對話方塊，然後判斷當使用者點擊「Yes」按鈕時，彈出「您同意了本次請求……」的資訊提示。修改後的程式如下：

```
def info(self):                                    # 顯示訊息對話方塊
    # 獲取對話方塊的返回值
    select = QMessageBox.information(None, '訊息', '這是一個訊息對話方塊',
QMessageBox.Yes | QMessageBox.No)
    if select==QMessageBox.Yes:                    # 判斷是否點擊了"Yes"按鈕
        QMessageBox.information(MainWindow,'提醒','您同意了本次請求……')
```

重新執行程式，點擊主視窗中的「訊息方塊」按鈕，即可彈出一個帶有「Yes」和「No」按鈕的對話方塊，點擊「Yes」按鈕時，彈出「您同意了本次請求……」的資訊提示，如圖 13.8 所示。

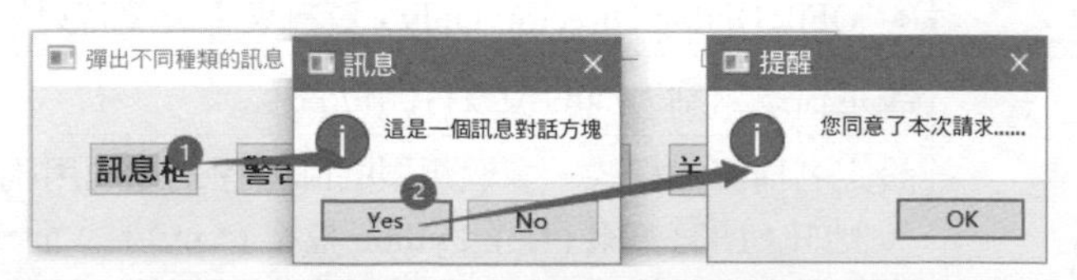

圖 13.8 點擊 "Yes" 按鈕時彈出的資訊提示

13.2 QFileDialog：檔案對話方塊

13.2.1 QFileDialog 類別概述

PyQt5 中的檔案對話方塊使用 QFileDialog 類別表示，該類別繼承自 QDialog 類別，它允許使用者選擇檔案或資料夾，也允許使用者遍歷檔案系統，以便選擇一個或多個檔案或資料夾。

QFileDialog 類別的常用方法及說明如表 13.3 所示。

表 13.3 QFileDialog 類別的常用方法及說明

方法	說明
getOpenFileName()	獲取一個打開檔案的檔案名稱
getOpenFileNames()	獲取多個打開檔案的檔案名稱
getSaveFileName()	獲取保存的檔案名稱
getExistingDirectory()	獲取一個打開的資料夾
setAcceptMode()	設定接收模式，設定值如下。 ◆ QFileDialog.AcceptOpen：設定檔案對話方塊為打開模式，這是預設值； ◆ QFileDialog.AcceptSave：設定檔案對話方塊為保存模式
setDefaultSuffix()	設定檔案對話方塊中的檔案名稱的預設副檔名
setFileMode()	設定可以選擇的檔案類型，設定值如下。 ◆ QFileDialog.AnyFile：任意檔案（無論檔案是否存在）； ◆ QFileDialog.ExistingFile：已存在的檔案； ◆ QFileDialog.ExistingFiles：已存在的多個檔案；
setFileMode()	◆ QFileDialog.Directory：資料夾； ◆ QFileDialog.DirectoryOnly：資料夾（選擇時只能選中資料夾）
setDirectory()	設定檔案對話方塊的預設打開位置
setNameFilter()	設定名稱篩檢程式，多個類型的篩檢程式之間用兩個分號分割（例如：所有檔案 (*.*);;Python 檔案 (*.py)）；而一個篩檢程式中如果有多種格式，可以用空格分割（例如：圖片檔案 (*.jpg *.png *.bmp)）
setViewMode()	設定顯示模式，設定值如下。 ◆ QFileDialog.Detail：顯示檔案詳細資訊，包括檔案名稱、大小、日期等資訊； ◆ QFileDialog.List：以串列形式顯示檔案名稱
selectedFile()	獲取選擇的檔案或資料夾名字
selectedFiles()	獲取選擇的多個檔案或資料夾名字

13.2.2 使用 QFileDialog 選擇檔案

本節將對如何使用 QFileDialog 類別在 PyQt5 視窗中選擇檔案進行講解

【實例 13.2】選擇並顯示圖片檔案（程式碼範例：書附程式 \Code\13\02）

打開 Qt Designer 設計器，新建一個視窗，在視窗中增加一個 PushButton 控制項和一個 ListWidget 控制項，其中，PushButton 控制項用來執行操作，而 ListWidget 控制項用來顯示選擇的圖片檔案，設計完成後保存為 .ui 檔案，使用 PyUIC 工具將其轉為 .py 程式檔案。在 .py 程式檔案中，定義一個 bindList() 槽函數，用來使用 QFileDialog 類別創建一個檔案對話方塊，在該檔案對話方塊中設定可以選擇多個檔案，並且只能顯示圖片檔案，選擇完之後，會將選擇的檔案顯示到 ListWidget 串列中；最後將自訂的 bindList() 槽函數綁定到 PushButton 控制項的 clicked 訊號上。完整程式如下：

```
from PyQt5 import QtCore, QtGui, QtWidgets
class Ui_MainWindow(object):
    def setupUi(self, MainWindow):
        MainWindow.setObjectName("MainWindow")
        MainWindow.resize(370, 323)
        self.centralwidget = QtWidgets.QWidget(MainWindow)
        self.centralwidget.setObjectName("centralwidget")
        # 創建一個按鈕控制項
        self.pushButton = QtWidgets.QPushButton(self.centralwidget)
        self.pushButton.setGeometry(QtCore.QRect(20, 20, 91, 23))
        self.pushButton.setObjectName("pushButton")
        # 創建一個 ListWidget 串列，用來顯示選擇的圖片檔案
        self.listWidget = QtWidgets.QListWidget(self.centralwidget)
        self.listWidget.setGeometry(QtCore.QRect(20, 50, 331, 261))
        self.listWidget.setObjectName("listWidget")
        MainWindow.setCentralWidget(self.centralwidget)
        self.retranslateUi(MainWindow)
        QtCore.QMetaObject.connectSlotsByName(MainWindow)
        self.pushButton.clicked.connect(self.bindList)          # 為按鈕的
```

```
clicked 訊號綁定槽函數
    def bindList(self):
        from PyQt5.QtWidgets import QFileDialog
        dir =QFileDialog()                                  # 創建檔案對話方塊
        dir.setFileMode(QFileDialog.ExistingFiles)          # 設定多選
        dir.setDirectory('C:\\')                            # 設定初始路徑為 C 槽
        # 設定只顯示圖片檔案
        dir.setNameFilter('圖片檔案 (*.jpg *.png *.bmp *.ico *.gif)')
        if dir.exec_():                                     # 判斷是否選擇了檔案
            self.listWidget.addItems(dir.selectedFiles())# 將選擇的檔案顯示在串
列中
    def retranslateUi(self, MainWindow):
        _translate = QtCore.QCoreApplication.translate
        MainWindow.setWindowTitle(_translate("MainWindow", "MainWindow"))
        self.pushButton.setText(_translate("MainWindow", "選擇檔案"))
if __name__ == '__main__':                          # 程式入口
    import sys
    app = QtWidgets.QApplication(sys.argv)
    MainWindow = QtWidgets.QMainWindow()            # 創建表單物件
    ui = Ui_MainWindow()                            # 創建 PyQt5 設計的表單物件
    ui.setupUi(MainWindow)                          # 呼叫 PyQt5 表單方法，對表單物件
初始化設定
    MainWindow.show()                               # 顯示表單
    sys.exit(app.exec_())                           # 程式關閉時退出處理程序
```

執行程式，點擊主視窗中的「選擇檔案」按鈕，彈出「打開」對話方塊，該對話方塊中只顯示圖片檔案，如圖 13.9 所示，按 Ctrl 鍵，可以選擇多個檔案，選擇完檔案後，點擊「打開」按鈕，即可將選擇的圖片檔案顯示在 ListWidget 串列中，如圖 13.10 所示。

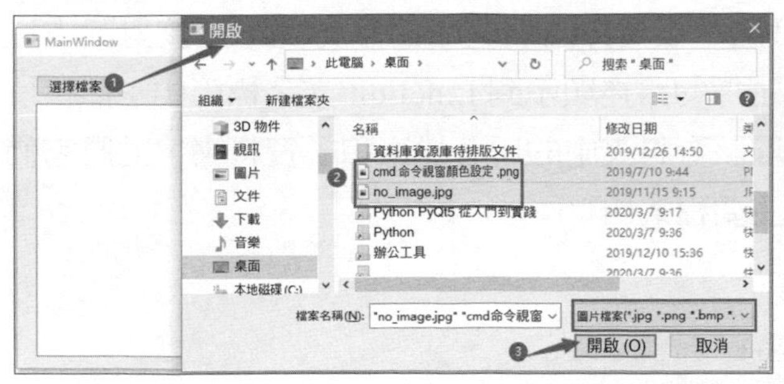

圖 13.9 打開 " 開啟 " 對話方塊並選擇圖片檔案

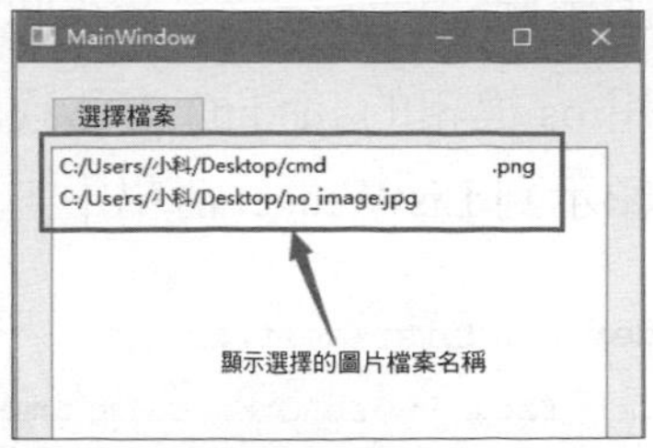

圖 13.10 顯示選擇的圖片檔案

技巧

Python 使用 QFileDialog 顯示打開對話方塊時，還可以使用 getOpenFileName() 方法或者 getOpenFileNames() 方法，其中，getOpenFileName() 方法用來獲取一個打開檔案的檔案名稱，而 getOpenFileNames() 方法可以獲取多個打開檔案的檔案名稱，例如，【實例 13.2】中 bindList() 槽函數中打開檔案的程式可以替換如下：

```
def bindList(self):
    from PyQt5.QtWidgets import QFileDialog
    files, filetype = QFileDialog.getOpenFileNames(None, '打開', 'C:\\', '
圖片檔案 (*.jpg *.png *.bmp *.ico *.gif)')
    self.listWidget.addItems(files)
```

13.2.3 使用 QFileDialog 選擇資料夾

使用 QFileDialog 選擇資料夾時，需要用到 getExistingDirectory() 方法，該方法需要指定打開對話方塊的標題和要打開的預設路徑。

【實例 13.3】以清單顯示指定資料夾中的所有檔案（程式碼範例：書附程式 \Code\13\03）

修改【實例 13.2】，在設計的視窗中增加一個 LineEdit 控制項，用來顯示選擇的路徑，並且將 PushButton 控制項的文字修改為「選擇」，然後對 bindList() 自訂槽函數進行修改，在該函數中，主要使用 QFileDialog.

getExistingDirectory() 方法打開一個選擇資料夾的對話方塊，在該對話方塊中選擇一個路徑後，首先將選擇的路徑顯示到 LineEdit 文字標籤中；然後使用 os 模組的 listdir() 方法獲取該資料夾中的所有檔案和子資料夾，並將它們顯示到 ListWidget 清單中，主要程式如下：

```
def bindList(self):
    from PyQt5.QtWidgets import QFileDialog
    import os                                    # 匯入 os 模組
    # 創建選擇路徑對話方塊
    dir = QFileDialog.getExistingDirectory(None, "選擇資料夾路徑",
os.getcwd())
    self.lineEdit.setText(dir)                   # 在文字標籤中顯示選擇的路徑
    list = os.listdir(dir)                       # 遍歷選擇的資料夾
    self.listWidget.addItems(list)               # 將資料夾中的所有檔案顯示在清單中
```

執行程式，點擊「選擇」按鈕，選擇一個本地資料夾，即可將該資料夾中的所有檔案及子資料夾顯示在下方的清單中，如圖 13.11 所示。

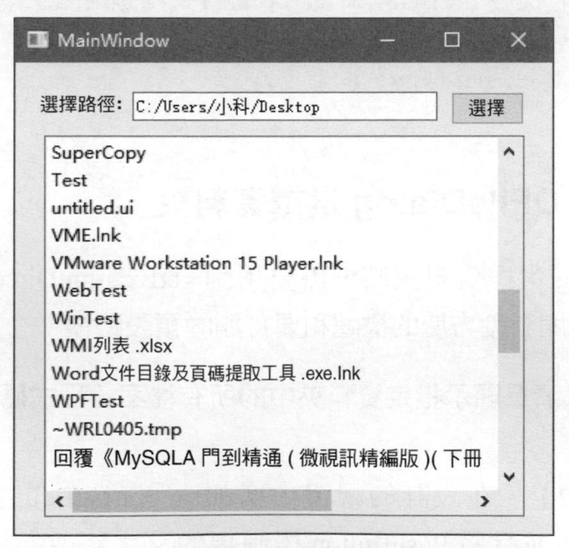

圖 13.11 以清單顯示指定資料夾中的所有檔案

13.3 QInputDialog：輸入對話方塊

13.3.1 QInputDialog 概述

QInputDialog 類別表示一個標準的輸入對話方塊，該對話方塊由一個文字標籤（或數字選擇框，或下拉式選單）和兩個按鈕（OK 按鈕和 Cancel 按鈕）組成，它可以與使用者進行簡單的互動，舉例來說，在主視窗中獲取輸入對話方塊中輸入或選擇的值。

QInputDialog 類別的常用方法及語法如下。

☑ getText() 方法

顯示一個用於輸入字串的文字編輯方塊。語法如下：

```
text，flag=QInputDialog.getText(QWidget,dlgTitle,txtLabel,echoMode,defaultInput)
```

getText() 方法的參數及返回值說明如表 13.4 所示。

表 13.4 getText() 方法的參數及返回值

參數	說明
QWidget	父視窗物件
dglTitle	QInputDialog 的標題
txtLabel	QInputDialog 內部顯示的文字
echoMode	文字編輯方塊內容的顯示方式
defaultInput	文字編輯方塊預設顯示內容
返回值	一個元組，其中 text 表示文字編輯方塊內的字串，flag 表示是否正常返回

☑ getItem() 方法

顯示一個 ComboBox 下拉清單控制項，使用者可從中選擇資料。語法如下：

```
text,flag =QInputDialog.getItem(QWidget,dlgTitle,txtLabel,items,curIndex,editable)
```

getItem() 方法的參數及返回值說明如表 13.5 所示。

表 13.5 getItem() 方法的參數及返回值

參數	說明
QWidget	父視窗物件
dglTitle	QInputDialog 的標題
txtLabel	QInputDialog 內部顯示的文字
items	ComboBox 元件的內容清單
curIndex	預設顯示 ComboBox 元件哪一個索引的內容
editable	ComboBox 元件是否可被編輯
返回值	一個元組，其中 text 表示從 ComboBox 下拉清單中選擇的內容，flag 表示是否正常返回

☑ getInt() 方法

顯示一個用於輸入整數的編輯方塊，顯示的是 SpinBox 控制項。語法如下：

```
inputValue,flag =QInputDialog.getInt(QWidget,dlgTitle,txtLabel,defaultValue,
minValue,maxValue, stepValue)
```

getInt() 方法的參數及返回值說明如表 13.6 所示。

表 13.6 getInt() 方法的參數及返回值

參數	說明
QWidget	父視窗物件
dglTitle	QInputDialog 的標題
txtLabel	QInputDialog 內部顯示的文字
defaultValue	SpinBox 控制項預設值
minValue	SpinBox 控制項最小值
maxValue	SpinBox 控制項最大值
stepValue	SpinBox 控制項單步值
返回值	一個元組，其中 inputValue 表示 SpinBox 中選擇的整數值，flag 表示是否正常返回

☑ getDouble() 方法

顯示一個用於輸入浮點數的編輯方塊，顯示的是 DoubleSpinBox 控制項。語法如下：

```
inputValue,flag =QInputDialog.getDouble(QWidget,dlgTitle,txtLabel,
defaultValue,minValue,maxValue,decimals);
```

getDouble() 方法的參數及返回值說明如表 13.7 所示。

表 13.7 getDouble() 方法的參數及返回值

參數	說明
QWidget	父視窗物件
dglTitle	QInputDialog 的標題
txtLabel	QInputDialog 內部顯示的文字
defaultValue	DoubleSpinBox 控制項預設值
minValue	DoubleSpinBox 控制項最小值
maxValue	DoubleSpinBox 控制項最大值
decimals	DoubleSpinBox 控制項顯示的小數點位數控制
返回值	一個元組，其中 inputValue 表示 DoubleSpinBox 中選擇的小數值，flag 表示是否正常返回

13.3.2 QInputDialog 對話方塊的使用

本節透過一個具體的實例講解 QInputDialog 對話方塊在實際開發中的應用。

【實例 13.4】設計不同種類的輸入框（程式碼範例：書附程式\Code\13\04）

使用 Qt Designer 設計器創建一個 MainWindow 視窗，其中增加 4 個 LineEdit 控制項，分別用來輸入學生的姓名、年齡、班級和分數資訊，將設計的視窗保存為 .ui 檔案，使用 PyUIC 工具將 .ui 檔案轉為 .py 檔案。在 .py 檔案中，分別使用 QInputDialog 類別的 4 種方法彈出不同的輸入框，在輸入框中完成學生資訊的輸入。程式如下：

```
from PyQt5 import QtCore, QtGui, QtWidgets
from PyQt5.QtWidgets import QInputDialog
class Ui_MainWindow(object):
    def setupUi(self, MainWindow):
        MainWindow.setObjectName("MainWindow")
        MainWindow.resize(210, 164)
        self.centralwidget = QtWidgets.QWidget(MainWindow)
        self.centralwidget.setObjectName("centralwidget")
        # 增加 " 姓名 " 標籤
        self.label = QtWidgets.QLabel(self.centralwidget)
        self.label.setGeometry(QtCore.QRect(30, 20, 41, 16))
        self.label.setObjectName("label")
        # 增加輸入姓名的文字標籤
        self.lineEdit = QtWidgets.QLineEdit(self.centralwidget)
        self.lineEdit.setGeometry(QtCore.QRect(70, 20, 113, 20))
        self.lineEdit.setObjectName("lineEdit")
        # 增加 " 年齡 " 標籤
        self.label_2 = QtWidgets.QLabel(self.centralwidget)
        self.label_2.setGeometry(QtCore.QRect(30, 56, 41, 16))
        self.label_2.setObjectName("label_2")
        # 增加輸入年齡的文字標籤
        self.lineEdit_2 = QtWidgets.QLineEdit(self.centralwidget)
        self.lineEdit_2.setGeometry(QtCore.QRect(70, 56, 113, 20))
        self.lineEdit_2.setObjectName("lineEdit_2")
        # 增加 " 班級 " 標籤
        self.label_3 = QtWidgets.QLabel(self.centralwidget)
        self.label_3.setGeometry(QtCore.QRect(30, 90, 41, 16))
        self.label_3.setObjectName("label_3")
        # 增加輸入班級的文字標籤
        self.lineEdit_3 = QtWidgets.QLineEdit(self.centralwidget)
        self.lineEdit_3.setGeometry(QtCore.QRect(70, 90, 113, 20))
```

```
        self.lineEdit_3.setObjectName("lineEdit_3")
        # 增加 " 分數 " 標籤
        self.label_4 = QtWidgets.QLabel(self.centralwidget)
        self.label_4.setGeometry(QtCore.QRect(30, 126, 41, 16))
        self.label_4.setObjectName("label_4")
        # 增加輸入分數的文字標籤
        self.lineEdit_4 = QtWidgets.QLineEdit(self.centralwidget)
        self.lineEdit_4.setGeometry(QtCore.QRect(70, 126, 113, 20))
        self.lineEdit_4.setObjectName("lineEdit_4")
        MainWindow.setCentralWidget(self.centralwidget)
        self.retranslateUi(MainWindow)
        QtCore.QMetaObject.connectSlotsByName(MainWindow)
        # 為 " 姓名 " 文字標籤的按 Enter 訊號綁定槽函數，獲取使用者輸入的姓名
        self.lineEdit.returnPressed.connect(self.getname)
        # 為 " 年齡 " 文字標籤的按 Enter 訊號綁定槽函數，獲取使用者輸入的年齡
        self.lineEdit_2.returnPressed.connect(self.getage)
        # 為 " 班級 " 文字標籤的按 Enter 訊號綁定槽函數，獲取使用者選擇的班級
        self.lineEdit_3.returnPressed.connect(self.getgrade)
        # 為 " 分數 " 文字標籤的按 Enter 訊號綁定槽函數，獲取使用者輸入的分數
        self.lineEdit_4.returnPressed.connect(self.getscore)
    def retranslateUi(self, MainWindow):
        _translate = QtCore.QCoreApplication.translate
        MainWindow.setWindowTitle(_translate("MainWindow", " 輸入學生資訊 "))
        self.label.setText(_translate("MainWindow", " 姓名：")) 
        self.label_2.setText(_translate("MainWindow", " 年齡：")) 
        self.label_3.setText(_translate("MainWindow", " 班級：")) 
        self.label_4.setText(_translate("MainWindow", " 分數：")) 
    # 自訂獲取姓名的槽函數
    def getname(self):
        # 彈出可以輸入字串的輸入框
        name,ok = QInputDialog.getText(MainWindow, " 姓名 ", " 請輸入姓名 ",
QtWidgets.QLineEdit.Normal, " 明日科技 ")
        if ok:                                    # 判斷是否點擊了 OK 按鈕
            self.lineEdit.setText(name)           # 獲取輸入對話方塊中的字串，顯示在
```

```
文字標籤中
    # 自訂獲取年齡的槽函數
    def getage(self):
        # 彈出可以選擇或輸入年齡的輸入框
        age,ok = QInputDialog.getInt(MainWindow, "年齡", "請選擇年齡",
20,1,100,1)
        if ok:                              # 判斷是否點擊了"OK"按鈕
            self.lineEdit_2.setText(str(age)) # 獲取輸入對話方塊中的年齡，顯示在
文字標籤中
    # 自訂獲取班級的槽函數
    def getgrade(self):
        # 彈出可以選擇班級的輸入框
        grade,ok = QInputDialog.getItem(MainWindow, "班級", "請選擇班級", ('
三年一班','三年二班','三年三班'),0,False)
        if ok:                              # 判斷是否點擊了 OK 按鈕
            self.lineEdit_3.setText(grade)      # 獲取輸入對話方塊中選擇的班級，顯
示在文字標籤中
    # 自訂獲取分數的槽函數
    def getscore(self):
        # 彈出可以選擇或輸入分數的輸入框，範本保留 2 位小數
        scroe,ok = QInputDialog.getDouble(MainWindow, "分數", "請選擇分數
",0.01,0,100,2)
        if ok:                             # 判斷是否點擊了"OK"按鈕
            self.lineEdit_4.setText(str(scroe))   # 獲取輸入對話方塊中的分數，
顯示在文字標籤中
if __name__ == '__main__':                 # 主方法
    import sys
    app = QtWidgets.QApplication(sys.argv)
    MainWindow = QtWidgets.QMainWindow()   # 創建表單物件
    ui = Ui_MainWindow()                   # 創建 PyQt5 設計的表單物件
    ui.setupUi(MainWindow)                 # 呼叫 PyQt5 表單的方法對表單物件進行
初始化設定
```

```
    MainWindow.show()                            # 顯示表單
    sys.exit(app.exec_())                        # 程式關閉時退出處理程序
```

執行程式，在對應文字標籤中按 Enter 鍵，即可彈出對應的輸入框。姓名輸入框如圖 13.12 所示，年齡輸入框如圖 13.13 所示。

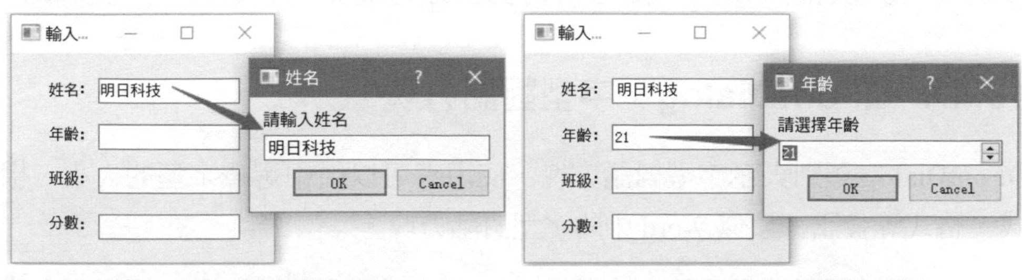

圖 13.12 姓名輸入框　　　　圖 13.13 年齡輸入框

班級輸入框如圖 13.14 所示，分數輸入框如圖 13.15 所示。

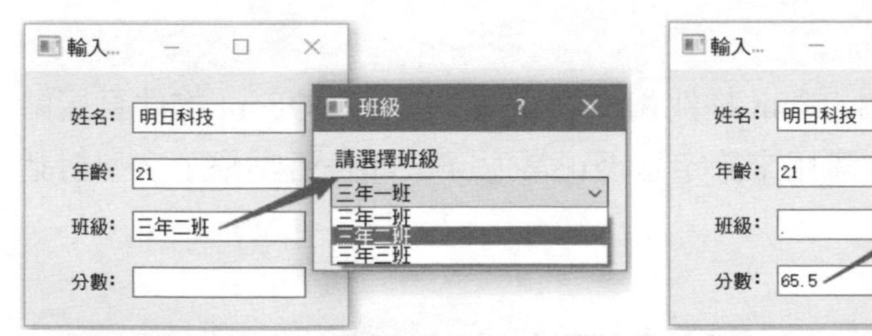

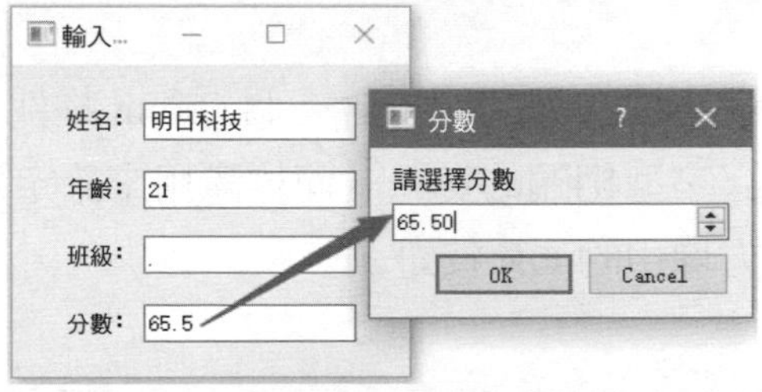

圖 13.14 班級輸入框　　　　圖 13.15 分數輸入框

說明

在彈出整數和小數輸入框時，使用者除了可以選擇其中的值以外，還可以手動輸入值，但不能超出設置的取值範圍。

13.4 字型和顏色對話方塊

字型對話方塊、顏色對話方塊通常用來對文字的字型、顏色進行設定，在 PyQt5 中，使用 QFontDialog 類別表示字型對話方塊，而使用 QColorDialog 類別表示顏色對話方塊。本節將對字型對話方塊和顏色對話方塊的使用介紹。

13.4.1 QFontDialog：字型對話方塊

QFontDialog 類別表示字型對話方塊，使用者可以從中選擇字型的大小、樣式、格式等資訊，類似 Word 中的字型對話方塊。

QFontDialog 類別最常用的方法是 getFont() 方法，用來獲取在字型對話方塊中選擇的字型相關的資訊，其語法如下：

```
QFontDialog.getFont()
```

該方法的返回值包含一個 QFont 物件和一個標識，其中，QFont 物件直接儲存字型相關的資訊，而標識用來確定是否正常返回，即是否點擊了字型對話方塊中的 OK 按鈕。

13.4.2 QColorDialog：顏色對話方塊

QColorDialog 類別表示顏色對話方塊，使用者可以從中選擇顏色。

QColorDialog 類別最常用的方法是 getColor() 方法，用來獲取在顏色對話方塊中選擇的顏色資訊，其語法如下：

```
QColorDialog.getColor()
```

該方法的返回值是一個 QColor 物件，儲存選擇的顏色相關的資訊。

選擇完顏色後，可以使用 QColor 物件的 isValid() 方法判斷選擇的顏色是否有效。

13.4.3 字型和顏色對話方塊的使用

本節透過一個實例講解 QFontDialog 字型對話方塊和 QColorDialog 顏色對話方塊在實際中的應用，這裡分別使用這兩個對話方塊對 TextEdit 文字標籤中文字的字型和顏色進行設定。

【實例 13.5】動態設定文字的字型和顏色（程式碼範例：書附程式\Code\13\05）

使用 Qt Designer 設計器創建一個 MainWindow 視窗，其中增加兩個 PushButton 控制項、一個水平佈局管理器和一個 TextEdit 控制項。其中，兩個 PushButton 控制項分別用來執行設定字型和顏色的操作；水平佈局管理器用來放置 TextEdit 控制項，以便使該控制項能自動適應大小；TextEdit 控制項用來輸入文字，以便表現設定的字型和顏色。設計完成後保存為 .ui 檔案，使用 PyUIC 工具將 .ui 檔案轉為 .py 檔案。

在轉換後的 .py 檔案中，首先自訂兩個槽函數 setfont() 和 setcolor()，分別用來設定 TextEdit 控制項中的字型和顏色；然後分別將這兩個自訂的槽函數綁定到兩個 PushButton 控制項的 clicked 訊號；最後為 .py 檔案增加 __main__ 主方法。完整程式如下：

```
from PyQt5 import QtCore, QtGui, QtWidgets
from PyQt5.QtWidgets import QFontDialog,QColorDialog
class Ui_MainWindow(object):
    def setupUi(self, MainWindow):
        MainWindow.setObjectName("MainWindow")
        MainWindow.resize(412, 166)
        self.centralwidget = QtWidgets.QWidget(MainWindow)
        self.centralwidget.setObjectName("centralwidget")
```

```
        # 增加"設定字型"按鈕
        self.pushButton = QtWidgets.QPushButton(self.centralwidget)
        self.pushButton.setGeometry(QtCore.QRect(10, 10, 75, 23))
        self.pushButton.setObjectName("pushButton")
        # 增加一個水平佈局管理器，主要為了使 TextEdit 控制項位於該區域中
        self.horizontalLayoutWidget = QtWidgets.QWidget(self.centralwidget)
        self.horizontalLayoutWidget.setGeometry(QtCore.QRect(10, 40, 401,
121))
        self.horizontalLayoutWidget.setObjectName("horizontalLayoutWidget")
        self.horizontalLayout = QtWidgets.QHBoxLayout(self.
horizontalLayoutWidget)
        self.horizontalLayout.setContentsMargins(0, 0, 0, 0)
        self.horizontalLayout.setObjectName("horizontalLayout")
        # 增加標籤控制項，用來表現設定的字型和顏色
        self.textEdit = QtWidgets.QTextEdit(self.horizontalLayoutWidget)
        self.textEdit.setObjectName("label")
        self.horizontalLayout.addWidget(self.textEdit)
        # 增加"設定顏色"按鈕
        self.pushButton_2 = QtWidgets.QPushButton(self.centralwidget)
        self.pushButton_2.setGeometry(QtCore.QRect(100, 10, 75, 23))
        self.pushButton_2.setObjectName("pushButton_2")
        MainWindow.setCentralWidget(self.centralwidget)
        self.retranslateUi(MainWindow)
        QtCore.QMetaObject.connectSlotsByName(MainWindow)
        # 為"設定字型"按鈕的 clicked 訊號連結槽函數
        self.pushButton.clicked.connect(self.setfont)
        # 為"設定顏色"按鈕的 clicked 訊號連結槽函數
        self.pushButton_2.clicked.connect(self.setcolor)
    def setfont(self):
        font, ok = QFontDialog.getFont()          # 字型對話方塊
        if ok:                                    # 如果選擇了字型
            self.textEdit.setFont(font)           # 將選擇的字型作為標籤的字型
    def setcolor(self):
        color = QColorDialog.getColor()           # 顏色對話方塊
```

```
        if color.isValid():                        # 判斷顏色是否有效
            self.textEdit.setTextColor(color)  # 將選擇的顏色作為標籤的字型
    def retranslateUi(self, MainWindow):
        _translate = QtCore.QCoreApplication.translate
        MainWindow.setWindowTitle(_translate("MainWindow", "MainWindow"))
        self.pushButton.setText(_translate("MainWindow", " 設定字型 "))
        self.textEdit.setText(_translate("MainWindow", " 敢想敢為 "))
        self.pushButton_2.setText(_translate("MainWindow", " 設定顏色 "))
# 主方法
if __name__ == '__main__':
    import sys
    app = QtWidgets.QApplication(sys.argv)
    MainWindow = QtWidgets.QMainWindow()              # 創建表單物件
    ui = Ui_MainWindow()                              # 創建 PyQt5 設計的表單物件
    ui.setupUi(MainWindow)                            # 呼叫 PyQt5 表單方法，對表單物件
初始化設定
    MainWindow.show()                                 # 顯示表單
    sys.exit(app.exec_())                             # 程式關閉時退出處理程序
```

執行程式，點擊「設定字型」按鈕，在彈出的對話方塊中設定完字型後，點擊 OK 按鈕，即可將選擇的字型應用於文字標籤中的文字，效果如圖 13.16 所示。

設定顏色時，首先需要選中要設定顏色的文字，然後點擊「設定顏色」按鈕，在彈出的對話方塊中選擇顏色後，點擊「OK」按鈕，即可將選擇的顏色應用於文字標籤中選中的文字，效果如圖 13.17 所示。

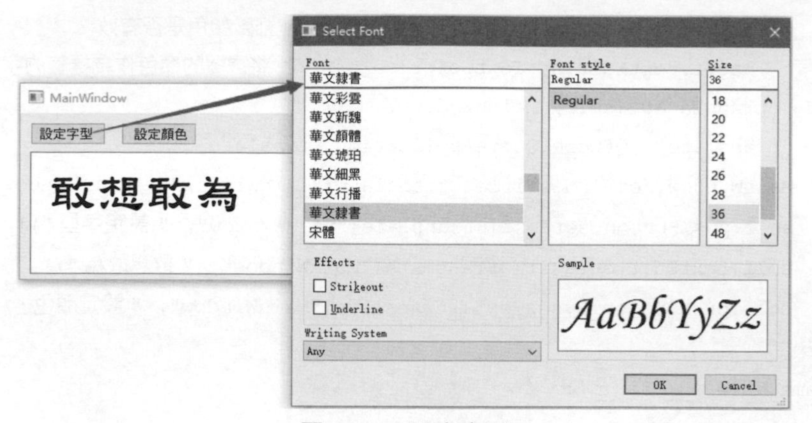

圖 13.16 設定字型

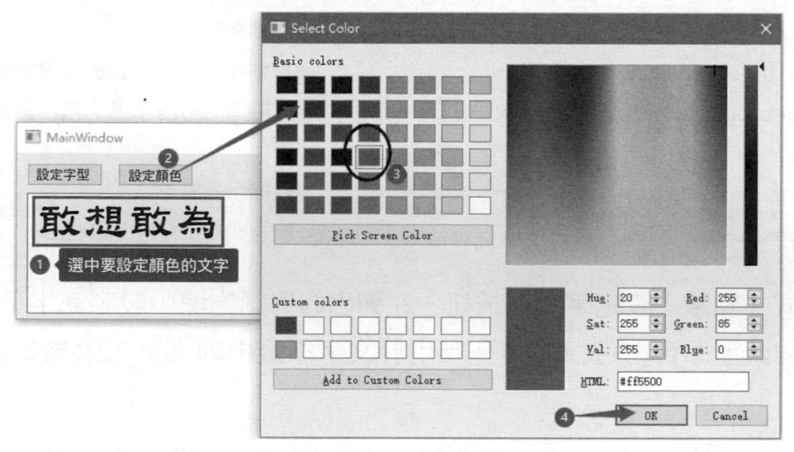

圖 13.17 設定顏色

13.5 小結

本章對 PyQt5 中的多種儲存格的使用進行了詳細講解，包括 QMessageBox 對話方塊、QFileDialog 檔案對話方塊、QInputDialog 輸入對話方塊、QFontDialog 字型對話方塊和 QColorDialog 顏色對話方塊。學習本章內容時，應該重點掌握 QMessageBox 對話方塊、QFileDialog 檔案對話方塊和 QInputDialog 輸入對話方塊的使用。

14

使用 Python 操作資料庫

程式執行的時候，資料都是在記憶體中的。當程式終止的時候，通常都需要將資料保存到磁碟上。為了便於程式保存和讀取資料，並能直接透過條件快速查詢到指定的資料，資料庫（Database）這種專門用於集中儲存和查詢的軟體應運而生。本章將介紹 Python 資料庫程式設計介面的知識，以及使用 SQLite 和 MySQL 儲存資料的方法。

14.1 資料庫程式設計介面

在專案開發中，資料庫應用必不可少。雖然資料庫的種類有很多，如 SQLite、MySQL、Oracle 等，但是它們的功能基本都是一樣的，為了對資料庫進行統一的操作，大多數語言都提供了簡單的、標準化的資料庫介面（API）。在 Python Database API 2.0 規範中，定義了 Python 資料庫 API 介面的各個部分，如模組介面、連線物件、游標物件、類型物件和建構元、DB API 的可選擴充以及可選的錯誤處理機制等。本節將重點介紹資料庫 API 介面中的連線物件和游標物件。

14.1.1 連線物件

資料庫連線物件（Connection Object）主要提供獲取資料庫游標物件和提交 / 回覆交易的方法，以及關閉資料庫連接。

1．獲取連線物件

如何獲取連線物件呢？這就需要使用 connect() 函數，該函數有多個參數，具體使用哪個參數，取決於使用的資料庫類型。舉例來說，如果存取 Oracle 資料庫和 MySQL 資料庫，則必須同時下載 Oracle 和 MySQL 資料庫模組，這些模組在獲取連線物件時，都需要使用 connect() 函數。connect() 函數常用的參數及說明如表 14.1 所示。

表 14.1 connect() 函數常用的參數及說明

參數	說明
dsn	資料來源名稱，列出該參數表示資料庫依賴
user	用戶名
password	使用者密碼
host	主機名稱
database	資料庫名稱

舉例來說，使用 PyMySQL 模組連接 MySQL 資料庫，範例程式如下：

```
conn = pymysql.connect(host='localhost',
                       user='user',
                       password='passwd',
                       db='test',
                       charset='utf8',
                       cursorclass=pymysql.cursors.DictCursor)
```

說明

上面程式中，pymysql.connect() 使用的參數與表 14.1 中並不完全相同。在使用時，要以具體的資料庫模組為準。

2·連線物件的方法

connect() 函數返回連線物件，該物件表示當前與資料庫的階段。連線物件支援的方法如表 14.2 所示。

表 14.2 連線物件方法

方法	說明
close()	關閉資料庫連接
commit()	提交交易
rollback()	回覆交易
cursor()	獲取游標物件，操作資料庫，如執行 DML 操作、呼叫預存程序等

技巧

commit() 方法用於提交事務，事務主要用於處理資料量大、複雜度高的資料。如果操作的是一系列的動作，例如，張三給李四轉帳，有以下兩種操作：

（1）張三帳戶金額減少；

（2）李四帳戶金額增加。

這時使用事務可以維護資料庫的完整性，保證兩個操作要麼全部執行，要麼全部不執行。

14.1.2 游標物件

游標物件（Cursor Object）代表資料庫中的游標，用於指示抓取資料操作的上下文，主要提供執行 SQL 敘述、呼叫預存程序、獲取查詢結果等方法。

如何獲取游標物件呢？透過使用連線物件的 cursor() 方法可以獲取游標物件。游標物件的主要屬性及說明如下。

☑ description 屬性：表示資料庫列類型和值的描述資訊。

☑ rowcount 屬性：返回結果的行數統計資訊，如 SELECT、UPDATE、CALLPROC 等。

游標物件的方法及說明如表 14.3 所示。

表 14.3 游標物件方法

方法名	說明
callproc(procname[, parameters])	呼叫預存程序，需要資料庫支援
close()	關閉當前游標
execute(operation[, parameters])	執行資料庫操作，SQL 敘述或資料庫命令
executemany(operation, seq_of_params)	用於批次操作，如批次更新
fetchone()	獲取查詢結果集中的下一筆記錄
fetchmany(size)	獲取指定數量的記錄
fetchall()	獲取結果集的所有記錄
nextset()	跳至下一個可用的結果集
arraysize()	指定使用 fetchmany() 獲取的行數，預設為 1
setinputsizes(sizes)	設定在呼叫 execute*() 方法時分配的記憶體區域大小
setoutputsize(sizes)	設定列緩衝區大小，對巨量資料列如 LONGS 和 BLOBS 尤其有用

14.2 使用內建的 SQLite

與許多其他資料庫管理系統不同，SQLite 不是一個用戶端 / 伺服器結構的資料庫引擎，而是一種嵌入式資料庫，該資料庫本身就是一個檔案。SQLite 將整個資料庫（包括定義、表、索引以及資料本身）作為一個單獨的、可跨平台使用的檔案儲存在主機中。由於 SQLite 本身是使用 C 語言開發的，而且體積很小，所以經常被整合到各種應用程式中。Python 就內建了 SQLite3，所以在 Python 中使用 SQLite 資料庫，不需要安裝任何模組，直接即可使用。

14.2.1 創建資料庫檔案

由於 Python 中已經內建了 SQLite3，所以可以直接使用 import 敘述匯入 SQLite3 模組。Python 操作資料庫的通用的流程如圖 14.1 所示。

【實例 14.1】創建 SQLite 資料庫檔案（程式碼範例：書附程式 \Code\14\01）

創建一個 mrsoft.db 的資料庫檔案，然後執行 SQL 敘述創建一個 user（使用者表），user 表包含 id 和 name 兩個欄位。具體程式如下：

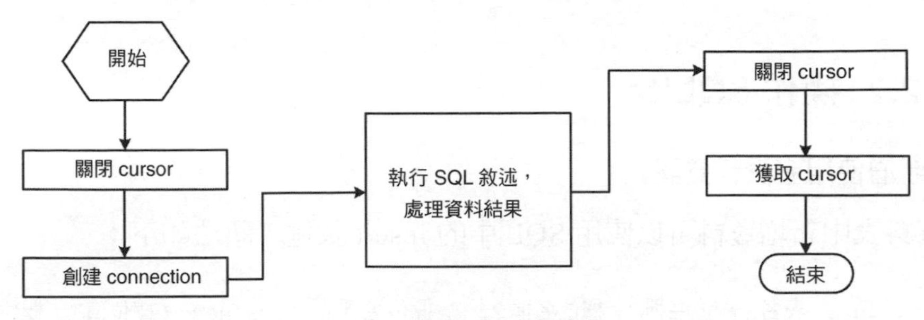

圖 14.1 操作資料庫流程

```
import sqlite3
# 連接到 SQLite 資料庫
# 資料庫檔案是 mrsoft.db，如果檔案不存在，會自動在目前的目錄創建
conn = sqlite3.connect('mrsoft.db')
# 創建一個 Cursor
cursor = conn.cursor()
# 執行一筆 SQL 敘述，創建 user 表
cursor.execute('create  table  user (id int(10)  primary key, name
varchar(20))')
# 關閉游標
cursor.close()
# 關閉 Connection
conn.close()
```

在上面程式中，使用 sqlite3.connect() 方法連接 SQLite 資料庫檔案 mrsoft.db，由於 mrsoft.db 檔案並不存在，所以會在本實例 Python 程式同級目錄下創建 mrsoft.db 檔案，該檔案包含了 user 表的相關資訊。mrsoft.db 檔案所在目錄如圖 14.2 所示。

圖 14.2 mrsoft.db 檔案所在目錄

說明

再次運行【實例 14.1】時，會出現提示資訊：sqlite3.OperationalError:table user alread exists。這是因為 user 表已經存在。

14.2.2 操作 SQLite

1．新增使用者資料資訊

向資料表中新增資料可以使用 SQL 中的 insert 敘述。語法如下：

```
insert into 表名 (欄位名稱 1, 欄位名稱 2,…, 欄位名稱 n)  values (欄位值 1, 欄位值 2,…, 欄位值 n)
```

在【實例 14.1】創建的 user 表中，有 2 個欄位，欄位名稱分別為 id 和 name，而欄位值需要根據欄位的資料類型來設定值，如 id 是一個長度為 10 的整數，name 是長度為 20 的字串類型資料。向 user 表中插入 3 筆使用者資訊記錄，則 SQL 敘述如下：

```
cursor.execute('insert into user (id, name) values (1, "MRSOFT")')
cursor.execute('insert into user (id, name) values (2, "Andy")')
cursor.execute('insert into user (id, name) values (3, "明日科技小幫手")')
```

下面透過一個實例介紹一下向 SQLite 資料庫中插入資料的流程。

【實例 14.2】新增使用者資料資訊（程式碼範例：書附程式 \Code\14\02）

由於在【實例 14.1】中已經創建了 user 表，所以本實例可以直接操作 user 表，在 user 表中插入 3 筆使用者資訊。此外，由於是新增資料，需要使用 commit() 方法提交交易。因為對於增加、修改和刪除操作，使用 commit() 方法提交交易後，如果對應操作失敗，可以使用 rollback() 方法回覆到操作之前的狀態。新增使用者資料資訊具體程式如下：

```
import sqlite3
# 連接到 SQLite 資料庫
```

```
# 資料庫檔案是 mrsoft.db
# 如果檔案不存在，會自動在目前的目錄創建
conn = sqlite3.connect('mrsoft.db')
# 創建一個 Cursor
cursor = conn.cursor()
# 執行一筆 SQL 敘述，插入一筆記錄
cursor.execute('insert into user (id, name) values (1, "MRSOFT")')
cursor.execute('insert into user (id, name) values (2, "Andy")')
cursor.execute('insert into user (id, name) values (3, " 明日科技小幫手 ")')
# 關閉游標
cursor.close()
# 提交交易
conn.commit()
# 關閉 Connection
conn.close()
```

向 user 表插入資料

提交事務

執行該程式，會向 user 表中插入 3 筆記錄。為驗證程式是否正常執行，可以再次執行，如果提示以下資訊，說明插入成功（因為 user 表已經保存了上一次插入的記錄，所以再次插入會顯示出錯）：

```
sqlite3.IntegrityError: UNIQUE constraint failed: user.id
```

2 · 查看使用者資料資訊

尋找資料表中的資料可以使用 SQL 中的 select 敘述。語法如下：

```
select  欄位名稱 1, 欄位名稱 2, 欄位名稱 3,…from 表名 where 查詢準則
```

查看使用者資訊的程式與插入資料資訊大致相同，不同點在於使用的 SQL 敘述不同。此外，查詢資料時通常使用以下 3 種方式。

☑ fetchone()：獲取查詢結果集中的下一筆記錄。

☑ fetchmany(size)：獲取指定數量的記錄。

☑ fetchall()：獲取結構集的所有記錄。

下面透過一個實例來查看這 3 種查詢方式的區別。

【實例 14.3】使用 3 種方式查詢使用者資料資訊（程式碼範例：書附程式\Code\14\03）

分別使用 fetchone()、fetchmany() 和 fetchall() 這 3 種方式查詢使用者資訊。具體程式如下：

```
import sqlite3
# 連接到 SQLite 資料庫，資料庫檔案是 mrsoft.db
conn = sqlite3.connect('mrsoft.db')
# 創建一個 Cursor
cursor = conn.cursor()
# 執行查詢敘述
cursor.execute('select * from user')
# 獲取查詢結果
result1 = cursor.fetchone()
print(result1)
# 關閉游標
cursor.close()
# 關閉 Connection
conn.close()
```

獲取查詢結果的敘述區塊

使用 fetchone() 方法返回的 result1 為一個元組，執行結果如下：

```
(1,'MRSOFT')
```

（1）修改【實例 14.3】的程式，將獲取查詢結果的敘述區塊程式修改為：

```
result2 = cursor.fetchmany(2) # 使用 fetchmany 方法查詢多筆資料
print(result2)
```

使用 fetchmany() 方法傳遞一個參數，其值為 2，預設為 1。返回的 result2 為一個串列，串列中包含 2 個元組。執行結果如下：

```
[(1,'MRSOFT'),(2,'Andy')]
```

（2）修改【實例 14.3】的程式，將獲取查詢結果的敘述區塊程式修改為：

```
result3 = cursor.fetchall() # 使用 fetchall 方法查詢所有資料
print(result3)
```

使用 fetchall() 方法返回的 result3 為一個串列，串列中包含所有 user 表中資料組成的元組。執行結果如下：

```
[(1,'MRSOFT'),(2,'Andy'),(3,' 明日科技 ')]
```

（3）修改【實例 14.3】的程式，將獲取查詢結果的敘述區塊程式修改為：

```
cursor.execute('select * from user where id > ?',(1,))
result3 = cursor.fetchall()
print(result3)
```

在 select 查詢敘述中，使用問號作為預留位置代替具體的數值，然後使用一個元組來替換問號（注意，不要忽略元組中最後的逗點）。上述查詢敘述等於：

```
cursor.execute('select * from user where id > 1')
```

執行結果如下：

```
[(2,'Andy'),(3,' 明日科技 ')]
```

說明

使用預留位置的方式可以避免 SQL 注入的風險，推薦使用這種方式。

3．修改使用者資料資訊

修改資料表中的資料可以使用 SQL 中的 update 敘述，語法如下：

```
update  表名 set 欄位名稱 = 欄位值 where 查詢準則
```

下面透過一個實例來講解如何修改 user 表中的使用者資訊。

【實例 14.4】修改使用者資料資訊（程式碼範例：書附程式 \Code\14\04）

將 SQLite 資料庫中 user 表 ID 為 1 的資料 name 欄位值「MRSOFT」修改為「MR」，並使用 fetchall() 方法獲取修改後表中的所有資料。具體程式如下：

```
import sqlite3
# 連接到 SQLite 資料庫，資料庫檔案是 mrsoft.db
conn = sqlite3.connect('mrsoft.db')
# 創建一個 Cursor
cursor = conn.cursor()
cursor.execute('update user set name = ? where id = ?',('MR',1))
cursor.execute('select * from user')
result = cursor.fetchall()
print(result)
# 關閉游標
cursor.close()
# 提交交易
conn.commit()
# 關閉 Connection:
conn.close()
```

執行結果如下：

```
[(1, 'MR'), (2, 'Andy'), (3, '明日科技小幫手')]
```

4．刪除使用者資料資訊

刪除資料表中的資料可以使用 SQL 中的 delete 敘述，語法如下：

```
delete from 表名 where 查詢準則
```

下面透過一個實例來講解如何刪除 user 表中指定使用者的資訊。

【實例 14.5】刪除使用者資料資訊（程式碼範例：書附程式 \Code\14\05）

將 SQLite 資料庫中 user 表 ID 為 1 的資料刪除，並使用 fetchall() 獲取表中的所有資料，查看刪除後的結果。具體程式如下：

```
import sqlite3
# 連接到 SQLite 資料庫，資料庫檔案是 mrsoft.db
conn = sqlite3.connect('mrsoft.db')
# 創建一個 Cursor
cursor = conn.cursor()
# 刪除 ID 為 1 的使用者
cursor.execute('delete from user where id = ?',(1,))
# 獲取所有使用者資訊
cursor.execute('select * from user')
# 記錄查詢結果
result = cursor.fetchall()
print(result)
# 關閉游標
cursor.close()
# 提交交易
conn.commit()
# 關閉 Connection:
conn.close()
```

執行上述程式後，user 表中 ID 為 1 的資料將被刪除。執行結果如下：

```
[(2, 'Andy'), (3, '明日科技小幫手')]
```

14.3 MySQL 資料庫的使用

MySQL 資料庫是 Oracle 公司所屬的一款開放原始碼資料庫軟體，由於其免費特性，獲得了全世界使用者的喜愛，本節將首先對 MySQL 資料庫的下載、安裝、設定介紹，然後講解如何使用 Python 操作 MySQL 資料庫。

14.3.1 下載安裝 MySQL

本節將主要對 MySQL 資料庫的下載、安裝、設定、啟動及管理進行講解。

1．下載 MySQL

MySQL 資料庫最新版本是 8.0 版，另外比較常用的還有 5.7 版本，本節將以 MySQL 8.0 為例講解其下載過程。

（1）在瀏覽器的網址列中輸入位址：https://dev.mysql.com/downloads/windows/installer/8.0.html，並按 Enter 鍵，將進入當前最新版本 MySQL 8.0 的下載頁面，選擇離線安裝套件，如圖 14.3 所示。

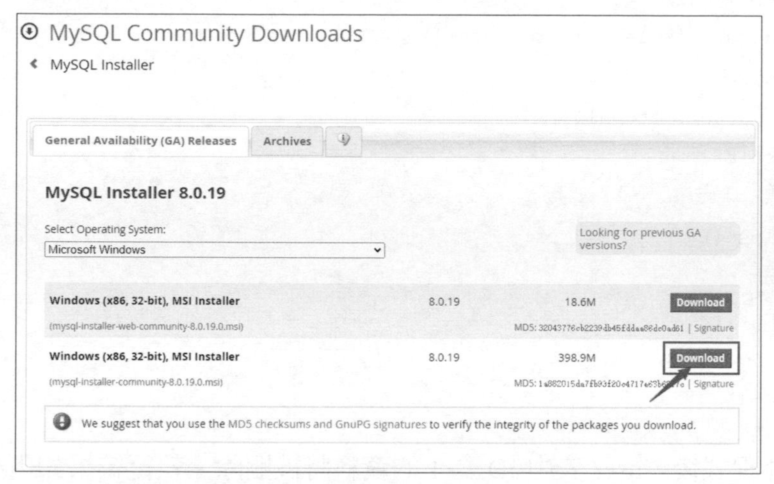

圖 14.3 MySQL 8.0 的下載頁面

說明

如果想要使用 MySQL 5.7 版本，可以造訪 https://dev.mysql.com/downloads/windows/installer/ 5.7.html 進行下載。

（2）點擊「Download」按鈕下載，進入開始下載頁面，如果有 MySQL 的帳戶，可以點擊 Login 按鈕，登入帳戶後下載，如果沒有，可以直接點擊下方的「No thanks, just start my download.」超連結，跳過註冊步驟，直接下載，如圖 14.4 所示。

2．安裝 MySQL

下載完成以後，開始安裝 MySQL。雙擊安裝檔案，在介面中選中「I accept the license terms」，點擊「Next」，進入選擇設定類型介面。在選擇設定中有 5 種類型，說明如下。

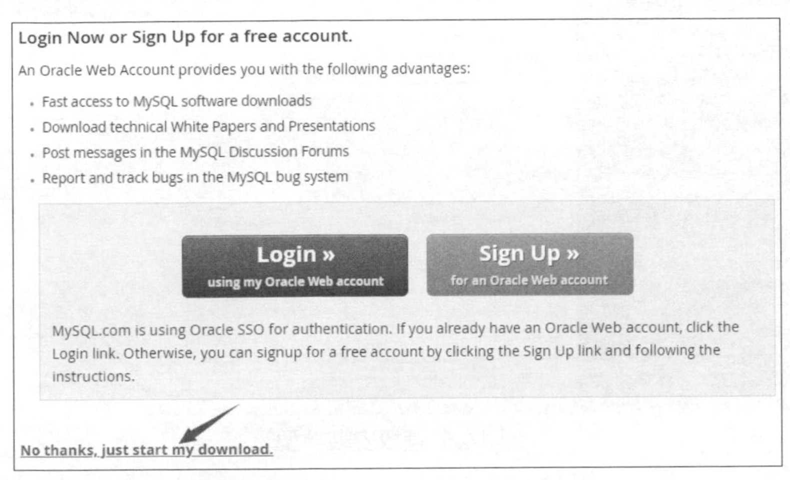

圖 14.4 不註冊，直接下載 MySQL

☑ Developer Default：安裝 MySQL 伺服器以及開發 MySQL 應用所需的工具。工具包括開發和管理伺服器的 GUI 工作環境、存取操作資料的 Excel 外掛程式、與 Visual Studio 整合開發的外掛程式、透過 NET/Java/C/C++/ODBC 等存取資料的連接器、官方範例和教學、開發文件等。

☑ Server only：僅安裝 MySQL 伺服器，適用於部署 MySQL 伺服器。

☑ Client only：僅安裝用戶端，適用於基於已存在的 MySQL 伺服器進行 MySQL 應用程式開發的情況。

☑ Full：安裝 MySQL 所有可用元件。

☑ Custom：自訂需要安裝的元件。

MySQL 會預設選擇「Developer Default」類型，這裡我們選擇純淨的「Server only」類型，如圖 14.5 所示，然後一直預設選擇安裝。

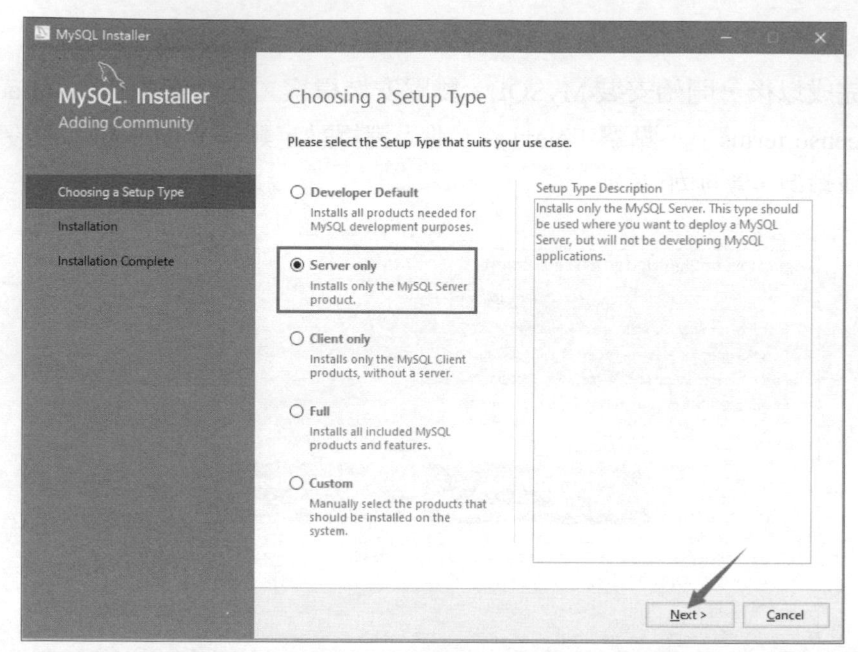

圖 14.5 選擇安裝類型

3．設定環境變數

安裝完成以後，預設的安裝路徑是「C:\Program Files\MySQL\MySQL Server 8.0\bin」。下面設定環境變數，以便在任意目錄下使用 MySQL 命令，這裡以 Windows 10 系統為例介紹。按右鍵「我的電腦」，選擇「內容」→「進階系統設定」→「環境變數」→「PATH」→「編輯」，在彈出的「編輯環境變數」對話方塊中，點擊「新建」按鈕，然後將「C:\Program Files\MySQL\MySQL Server 8.0\bin」寫入變數值中，如圖 14.6 所示。

4．啟動 MySQL

使用 MySQL 資料庫前，需要先啟動 MySQL。在 CMD 視窗中輸入命令列「net start mysql80」來啟動 MySQL 8.0。啟動成功後，使用帳戶和密碼進入 MySQL。輸入命令「mysql -u root -p」，按 Enter 鍵，提示「Enter password:」，輸入安裝 MySQL 時設定的密碼，這裡輸入「root」，即可進入 MySQL，如圖 14.7 所示。

圖 14.6 設定環境變數

```
C:\WINDOWS\system32>net start mysql80          啟動MySQL伺服器

C:\WINDOWS\system32>mysql -u root -p           進入MySQL
Enter password: ***
Welcome to the MySQL monitor.  Commands end with ; or \g.
Your MySQL connection id is 12
Server version: 8.0.19 MySQL Community Server - GPL

Copyright (c) 2000, 2020, Oracle and/or its affiliates. All rights

Oracle is a registered trademark of Oracle Corporation and/or its
affiliates. Other names may be trademarks of their respective
owners.

Type 'help;' or '\h' for help. Type '\c' to clear the current inpu

mysql>
```

圖 14.7 啟動 MySQL

技巧

如果在 CMD 命令視窗中使用「net start mysql80」命令啟動 MySQL 服務時，出現如圖 14.8 所示的提示，這主要是由於 Windows 10 系統的許可權設置引起的，只需要以管理員身份運行 CMD 命令視窗即可，如圖 14.9 所示。

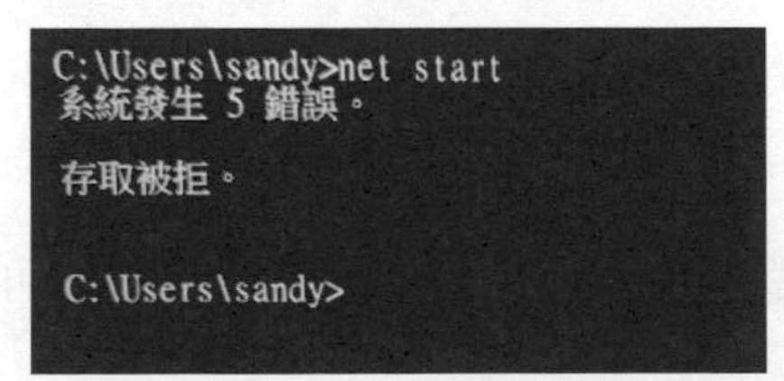

圖 14.8 啟動 MySQL 服務時的錯誤

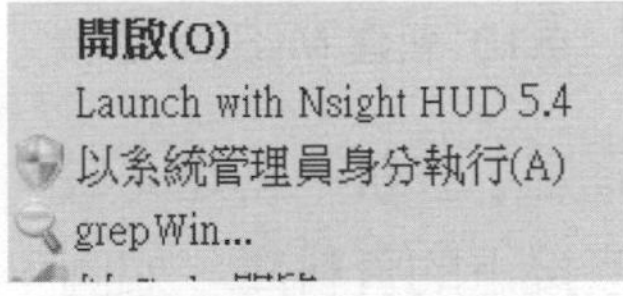

圖 14.9 以管理員身份執行 CMD 命令視窗

5．使用 Navicat for MySQL 管理軟體

在命令提示符號下操作 MySQL 資料庫的方式對初學者並不友善，而且需要有專業的 SQL 語言知識，所以各種 MySQL 圖形化管理工具應運而生，其中 Navicat for MySQL 就是一個廣受好評的桌面版 MySQL 資料庫管理和開發工具，它使用圖形化的使用者介面，可以讓使用者使用和管理 MySQL 資料庫更為輕鬆，官方網址：https://www.navicat.com.cn。

說明

Navicat for MySQL 是一個收費的資料庫管理軟體，官方提供免費試用版，可以試用 14 天，如果要繼續使用，需要從官方購買。

首先下載並安裝 Navicat for MySQL，安裝完之後打開，新建 MySQL 連接，如圖 14.10 所示。

彈出「新建連接」對話方塊，在該對話方塊中輸入連接資訊。輸入連接名，這裡輸入「mr」，輸入主機名稱或 IP 位址為「localhost」或「127.0.0.1」，輸入 MySQL 資料庫的登入密碼，這裡為「root」，如圖 14.11 所示。

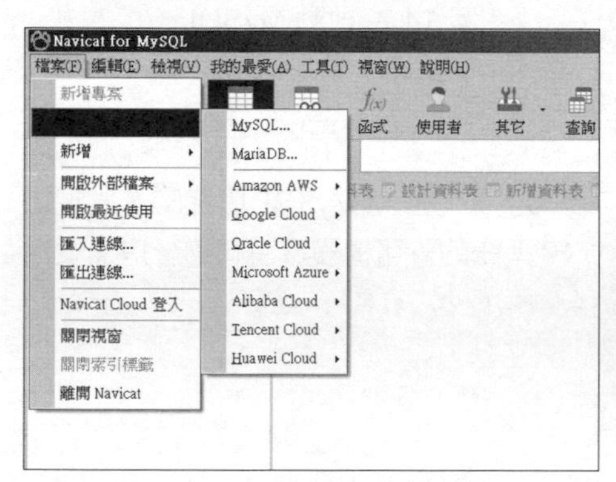

圖 14.10 新建 MySQL 連接

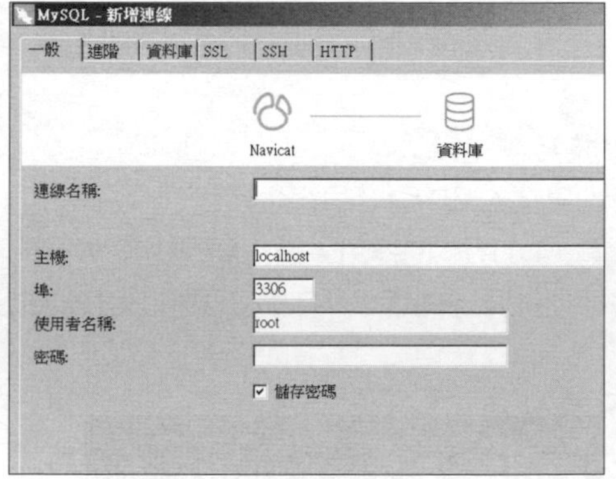

圖 14.11 輸入連接資訊

點擊「確定」按鈕，創建完成。此時，雙擊新建的資料連接名「mr」，即可查看該連接下的資料庫，如圖 14.12 所示。

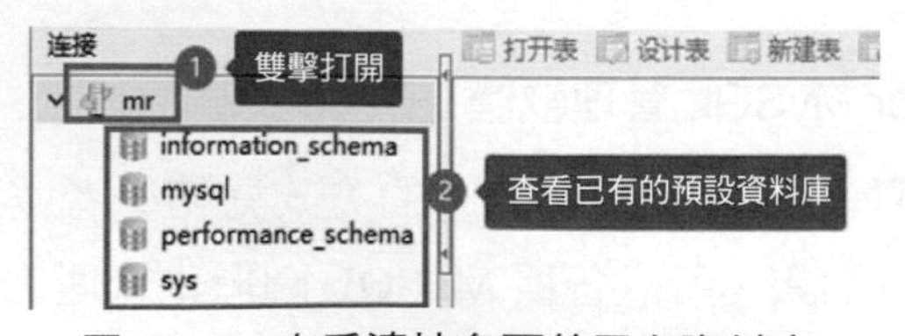

圖 14.12 查看連接名下的已有資料庫

下面使用 Navicat 創建一個名為「mrsoft」的資料庫，步驟為：按右鍵「mr」，選擇「新建資料庫」，輸入資料庫資訊，如圖 14.13 所示。

打開連接
關閉連接
新建連接 ..
複製連接 ..
刪除連接
連接屬性
打開資料庫
新建資料庫
1
新建資料庫
正常
2
資料庫名稱：
mrsoft
字元集：
utf8 -- UTF-8 Unicode
排序規則：
utf8_general_ci

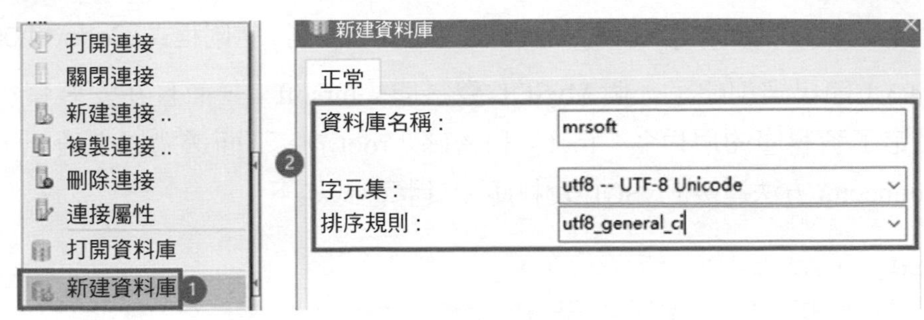

圖 14.13 創建資料庫

14.3.2 安裝 PyMySQL 模組

由於 MySQL 伺服器以獨立的處理程序執行，並透過網路對外服務，所以，需要支援 Python 的 MySQL 驅動連接到 MySQL 伺服器。在 Python 中支援 MySQL 資料庫的模組有很多，這裡選擇使用 PyMySQL。

PyMySQL 的安裝比較簡單，使用管理員身份執行系統的 CMD 命令視窗，然後輸入以下命令：

```
pip install PyMySQL
```

按 Enter 鍵，效果如圖 14.14 所示。

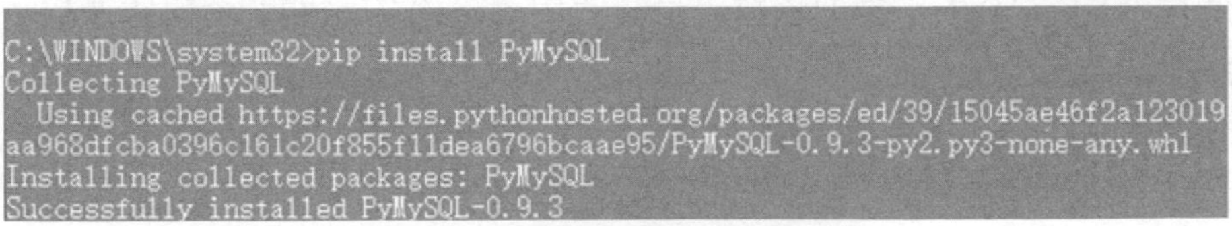

C:\WINDOWS\system32>pip install PyMySQL
Collecting PyMySQL
Using cached https://files.pythonhosted.org/packages/ed/39/15045ae46f2a123019aa968dfcba0396c161c20f855f11dea6796bcaae95/PyMySQL-0.9.3-py2.py3-none-any.whl
Installing collected packages: PyMySQL
Successfully installed PyMySQL-0.9.3

圖 14.14 安裝 PyMySQL 模組

14.3.3 連接資料庫

使用資料庫的第一步是連接資料庫，接下來使用 PyMySQL 模組連接 MySQL 資料庫。由於 PyMySQL 也遵循 Python Database API 2.0 規範，所以操作 MySQL 資料庫的方式與 SQLite 相似。

【實例 14.6】使用 PyMySQL 連接資料庫（程式碼範例：書附程式 \Code\14\06）

在 14.3.1 節已經創建了一個 MySQL 資料庫「mrsoft」，並且在安裝資料庫時設定了資料庫的用戶名「root」和密碼「root」。下面透過以上資訊，使用 connect() 方法連接 MySQL 資料庫。具體程式如下：

```
import pymysql
# 打開資料庫連接，參數 1：資料庫域名或 IP；參數 2：資料庫帳號；參數 3：資料庫密碼；
# 參數 4：資料庫名稱
db = pymysql.connect("localhost", "root", "root", "mrsoft")
# 使用 cursor() 方法創建一個游標物件 cursor
cursor = db.cursor()
# 使用 execute()  方法執行 SQL 查詢
cursor.execute("SELECT VERSION()")
# 使用 fetchone() 方法獲取單筆資料
data = cursor.fetchone()
print ("Database version : %s " % data)
# 關閉資料庫連接
db.close()
```

在上述程式中，首先使用 connect() 方法連接資料庫，並使用 cursor() 方法創建游標；然後使用 excute() 方法執行 SQL 敘述查看 MySQL 資料庫的版本，並使用 fetchone() 方法獲取資料；最後使用 close() 方法關閉資料庫連接。執行結果如下：

```
Database version : 8.0.19
```

14.3.4 創建資料表

資料庫連接成功以後，我們就可以為資料庫創建資料表了。下面透過 execute() 方法來為資料庫創建 books 圖書表。

【實例 14.7】創建 books 圖書表（程式碼範例：書附程式 \Code\14\07）

books 表包含 id（主鍵）、name（圖書名稱）、category（圖書分類）、price（圖書價格）和 publish_time（出版時間）5 個欄位。創建 books 表的 SQL 敘述如下：

```
CREATE TABLE books (
  id int(8) NOT NULL AUTO_INCREMENT,
  name varchar(50) NOT NULL,
  category varchar(50) NOT NULL,
  price decimal(10,2) DEFAULT NULL,
  publish_time date DEFAULT NULL,
  PRIMARY KEY (id)
) ENGINE=MyISAM AUTO_INCREMENT=1 DEFAULT CHARSET=utf8;
```

在創建資料表前，使用以下敘述檢測是否已經存在該資料庫：

```
DROP TABLE IF EXISTS 'books';
```

如果 mrsoft 資料庫中已經存在 books，那麼先刪除 books，然後再創建 books 資料表。具體程式如下：

```
import pymysql
# 打開資料庫連接
db = pymysql.connect("localhost", "root", "root", "mrsoft")
# 使用 cursor() 方法創建一個游標物件 cursor
cursor = db.cursor()
# 使用 execute() 方法執行 SQL，如果表存在則刪除
cursor.execute("DROP TABLE IF EXISTS books")
# 使用前置處理敘述創建表
sql = """
CREATE TABLE books (
  id int(8) NOT NULL AUTO_INCREMENT,
  name varchar(50) NOT NULL,
  category varchar(50) NOT NULL,
```

```
  price decimal(10,2) DEFAULT NULL,
  publish_time date DEFAULT NULL,
  PRIMARY KEY (id)
) ENGINE=MyISAM AUTO_INCREMENT=1 DEFAULT CHARSET=utf8;
"""
# 執行 SQL 敘述
cursor.execute(sql)
# 關閉資料庫連接
db.close()
```

執行上述程式後，在mrsoft資料庫中即可創建一個books表。打開Navicat（如果已經打開，請按F5鍵刷新），發現mrsoft資料庫下多了一個books表，按右鍵books，選擇「設計表」，效果如圖14.15所示。

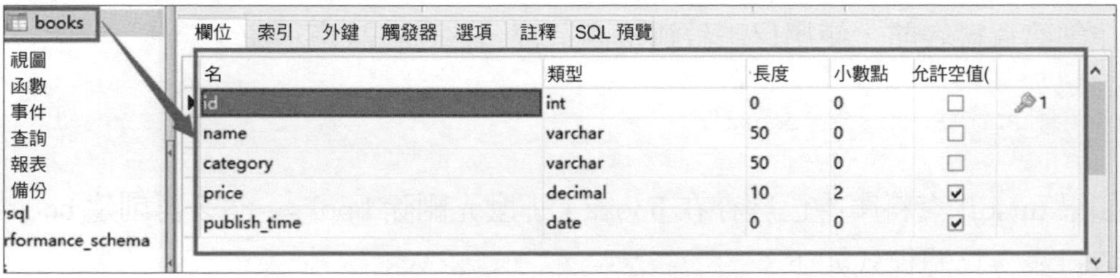

圖 14.15 創建 books 表效果

14.3.5 操作 MySQL 資料表

MySQL資料表的操作主要包括資料的增刪改查，與操作SQLite類似，這裡透過一個實例講解如何在books表中新增資料，以及如何修改、刪除和尋找資料。

【實例 14.8】批次增加圖書資料（程式碼範例：書附程式 \Code\14\08）

在在books圖書表中插入圖書資料時，可以使用excute()方法增加一筆記錄，也可以使用executemany()方法批次增加多筆記錄。executemany()方法格式如下：

```
executemany(operation, seq_of_params)
```

☑ operation：操作的 SQL 敘述。

☑ seq_of_params：參數序列。

使用 executemany() 方法批次增加多筆記錄的具體程式如下：

```
import pymysql
# 打開資料庫連接
db = pymysql.connect("localhost", "root", "root", "mrsoft",charset="utf8")
# 使用 cursor() 方法獲取操作游標
cursor = db.cursor()
# 資料列表
data = [(" 零基礎學 Python",'Python','79.80','2018-5-20'),
        ("Python 從入門到專案實踐 ",'Python','99.80','2019-6-18'),
        ("PyQt5 從入門到實踐 ",'Python','69.80','2020-5-21'),
        ("OpenCV 從入門到實踐 ",'Python','69.80','2020-5-21'),
        ("Python 演算法從入門到實踐 ",'Python','69.80','2020-5-21'),
       ]
try:
    # 執行 sql 敘述，插入多筆資料
    cursor.executemany("insert into books(name, category, price, publish_
time) values (%s,%s,%s,%s)", data)
    # 提交資料
    db.commit()
except:
    # 發生錯誤時回覆
    db.rollback()
# 關閉資料庫連接
db.close()
```

在上面的程式中，需要注意以下幾點。

☑ 使用 connect() 方法連接資料庫時，額外設定字元集 charset=utf8，可以防止插入中文時出現亂碼。

☑ 在使用 insert 敘述插入資料時，使用 %s 作為預留位置，可以防止 SQL 注入。

執行程式，然後在 Navicat 中查看 books 表中的資料，如圖 14.16 所示。

id	name	category	price	publish_time
1	零基礎學 Python	Python	79.8	2018-05-20
2	Python 從入門到專案實踐	Python	99.8	2019-06-18
3	PyQt5 從入門到實踐	Python	69.8	2020-05-21
4	OpenCV 從入門到實踐	Python	69.8	2020-05-21
5	Python 演算法從入門到實踐	Python	69.8	2020-05-21

圖 14.16 插入的 books 表中的資料

14.4 小結

本章主要介紹了使用 Python 操作資料庫的基礎知識。閱讀本章後，，讓讀者能夠瞭解 Python 資料庫程式設計介面，並掌握 Python 操作資料庫的通用流程，掌握資料庫連線物件的常用方法，並能夠具備獨立完成設計資料庫的能力。希望本章能夠造成 磚引玉的作用，從而幫助讀者在此基礎上更深層次地學習 Python 操作 SQLite 和 MySQL 資料庫的相關技術，並能夠應用於實際的專案開發中。

15 表格控制項的使用

表格控制項可以以行和列的形式顯示資料，比如在需要顯示車票資訊、薪資收入、進銷存報表、學生成績等類似的資料時，通常都採用表格來顯示，舉例來說，在 12306 網站中顯示火車票資訊時就使用表格來顯示。本章將對 PyQt5 中的表格控制項使用進行詳細講解。

15.1 TableWidget 表格控制項

PyQt5 提供了兩種表格控制項，分別是 TableWidget 和 TableView，其中，TableView 是以模型為基礎的，它是 TableWidget 的父類別，使用 TableView 時，首先需要建立模型，然後再保存資料；而 TableWidget 是 TableView 的升級版本，它已經內建了一個資料儲存模型 QTableWidgetItem，我們在使用時，不必自己建立模型，而直接使用 setItem() 方法即可增加資料。所以在實際開發時，推薦使用 TableWidget 控制項作為表格，TableWidget 控制項圖示如圖 15.1 所示。

Table Widget

圖 15.1 TableWidget 控制項圖示

由於 QTableWidget 類別繼承自 QTableView，因此，它具有 QTableView 的所有公共方法，另外，它還提供了一些自身特有的方法，如表 15.1 所示。

表 15.1 QTableWidget 類別的常用方法及說明

方法	說明
setRowCount()	設定表格的行數
setColumnCount()	設定表格的列數
setHorizontalHeaderLabels()	設定表格中的水平標題名稱
setVerticalHeaderLabels()	設定表格中的垂直標題名稱
setItem()	設定每個儲存格中的內容
setCellWidget()	設定儲存格的內容為 QWidget 控制項
resizeColumnsToContents()	使表格的列的寬度跟隨內容改變
resizeRowsToContents()	使表格的行的高度跟隨內容改變
setEditTriggers()	設定表格是否可以編輯，設定值如下。 ◆ QAbstractItemView.NoEditTriggers0No：不能編輯表格內容； ◆ QAbstractItemView.CurrentChanged1Editing：允許對儲存格進行編輯； ◆ QAbstractItemView.DoubleClicked2Editing：雙擊時可以編輯儲存格； ◆ QAbstractItemView.SelectedClicked4Editing：點擊時可以編輯儲存格； ◆ QAbstractItemView.EditKeyPressed8Editing：按修改鍵時可以編輯儲存格； ◆ QAbstractItemView.AnyKeyPressed16Editing：按任意鍵都可以編輯儲存格
setSpan()	合併儲存格，該方法的 4 個參數如下。 ◆ row：要改變的儲存格的行索引； ◆ column：要改變的儲存格的列索引； ◆ rowSpanCount：需要合併的行數； ◆ columnSpanCount：需要合併的列數
setShowGrid()	設定是否顯示格線，預設不顯示
setSelectionBehavior()	設定表格的選擇行為，設定值如下。 ◆ QAbstractItemView.SelectItems0Selecting：選中目前的儲存格； ◆ QAbstractItemView.SelectRows1Selecting：選中整行； ◆ QAbstractItemView.DoubleClicked2Editing：選中整列

方法	說明
setTextAlignment()	設定儲存格內文字的對齊方式，設定值如下。 ◆ Qt.AlignLeft：與儲存格左邊緣對齊； ◆ Qt.AlignRight：與儲存格右邊緣對齊； ◆ Qt.AlignHCenter：儲存格內水平置中對齊； ◆ Qt.AlignJustify：儲存格內兩端對齊； ◆ Qt.AlignTop：與儲存格頂部邊緣對齊； ◆ Qt.AlignBottom：與儲存格底部邊緣對齊； ◆ Qt.AlignVCenter：儲存格內垂直置中對齊
setAlternatingRowColors()	設定表格顏色交錯顯示
setColumnWidth()	設定儲存格的寬度
setRowHeight()	設定儲存格的高度
sortItems()	設定儲存格內容的排序方式，設定值如下。 ◆ Qt.DescendingOrder：降冪； ◆ Qt.AscendingOrder：昇冪
rowCount()	獲取表格中的行數
columnCount()	獲取表格中的列數
verticalHeader()	獲取表格的垂直標頭
horizontalHeader()	獲取表格的水平標頭

QTableWidgetItem 類別表示 QTableWidget 中的儲存格，一個表格就是由多個儲存格組成的，QTableWidgetItem 類別的常用方法如表 15.2 所示。

表 15.2 QTableWidgetItem 類別的常用方法及說明

方法	說明
setText()	設定儲存格的文字
setCheckState()	設定指定儲存格的選中狀態，設定值如下。 ◆ Qt.Checked：儲存格選中； ◆ Qt.Unchecked：儲存格未選中
setIcon()	為儲存格設定圖示
setBackground()	設定儲存格的背景顏色
setForeground()	設定儲存格內文字的顏色
setFont()	設定儲存格內文字的字型
text()	獲取儲存格的文字

下面對 TableWidget 控制項的常見用法進行講解。

15.2 在表格中顯示資料庫資料

使用 TableWidget 控制項顯示資料主要用到 QTableWidgetItem 類別，使用該類別創建表格中的儲存格，並指定要顯示的文字或圖示後，即可使用 TableWidget 物件的 setItem() 方法將其增加到表格中。

【實例 15.1】使用表格顯示 MySQL 資料（程式碼範例：書附程式\Code\15\01）

創建一個 .py 檔案，匯入 PyQt5 中的對應模組，在該程式中，主要使用 PyMySQL 模組從資料庫中查詢資料，並且將查到的資料顯示在 TableWidget 表格中。程式如下：

```
from PyQt5.QtWidgets import *
class Demo(QWidget):
    def __init__(self,parent=None):
        super(Demo,self).__init__(parent)
        self.initUI()                              # 初始化視窗
    def initUI(self):
        self.setWindowTitle("使用表格顯示資料庫中的資料")
        self.resize(400,180)                       # 設定視窗大小
        vhayout=QHBoxLayout()                      # 創建水平佈局
        table=QTableWidget()                       # 創建表格
        import pymysql
        # 打開資料庫連接
        db = pymysql.connect("localhost", "root", "root",
"mrsoft",charset="utf8")
        cursor = db.cursor()                       # 使用 cursor() 方法獲取操作游標
        cursor.execute("select * from books")  # 執行 SQL 敘述
        result=cursor.fetchall()                   # 獲取所有記錄
```

```
        row = cursor.rowcount                        # 取得記錄個數，用於設定表格的行數
        vol = len(result[0])                         # 取得欄位數，用於設定表格的列數
        cursor.close()                               # 關閉游標
        db.close()                                   # 關閉連接
        table.setRowCount(row)                       # 設定表格行數
        table.setColumnCount(vol)                    # 設定表格列數
        table.setHorizontalHeaderLabels(['ID','圖書名稱','圖書分類','圖書價格
','出版時間'])
# 設定表格的標題名稱
        for i in range(row):                         # 遍歷行
            for j in range(vol):                     # 遍歷列
                data = QTableWidgetItem(str(result[i][j]))      # 轉換後可插入
表格
                table.setItem(i, j, data)
        table.resizeColumnsToContents()               # 使列寬跟隨內容改變
        table.resizeRowsToContents()                  # 使行高度跟隨內容改變
        table.setAlternatingRowColors(True)           # 使表格顏色交錯顯示
        vhayout.addWidget(table)                      # 將表格增加到水平佈局中
        self.setLayout(vhayout)                       # 設定當前視窗的佈局方式
if __name__=='__main__':
    import sys
    app=QApplication(sys.argv)                       # 創建視窗程式
    demo=Demo()                                      # 創建視窗類別物件
    demo.show()                                      # 顯示視窗
    sys.exit(app.exec_())
```

執行程式，效果如圖 15.2 所示。

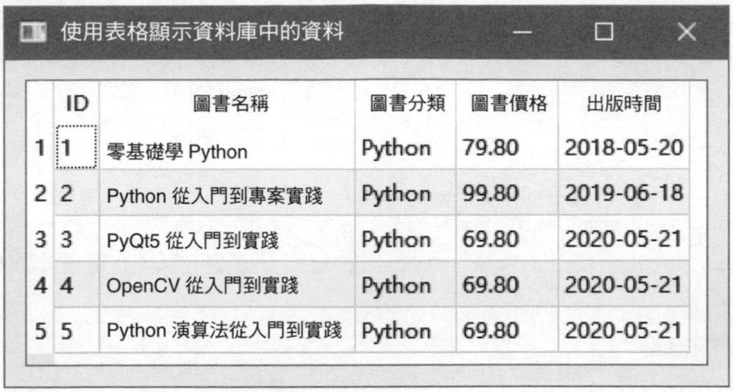

使用表格顯示資料庫中的資料

	ID	圖書名稱	圖書分類	圖書價格	出版時間
1	1	零基礎學 Python	Python	79.80	2018-05-20
2	2	Python 從入門到專案實踐	Python	99.80	2019-06-18
3	3	PyQt5 從入門到實踐	Python	69.80	2020-05-21
4	4	OpenCV 從入門到實踐	Python	69.80	2020-05-21
5	5	Python 演算法從入門到實踐	Python	69.80	2020-05-21

圖 15.2 使用表格顯示 MySQL 資料

15.3 隱藏垂直標題

表格在顯示資料時，預設會以編號的形式自動形成一列垂直標題，如果需要隱藏，可以使用 verticalHeader() 獲取垂直標題，然後使用 setVisible() 方法將其隱藏。程式如下：

```
table.verticalHeader().setVisible(False) # 隱藏垂直標題
```

比較效果如圖 15.3 所示。

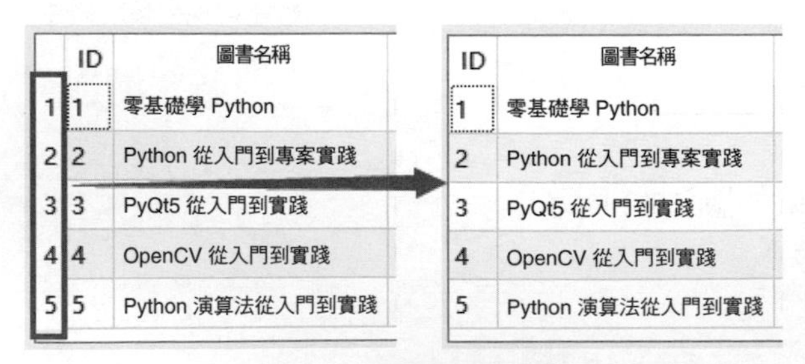

圖 15.3 隱藏垂直標題

技巧

如果需要隱藏表格的水平標題，可以使用如下程式：

```
table.horizontalHeader().setVisible(False)                # 隱藏水平標題
```

15.4 設定最後一列自動填充容器

表格中的列預設會以預設寬度顯示，但如果遇到視窗伸縮的情況，在放大視窗時，由於表格是固定的，就會造成視窗中可能會出現大面積的空白區域，影響整體的美觀。在 PyQt5 中可以使用 setstret-chlastSection( ) 方法將表格的最後一列設定為自動伸縮列，這樣就可以自動填充整個容器。程式如下：

```
table.horizontalHeader().setStretchLastSection(True) # 設定最後一列自動填充容器
```

技巧

上面的程式將最後一列設置為了自動伸縮列，除此之外，還可以將整個表格設置為自動伸縮模式，這樣，在放大或者縮小視窗時，整個表格的所有列都會按比例自動縮放。程式如下：

```
table.horizontalHeader().setSectionResizeMode(QtWidgets.QHeaderView.
Stretch)
```

比較效果如圖 15.4 所示。

	ID	圖書名稱	圖書分類	圖書價格	出版時間
1	1	零基礎學 Python	Python	79.80	2018-05-20
2	2	Python 從入門到專案實踐	Python	99.80	2019-06-18
3	3	PyQt5 從入門到實踐	Python	69.80	2020-05-21
4	4	OpenCV 從入門到實踐	Python	69.80	2020-05-21
5	5	Python 演算法從入門到實踐	Python	69.80	2020-05-21

	ID	圖書名稱	圖書分類	圖書價格	出版時間
1	1	零基礎學 Python	Python	79.80	2018-05-20
2	2	Python 從入門到專案實踐	Python	99.80	2019-06-18
3	3	PyQt5 從入門到實踐	Python	69.80	2020-05-21
4	4	OpenCV 從入門到實踐	Python	69.80	2020-05-21
5	5	Python 演算法從入門到實踐	Python	69.80	2020-05-21

圖 15.4 設定最後一列自動填充容器

15.5 禁止編輯儲存格

當雙擊表格中的某個儲存格時，表格中的資料在預設情況下是可以編輯的，但如果只需要查看資料，則可以使用表格物件的 setEditTriggers() 方法將表格的儲存格設定為禁止編輯狀態。程式如下：

```
table.setEditTriggers(QtWidgets.QAbstractItemView.NoEditTriggers)
# 禁止編輯儲存格
```

比較效果如圖 15.5 所示。

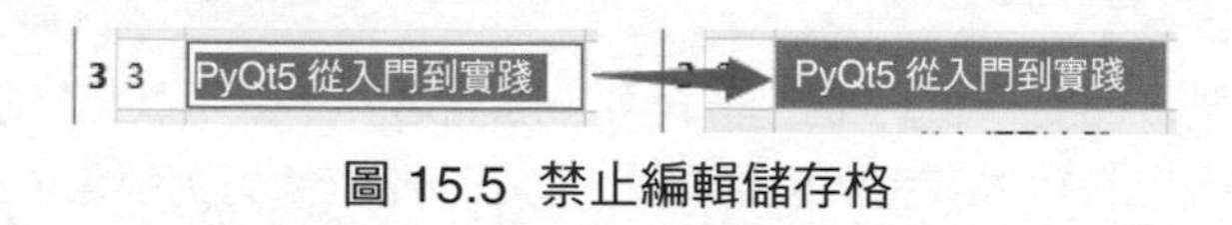

圖 15.5 禁止編輯儲存格

15.6 設定儲存格的文字顏色

使用 QTableWidgetItem 物件的 setForeground() 方法可以設定儲存格內文字的顏色，其參數為一個 QBrush 物件，在該物件中可以使用顏色名或 RGB 值來對顏色進行設定。舉例來說，將【實例 15.1】中表格內的文字設定為綠色。程式如下：

```
data.setForeground(QtGui.QBrush(QtGui.QColor("green"))) # 設定儲存格文字顏色
```

比較效果如圖 15.6 所示。

	ID	圖書名稱	圖書分類	圖書價格	出版時間
1	1	零基礎學Python	Python	79.80	2018-05-20
2	2	Python從入門到專案實踐	Python	99.80	2019-06-18

	ID	圖書名稱	圖書分類	圖書價格	出版時間
1	1	零基礎學Python	Python	79.80	2018-05-20
2	2	Python從入門到專案實踐	Python	99.80	2019-06-18

圖 15.6 設定儲存格的文字顏色

如果需要設置儲存格的背景顏色，可以使用 setBackground() 方法，例如，將儲存格背景設置為黃色，程式如下：

```
data.setBackground(QtGui.QBrush(QtGui.QColor("yellow"))) # 設置儲存格背景顏色
```

效果如圖 15.7 所示。

		圖書名稱	圖書分類	圖書價格	出版時間
1	1	零基礎學 Python	Python	79.80	2018-05-20
2	2	Python 從入門到專案實踐	Python	99.80	2019-06-18
3	3	PyQt5 從入門到實踐	Python	69.80	2020-05-21
4	4	OpenCV 從入門到實踐	Python	69.80	2020-05-21
5	5	Python 演算法從入門到實踐	Python	69.80	2020-05-21

圖 15.7 設置儲存格的背景顏色

15.7 設定指定列的排序方式

使用 QTableWidget 物件的 sortItems() 方法，可以設定表格中指定列的排序方式。其語法如下：

```
sortItems(column, order)
```

參數說明如下。

☑ column：一個整數字，表示要進行排序的列索引。

☑ order：一個枚舉值，指定排序方式，其中，Qt.DescendingOrder 表示降冪，Qt.AscendingOrder 表示昇冪。

舉例來說，將【實例 15.1】中表格內的「出版時間」一列按照降冪排列，由於「出版時間」列的索引是 4，所以程式編寫如下：

```
table.sortItems(4,QtCore.Qt.DescendingOrder) # 設定降冪排序
```

比較效果如圖 15.8 所示。

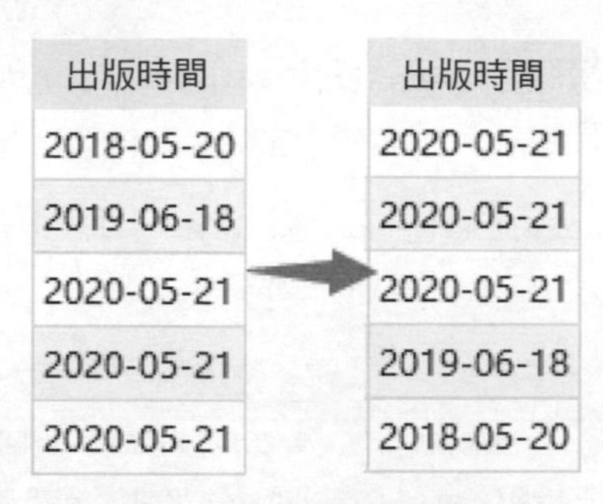

圖 15.8 設定降冪排序

15.8 在指定列中顯示圖片

表格除了可以顯示文字，還可以顯示圖片，顯示圖片可以在創建 QTableWidgetItem 物件時傳入 QIcon 圖示物件實現。舉例來說，在【實例 15.1】的表格中的第 4 列「出版時間」旁邊顯示一個日曆圖片，程式如下：

```
if j==4:                                          # 如果是第 4 列，則顯示圖片
    data = QTableWidgetItem(QtGui.QIcon("date.png"),str(result[i][j]))
# 插入文字和圖片
else:
    data = QTableWidgetItem(str(result[i][j]))  # 直接插入文字
```

比較效果如圖 15.9 所示。

	ID	圖書名稱	圖書分類	圖書價格	出版時間
1	1	零基礎學 Python	Python	79.80	2018-05-20
2	2	Python 從入門到專案實踐	Python	99.80	2019-06-18
3	3	PyQt5 從入門到實踐	Python	69.80	2020-05-21
4	4	OpenCV 從入門到實踐	Python	69.80	2020-05-21
5	5	Python 演算法從入門到實踐	Python	69.80	2020-05-21

書價格	出版時間
.80	21 2018-05-20
.80	21 2019-06-18
.80	21 2020-05-21
.80	21 2020-05-21
.80	21 2020-05-21

圖 15.9 在儲存格中顯示圖片

15.9 在指定列中增加 PyQt5 標準控制項

TableWidget 表格不僅可以顯示文字、圖片，還可以顯示 PyQt5 的標準控制項，實現該功能需要使用 setCellWidget() 方法，語法如下：

```
setCellWidget(row, column, QWidget)
```

參數說明如下。

☑ row：一個整數字，表示要增加控制項的儲存格的行索引。
☑ column：一個整數字，表示要增加控制項的儲存格的列索引。
☑ QWidget：PyQt5 標準控制項。

舉例來說，將【實例 15.1】的表格中的第 2 列「圖書分類」顯示為一個 ComboBox 下拉清單，允許使用者從中選擇資料。程式如下：

```
# 將第 2 列設定為 ComboBox 下拉清單
if j==2:                                          # 判斷是否為第 2 列
    comobox = QComboBox()                         # 創建一個下拉清單物件
    # 為下拉清單設定資料來源
    comobox.addItems(['Python', 'Java', 'C 語言 ', '.NET'])
    comobox.setCurrentIndex(0)                    # 預設選中第一項
    table.setCellWidget(i,2,comobox)              # 將創建的下拉清單顯示在表格中
else:
    data = QTableWidgetItem(str(result[i][j])) # 轉換後可插入表格
    table.setItem(i, j, data)
```

比較效果如圖 15.10 所示。

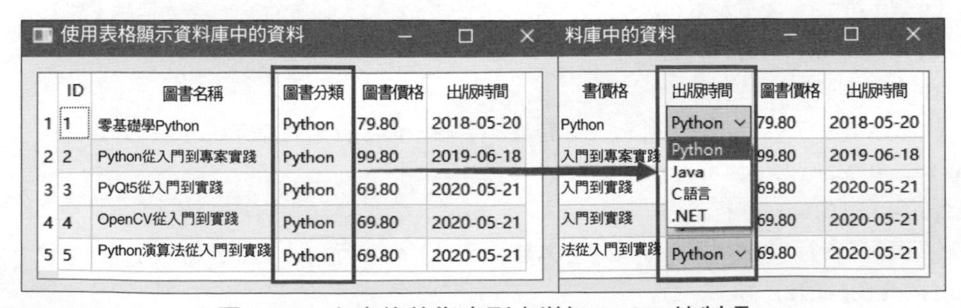

圖 15.10 在表格的指定列中增加 PyQt5 控制項

技巧

透過使用 setCellWidget() 方法可以向表格中添加任何 PyQt5 標準控制項，例如，在實際專案開發中常見的「查看詳情」「編輯」「刪除」按鈕、指示某行是否選中的核取方塊等。

15.10 合併指定儲存格

在實際專案開發中，經常遇到合併儲存格的情況。舉例來說，在【實例 15.1】中，有部分圖書的價格相同，出版時間相同，另外，還有部分圖書的圖書分類相同，遇到類似這種情況，就可以將顯示相同資料的儲存格進行合併。在 PyQt5 中合併表格的儲存格，需要使用 setSpan() 方法，該方法的語法如下：

```
setSpan(row, column, rowSpanCount,columnSpanCount)
```

參數說明如下。

☑ row：一個整數字，表示要改變的儲存格的行索引。

☑ column：一個整數字，表示要改變的儲存格的列索引。

☑ rowSpanCount：一個整數字，表示需要合併的行數。

☑ columnSpanCount：一個整數字，表示需要合併的列數。

舉例來說，將【實例 15.1】中顯示相同資料的儲存格進行合併，程式如下：

```
# 合併第 3 列的第 1—5 行
# （0 表示第 1 行，2 表示第 3 列，5 表示跨越 5 行 <1、2、3、4、5 行 >，1 表示跨越 1 列）
table.setSpan(0, 2, 5, 1)
# 合併第 4 列的第 3—5 行
# （2 表示第 3 行，3 表示第 4 列，3 表示跨越 3 行 <3、4、5 行 >，1 表示跨越 1 列）
table.setSpan(2, 3, 3, 1)
# 合併第 5 列的第 3—5 行
# （2 表示第 3 行，4 表示第 5 列，3 表示跨越 3 行 <3、4、5 行 >，1 表示跨越 1 列）
table.setSpan(2, 4, 3, 1)
```

比較效果如圖 15.11 所示。

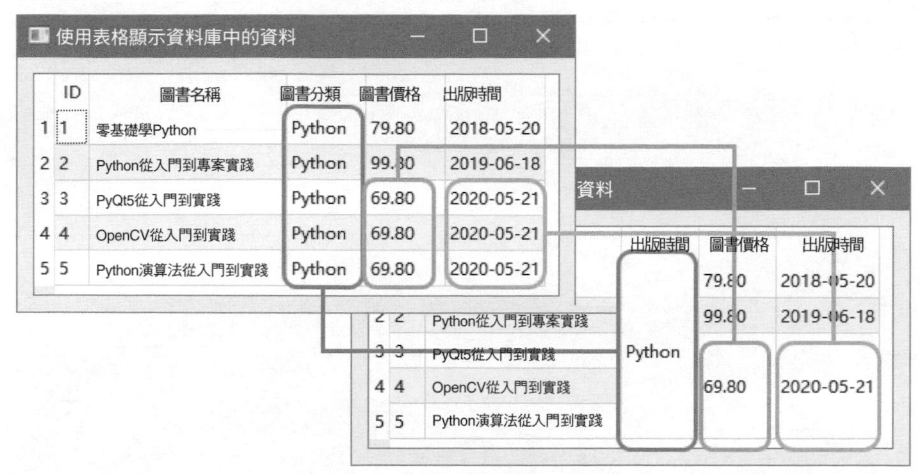

圖 15.11 合併內容相同的儲存格

15.11 小結

表格是介面中顯示資料最常採用的一種方式，在 PyQt5 中使用 TableWidget 表示表格控制項，本章首先對如何使用表格控制項顯示資料庫中的資料進行了講解，然後對表格的各種操作設定進行了講解，包括內容自動填充、禁止編輯儲存格、設定顏色、排序、在表格中顯示圖片、合併儲存格等。閱讀本章後，讀者應該熟練掌握 PyQt5 中表格的使用方法，並能夠熟練地將其應用於實際的專案開發中。

第三篇

進階應用

本篇介紹檔案及資料夾操作、PyQt5 繪圖技術、多執行緒程式設計以及 PyQt5 程式的打包發佈。學習完這一部分，能夠開發檔案流程式、圖形圖型程式、多執行緒應用程式等，並能夠對 PyQt5 程式進行打包。

16

檔案及資料夾操作

在變數、序列和物件中儲存的資料是暫時的，程式結束後就會遺失。為了能夠長時間地保存程式中的資料，需要將其保存到磁碟檔案中。Python 中內建了對檔案和資料夾操作的模組，而 PyQt5 同樣提供了對檔案和資料夾操作的類別。本章將分別進行講解。

16.1 Python 內建的檔案操作

Python 中內建了檔案（File）物件。在使用檔案物件時，首先需要透過內建的 open() 方法創建一個檔案物件，然後透過該物件提供的方法進行一些基本檔案操作。舉例來說，可以使用檔案物件的 write() 方法向檔案中寫入內容，以及使用 close() 方法關閉檔案等。下面將介紹如何使用 Python 的檔案物件進行基本檔案操作。

16.1.1 創建和打開檔案

在 Python 中，想要操作檔案需要先創建或打開指定的檔案並創建檔案物件，這可以透過內建的 open() 方法實現。open() 方法的基本語法格式如下：

```
file = open(filename[,mode[,buffering]])
```

參數說明如下。

☑ file：要創建的檔案物件。

☑ filename：要創建或打開檔案的檔案名稱需要使用單引號或雙引號括起來。如果要打開的檔案和當前檔案在同一個目錄下，那麼直接寫入檔案名稱即可，否則需要指定完整路徑。舉例來說，要打開當前路徑下的名稱為 status.txt 的檔案，可以使用「status.txt」。

☑ mode：可選參數，用於指定檔案的打開模式，其參數值如表 16.1 所示。預設的打開模式為唯讀（即 r）。

表 16.1 mode 參數的參數值說明

值	說明	注意
r	以唯讀模式打開檔案。檔案的指標將放在檔案的開頭	檔案必須存在
rb	以二進位格式打開檔案，並且採用唯讀模式。檔案的指標將放在檔案的開頭。一般用於非文字檔，如圖片、聲音等	
r+	打開檔案後，可以讀取檔案內容，也可以寫入新的內容覆蓋原有內容（從檔案開頭進行覆蓋）	
rb+	以二進位格式打開檔案，並且採用讀寫模式。檔案的指標將放在檔案的開頭。一般用於非文字檔，如圖片、聲音等	
w	以寫入模式打開檔案	檔案存在，則將其覆蓋，否則創建新檔案
wb	以二進位格式打開檔案，並且採用寫入模式。一般用於非文字檔，如圖片、聲音等	
w+	打開檔案後，先清空原有內容，使其變為一個空的檔案，對這個空檔案有讀寫許可權	
wb+	以二進位格式打開檔案，並且採用讀寫模式。一般用於非文字檔，如圖片、聲音等	
a	以追加模式打開一個檔案。如果該檔案已經存在，檔案指標將放在檔案的尾端（即新內容會被寫入已有內容之後），不然創建新檔案用於寫入	
ab	以二進位格式打開檔案，並且採用追加模式。如果該檔案已經存在，檔案指標將放在檔案的尾端（即新內容會被寫入已有內容之後），不然創建新檔案用於寫入	

值	說明	注意
a+	以讀寫模式打開檔案。如果該檔案已經存在，檔案指標將放在檔案的尾端（即新內容會被寫入已有內容之後），不然創建新檔案用於讀寫	
ab+	以二進位格式打開檔案，並且採用追加模式。如果該檔案已經存在，檔案指標將放在檔案的尾端（即新內容會被寫入已有內容之後），不然創建新檔案用於讀寫	

☑ buffering：可選參數，用於指定讀寫檔案的緩衝模式，值為 0 表示不快取；值為 1 表示快取；如果大於 1，則表示緩衝區的大小。預設為快取模式。

預設情況下，使用 open() 方法打開一個不存在的檔案，會拋出如圖 16.1 所示的例外。

```
Traceback (most recent call last):
  File "J:/PythonDevelop/11/11.3.py", line 8, in <module>
    file=open("C:/test.txt",'r')
FileNotFoundError: [Errno 2] No such file or directory: 'C:/test.txt'
```

圖 16.1 打開的檔案不存在時拋出的例外

要解決如圖 16.1 所示的錯誤，主要有以下兩種方法。

☑ 在目前的目錄下（即與執行的檔案相同的目錄）創建一個名稱為 test.txt 的檔案。

☑ 在呼叫 open() 方法時，指定 mode 的參數值為 w、w+、a、a+。這樣，當要打開的檔案不存在時，就可以創建新的檔案了。

舉例來說，打開一個名稱為「message.txt」的檔案，如果不存在，則創建。程式如下：

```
file = open('message.txt','w')
```

執行上面的程式，將在 .py 檔案的同級目錄下創建一個名稱為 message.txt 的檔案，該檔案沒有任何內容，如圖 16.2 所示。

圖 16.2 創建並打開檔案

使用 open() 方法打開檔案時，預設採用系統預設編碼，當被打開的檔案不是系統預設編碼時，可能會拋出異常。解決該問題的方法有兩種，一種是直接修改檔案的編碼，另一種是在打開檔案時，直接指定使用的編碼方式。推薦採用後一種方法。在呼叫 open() 方法時，透過添加 encoding='utf-8' 參數即可實現將編碼指定為 UTF-8。如果想指定其他編碼，將單引號中的內容替換為想要指定的編碼即可。例如，打開採用 UTF-8 編碼保存的 notice.txt 檔案，可以使用下面的程式：

```
file = open('notice.txt','r',encoding='utf-8')
```

16.1.2 關閉檔案

打開檔案後，需要及時關閉，以免對檔案造成不必要的破壞。關閉檔案可以使用檔案物件的 close() 方法實現。close() 方法的語法格式如下：

```
file.close()
```

其中，file 為打開的檔案物件。

舉例來說，關閉打開的 file 物件，程式如下：

```
file.close()                # 關閉檔案物件
```

使用 close() 方法時，會先刷新緩衝區中還沒有寫入的資訊，然後再關閉檔案，這樣可以將沒有寫入檔案的內容寫入檔案中。在關閉檔案後，便不能再進行寫入操作了。

16.1.3 打開檔案時使用 with 敘述

打開檔案後，要及時將其關閉。如果忘記關閉可能會帶來意想不到的問題。另外，如果在打開檔案時拋出了例外，那麼將導致檔案不能被及時關閉。為了更進一步地避免這種問題發生，可以使用 Python 中提供的 with 敘述，從而實現在處理檔案時，無論是否拋出例外，都能保證 with 敘述執行完畢後關閉已經打開的檔案。with 敘述的基本語法格式如下：

```
with expression as target:
    with-body
```

參數說明如下。

☑ expression：用於指定一個運算式，這裡可以是打開檔案的 open() 方法；

☑ target：用於指定一個變數，並且將 expression 的結果保存到該變數中；

☑ with-body：用於指定 with 敘述體，其中可以是執行 with 敘述後相關的一些動作陳述式。如果不想執行任何敘述，可以直接使用 pass 敘述代替。

舉例來說，在打開檔案時使用 with 敘述打開「message.txt」檔案，程式如下：

```
with open('message.txt','w') as file:    # 使用 with 敘述打開檔案
    pass
```

16.1.4 寫入檔案內容

Python 的檔案物件提供了 write() 方法，可以向檔案中寫入內容。write() 方法的語法格式如下：

```
file.write(string)
```

其中，file 為打開的檔案物件；string 為要寫入的字串。

呼叫 write() 方法向檔案中寫入內容的前提是，打開檔案時，指定的打開模式為 w（可寫）或者 a（追加），否則，將拋出如圖 16.3 所示的異常。

```
J:\PythonDevelop\venv\Scripts\python.exe J:/PythonDevelop/11/11.1.py
Traceback (most recent call last):
  File "J:/PythonDevelop/11/11.1.py", line 10, in <module>
    file.write("我不是一個偉大的程式設計師，我只是一個具有良好習慣的優秀程式設計師。\n")
io.UnsupportedOperation: not writable
```

圖 16.3 沒有寫入許可權時拋出的異常

【實例 16.1】向檔案中寫入文字內容（程式碼範例：書附程式 \Code\16\01）

使用 open() 方法以寫入方式打開一個檔案（如果檔案不存在，則自動創建），然後呼叫 write() 方法向該檔案中寫入一筆資訊，最後呼叫 close() 方法關閉檔案。程式如下：

```
file = open('message.txt','w',encoding='utf-8')
# 創建或打開檔案
file.write(" 我不是一個偉大的程式設計師，我只是一個具有良好習慣的優秀程式設計師。\n")
# 寫入一筆資訊
file.close()                                    # 關閉檔案物件
```

執行程式，在 .py 檔案所在的目錄下創建一個名稱為 message.txt 的檔案，並且在該檔案中寫入了文字「我不是一個偉大的程式設計師，我只是一個具有良好習慣的優秀程式設計師。」，如圖 16.4 所示。

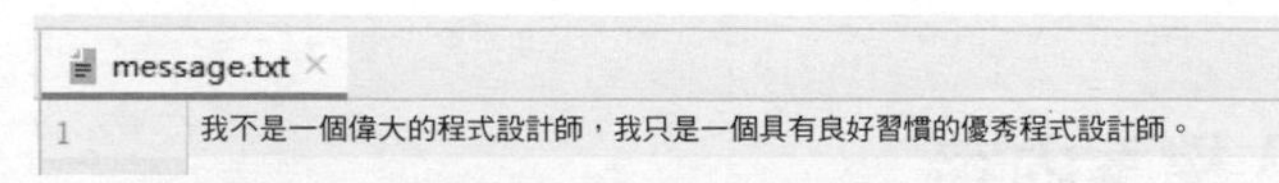

圖 16.4 message.txt 檔案中寫入的內容

寫入檔案後，一定要呼叫 close() 方法關閉檔案，否則寫入的內容不會保存到檔案中。這是因為在寫入檔案內容時，作業系統不會立刻把資料寫入磁碟，而是先快取起來，只有呼叫 close() 方法時，作業系統才會保證把沒有寫入的資料全部寫入磁碟。

（1）向檔案中寫入內容時，如果打開檔案採用 w（寫入）模式，則先清空原文件的內容，再寫入新的內容；而如果打開檔案採用 a（追加）模式，則不覆蓋原有檔案的內容，只是在檔案的結尾處增加新的內容。下面將對【實例 16.1】的程式進行修改，實現在原內容的基礎上再添加一條名言。程式如下：

```
file = open('message.txt','a',encoding='utf-8') # 以追加方式打開檔案
# 寫入一筆資訊
file.write(" 靠程式行數來衡量開發進度，就像是憑重量來衡量飛機製造的進度。\n")
file.close() # 關閉檔案物件
```

執行上面的程式後，打開 message.txt 檔案，將顯示如圖 16.5 所示的結果。

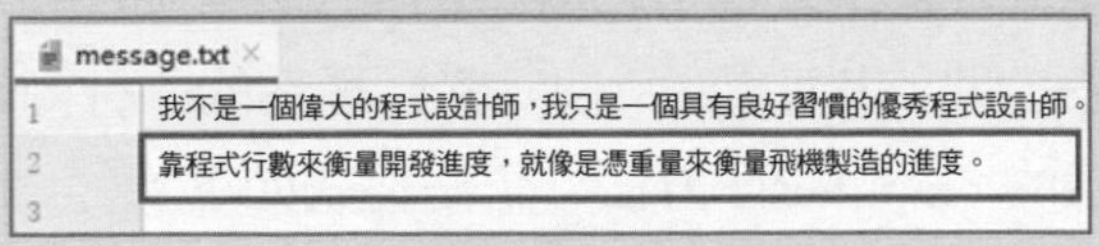

	message.txt
1	我不是一個偉大的程式設計師，我只是一個具有良好習慣的優秀程式設計師。
2	靠程式行數來衡量開發進度，就像是憑重量來衡量飛機製造的進度。
3	

圖 16.5 追加內容後的 message.txt 檔案

（2）除了 write() 方法，Python 的檔案物件還提供了 writelines() 方法，可以實現把字串串列寫入檔案，但是不添加分行符號。

16.1.5 讀取檔案

在 Python 中打開檔案後，除了可以向其寫入或追加內容，還可以讀取檔案中的內容。讀取檔案內容主要分為以下 3 種情況。

1．讀取指定字元

檔案物件提供了 read() 方法讀取指定個數的字元，其語法格式如下：

```
file.read([size])
```

其中，file 為打開的檔案物件；size 為可選參數，用於指定要讀取的字元個數，如果省略，則一次性讀取所有內容。

2．讀取一行

在使用 read() 方法讀取檔案時，如果檔案很大，一次讀取全部內容到記憶體，容易造成記憶體不足，所以通常會採用逐行讀取。檔案物件提供了 readline() 方法用於每次讀取一行資料。readline() 方法的基本語法格式如下：

```
file.readline()
```

其中，file 為打開的檔案物件。

3．讀取所有行

讀取全部行的作用同呼叫 read() 方法時不指定 size 參數類似，只不過讀取全部行時，返回的是一個字串清單，每個元素為檔案的一行內容。讀取全部行，使用的是檔案物件的 readlines() 方法。語法格式如下：

```
file.readlines()
```

其中，file 為打開的檔案物件。

在讀取檔案內容時，需要指定檔案的打開模式為 r（唯讀）或者 r+（讀寫）。

【實例 16.2】以 3 種不同的方式讀取檔案內容（程式碼範例：書附程式\Code\16\02）

分別使用 read()、readline() 和 readlines() 方法讀取檔案中的內容，程式如下：

```
with open('message.txt','r',encoding='utf-8') as file:    # 以讀取模式打開檔案
    print("=========== 讀取前 5 個字元 ===============")
    print(file.read(5))                                  # 讀取前 5 個字元
    print("\n=========== 讀取第一行資料 ===============")
    print(file.readline())                               # 輸出第一行資料
    print("\n=========== 讀取所有資料 ===============")
    print(file.readlines())                              # 讀取全部資料
```

程式執行效果如圖 16.6 所示。

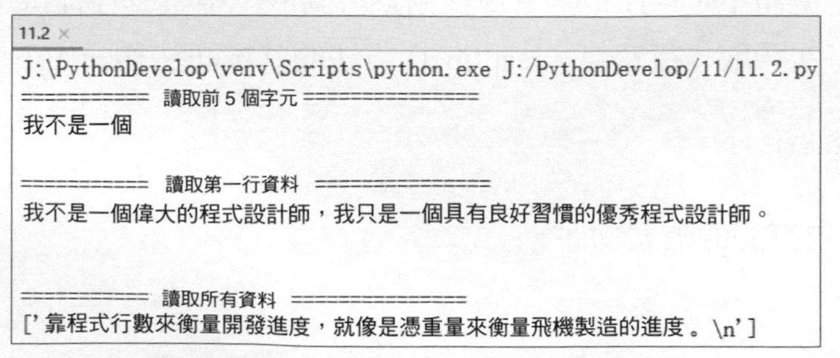

圖 16.6 以 3 種不同的方式讀取檔案內容

使用 read() 方法讀取檔案時，是從檔案的開頭讀取的。如果想讀取部分內容，可以先使用檔案物件的 seek() 方法將檔案的指標移動到新的位置，然後再使用 read() 方法讀取。seek() 方法的基本語法格式如下：

```
file.seek(offset[,whence])
```

其中，offset 用於指定移動的字元個數（offset 的值是按一個中文字佔兩個字元、英文和數字佔一個字元計算的），其具體位置與 whence 有關（whence 值為 0 表示從檔案表頭開始計算，1 表示從當前位置開始計算，2 表示從檔案結尾開始計算，預設為 0）。例如，【實例 16.2】中想要從檔案的第 9 個字元開始讀取 5 個字元，可以使用下面的程式：

```
file.seek(9)                    # 移動檔案指標到新的位置
string = file.read(5)           # 讀取 5 個字元
```

16.1.6 複製檔案

在 Python 中複製檔案需要使用 shutil 模組的 copyfile() 方法。語法如下：

```
shutil.copyfile(src, dst)
```

參數說明如下。

☑ src：要複製的原始檔案。

☑ dst：複製到的目的檔案。

舉例來說，將 C 槽根目錄下的 test.txt 檔案複製到 D 槽根目錄下，程式如下：

```
import shutil
shutil.copyfile("C:/test.txt","D:/test.txt")
```

16.1.7 移動檔案

在 Python 中移動檔案需要使用 shutil 模組的 move() 方法。語法如下：

```
shutil.move(src, dst)
```

參數說明如下。

☑ src：要移動的原始檔案。

☑ dst：移動到的目的檔案。

舉例來說，將 C 槽根目錄下的 test.txt 檔案移動到 D 槽根目錄下，程式如下：

```
import shutil
shutil.move("C:/test.txt","D:/test.txt")
```

說明

複製檔案和移動檔案的區別是，複製檔案時，原始檔案還會有，而移動檔案相當於將原始檔案剪貼到另外一個路徑，原始檔案不會存在。

16.1.8 重新命名檔案

在 Python 中重新命名檔案需要使用 os 模組的 rename() 方法。語法如下：

```
os.rename(src,dst)
```

參數說明如下。

☑ src：指定要進行重新命名的檔案。

☑ dst：指定重新命名後的檔案。

舉例來說，將 D 槽根目錄下的 test.txt 檔案重新命名為 mr.txt，程式如下：

```
import os
os.rename("D:/test.txt","D:/mr.txt")
```

另外，也可以使用 shutil 模組的 move() 方法對檔案進行重新命名。舉例來說，上面的程式可以修改如下：

```
import shutil
shutil.move("D:/test.txt","D:/mr.txt")
```

技巧

在執行檔案操作時，為了確保能夠正常執行，可以使用 os.path 模組的 exists() 方法判斷要操作的檔案是否存在。例如，下面程式判斷 C 槽下是否存在 test.txt 檔案：

```
import os                                # 匯入 os 模組
if os.path.exists("C:/test.txt"):        # 判斷檔案是否存在
    pass
```

16.1.9 刪除檔案

在 Python 中刪除檔案需要使用 os 模組的 remove() 方法，其語法如下：

```
os.remove(path)
```

其中，參數 path 表示要刪除的檔案路徑，可以使用相對路徑，也可以使用絕對路徑。

舉例來說，刪除 D 槽根目錄下的 test.txt 檔案，程式如下：

```
import os
os.remove("D:/test.txt")
```

16.1.10 獲取檔案基本資訊

在電腦上創建檔案後，該檔案本身就會包含一些資訊。舉例來說，檔案的最後一次存取時間、最後一次修改時間、檔案大小等基本資訊。透過 os 模組的 stat() 方法可以獲取檔案的這些基本資訊。stat() 方法的基本語法如下：

```
os.stat(path)
```

其中，path 為要獲取檔案基本資訊的檔案路徑，可以是相對路徑，也可以是絕對路徑。

stat() 方法的返回值是一個物件，該物件包含表 16.2 所示的屬性。透過存取這些屬性可以獲取檔案的基本資訊。

表 16.2 stat() 方法返回的物件的常用屬性

屬性	說明	屬性	說明
st_mode	保護模式	st_dev	裝置名
st_ino	索引號	st_uid	使用者 ID
st_nlink	硬連結號（被連接數目）	st_gid	組 ID
st_size	檔案大小，單位為位元組	st_atime	最後一次存取時間
st_mtime	最後一次修改時間	st_ctime	最後一次狀態變化的時間（系統不同返回結果也不同，舉例來說，在 Windows 作業系統下返回的是檔案的創建時間）

下面透過一個具體的實例演示如何使用 stat() 方法獲取檔案的基本資訊。

【實例 16.3】獲取檔案基本資訊（程式碼範例：書附程式 \Code\16\03）

使用 PyQt5 設計一個視窗，在其中增加一個 PushButton 控制項，用來選擇檔案並獲取檔案的資訊；增加一個 LineEdit 控制項，用來顯示選擇的檔案路徑；增加一個 TextBrowser 控制項，用來顯示檔案的資訊。在該視窗中使用 QFileDialog 類別顯示檔案對話方塊，在該檔案對話方塊中選擇檔案後，使用 os.stat() 獲取選擇檔案的資訊，並顯示在 TextBrowser 控制項中。程式如下：

```
from PyQt5 import QtCore
from PyQt5.QtWidgets import *
class Demo(QWidget):
    def __init__(self,parent=None):
        super(Demo,self).__init__(parent)
```

```
        self.initUI()                          # 初始化視窗
    def initUI(self):
        self.setWindowTitle("獲取檔案資訊")
        grid=QGridLayout()                     # 創建網格佈局
        # 創建標籤
        label1 = QLabel()
        label1.setText("選擇路徑：")
        grid.addWidget(label1, 0, 0, QtCore.Qt.AlignLeft)
        # 創建顯示選中檔案的文字標籤
        self.text1 = QLineEdit()
        grid.addWidget(self.text1, 0, 1, 1, 3, QtCore.Qt.AlignLeft)
        # 創建選擇按鈕
        btn1 = QPushButton()
        btn1.setText("選擇")
        btn1.clicked.connect(self.getInfo)
        grid.addWidget(btn1, 0, 4, QtCore.Qt.AlignCenter)
        # 顯示檔案資訊的文字瀏覽器
        self.text2=QTextBrowser()
        grid.addWidget(self.text2, 1, 0, 1, 5, QtCore.Qt.AlignLeft)
        self.setLayout(grid)                   # 設定網格佈局
    def getInfo(self):
        file = QFileDialog()                   # 創建檔案對話方塊
        file.setDirectory('C:\\')              # 設定初始路徑為 C 槽
        if file.exec_():                       # 判斷是否選擇了檔案
            filename=file.selectedFiles()[0]      # 獲取選擇的檔案
            self.text1.setText(filename)       # 將選擇的檔案顯示在文字標籤中
            import os,time                     # 匯入模組
            fileinfo=os.stat(filename)         # 獲取檔案資訊
            self.text2.setText("檔案完整路徑："+ os.path.abspath("filename")
                    +"\n檔案大小："+ str(fileinfo.st_size)+"位元組"
                    +"\n最後一次存取時間：" + time.strftime('%Y-%m-%d
%H:%M:%S',time.localtime (fileinfo.st_atime))
                    +"\n最後一次修改時間：" + time.strftime('%Y-%m-%d
%H:%M:%S',time.localtime (fileinfo.st_mtime))
```

```
                    +"\n 最後一次狀態變化時間：" + time.strftime('%Y-%m-%d
%H:%M:%S',time.localtime (fileinfo.st_ctime)))
if __name__=='__main__':
    import sys
    app=QApplication(sys.argv)                              # 創建視窗程式
    demo=Demo()                                             # 創建視窗類別物件
    demo.show()                                             # 顯示視窗
    sys.exit(app.exec_())
```

執行程式，點擊「選擇」按鈕，選擇一個檔案後，即可在下面的文字標籤中顯示其資訊，效果如圖 16.7 所示。

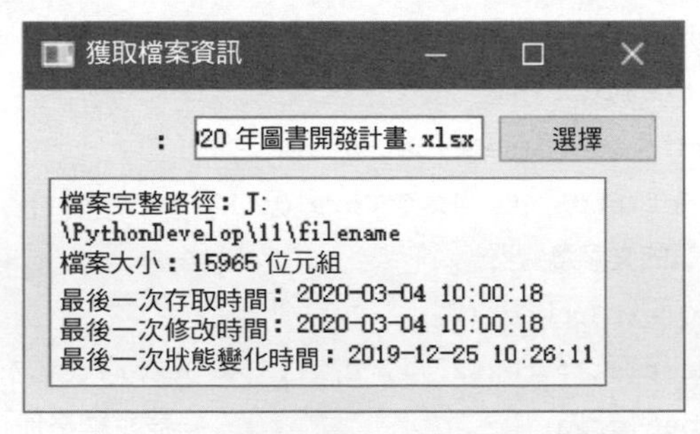

圖 16.7 獲取並顯示檔案的基本資訊

16.2 Python 內建的資料夾操作

資料夾主要用於分層保存檔案，透過資料夾可以分門別類地存放檔案。在 Python 中，並沒有提供直接操作資料夾的方法或物件，而是需要使用內建的 os、os.path 和 shutil 模組實現。本節將對常用的資料夾操作進行詳細講解。

16.2.1 獲取資料夾路徑

用於定位一個檔案或資料夾的字串被稱為一個路徑，在程式開發時，通常涉及兩種路徑，一種是相對路徑，另一種是絕對路徑。

1．相對路徑

在學習相對路徑之前，需要先了解什麼是當前工作資料夾。當前工作資料夾是指當前檔案所在的資料夾。在 Python 中，可以透過 os 模組提供的 getcwd() 方法獲取當前工作資料夾。舉例來說，在 E:\program\Python\Code\demo.py 檔案中，編寫以下程式：

```
import os
print(os.getcwd())  # 輸出當前資料夾
```

執行上面的程式後，將顯示以下資料夾，該路徑就是當前工作資料夾。

```
E:\program\Python\Code
```

相對路徑是依賴於當前工作資料夾的，如果在當前工作資料夾下，有一個名稱為 message.txt 的檔案，那麼在打開這個檔案時，就可以直接寫上檔案名稱，這時採用的就是相對路徑，message.txt 檔案的實際路徑就是當前工作資料夾「E:\program\Python\Code」+ 相對路徑「message.txt」，即「E:\program\ Python\Code\message.txt」。

如果在當前工作資料夾下，有一個子資料夾 demo，並且在該子資料夾下保存著檔案 message.txt，那麼在打開這個檔案時就可以寫上「demo/message.txt」，例如下面的程式：

```
with open("demo/message.txt") as file:  # 透過相對路徑打開檔案
    pass
```

說明

在 Python 中，指定檔案路徑時需要對路徑分隔符號 "\" 進行逸出，即將路徑中的 "\" 替換為 "\\"。例如，對於相對路徑 "demo\message.txt" 需要使用 "demo\\message.txt" 代替。另外，也可以將路徑分隔符號 "\" 替換為 "/"。

技巧

在指定路徑時，可以在表示路徑的字串前面加上字母 r（或 R），那麼該字串將原樣輸出，這時路徑中的分隔符號就不需要再逸出了。例如，上面的程式也可以修改如下：

```
with open(r"demo\message.txt") as file:                # 透過相對路徑打開檔案
    pass
```

2．絕對路徑

絕對路徑是指在使用檔案時指定檔案的實際路徑，它不依賴於當前工作資料夾。在 Python 中，可以透過 os.path 模組提供的 abspath() 方法獲取一個檔案的絕對路徑。abspath() 方法的基本語法格式如下：

```
os.path.abspath(path)
```

其中，path 為要獲取絕對路徑的相對路徑，可以是檔案，也可以是資料夾。

舉例來說，要獲取相對路徑「demo\message.txt」的絕對路徑，可以使用下面的程式：

```
import os
print(os.path.abspath(r"demo\message.txt"))                # 獲取絕對路徑
```

如果當前工作資料夾為「E:\program\Python\Code」，那麼將得到以下結果：

```
E:\program\Python\Code\demo\message.txt
```

3．拼接路徑

如果想要將兩個或多個路徑拼接到一起組成一個新的路徑，可以使用 os.path 模組提供的 join() 方法實現。join() 方法基本語法格式如下：

```
os.path.join(path1[,path2[,……]])
```

其中，path1、path2 用於代表要拼接的檔案路徑，在這些路徑間使用逗點進行分隔。如果在要拼接的路徑中沒有絕對路徑，那麼最後拼接出來的將是一個相對路徑。

使用 os.path.join() 方法拼接路徑時，並不會檢測該路徑是否真實存在。

舉例來說，需要將「E:\program\Python\Code」和「demo\message.txt」路徑拼接到一起，可以使用下面的程式：

```
import os
print(os.path.join("E:\program\Python\Code","demo\message.txt"))  # 拼接路徑
```

執行上面的程式，將得到以下結果：

```
E:\program\Python\Code\demo\message.txt
```

說明

在使用 join() 方法時，如果要拼接的路徑中存在多個絕對路徑，那麼以從左到右最後一次出現的為準，並且該路徑之前的參數都將被忽略。例如，執行下面的程式：

```
import os
print(os.path.join("E:\\code","E:\\python\\mr","Code","C:\\","demo"))
# 拼接路徑
```

將得到拼接後的路徑 "C:\demo"。

將兩個路徑拼接為一個路徑時，不要直接使用字串拼接，而是使用 os.path.join() 方法，這樣可以正確處理不同作業系統的路徑分隔符號。

16.2.2 判斷資料夾是否存在

在 Python 中，有時需要判斷指定的資料夾是否存在，這時可以使用 os.path 模組提供的 exists() 方法實現。exists() 方法的基本語法格式如下：

```
os.path.exists(path)
```

其中，path 為要判斷的資料夾，可以採用絕對路徑，也可以採用相對路徑。

返回值：如果指定的路徑存在，則返回 True，否則返回 False。

舉例來說，要判斷絕對路徑「C:\demo」是否存在，可以使用下面的程式：

```
import os
print(os.path.exists("C:\\demo"))          # 判斷資料夾是否存在
```

執行上面的程式，如果在 C 槽根目錄下沒有 demo 資料夾，返回 False，否則返回 True。

16.2.3 創建資料夾

在 Python 中，os 模組提供了兩個創建資料夾的方法，一個用於創建一級資料夾，另一個用於創建多級資料夾，下面分別介紹。

1．創建一級資料夾

創建一級資料夾是指一次只能創建頂層資料夾，而不能創建子資料夾。在 Python 中，可以使用 os 模組提供的 mkdir() 方法實現。透過該方法只能創建指定路徑中的最後一級資料夾，如果該資料夾的上一級不存在，則拋出 FileNotFoundError 例外。mkdir() 方法的基本語法格式如下：

```
os.mkdir(path, mode=0o777)
```

參數說明如下。

☑ path：指定要創建的資料夾，可以使用絕對路徑，也可以使用相對路徑。

☑ mode：指定數值模式，預設值為 0777。該參數在非 UNIX 系統上無效或被忽略。

舉例來說，在 C 槽根目錄下創建一個 demo 資料夾，程式如下：

```
import os
os.mkdir("C:\\demo")                    # 創建 C:\demo 資料夾
```

說明

如果創建的資料夾已經存在，將拋出 FileExistsError 異常，要避免該異常，可以先使用 os.path.exists() 方法判斷要創建的資料夾是否存在。

2．創建多級資料夾

使用 mkdir() 方法只能創建一級資料夾，如果想創建多級，可以使用 os 模組提供的 makedirs() 方法，該方法用於採用遞迴的方式創建資料夾。makedirs() 方法的基本語法格式如下：

```
os.makedirs(name, mode=0o777)
```

參數說明如下。

☑ name：指定要創建的資料夾，可以使用絕對路徑，也可以使用相對路徑。

☑ mode：指定數值模式，預設值為 0o777。該參數在非 UNIX 系統上無效或被忽略。

舉例來說，在 C:\demo\test\dir\ 路徑下創建一個 mr 資料夾，程式如下：

```
import os
os. makedirs ("C:\\demo\\test\\dir\\mr ")    # 創建 C:\demo\test\dir\mr 資料夾
```

執行上面程式時，無論中間的 demo、test、dir 資料夾是否存在，都可以正常執行，因為如果路徑中有資料夾不存在，makedirs() 會自動創建。

16.2.4 複製資料夾

在 Python 中複製資料夾需要使用 shutil 模組的 copytree() 方法，其語法如下：

```
shutil.copytree(src, dst)
```

參數說明如下。

☑ src：要複製的原始檔案夾。

☑ dst：複製到的目的檔案夾。

舉例來說，將 C 槽根目錄下的 demo 資料夾複製到 D 槽根目錄下，程式如下：

```
import shutil
shutil.copytree("C:/demo","D:/demo")
```

說明

在複製資料夾時，如果要複製的資料夾下還有子資料夾，將整體複製到目的檔案夾中。

16.2.5 行動資料夾

在 Python 中行動資料夾需要使用 shutil 模組的 move() 方法，其語法如下：

```
shutil.move(src, dst)
```

參數說明如下。

☑ src：要移動的原始檔案夾。

☑ dst：移動到的目的檔案夾。

舉例來說，將 C 槽根目錄下的 demo 資料夾移動到 D 槽根目錄下，程式如下：

```
import shutil
shutil.move("C:/demo","D:/demo")
```

> **說明**
> 複製資料夾和移動資料夾的區別是，複製資料夾時，原始檔案夾還會有，而移動資料夾相當於將原始檔案夾剪貼到另外一個路徑，原始檔案夾不會存在。

16.2.6 重新命名資料夾

在 Python 中重新命名資料夾需要使用 os 模組的 rename() 方法，其語法如下：

```
os.rename(src,dst)
```

參數說明如下。

☑ src：指定要進行重新命名的檔案。
☑ dst：指定重新命名後的檔案。

舉例來說，將 C 槽根目錄下的 demo 資料夾重新命名為 demo1，程式如下：

```
import os
os.rename("C:/demo","C:/demo1")
```

另外，也可以使用 shutil 模組的 move() 方法對資料夾進行重新命名，舉例來說，上面的程式可以修改如下：

```
import shutil
shutil.move("C:/demo","C:/demo1")
```

16.2.7 刪除資料夾

刪除資料夾可以使用 os 模組提供的 rmdir() 方法實現。透過 rmdir() 方法刪除資料夾時，只有當要刪除的資料夾為空時才起作用。rmdir() 方法的基本語法格式如下：

```
os.rmdir(path)
```

其中，path 為要刪除的資料夾，可以使用相對路徑，也可以使用絕對路徑。

舉例來說，刪除 C 槽根目錄下的 demo 資料夾，程式如下：

```
import os
os.rmdir("C:\\demo")
```

技巧

使用 rmdir() 方法只能刪除空資料夾，如果想刪除非空資料夾，則需要使用 Python 內建的標準模組 shutil 的 rmtree() 方法實現。例如，要刪除不為空的 "C:\\demo\\test" 資料夾，可以使用下面的程式：

```
import shutil
shutil.rmtree("C:\\demo\\test")    # 刪除 C:\demo 資料夾下的 test 子資料夾及其包含的所有內容
```

16.2.8 遍歷資料夾

在 Python 中，遍歷就是對指定的資料夾下的全部資料夾（包括子資料夾）及檔案走一遍。在 Python 中，os 模組的 walk() 方法用於實現遍歷資料夾的功能。walk() 方法的基本語法格式如下：

```
os.walk(top[, topdown][, onerror][, followlinks])
```

參數說明如下。

☑ top：用於指定要遍歷內容的根資料夾。

☑ topdown：可選參數，用於指定遍歷的順序，如果值為 True，表示從上往下遍歷（即先遍歷根資料夾）；如果值為 False，表示自下而上遍歷（即先遍歷最後一級子資料夾）。預設值為 True。

☑ onerror：可選參數，用於指定錯誤處理方式，預設為忽略，如果不想忽略也可以指定一個錯誤處理方法。大部分的情況下採用預設。

☑ followlinks：可選參數，預設情況下，walk() 方法不會向下轉換成解析到資料夾的符號連結，將該參數值設定為 True，表示用於指定在支援的系統上存取由符號連結指向的資料夾。

☑ 返回值：返回一個包括 3 個元素（dirpath, dirnames, filenames）的元組生成器物件。其中，dirpath 表示當前遍歷的路徑，是一個字串；dirnames 表示當前路徑下包含的子資料夾，是一個串列；filenames 表示當前路徑下包含的檔案，也是一個串列。

舉例來說，要遍歷資料夾「E:\program\Python\」，程式如下：

```
import os                                    # 匯入 os 模組
tuples = os.walk("E:\\program\\Python")      # 遍歷指定資料夾
for tuple1 in tuples:                        # 透過 for 迴圈輸出遍歷結果
    print(tuple1 ,"\n")                      # 輸出每一級資料夾的元組
```

walk() 方法只在 Unix 和 Windows 中有效。

透過 walk 方法可以遍歷指定資料夾下的所有檔案及子資料夾，但這種方法遍歷的結果可能會很多，有時我們只需要指定資料夾根目錄下的檔案和資料夾，該怎麼辦呢？ os 模組提供了 listdir() 方法，可以獲取指定資料夾根目錄下的所有檔案及子資料夾名，其基本語法格式如下：

```
os.listdir(path)
```

其中，參數 path 表示要遍歷的資料夾路徑；返回值是一個串列，包含了所有檔案名稱及子資料夾名。

【實例 16.4】遍歷指定資料夾（程式碼範例：書附程式 \Code\16\04）

創建一個 .py 檔案，匯入 PyQt5 對應模組，設計一個視窗程式，在該程式中增加一個 PushButton 按鈕，用來選擇路徑，並遍歷選擇的路徑；增加一個 TableWidget 表格控制項，用來顯示選擇路徑中包含的所有檔案及子資料夾。具體實現時，使用 QFileDialog.getExistingDirectory() 方法彈出一個選擇資料

夾的對話方塊，在該對話方塊中選擇資料夾後，判斷如果不為空，則使用 os 模組的 listdir() 方法遍歷所選擇的資料夾，並將其中包含的檔案及子資料夾顯示在 TableWidget 表格中。程式如下：

```
from PyQt5 import QtCore, QtGui, QtWidgets
from PyQt5.QtWidgets import QFileDialog
class Ui_MainWindow(object):
    def setupUi(self, MainWindow):
        MainWindow.setObjectName("MainWindow")
        MainWindow.resize(500, 300)                    # 設定視窗大小
        MainWindow.setWindowTitle(" 遍歷資料夾 ")                # 設定視窗標題
        self.centralwidget = QtWidgets.QWidget(MainWindow)
        self.centralwidget.setObjectName("centralwidget")
        # 增加表格
        self.tableWidget = QtWidgets.QTableWidget(self.centralwidget)
        self.tableWidget.setGeometry(QtCore.QRect(0, 40, 501, 270))
        self.tableWidget.setObjectName("tableWidget")
        self.tableWidget.setColumnCount(2)                  # 設定列數
        # 設定第一列的標題
        item = QtWidgets.QTableWidgetItem()
        self.tableWidget.setHorizontalHeaderItem(0, item)
        item = self.tableWidget.horizontalHeaderItem(0)
        item.setText(" 檔案名稱 ")
        # 設定第二列的標題
        item = QtWidgets.QTableWidgetItem()
        self.tableWidget.setHorizontalHeaderItem(1, item)
        item = self.tableWidget.horizontalHeaderItem(1)
        item.setText(" 詳細資訊 ")
        self.tableWidget.setColumnWidth(0, 100)             # 設定第一列寬度
        # 設定最後一列自動填充容器
        self.tableWidget.horizontalHeader().setStretchLastSection(True)
        # 創建選擇路徑按鈕
        self.pushButton = QtWidgets.QPushButton(self.centralwidget)
        self.pushButton.setGeometry(QtCore.QRect(10, 10, 75, 23))
```

```
        # 為按鈕設定字型
        font = QtGui.QFont()
        font.setPointSize(10)
        font.setBold(True)
        font.setWeight(75)
        self.pushButton.setFont(font)
        self.pushButton.setObjectName("pushButton")
        self.pushButton.setText(" 選擇路徑 ")
        MainWindow.setCentralWidget(self.centralwidget)
        QtCore.QMetaObject.connectSlotsByName(MainWindow)
        self.pushButton.clicked.connect(self.getinfo)              # 連結 " 選擇路
徑 " 的 clicked 訊號
    # 選擇路徑，並獲取其中的所有檔案資訊，將其顯示在表格中
    def getinfo(self):
        try:
            import os
            # dir_path 為選擇的資料夾的絕對路徑，第二形式參數為對話方塊標題
            # 第三個為對話方塊打開後預設的路徑
            self.dir_path = QFileDialog.getExistingDirectory(None, " 選擇路徑
", os.getcwd())
            if self.dir_path !="":
                self.list = os.listdir(self.dir_path)      # 列出資料夾下所有的目
錄與檔案
                flag=0                                     # 標識插入新行的位置
                for i in range(0, len(self.list)):         # 遍歷檔案列表
                    # 拼接路徑和檔案名稱
                    filepath = os.path.join(self.dir_path, self.list[i])
                    self.tableWidget.insertRow(flag)       # 增加新行
                    self.tableWidget.setItem(flag, 0, QtWidgets.
QTableWidgetItem(self.list[i]))
                                                 # 設定第一列的值為檔案 ( 夾 ) 名
                    self.tableWidget.setItem(flag, 1, QtWidgets.
QTableWidgetItem(filepath))
                                                 # 設定第二列的值為檔案或資料夾的完整路徑
```

```
                flag+=1 # 計算下一個新行的插入位置
        except Exception as e:
            print(e)
if __name__ == '__main__':                          # 主方法
    import sys
    app = QtWidgets.QApplication(sys.argv)
    MainWindow = QtWidgets.QMainWindow()            # 創建表單物件
    ui = Ui_MainWindow()                            # 創建 PyQt 設計的表單物件
    ui.setupUi(MainWindow)                          # 呼叫 PyQt 表單的方法對表單物件
                                                      進行初始化設定
    MainWindow.show()                               # 顯示表單
    sys.exit(app.exec_())                           # 程式關閉時退出處理程序
```

執行程式，點擊「選擇路徑」按鈕，選擇一個資料夾後，將在下面的表格中顯示選中資料夾下的所有子資料夾及檔案，如圖 16.8 所示。

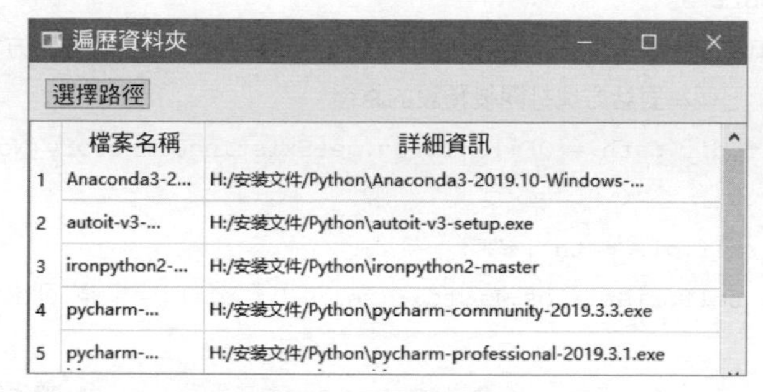

圖 16.8 遍歷資料夾

16.3 PyQt5 中的檔案及資料夾操作

在 PyQt5 中對檔案和資料夾操作時，主要用到 QFile 類別、QFileInfo 類別和 QDir 類別，本節將對這幾個類別的常用方法，以及在實際中的應用進行講解。

說明

在 PyQ5 視窗程式中對檔案或者資料夾進行操作時，不強制必須用 PyQt5 中提供的 QFile、QDir 等類，使用 Python 內建的檔案物件同樣可以。

16.3.1 使用 QFile 類別操作檔案

QFile 類別主要用來對檔案進行打開、讀寫、複製、重新命名、刪除等操作，其常用方法及說明如表 16.3 所示。

表 16.3 QFile 類別的常用方法及說明

方法	說明
open()	打開檔案，檔案的打開方式可以透過 QIODevice 的枚舉值進行設定，設定值如下。 ◆ QIODevice.NotOpen：不打開； ◆ QIODevice.ReadOnly：以唯讀方式打開； ◆ QIODevice.WriteOnly：以寫入方式打開； ◆ QIODevice.ReadWrite：以讀寫方式打開； ◆ QIODevice.Append：以追加方式打開
isOpen()	判斷檔案是否打開
close()	關閉檔案
copy()	複製檔案
exists()	判斷檔案是否存在
read()	從檔案中讀取指定個數的字元
readAll()	從檔案中讀取所有資料
readLine()	從檔案中讀取一行資料
remove()	刪除檔案
rename()	重新命名檔案
seek()	尋找檔案
setFileName()	設定檔案名稱
write()	向檔案中寫入資料

而獲取檔案資訊需要使用 QFileInfo 類別，該類別的常用方法及說明如表 16.4 所示。

表 16.4 QFileInfo 類別的常用方法及說明

方法	說明	方法	說明
size()	獲取檔案大小	isFile()	判斷是否為檔案
created()	獲取檔案創建時間	isHidden()	判斷是否隱藏
lastModified()	獲取檔案最後一次修改時間	isReadable()	判斷是否可讀
lastRead()	獲取檔案最後一次存取時間	isWritable()	判斷是否寫入
isDir()	判斷是否為資料夾	isExecutable()	判斷是否可執行

【實例 16.5】按檔案儲存知乎奇葩問題（程式碼範例：書附程式 \Code\16\05）

最近偶然上網時，被知乎上一個名為「玉皇大帝住在平流層還是對流層」的問題吸引，因此，觸發了我去探索知乎上奇葩問題的想法，這裡複習了知乎上的 25 個經典的奇葩問題，本實例要求按問題將它們分別儲存到 25 個以日期時間命名的 txt 文字檔中。

在 Qt Designer 設計器中創建一個視窗，在其中增加兩個 LineEdit 控制項，分別用來顯示選擇的檔案和輸入檔案創建路徑；增加兩個 PushButton 控制項，分別用來選擇儲存問題的檔案和執行創建檔案的功能；增加一個 TableWidget 控制項，用來顯示創建的檔案清單。視窗設計完成後保存為 .ui 檔案，並使用 PyUIC 工具將其轉為 .py 檔案。

在 .py 檔案中，定義兩個槽函數，分別用來實現選擇儲存問題的文字檔，以及根據檔案內容創建多個檔案，並將內容分別寫入不同檔案中的功能。程式如下：

```
from PyQt5 import QtCore, QtGui, QtWidgets
from PyQt5.QtWidgets import QFileDialog
from PyQt5.QtCore import  QFile,QFileInfo,QIODevice,QTextStream
import os
import datetime
```

```
class Ui_MainWindow(object):
    def setupUi(self, MainWindow):
        MainWindow.setObjectName("MainWindow")
        MainWindow.resize(355, 293)
        MainWindow.setWindowTitle(" 將現有問題存放到不同的檔案中 ")
        self.centralwidget = QtWidgets.QWidget(MainWindow)
        self.centralwidget.setObjectName("centralwidget")
        # 群組方塊
        self.groupBox = QtWidgets.QGroupBox(self.centralwidget)
        self.groupBox.setGeometry(QtCore.QRect(10, 10, 331, 91))
        self.groupBox.setStyleSheet("color: rgb(0, 0, 255);")
        self.groupBox.setObjectName("groupBox")
        # 選擇檔案標籤
        self.label = QtWidgets.QLabel(self.groupBox)
        self.label.setGeometry(QtCore.QRect(20, 20, 61, 16))
        self.label.setStyleSheet("color: rgb(0, 0, 0);") # 設定字型為黑色
        self.label.setObjectName("label")
        # 顯示選擇的檔案路徑
        self.lineEdit = QtWidgets.QLineEdit(self.groupBox)
        self.lineEdit.setGeometry(QtCore.QRect(80, 20, 171, 20))
        self.lineEdit.setObjectName("lineEdit")
        # " 選擇 " 按鈕
        self.pushButton = QtWidgets.QPushButton(self.groupBox)
        self.pushButton.setGeometry(QtCore.QRect(260, 20, 61, 23))
        self.pushButton.setStyleSheet("color: rgb(0, 0, 0);")
        self.pushButton.setObjectName("pushButton")
        # 輸入創建路徑標籤
        self.label_2 = QtWidgets.QLabel(self.groupBox)
        self.label_2.setGeometry(QtCore.QRect(19, 52, 81, 16))
        self.label_2.setStyleSheet("color: rgb(0, 0, 0);")
        self.label_2.setObjectName("label_2")
        # 輸入創建路徑的文字標籤
        self.lineEdit_2 = QtWidgets.QLineEdit(self.groupBox)
```

```
self.lineEdit_2.setGeometry(QtCore.QRect(109, 52, 141, 20))
self.lineEdit_2.setObjectName("lineEdit_2")
# "創建"按鈕
self.pushButton_2 = QtWidgets.QPushButton(self.groupBox)
self.pushButton_2.setGeometry(QtCore.QRect(259, 52, 61, 23))
self.pushButton_2.setStyleSheet("color: rgb(0, 0, 0);")
self.pushButton_2.setObjectName("pushButton_2")
# 顯示創建的檔案清單及大小
self.tableWidget = QtWidgets.QTableWidget(self.centralwidget)
self.tableWidget.setGeometry(QtCore.QRect(10, 105, 331, 181))
self.tableWidget.setObjectName("tableWidget")
self.tableWidget.setColumnCount(2)                    # 設定列數
# 設定第一列的標題
item = QtWidgets.QTableWidgetItem()
self.tableWidget.setHorizontalHeaderItem(0, item)
item = self.tableWidget.horizontalHeaderItem(0)
item.setText("檔案名稱")
# 設定第二列的標題
item = QtWidgets.QTableWidgetItem()
self.tableWidget.setHorizontalHeaderItem(1, item)
item = self.tableWidget.horizontalHeaderItem(1)
item.setText("檔案大小")
self.tableWidget.setColumnWidth(0, 100)               # 設定第一列寬度
# 設定最後一列自動填充容器
self.tableWidget.horizontalHeader().setStretchLastSection(True)
# 設定群組方塊、標籤及按鈕的文字
self.groupBox.setTitle("基礎設定")
self.label.setText("選擇檔案：")
self.label_2.setText("輸入創建路徑：")
self.pushButton.setText("選擇")
self.pushButton_2.setText("創建")
MainWindow.setCentralWidget(self.centralwidget)
QtCore.QMetaObject.connectSlotsByName(MainWindow)
```

```
        # 為 " 選擇 " 按鈕的 clicked 訊號綁定槽函數
        self.pushButton.clicked.connect(self.getfile)
        # 為 " 創建 " 按鈕的 clicked 訊號綁定槽函數
        self.pushButton_2.clicked.connect(self.getpath)
    # 選擇檔案並顯示在文字標籤中
    def getfile(self):
        dir =QFileDialog()                              # 創建檔案對話方塊
        dir.setDirectory('C:\\')                        # 設定初始路徑為 C 槽
        # 設定只顯示文字檔
        dir.setNameFilter(' 文字檔 (*.txt)')
        if dir.exec_(): # 判斷是否選擇了檔案
            self.lineEdit.setText(dir.selectedFiles()[0]) # 將選擇的檔案顯示
                                                            在文字標籤中
    # 選擇路徑，根據日期創建檔案，並寫入選擇的檔案中的文字
    def getpath(self):
        try:
            path=self.lineEdit_2.text()                 # 記錄創建路徑
            if self.lineEdit_2.text() !="":             # 判斷路徑不為空
                list = []                               # 定義串列，用來按行記錄選擇
                                                          的檔案中的文字
                file =QFile(self.lineEdit.text())       # 創建 QFile 檔案物件
                if file.open(QIODevice.ReadOnly):       # 以唯讀方式打開檔案
                    read = QTextStream(file)                # 創建文字流
                    read.setCodec("utf-8")              # 設定寫入編碼
                    while not read.atEnd():             # 如果未讀取完
                        list.append(read.readLine()) # 按行記錄遍歷到的文字
                # 判斷要創建的檔案的路徑是否存在，沒有則創建資料夾
                if not os.path.exists(path):
                    os.makedirs(path) # 創建資料夾
                for i in range(len(list)):              # 遍歷已經記錄的文字資料串列
                    # 獲取當前時間，用來作為檔案名稱
                    mytime = str(datetime.datetime.utcnow().
strftime("%Y%m%d%H%M%S"))
```

```
                    # 在指定路徑下創建 txt 文字檔
                    files = path + mytime + str(i) + '.txt'
                    file = QFile(files)                    # 創建 QFile 檔案物件
                    # 以讀寫和文字模式打開檔案
                    file.open(QIODevice.ReadWrite | QIODevice.Text)
                    file.write(bytes(list[i], encoding = "utf8")  ) # 向檔案
中寫入資料
                    file.close() # 關閉檔案
                filelist=os.listdir(path)                      # 遍歷資料夾
                flag=0 # 定義標識，用來指定在表格中的哪行插入資料
                for f in filelist: # 遍歷檔案列表
                    file=QFileInfo(f)                  # 創建物件，用來獲取檔案資訊
                    if file.fileName().endswith(".txt"): # 判斷是否為.txt 文字檔
                        self.tableWidget.insertRow(flag)  # 增加新行
                        # 設定第一列的值為檔案名稱
                        self.tableWidget.setItem(flag, 0, QtWidgets.
QTableWidgetItem(file.fileName()))
                        # 設定第二列的值為檔案大小
                        self.tableWidget.setItem(flag, 1, QtWidgets.
QTableWidgetItem(str(file.size())+"B"))
                        flag +=1 # 標識加 1
        except Exception as e:
            print(e)
# 主方法
if __name__ == '__main__':
    import sys
    app = QtWidgets.QApplication(sys.argv)
    MainWindow = QtWidgets.QMainWindow()          # 創建表單物件
    ui = Ui_MainWindow()                          # 創建 PyQt5 設計的表單物件
    ui.setupUi(MainWindow)                        # 呼叫 PyQt5 表單的方法對表單物件進行
                                                    初始化設定
    MainWindow.show()                             # 顯示表單
    sys.exit(app.exec_())                         # 程式關閉時退出處理程序
```

執行程式，點擊「選擇」按鈕，選擇儲存知乎問題的文字檔，在下面的文字標籤中輸入創建檔案的路徑，點擊「創建」按鈕，即可根據選擇的文字檔中的行數創建對應個數的文字檔，並且將每一行的內容寫入對應的文字檔中。將在下面的表格中顯示選中資料夾下的所有子資料夾及檔案，如圖 16.9 ～圖 16.11 所示。

圖 16.9 視窗執行效果

16.3.2 使用 QDir 類別操作資料夾

QDir 類別提供對資料夾結構及其內容的存取，使用它可以對資料夾進行創建、重新命名、刪除、遍歷等操作，其常用方法及說明如表 16.5 所示。

202004130520590.txt
202004130520591.txt
202004130520592.txt
202004130521003.txt
202004130521004.txt
202004130521005.txt
202004130521006.txt
202004130521007.txt
202004130521008.txt
202004130521009.txt
2020041305210010.txt

圖 16.10 創建的檔案列表

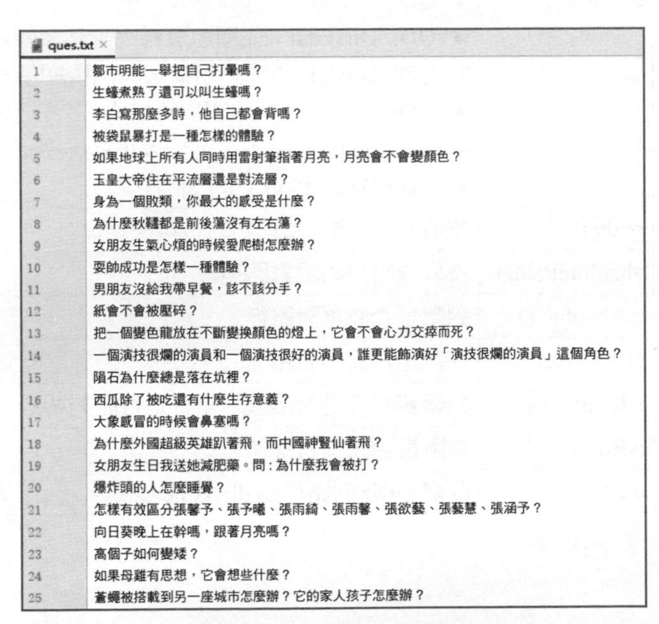

ques.txt

1 鄒市明能一舉把自己打暈嗎？
2 生蠔煮熟了還可以叫生蠔嗎？
3 李白寫那麼多詩，他自己都會背嗎？
4 被袋鼠暴打是一種怎樣的體驗？
5 如果地球上所有人同時用雷射筆指著月亮，月亮會不會變顏色？
6 玉皇大帝住在平流層還是對流層？
7 身為一個敗類，你最大的感受是什麼？
8 為什麼秋褲都是前後蕩沒有左右蕩？
9 女朋友生氣心煩的時候愛爬樹怎麼辦？
10 耍帥成功是怎樣一種體驗？
11 男朋友沒給我帶早餐，該不該分手？
12 紙會不會被壓碎？
13 把一個變色龍放在不斷變換顏色的燈上，它會不會心力交瘁而死？
14 一個演技很爛的演員和一個演技很好的演員，誰更能飾演好「演技很爛的演員」這個角色？
15 隕石為什麼總是落在坑裡？
16 西瓜除了被吃還有什麼生存意義？
17 大象感冒的時候會鼻塞嗎？
18 為什麼外國超級英雄趴著飛，而中國神豎仙著飛？
19 女朋友生日我送她減肥藥。問：為什麼我會被打？
20 爆炸頭的人怎麼睡覺？
21 怎樣有效區分張馨予、張予曦、張雨綺、張雨馨、張欲藝、張藝慧、張涵予？
22 向日葵晚上在幹嗎，跟著月亮嗎？
23 高個子如何變矮？
24 如果母雞有思想，它會想些什麼？
25 蒼蠅被搭載到另一座城市怎麼辦？它的家人孩子怎麼辦？

圖 16.11 儲存知乎問題的檔案

表 16.5 QDir 類別的常用方法及說明

方法	說明
mkdir()	創建資料夾
exists()	判斷資料夾是否存在
rename()	重新命名資料夾
rmdir()	刪除資料夾
entryList()	遍歷資料夾，獲取資料夾中所有子資料夾和檔案的名稱列表
entryInfoList()	遍歷資料夾，獲取資料夾中所有子資料夾和檔案的 QFileInfo 物件的列表
count()	獲取資料夾和檔案的數量
setSorting()	設定 entryList() 和 entryInfoList() 使用的排序順序，設定值如下。 ◆ QDir.Name：按名稱排序； ◆ QDir.Time：按修改時間排序； ◆ QDir.Size：按檔案大小排序； ◆ QDir.Type：按檔案類型排序； ◆ QDir.Unsorted：不排序； ◆ QDir.DirsFirst：先顯示資料夾，然後顯示檔案； ◆ QDir.DirsLast：先顯示檔案，然後顯示資料夾； ◆ QDir.Reversed：反向排序； ◆ QDir.IgnoreCase：不區分大小寫排序； ◆ QDir.DefaultSort：預設排序
path()	獲取 QDir 物件所連結的資料夾路徑
absolutePath()	獲取資料夾的絕對路徑
isAbsolute()	判斷是否為絕對路徑
isRelative()	判斷是否為相對路徑
isReadable()	判斷資料夾是否讀取，並且是否能夠透過名稱打開
isRoot()	判斷是否為根目錄
cd()	改變 QDir 的路徑為 dirName

方法	說明
setFilter()	設定篩檢程式，以決定 entryList()entryInfoList() 返回哪些檔案，設定值如下。 ◆ QDir.Dirs：按照過濾方式列出所有資料夾； ◆ QDir.AllDirs：不考慮過濾方式，列出所有資料夾； ◆ QDir.Files：只列出所有檔案； ◆ QDir.Drives：只列出磁碟（UNIX 系統無效）； ◆ QDir.NoSymLinks：不列出符號連接； ◆ QDir.NoDotAndDotDot：不列出 "." 和 ".."； ◆ QDir.AllEntries：列出資料夾、檔案和磁碟； ◆ QDir.Readable：列出所有具有讀取屬性的資料夾和檔案； ◆ QDir.Writable：列出所有具有寫入屬性的資料夾和檔案； ◆ QDir.Executable：列出所有具有可執行屬性的資料夾和檔案； ◆ QDir.Modified：列出被修改過的資料夾和檔案（UNIX 系統無效）； ◆ QDir.Hidden：列出隱藏的資料夾和檔案； ◆ QDir.System：列出系統資料夾和檔案； ◆ QDir.CaseSensitive：檔案系統如果區分檔案名稱大小寫，則按大小寫方式進行過濾

【實例 16.6】使用 QDir 遍歷、重新命名和刪除資料夾（程式碼範例：書附程式 \Code\16\06）

在 Qt Designer 設計器中創建一個視窗，在其中增加兩個 LineEdit 控制項，分別用來輸入路徑和要重新命名的資料夾名；增加 3 個 PushButton 控制項，分別用來執行資料夾的遍歷、重新命名和刪除操作；增加一個 TableWidget 控制項，用來顯示指定路徑下的所有子資料夾。視窗設計完成後保存為 .ui 檔案，並使用 PyUIC 工具將其轉為 .py 檔案。

在 .py 檔案中，定義 4 個槽函數：getItem()、getpath()、rename() 和 delete()，其中，getItem() 用來獲取表格中選中的重新命名或刪除的資料夾；getpath() 用來獲取指定路徑下的子資料夾，並顯示在表格中，如果輸入的路徑不存在，則自動創建；rename() 用來對指定資料夾進行重新命名；delete() 用來刪除指定的資料夾。程式如下：

```
from PyQt5 import QtCore, QtWidgets
from PyQt5.QtCore import  QDir
import os
class Ui_MainWindow(object):
    def setupUi(self, MainWindow):
        MainWindow.setObjectName("MainWindow")
        MainWindow.resize(390, 252)
        MainWindow.setWindowTitle("QDir 應用")                    # 設定標題
        self.centralwidget = QtWidgets.QWidget(MainWindow)
        self.centralwidget.setObjectName("centralwidget")
        # 輸入路徑標籤
        self.label = QtWidgets.QLabel(self.centralwidget)
        self.label.setGeometry(QtCore.QRect(24, 10, 61, 16))
        self.label.setObjectName("label")
        self.label.setText(" 輸入路徑：")
        # 輸入路徑的文字標籤
        self.lineEdit = QtWidgets.QLineEdit(self.centralwidget)
        self.lineEdit.setGeometry(QtCore.QRect(84, 10, 211, 20))
        self.lineEdit.setObjectName("lineEdit")
        # 確定按鈕，判斷輸入路徑是否存在，如果不存在，則創建
        # 如果存在，獲取其中的所有資料夾
        self.pushButton = QtWidgets.QPushButton(self.centralwidget)
        self.pushButton.setGeometry(QtCore.QRect(304, 10, 61, 23))
        self.pushButton.setObjectName("pushButton")
        self.pushButton.setText(" 確定 ")
        # 表格，顯示指定路徑下的所有資料夾
        self.tableWidget = QtWidgets.QTableWidget(self.centralwidget)
        self.tableWidget.setGeometry(QtCore.QRect(14, 40, 351, 171))
        self.tableWidget.setObjectName("tableWidget")
        self.tableWidget.setColumnCount(1)
        item = QtWidgets.QTableWidgetItem()
        self.tableWidget.setHorizontalHeaderItem(0, item)
        item = self.tableWidget.horizontalHeaderItem(0)
        item.setText(" 路徑 ")
```

```
        self.tableWidget.verticalHeader().setVisible(False) # 隱藏垂直標題列
        # 設定自動填充容器
        self.tableWidget.horizontalHeader().setSectionResizeMode
(QtWidgets.QHeaderView.Stretch)
        # 設定新資料夾名稱標籤
        self.label_2 = QtWidgets.QLabel(self.centralwidget)
        self.label_2.setGeometry(QtCore.QRect(20, 220, 111, 21))
        self.label_2.setObjectName("label_2")
        self.label_2.setText(" 設定新資料夾名稱：")
        # 輸入新資料夾名稱
        self.lineEdit_2 = QtWidgets.QLineEdit(self.centralwidget)
        self.lineEdit_2.setGeometry(QtCore.QRect(130, 220, 81, 20))
        self.lineEdit_2.setObjectName("lineEdit_2")
        # 重新命名按鈕
        self.pushButton_2 = QtWidgets.QPushButton(self.centralwidget)
        self.pushButton_2.setGeometry(QtCore.QRect(220, 220, 61, 23))
        self.pushButton_2.setObjectName("pushButton_2")
        self.pushButton_2.setText(" 重新命名 ")
        # 刪除按鈕
        self.pushButton_3 = QtWidgets.QPushButton(self.centralwidget)
        self.pushButton_3.setGeometry(QtCore.QRect(300, 220, 61, 23))
        self.pushButton_3.setObjectName("pushButton_3")
        self.pushButton_3.setText(" 刪除 ")
        MainWindow.setCentralWidget(self.centralwidget)
        QtCore.QMetaObject.connectSlotsByName(MainWindow)
        self.pushButton.clicked.connect(self.getpath)
        self.pushButton_2.clicked.connect(self.rename)
        self.pushButton_3.clicked.connect(self.delete)
        self.tableWidget.itemClicked.connect(self.getItem)
    def getItem(self,item):                              # 獲取選中的表格內容
        self.select=item.text()
    # 獲取指定路徑下的所有資料夾
    def getpath(self):
        self.tableWidget.setRowCount(0)                  # 清空白資料表格中的所有行
```

```
        path=self.lineEdit.text()                       # 記錄輸入的路徑
        if path !="":                                   # 判斷路徑不為空
            dir = QDir()                                # 創建 QDir 物件
            if not dir.exists(path):                    # 判斷路徑是否存在
                dir.mkdir(path)         # 創建資料夾
            dir=QDir(path)              # 創建 QDir 物件
            flag = 0                    # 定義標識，用來指定在表格中的哪行插入資料
            # 遍歷指定路徑下的所有子資料夾
            for d in dir.entryList(QDir.Dirs | QDir.NoDotAndDotDot):
                self.tableWidget.insertRow(flag)         # 增加新行
                # 設定第一列的值為資料夾全路徑（包括資料夾名）
                self.tableWidget.setItem(flag, 0,
 QtWidgets.QTableWidgetItem(os.path.join(path,d)))
                flag += 1                               # 標識加 1
    # 重新命名資料夾
    def rename(self):
        newname=self.lineEdit_2.text()                  # 記錄新資料夾名
        if newname !="":                                # 判斷新資料夾名是否不為空
            if self.select !="":                        # 判斷是否選擇了要重新命名的資料夾
                dir=QDir()                              # 創建 QDir 物件
                # 對選中的資料夾進行重新命名
                dir.rename(self.select,os.path.join(self.lineEdit.
text(),newname))
                QtWidgets.QMessageBox.information(MainWindow,"提示","重新命
名資料夾成功！")
                self.getpath()                          # 更新表格
    # 刪除資料夾
    def delete(self):
        if self.select !="":                            # 判斷是否選擇了要刪除的資料夾
            dir=QDir()                                  # 創建 QDir 物件
            dir.rmdir(self.select)                      # 刪除選中的資料夾
            QtWidgets.QMessageBox.information(MainWindow, "提示", "成功刪除資
料夾！")
```

```
            self.getpath()                    # 更新表格
# 主方法
if __name__ == '__main__':
    import sys
    app = QtWidgets.QApplication(sys.argv)
    MainWindow = QtWidgets.QMainWindow()      # 創建表單物件
    ui = Ui_MainWindow()                      # 創建 PyQt5 設計的表單物件
    ui.setupUi(MainWindow)                    # 用呼叫 PyQt5 表單的方法對表單物件
                                                進行初始化設定

    MainWindow.show()                         # 顯示表單
    sys.exit(app.exec_())                     # 程式關閉時退出處理程序
```

執行程式，輸入一個路徑，點擊「確定」按鈕，自動遍歷該路徑下的所有子資料夾，並顯示在下方的表格中，如果輸入的路徑不存在，則自動創建；而當使用者選擇表格中的某個資料夾後，可以透過點擊「重新命名」和「刪除」按鈕，對應操作，程式執行效果如圖 16.12 所示。

圖 16.12 使用 QDir 遍歷、重新命名和刪除資料夾

16.4 小結

本章首先介紹了如何應用 Python 內建的函數對檔案及資料夾進行各種操作，其中主要用到的模組有 os 模組、os.path 模組和 shutil 模組；然後對使用 PyQt5 中的 QFile 類別和 QDir 類別對檔案和資料夾操作進行了講解。在實際開發時，推薦使用 Python 內建的函數和模組對檔案及資料夾操作。

17

PyQt5 繪圖技術

使用圖形分析資料，不僅簡單明瞭，而且清晰可見，它是專案開發中的一項必備功能，那麼，在 PyQt5 程式中，如何實現圖形的繪製呢？答案是 QPainter 類別！使用 QPainter 類別可以繪製各種圖形，從簡單的點、直線，到複雜的圓形圖、直條圖等。本章將對如何在 PyQt5 程式中繪圖進行詳細講解。

17.1 PyQt5 繪圖基礎

繪圖是視窗程式設計中非常重要的技術，舉例來說，應用程式需要繪製閃爍圖型、背景圖型、各種圖形形狀等。正所謂「一圖勝千言」，使用圖型能夠更進一步地表達程式執行結果，進行細緻地資料分析與保存等。本節將對 PyQt5 中的繪圖基礎類別—QPainter 類別介紹。

QPainter 類別是 PyQt5 中的繪圖基礎類別，它可以在 QWidget 控制項上執行繪圖操作，具體的繪圖操作在 QWidget 的 paintEvent() 方法中完成。

創建一個 QPainter 繪圖物件的方法非常簡單，程式如下：

```
from PyQt5.QtGui import QPainter
painter=QPainter(self)
```

上面的程式中，第一行程式用來匯入模組，第二行程式用來創建 QPainter 的物件，其中的 self 表示所屬的 QWidget 控制項物件。

QPainter 類別中常用的圖形繪製方法及說明如表 17.1 所示。

表 17.1 QPainter 類別中常用的圖形繪製方法及說明

方法	說明	方法	說明
drawArc()	繪製弧線	drawLine()	繪製直線
drawChord()	繪製和絃	drawLines()	繪製多筆直線
drawEllipse()	繪製橢圓	drawPath()	繪製路徑
drawImage()	繪製圖片	drawPicture()	繪製 Picture 圖片
drawPie()	繪製扇形	drawText()	繪製文字
drawPixmap()	從圖型中提取 Pixmap 並繪製	fillPath()	填充路徑
drawPoint()	繪製一個點	fillRect()	填充矩形
drawPoints()	繪製多個點	setPen()	設定畫筆
drawPolygon()	繪製多邊形	setBrush()	設定筆刷
drawPloyline()	繪製聚合線	setFont()	設定字型
drawRect()	繪製一個矩形	setOpacity()	設定透明度
darwRects()	繪製多個矩形	begin()	開始繪製
drawRoundedRect()	繪製圓角矩形	end()	結束繪製

【實例 17.1】使用 QPainter 繪製圖形（程式碼範例：書附程式\Code\17\01）

創建一個 .py 檔案，匯入 PyQt5 的對應模組，然後分別使用 QPainter 類別的對應方法在 PyQt5 視窗中繪製橢圓、矩形、直線和文字等圖形。程式如下：

```
from PyQt5.QtWidgets import *
from PyQt5.QtGui import QPainter
from PyQt5.QtCore import Qt
class Demo(QWidget):
    def __init__(self,parent=None):
        super(Demo,self).__init__(parent)
```

```
        self.setWindowTitle(" 使用 QPainter 繪製圖形 ")          # 設定視窗標題
        self.resize(300,120)                             # 設定視窗大小
    def paintEvent(self,event):
        painter=QPainter(self)                           # 創建繪圖物件
        painter.setPen(Qt.red)                           # 設定畫筆
        painter.drawEllipse(80, 10, 50, 30)              # 繪製一個橢圓
        painter.drawRect(180, 10, 50, 30)                # 繪製一個矩形
        painter.drawLine(80, 70, 200, 70)                # 繪製直線
        painter.drawText(90,100," 敢想敢為注重細節 ")  # 繪製文字
if __name__=='__main__':
    import sys
    app=QApplication(sys.argv)                           # 創建視窗程式
    demo=Demo()                                          # 創建視窗類別物件
    demo.show()                                          # 顯示視窗
    sys.exit(app.exec_())
```

執行程式，效果如圖 17.1 所示。

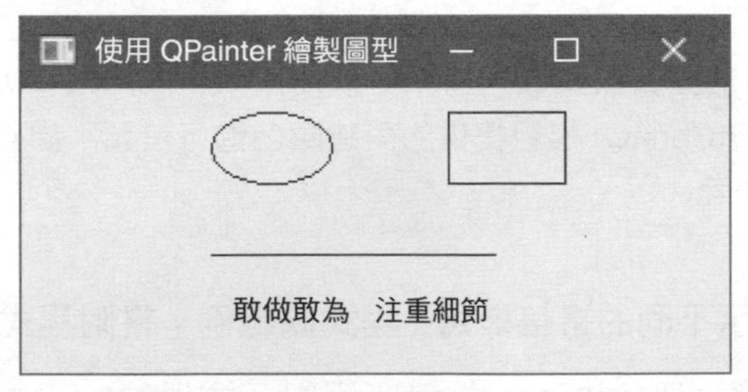

圖 17.1　QPainter 類別的基本應用

17.2 設定畫筆與筆刷

在使用 QPainter 類別繪製圖形時，可以使用 setPen() 方法和 setBrush() 方法對畫筆與筆刷進行設定，它們的參數分別是一個 QPen 物件和一個 QBrush 物件。本節將對如何設定畫筆與筆刷進行講解。

17.2.1 設定畫筆：QPen

QPen 類別主要用於設定畫筆，該類別的常用方法及說明如表 17.2 所示。

表 17.2 QPen 類別的常用方法及說明

方法	說明
setColor()	設定畫筆顏色
setStyle()	設定畫筆樣式，設定值如下。 ◆ Qt.SolidLine：正常直線； ◆ Qt.DashLine：由一些像素分割的短線； ◆ Qt.DotLine：由一些像素分割的點； ◆ Qt.DashDotLine：交替出現的短線和點； ◆ Qt.DashDotDotLine：交替出現的短線和兩個點； ◆ Qt.CustomDashLine：自訂樣式
setWidth()	設定畫筆寬度
setDshPattern()	使用數字串列自訂畫筆樣式

技巧

使用 setColor() 方法設置畫筆顏色時，可以使用 QColor 物件根據 RGB 值生成顏色，也可以使用 QtCore.Qt 模組提供的內建顏色進行設置，如 Qt.red 表示紅色，Qt.green 表示綠色等。

【實例 17.2】展示不同的畫筆樣式（程式碼範例：書附程式 \Code\17\02）

創建一個 .py 檔案，匯入 PyQt5 的對應模組，透過 QPen 物件的 setStyle() 方法設定 6 種不同的畫筆樣式，並分別以設定的畫筆繪製直線。程式如下：

```
from PyQt5.QtWidgets import *
from PyQt5.QtGui import QPainter,QPen,QColor
from PyQt5.QtCore import Qt
class Demo(QWidget):
    def __init__(self,parent=None):
        super(Demo,self).__init__(parent)
```

```
        self.setWindowTitle(" 畫筆的設定 ")       # 設定視窗標題
        self.resize(300,120)                      # 設定視窗大小
    def paintEvent(self,event):
        painter=QPainter(self)                    # 創建繪圖物件
        pen=QPen()                                # 創建畫筆物件
        # 設定第 1 條直線的畫筆
        pen.setColor(Qt.red)                      # 設定畫筆顏色為紅色
        pen.setStyle(Qt.SolidLine)                # 設定畫筆樣式為正常直線
        pen.setWidth(1)                           # 設定畫筆寬度
        painter.setPen(pen)                       # 設定畫筆
        painter.drawLine(80, 10, 200, 10)         # 繪製直線
        # 設定第 2 條直線的畫筆
        pen.setColor(Qt.blue)                     # 設定畫筆顏色為藍色
        pen.setStyle(Qt.DashLine)                 # 設定畫筆樣式為由一些像素分割的短線
        pen.setWidth(2)                           # 設定畫筆寬度
        painter.setPen(pen)                       # 設定畫筆
        painter.drawLine(80, 30, 200, 30)         # 繪製直線
        # 設定第 3 條直線的畫筆
        pen.setColor(Qt.cyan)                     # 設定畫筆顏色為青色
        pen.setStyle(Qt.DotLine)                  # 設定畫筆樣式為由一些像素分割的點
        pen.setWidth(3)                           # 設定畫筆寬度
        painter.setPen(pen)                       # 設定畫筆
        painter.drawLine(80, 50, 200, 50)         # 繪製直線
        # 設定第 4 條直線的畫筆
        pen.setColor(Qt.green)                    # 設定畫筆顏色為綠色
        pen.setStyle(Qt.DashDotLine)              # 設定畫筆樣式為交替出現的短線和點
        pen.setWidth(4)                           # 設定畫筆寬度
        painter.setPen(pen)                       # 設定畫筆
        painter.drawLine(80, 70, 200, 70)         # 繪製直線
        # 設定第 5 條直線的畫筆
        pen.setColor(Qt.black)                    # 設定畫筆顏色為黑色
        pen.setStyle(Qt.DashDotDotLine)           # 設定畫筆樣式為交替出現的短線和兩個點
        pen.setWidth(5)                           # 設定畫筆寬度
        painter.setPen(pen)                       # 設定畫筆
```

```
        painter.drawLine(80, 90, 200, 90)        # 繪製直線
        # 設定第 6 條直線的畫筆
        pen.setColor(QColor(48,235,100))         # 自訂畫筆顏色
        pen.setStyle(Qt.CustomDashLine)          # 設定畫筆樣式為自訂樣式
        pen.setDashPattern([1,3,2,3])            # 設定自訂的畫筆樣式
        pen.setWidth(6)                          # 設定畫筆寬度
        painter.setPen(pen)                      # 設定畫筆
        painter.drawLine(80, 110, 200, 110)      # 繪製直線
if __name__=='__main__':
    import sys
    app=QApplication(sys.argv)                   # 創建視窗程式
    demo=Demo()                                  # 創建視窗類別物件
    demo.show()                                  # 顯示視窗
    sys.exit(app.exec_())
```

執行程式，效果如圖 17.2 所示。

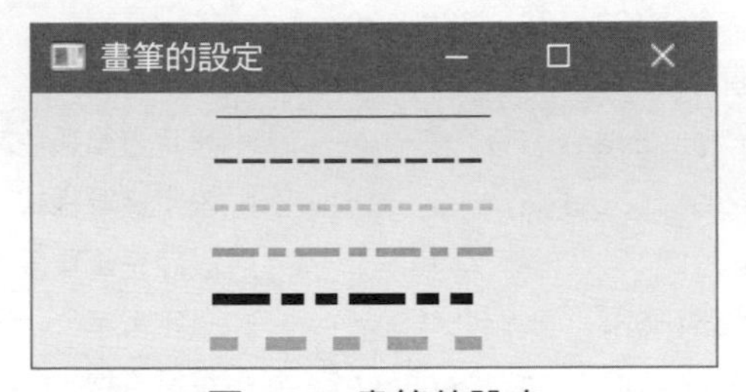

圖 17.2 畫筆的設定

17.2.2 設定筆刷：QBrush

QBrush 類別主要用於設定筆刷，以填充幾何圖形，如將正方形和圓形填充為其他顏色。QBrush 類別的常用方法及說明如表 17.3 所示。

表 17.3 QBrush 類別的常用方法及說明

方法	說明
setColor()	設定筆刷顏色
setTextureImage()	將筆刷圖型設定為圖型，樣式需設定為 Qt.TexturePattern

setTexture()	將筆刷的 pixmap 設定為 QPixmap，樣式需設定為 Qt.TexturePattern
setStyle()	設定筆刷樣式，設定值如下。 ◆ Qt.SolidPattern：純色填充樣式； ◆ Qt.Dense1Pattern：密度樣式 1； ◆ Qt.Dense2Pattern：密度樣式 2； ◆ Qt.Dense3Pattern：密度樣式 3； ◆ Qt.Dense4Pattern：密度樣式 4； ◆ Qt.Dense5Pattern：密度樣式 5； ◆ Qt.Dense6Pattern：密度樣式 6； ◆ Qt.Dense7Pattern：密度樣式 7； ◆ Qt.HorPattern：水平線樣式； ◆ Qt.VerPattern：垂直線樣式； ◆ Qt.CrossPattern：交換線樣式； ◆ Qt.DiagCrossPattern：斜線交換線樣式； ◆ Qt.BDiagPattern：反斜線樣式； ◆ Qt.FDiagPattern：斜線樣式； ◆ Qt.LinearGradientPattern：線性漸變樣式； ◆ Qt.ConicalGradientPattern：錐形漸變樣式； ◆ Qt.RadialGradientPattern：放射漸變樣式； ◆ Qt.TexturePattern：紋理樣式

【實例 17.3】展示不同的筆刷樣式（程式碼範例：書附程式 \Code\17\03）

創建一個 .py 檔案，匯入 PyQt5 的對應模組，透過 QBrush 物件的 setStyle() 方法設定 18 種不同的筆刷樣式，並分別以設定的筆刷對繪製的矩形進行填充，觀察它們的不同效果。程式如下：

```
from PyQt5.QtWidgets import *
from PyQt5.QtGui import *
from PyQt5.QtCore import Qt,QPoint
class Demo(QWidget):
    def __init__(self,parent=None):
        super(Demo,self).__init__(parent)
        self.setWindowTitle(" 筆刷的設定 ")          # 設定視窗標題
        self.resize(430,250)                       # 設定視窗大小
```

```
def paintEvent(self,event):
    painter=QPainter(self)                          # 創建繪圖物件
    brush=QBrush()                                  # 創建筆刷物件
    # 創建第 1 列的矩形及標識文字
    # 設定第 1 個矩形的筆刷
    brush.setColor(Qt.red)                          # 設定筆刷顏色為紅色
    brush.setStyle(Qt.SolidPattern)                 # 設定筆刷樣式為純色樣式
    painter.setBrush(brush)                         # 設定筆刷
    painter.drawRect(10, 10, 30, 30)                # 繪製矩形
    painter.drawText(50, 30, "純色樣式")            # 繪製標識文字
    # 設定第 2 個矩形的筆刷
    brush.setColor(Qt.blue)                         # 設定筆刷顏色為藍色
    brush.setStyle(Qt.Dense1Pattern)                # 設定筆刷樣式為密度樣式 1
    painter.setBrush(brush)                         # 設定筆刷
    painter.drawRect(10, 50, 30, 30)                # 繪製矩形
    painter.drawText(50, 70, "密度樣式 1")          # 繪製標識文字
    # 設定第 3 個矩形的筆刷
    brush.setColor(Qt.cyan)                         # 設定筆刷顏色為青色
    brush.setStyle(Qt.Dense2Pattern)                # 設定筆刷樣式為密度樣式 2
    painter.setBrush(brush)                         # 設定筆刷
    painter.drawRect(10, 90, 30, 30)                # 繪製矩形
    painter.drawText(50, 110, "密度樣式 2")         # 繪製標識文字
    # 設定第 4 個矩形的筆刷
    brush.setColor(Qt.green)                        # 設定筆刷顏色為綠色
    brush.setStyle(Qt.Dense3Pattern)                # 設定筆刷樣式為密度樣式 3
    painter.setBrush(brush)                         # 設定筆刷
    painter.drawRect(10, 130, 30, 30)               # 繪製矩形
    painter.drawText(50, 150, "密度樣式 3")         # 繪製標識文字
    # 設定第 5 個矩形的筆刷
    brush.setColor(Qt.black)                        # 設定筆刷顏色為黑色
    brush.setStyle(Qt.Dense4Pattern)                # 設定筆刷樣式為密度樣式 4
    painter.setBrush(brush)                         # 設定筆刷
    painter.drawRect(10, 170, 30, 30)               # 繪製矩形
    painter.drawText(50, 190, "密度樣式 4")         # 繪製標識文字
```

```
# 設定第 6 個矩形的筆刷
brush.setColor(Qt.darkMagenta)             # 設定筆刷顏色為洋紅色
brush.setStyle(Qt.Dense5Pattern)           # 設定筆刷樣式為密度樣式 5
painter.setBrush(brush)                    # 設定筆刷
painter.drawRect(10, 210, 30, 30)          # 繪製矩形
painter.drawText(50, 230, "密度樣式 5") # 繪製標識文字
# 創建第 2 列的矩形及標識文字
# 設定第 1 個矩形的筆刷
brush.setColor(Qt.red)                     # 設定筆刷顏色為紅色
brush.setStyle(Qt.Dense6Pattern)           # 設定筆刷樣式為密度樣式 6
painter.setBrush(brush)                    # 設定筆刷
painter.drawRect(150, 10, 30, 30)          # 繪製矩形
painter.drawText(190, 30, "密度樣式 6") # 繪製標識文字
# 設定第 2 個矩形的筆刷
brush.setColor(Qt.blue)                    # 設定筆刷顏色為藍色
brush.setStyle(Qt.Dense7Pattern)           # 設定筆刷樣式為密度樣式 7
painter.setBrush(brush)                    # 設定筆刷
painter.drawRect(150, 50, 30, 30)          # 繪製矩形
painter.drawText(190, 70, "密度樣式 7") # 繪製標識文字
# 設定第 3 個矩形的筆刷
brush.setColor(Qt.cyan)                    # 設定筆刷顏色為青色
brush.setStyle(Qt.HorPattern)              # 設定筆刷樣式為水平線樣式
painter.setBrush(brush)                    # 設定筆刷
painter.drawRect(150, 90, 30, 30)          # 繪製矩形
painter.drawText(190, 110, "水平線樣式")   # 繪製標識文字
# 設定第 4 個矩形的筆刷
brush.setColor(Qt.green)                   # 設定筆刷顏色為綠色
brush.setStyle(Qt.VerPattern)              # 設定筆刷樣式為垂直線樣式
painter.setBrush(brush)                    # 設定筆刷
painter.drawRect(150, 130, 30, 30)         # 繪製矩形
painter.drawText(190, 150, "垂直線樣式")   # 繪製標識文字
# 設定第 5 個矩形的筆刷
brush.setColor(Qt.black)                 # 設定筆刷顏色為黑色
brush.setStyle(Qt.CrossPattern)          # 設定筆刷樣式為交換線樣式
```

```
painter.setBrush(brush)                     # 設定筆刷
painter.drawRect(150, 170, 30, 30)          # 繪製矩形
painter.drawText(190, 190, "交換線樣式")        # 繪製標識文字
# 設定第 6 個矩形的筆刷
brush.setColor(Qt.darkMagenta)              # 設定筆刷顏色為洋紅色
brush.setStyle(Qt.DiagCrossPattern)         # 設定筆刷樣式為斜線交換線樣式
painter.setBrush(brush)                     # 設定筆刷
painter.drawRect(150, 210, 30, 30)          # 繪製矩形
painter.drawText(190, 230, "斜線交換線樣式")    # 繪製標識文字
# 創建第 3 列的矩形及標識文字
# 設定第 1 個矩形的筆刷
brush.setColor(Qt.red)                      # 設定筆刷顏色為紅色
brush.setStyle(Qt.BDiagPattern)             # 設定筆刷樣式為反斜線樣式
painter.setBrush(brush)                     # 設定筆刷
painter.drawRect(300, 10, 30, 30)           # 繪製矩形
painter.drawText(340, 30, "反斜線樣式")         # 繪製標識文字
# 設定第 2 個矩形的筆刷
brush.setColor(Qt.blue)                     # 設定筆刷顏色為藍色
brush.setStyle(Qt.FDiagPattern)             # 設定筆刷樣式為斜線樣式
painter.setBrush(brush)                     # 設定筆刷
painter.drawRect(300, 50, 30, 30)           # 繪製矩形
painter.drawText(340, 70, "斜線樣式")          # 繪製標識文字
# 設定第 3 個矩形的筆刷
# 設定線性漸變區域
linearGradient= QLinearGradient(QPoint(300, 90), QPoint(330, 120))
linearGradient.setColorAt(0, Qt.red)                # 設定漸變色 1
linearGradient.setColorAt(1, Qt.yellow)             # 設定漸變色 2
linearbrush=QBrush(linearGradient)                  # 創建線性漸變筆刷
linearbrush.setStyle(Qt.LinearGradientPattern)      # 設定筆刷樣式為線性漸
                                                      變樣式
painter.setBrush(linearbrush)                       # 設定筆刷
painter.drawRect(300, 90, 30, 30)                   # 繪製矩形
painter.drawText(340, 110, "線性漸變樣式")            # 繪製標識文字
# 設定第 4 個矩形的筆刷
```

```
        # 設定錐形漸變區域
        conicalGradient = QConicalGradient(315,145,0)
        # 將要漸變的區域分為 6 個區域，分別設定顏色
        conicalGradient.setColorAt(0, Qt.red)
        conicalGradient.setColorAt(0.2, Qt.yellow)
        conicalGradient.setColorAt(0.4, Qt.blue)
        conicalGradient.setColorAt(0.6, Qt.green)
        conicalGradient.setColorAt(0.8, Qt.magenta)
        conicalGradient.setColorAt(1.0, Qt.cyan)
        conicalbrush=QBrush(conicalGradient)              # 創建錐形漸變筆刷
        conicalbrush.setStyle(Qt.ConicalGradientPattern) # 設定筆刷樣式為錐形漸
                                                          變樣式
        painter.setBrush(conicalbrush)                    # 設定筆刷
        painter.drawRect(300, 130, 30, 30)                # 繪製矩形
        painter.drawText(340, 150, " 錐形漸變樣式 ")       # 繪製標識文字
        # 設定第 5 個矩形的筆刷
        # 設定放射漸變區域
        radialGradient=QRadialGradient(QPoint(315, 185), 15)
        radialGradient.setColorAt(0, Qt.green)            # 設定中心點顏色
        radialGradient.setColorAt(0.5, Qt.yellow)         # 設定內圈顏色
        radialGradient.setColorAt(1, Qt.darkMagenta)      # 設定外圈顏色
        radialbrush=QBrush(radialGradient)                # 創建放射漸變筆刷
        radialbrush.setStyle(Qt.RadialGradientPattern)    # 設定筆刷樣式為放射漸
                                                          變樣式
        painter.setBrush(radialbrush)                     # 設定筆刷
        painter.drawRect(300, 170, 30, 30)                # 繪製矩形
        painter.drawText(340, 190, " 放射漸變樣式 ")       # 繪製標識文字
        # 設定第 6 個矩形的筆刷
        brush.setStyle(Qt.TexturePattern)                 # 設定筆刷樣式為紋理樣式
        brush.setTexture(QPixmap("test.jpg"))             # 設定作為紋理的圖片
        painter.setBrush(brush)                           # 設定筆刷
        painter.drawRect(300, 210, 30, 30)                # 繪製矩形
        painter.drawText(340, 230, " 紋理樣式 ")           # 繪製標識文字
if __name__=='__main__':
```

```
import sys
app=QApplication(sys.argv)                    # 創建視窗程式
demo=Demo()                                   # 創建視窗類別物件
demo.show()                                   # 顯示視窗
sys.exit(app.exec_())
```

說明

在設置線性漸層畫刷、錐形漸層畫刷和放射漸層畫刷時，分別需要使用 QLinearGradient 類別、QConicalGradient 類別和 QRadialGradient 類別設置漸層的區域，並且它們有一個通用的方法 setColorAt()，用來設置漸層的顏色；另外，在設置紋理畫刷時，需要使用 setTexture() 方法或者 setTextureImage() 方法指定作為紋理的圖片。

執行程式，效果如圖 17.3 所示。

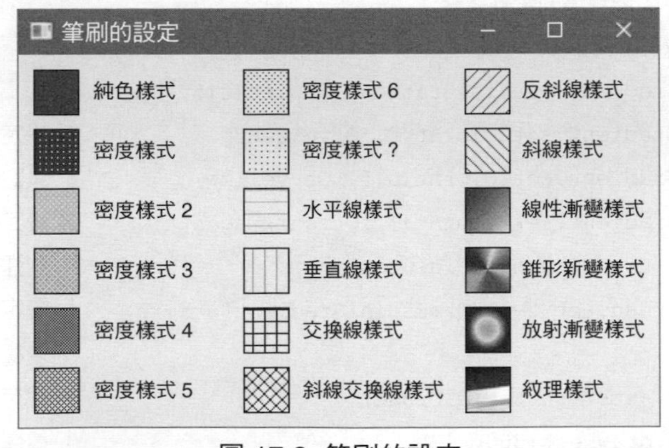

圖 17.3 筆刷的設定

17.3 繪製文字

使用 QPainter 繪圖類別可以繪製文字內容，並且在繪製文字之前可以設定使用的字型、大小等。本節將介紹如何設定文字的字型及繪製文字。

17.3.1 設定字型：QFont

在 PyQt5 中使用 QFont 類別封裝了字型的大小、樣式等屬性，該類別的常用方法及說明如表 17.4 所示。

表 17.4 QFont 類別的常用方法及說明

方法	說明
setFamily()	設定字型
setPixelSize()	以像素為單位設定文字大小
setBold()	設定是否為粗體
setItalic()	設定是否為斜體
setPointSize()	設定文字大小
setStyle()	設定文字樣式，常用設定值如下。 ◆ QFont.StyleItalic：斜體樣式； ◆ QFont.StyleNormal：正常樣式
setWeight()	設定文字粗細，常用設定值如下。 ◆ QFont.Light：正常直線； ◆ QFont.Normal：由一些像素分割的短線； ◆ QFont.DemiBold：由一些像素分割的點； ◆ QFont.Bold：交替出現的短線和點； ◆ QFont.Black：自訂樣式
setOverline()	設定是否有上畫線
setUnderline()	設定是否有底線
setStrikeOut()	設定是否有中畫線
setLetterSpacing()	設定文字間距，常用設定值如下。 ◆ QFont.PercentageSpacing：按百分比設定文字間距，預設為 100； ◆ QFont.AbsoluteSpacing：以像素值設定文字間距
setCapicalization()	設定字母的顯示樣式，常用設定值如下。 ◆ QFont.Capitalize：字首大寫； ◆ QFont.AllUpercase：全部大寫； ◆ QFont.AllLowercase：全部小寫

舉例來說，創建一個 QFont 字型物件，並對字型進行對應的設定。程式如下：

```
font=QFont()                                              # 創建字型物件
font.setFamily("華文行楷")                                  # 設定字型
font.setPointSize(20)                                     # 設定文字大小
font.setBold(True)                                        # 設定粗體
font.setUnderline(True)                                   # 設定底線
font.setLetterSpacing(QFont.PercentageSpacing,150)        # 設定字間距
```

17.3.2 繪製文字

QPainter 類別提供了 drawText() 方法，用來在視窗中繪製文字字串，該方法的語法如下：

```
drawText(int x, int y, string text)
```

參數說明如下。

☑ x：繪製字串的水平起始位置。

☑ y：繪製字串的垂直起始位置。

☑ text：要繪製的字串。

下面透過一個具體的實例演示如何在 PyQt5 視窗中繪製文字。

大家對驗證碼一定不陌生，每當使用者註冊或登入一個程式時大多數情況下都要求輸入驗證碼，所有資訊經過驗證無誤時才可以進入。本實例講解如何在 PyQt5 視窗中繪製一個帶噪點和干擾線的驗證碼。

【實例 17.4】繪製帶噪點和干擾線的驗證碼（程式碼範例：書附程式\Code\17\04）

創建一個 .py 檔案，首先定義儲存數字和字母的串列，並使用亂數產生器隨機產生數字或字母；然後在視窗的 paintEvent() 方法中創建 QPainter 繪圖物件，使用該繪圖物件的 drawRect() 方法繪製要顯示驗證碼的區域，並使用 drawLine() 方法和 drawPoint() 繪製干擾線和噪點；最後設定畫筆，並使用繪圖物件的 drawText() 在指定的矩形區域繪製隨機生成的驗證碼。程式如下：

```
from PyQt5.QtWidgets import *
from PyQt5.QtGui import QPainter,QFont
from PyQt5.QtCore import Qt
import random
class Demo(QWidget):
    def __init__(self,parent=None):
        super(Demo,self).__init__(parent)
        self.setWindowTitle(" 繪製驗證碼 ")        # 設定視窗標題
        self.resize(150,60)                # 設定視窗大小
    char = []                              # 定義儲存數字、字母的串列，用來從中生成驗證碼
    for i in range(48, 58):                # 增加 0 ～ 9 的數字
        char.append(chr(i))
    for i in range(65, 91):                # 增加 A ～ Z 的大寫字母
        char.append(chr(i))
    for i in range(97, 123):               # 增加 a ～ z 的小寫字母
        char.append(chr(i))
    # 生成隨機數字或字母
    def rndChar(self):
        return self.char[random.randint(0, len((self.char)))]
    def paintEvent(self,event):
        painter=QPainter(self)             # 創建繪圖物件
        painter.drawRect(10,10, 100, 30)
        painter.setPen(Qt.red)
        # 繪製干擾線（此處設 20 條干擾線，可以隨意設定）
        for i in range(20):
            painter.drawLine(
                    random.randint(10, 110), random.randint(10, 40),
                    random.randint(10, 110), random.randint(10, 40)
            )
       painter.setPen(Qt.green)
        # 繪製噪點（此處設定 500 個噪點，可以隨意設定）
        for i in range(500):
            painter.drawPoint(random.randint(10, 110), random.randint(10,
40))
```

```
        painter.setPen(Qt.black)                    # 設定畫筆
        font=QFont()                                # 創建字型物件
        font.setFamily("楷體")                      # 設定字型
        font.setPointSize(15)                       # 設定文字大小
        font.setBold(True)                          # 設定粗體
        font.setUnderline(True)                     # 設定底線
        painter.setFont(font)
        for i in range(4):
            painter.drawText(30 * i + 10, 30,str(self.rndChar())) # 繪製文字
if __name__=='__main__':
    import sys
    app=QApplication(sys.argv)                      # 創建視窗程式
    demo=Demo()                                     # 創建視窗類別物件
    demo.show()                                     # 顯示視窗
    sys.exit(app.exec_())
```

執行程式，效果如圖 17.4 所示。

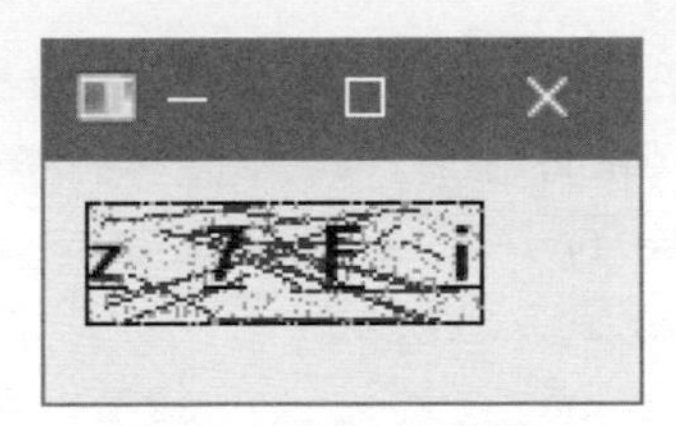

圖 17.4 繪製驗證碼

17.4 繪製圖型

在 PyQt5 視窗中繪製圖型需要使用 drawPixmap() 方法，該方法有多種多載形式，比較常用的有以下兩種：

```
drawImage(int x, int y , QPixmap pixmap)
drawImage(int x, int y, int width, int height, QPixmap pixmap)
```

參數說明如下。

☑ x：所繪製圖型的左上角的 x 座標。

☑ y：所繪製圖型的左上角的 y 座標。

☑ width：所繪製圖型的寬度。

☑ height：所繪製圖型的高度。

☑ pixmap：QPixmap 物件，用來指定要繪製的圖型。

drawPixmap() 方法中有一個參數是 QPixmap 物件，它表示 PyQt5 中的圖型物件，透過使用 QPixmap 可以將圖型顯示在標籤或按鈕等控制項上，而且它支援的圖型類型有很多，如常用的 BMP、JPG、JPEG、PNG、GIF、ICO 等。QPixmap 類別的常用方法及說明如表 17.5 所示。

表 17.5 QPixmap 類別的常用方法及說明

方法	說明
load()	載入指定影像檔作為 QPixmap 物件
fromImage()	將 QImage 物件轉為 QPixmap 物件
toImage()	將 QPixmap 物件轉為 QImage 物件
copy()	從 QRect 物件複製到 QPixmap 物件
save()	將 QPixmap 物件保存為檔案

技巧

使用 QPixmap 獲取圖型時，可以直接在其建構元數中指定圖片，用法為 "QPixmap(" 圖片路徑 ")"。

【實例 17.5】繪製公司 Logo（程式碼範例：書附程式 \Code\17\05）

創建一個 .py 檔案，匯入 PyQt5 相關模組，分別使用 drawPixmap() 的兩種多載形式繪製公司的 Logo，程式如下：

```
from PyQt5.QtWidgets import *
from PyQt5.QtGui import QPainter,QPixmap
class Demo(QWidget):
```

```
    def __init__(self,parent=None):
        super(Demo,self).__init__(parent)
        self.setWindowTitle(" 使用 QPainter 繪製圖形 ")          # 設定視窗標題
        self.resize(300,120)                                    # 設定視窗大小
    def paintEvent(self,event):
        painter=QPainter(self)                                  # 創建繪圖物件
        painter.drawPixmap(10, 10, QPixmap("logo.jpg"))  # 預設大小
         painter.drawPixmap(10, 10, 290, 110, QPixmap("logo.jpg")) # 指定大小
if __name__=='__main__':
    import sys
    app=QApplication(sys.argv)                                  # 創建視窗程式
    demo=Demo()                                                 # 創建視窗類別物件
    demo.show()                                                 # 顯示視窗
sys.exit(app.exec_())
```

說明

logo.jpg 檔案需要放在與 .py 檔案同級目錄中。

執行程式，以原圖大小和以指定大小繪製圖型的效果分別如圖 17.5 和圖 17.6 所示。

圖 17.5 以原圖大小繪製公司 Logo

圖 17.6 以指定大小繪製公司 Logo

17.5 小結

本章詳細介紹了 PyQt5 中繪圖的基礎知識，其中包括 QPainter 繪圖基礎類別、QPen 畫筆物件、QBrush 筆刷物件和 QFont 字型物件；然後講解了如何在 PyQt5 程式中繪製文字與圖型。繪圖技術在 PyQt5 程式開發中的應用比較廣泛，希望讀者能夠認真學習本章的知識。

18 多執行緒程式設計

如果一次只完成一件事情，那是一個不錯的想法，但事實上很多事情都是同時進行的，所以在 Python 中為了模擬這種狀態，引入了執行緒機制，簡單地說，當程式同時完成多件事情時，就是所謂的多執行緒程式。多執行緒應用廣泛，開發人員可以使用多執行緒對要執行的操作分段執行，這樣可以大大提高程式的執行速度和性能。本章將對 PyQt5 中的多執行緒程式設計基礎進行講解。

18.1 執行緒概述

世間萬物都會同時完成很多工作，舉例來說，人體同時進行呼吸、血液循環、思考問題等活動，使用者既可以使用電腦聽歌，又可以使用它列印檔案，而這些活動完全可以同時進行，這種思想放在 Python 中被稱為併發，而將併發完成的每一件事情稱為執行緒。本節將對執行緒進行詳細講解。

18.1.1 執行緒的定義與分類

在講解執行緒之前，先來了解一個概念—處理程序。系統中資源設定和資源排程的基本單位，叫作處理程序。其實處理程序很常見，我們使用的 QQ、Word、甚至是輸入法等，每個獨立執行的程式在系統中都是一個處理程序。

而每個處理程序中都可以同時包含多個執行緒，舉例來說，QQ 是一個聊天軟體，但它的功能有很多，如收發資訊、播放音樂、查看網頁和下載檔案等，這些工作可以同時執行並且互不干擾，這就是使用了執行緒的併發機制，我們把 QQ 這個軟體看作一個處理程序，而它的每一個功能都是一個可以獨立執行的執行緒。處理程序與執行緒的關係如圖 18.1 所示。

上面介紹了一個處理程序包括多個執行緒，但電腦的 CPU 只有一個，那麼這些執行緒是怎麼做到併發執行的呢？ Windows 作業系統是多工作業系統，它以處理程序為單位，每個獨立執行的程式稱為處理程序，在系統中可以分配給每個處理程序一段有限的使用 CPU 的時間（也可以稱為 CPU 時間切片），CPU 在部分時間中執行某個處理程序，然後下一個時間切片又跳至另一個處理程序中去執行。由於 CPU 轉換較快，所以使得每個處理程序好像是同時執行一樣。

圖 18.2 表明了 Windows 作業系統的執行模式。

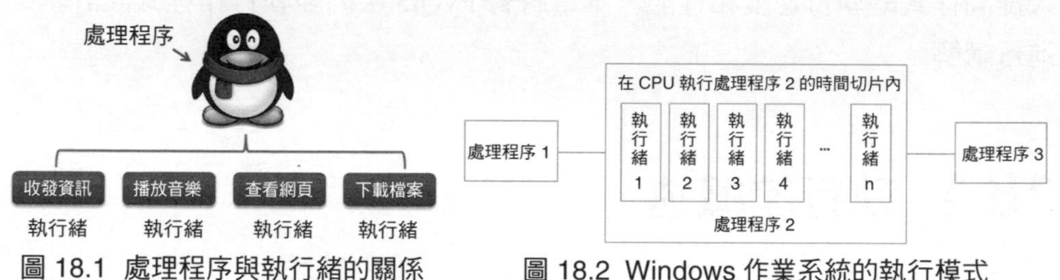

圖 18.1 處理程序與執行緒的關係　　圖 18.2 Windows 作業系統的執行模式

一個執行緒則是處理程序中的執行流程，一個處理程序中可以同時包括多個執行緒，每個執行緒也可以得到一小段程式的執行時間，這樣一個處理程序就可以具有多個併發執行的執行緒。

18.1.2 多執行緒的優缺點

一般情況下，需要使用者互動的軟體都必須盡可能快地對使用者的操作做出反應，以便提供良好的使用者體驗，但同時它又必須執行必要的計算以便盡可能快地將資料呈現給使用者，這時可以使用多執行緒來實現。

1．多執行緒的優點

要提高對使用者的回應速度，使用多執行緒是一種最有效的方式，在具有一個處理器的電腦上，多執行緒可以透過利用使用者事件之間很小的時間段在後台處理資料來達到這種效果。使用多執行緒的優點如下。

☑ 透過網路與 Web 伺服器和資料庫進行通訊。

☑ 執行佔用大量時間的操作。

☑ 區分具有不同優先順序的任務。

☑ 讓使用者介面可以在將時間分配給後台工作時仍能快速做出回應。

2．多執行緒的缺點

使用多執行緒有好處，同時也有壞處，建議一般不要在程式中使用太多的執行緒，這樣可以最大限度地減少作業系統資源的使用，並提高性能。使用多執行緒可能對程式造成的負面影響如下：

☑ 系統將為處理程序和執行緒所需的上下文資訊使用記憶體。因此，可以創建的處理程序和執行緒的數目會受到可用記憶體的限制。

☑ 追蹤大量的執行緒將佔用大量的處理器時間。如果執行緒過多，則其中大多數執行緒都不會產生明顯的進度。如果大多數執行緒處於一個處理程序中，則其他處理程序中的執行緒的排程頻率就會很低。

☑ 使用多個執行緒控製程式執行非常複雜，並可能產生許多 Bug。

☑ 銷毀執行緒需要了解可能發生的問題並進行處理。

在 PyQt5 中實現多執行緒主要有兩種方法，一種是使用 QTimer 計時器模組；另一種是使用 QThread 執行緒模組，下面分別進行講解。

18.2 QTimer：計時器

在 PyQt5 程式中，如果需要週期性地執行某項操作，就可以使用 QTimer 類別實現，QTimer 類別表示計時器，它可以定期發射 timeout 訊號，時間間隔的長度在 start() 方法中指定，以毫秒為單位，如果要停止計時器，則需要使用 stop() 方法。

在使用 QTimer 類別時，首先需要進行匯入。程式如下：

```
from PyQt5.QtCore import QTimer
```

【實例 18.1】雙色球彩券選號器（程式碼範例：書附程式 \Code\18\01）

使用 PyQt5 實現模擬雙色球選號的功能，程式開發步驟如下。

（1）在 PyQt5 的 Qt Designer 設計器中創建一個視窗，設定視窗的背景，並增加 7 個 Label 標籤和兩個 PushButton 按鈕。

（2）將設計的視窗保存為 .ui 檔案，並使用 PyUIC 工具將其轉為 .py 檔案，同時使用 qrcTOpy 工具將用到的儲存圖片的資源檔轉為 .py 檔案。.ui 檔案對應的 .py 初始程式如下：

```
from PyQt5 import QtCore, QtGui, QtWidgets
class Ui_MainWindow(object):
    def setupUi(self, MainWindow):
        MainWindow.setObjectName("MainWindow")
        MainWindow.resize(435, 294)
        MainWindow.setWindowTitle(" 雙色球彩券選號器 ") # 設定視窗標題
        # 設定視窗背景圖片
        MainWindow.setStyleSheet("border-image: url(:/back/ 雙色球彩券選號器
.jpg);")
        self.centralwidget = QtWidgets.QWidget(MainWindow)
        self.centralwidget.setObjectName("centralwidget")
        # 創建第一個紅球數字的標籤
        self.label = QtWidgets.QLabel(self.centralwidget)
        self.label.setGeometry(QtCore.QRect(97, 178, 31, 31))
        # 設定標籤的字型
        font = QtGui.QFont()             # 創建字型物件
        font.setPointSize(16)            # 設定字型大小
        font.setBold(True)               # 設定粗體
        font.setWeight(75)               # 設定
        self.label.setFont(font)         # 為標籤設定字型
```

```
        # 設定標籤的文字顏色
        self.label.setStyleSheet("color: rgb(255, 255, 255);")
        self.label.setObjectName("label")
        # ……省略第 2、3、4、5、6 個紅球和一個藍球標籤的程式
        # ……因為它們的創建及設定程式與第一個紅球標籤的程式一樣
        # 創建 " 開始 " 按鈕
        self.pushButton = QtWidgets.QPushButton(self.centralwidget)
        self.pushButton.setGeometry(QtCore.QRect(310, 235, 51, 51))
        # 設定按鈕的背景圖片
        self.pushButton.setStyleSheet("border-image: url(:/back/ 開始 .jpg);")
        self.pushButton.setText("")
        self.pushButton.setObjectName("pushButton")
        # 創建 " 停止 " 按鈕
        self.pushButton_2 = QtWidgets.QPushButton(self.centralwidget)
        self.pushButton_2.setGeometry(QtCore.QRect(370, 235, 51, 51))
        # 設定按鈕的背景圖片
        self.pushButton_2.setStyleSheet("border-image: url(:/back/ 停止
.jpg);")
        self.pushButton_2.setText("")
        self.pushButton_2.setObjectName("pushButton_2")
        MainWindow.setCentralWidget(self.centralwidget)
        # 初始化顯示雙色球數字的 Label 標籤的預設文字
        self.label.setText("00")
        self.label_2.setText("00")
        self.label_3.setText("00")
        self.label_4.setText("00")
        self.label_5.setText("00")
        self.label_6.setText("00")
        self.label_7.setText("00")
        QtCore.QMetaObject.connectSlotsByName(MainWindow)
import img_rc # 匯入資源檔
```

（3）由於使用 Qt Designer 設計器設定視窗時，控制項的背景會預設跟隨視窗的背景，所以在 .py 檔案的 setupUi() 方法中將 7 個 Label 標籤的背景設定

透明。程式如下：

```
# 設定顯示雙色球數字的 Label 標籤背景透明
self.label.setAttribute(QtCore.Qt.WA_TranslucentBackground)
self.label_2.setAttribute(QtCore.Qt.WA_TranslucentBackground)
self.label_3.setAttribute(QtCore.Qt.WA_TranslucentBackground)
self.label_4.setAttribute(QtCore.Qt.WA_TranslucentBackground)
self.label_5.setAttribute(QtCore.Qt.WA_TranslucentBackground)
self.label_6.setAttribute(QtCore.Qt.WA_TranslucentBackground)
self.label_7.setAttribute(QtCore.Qt.WA_TranslucentBackground)
```

（4）定義 3 個槽函數 start()、num() 和 stop()，分別用來開始計時器、隨機生成雙色球數字、停止計時器的功能。程式如下：

```
# 定義槽函數，用來開始計時器
def start(self):
    self.timer=QTimer(MainWindow)                    # 創建計時器物件
    self.timer.start() #開始計時器
    self.timer.timeout.connect(self.num)             # 設定計時器要執行的槽函數
# 定義槽函數，用來設定 7 個 Label 標籤中的數字
def num(self):
    self.label.setText("{0:02d}".format(random.randint(1, 33)))      # 隨機生
成第一個紅球數字
    self.label_2.setText("{0:02d}".format(random.randint(1, 33)))    # 隨機生
成第二個紅球數字
    self.label_3.setText("{0:02d}".format(random.randint(1, 33)))    # 隨機生
成第三個紅球數字
    self.label_4.setText("{0:02d}".format(random.randint(1, 33)))    # 隨機生
成第四個紅球數字
    self.label_5.setText("{0:02d}".format(random.randint(1, 33)))    # 隨機生
成第五個紅球數字
    self.label_6.setText("{0:02d}".format(random.randint(1, 33)))    # 隨機生
成第六個紅球數字
    self.label_7.setText("{0:02d}".format(random.randint(1, 16)))    # 隨機生
```

```
成藍球數字
# 定義槽函數，用來停止計時器
def stop(self):
self.timer.stop()
```

說明

由於用到 random 隨機數類別和 QTimer 類別，所以需要匯入相應的模組。程式如下：

```
from PyQt5.QtCore import QTimer
import random
```

（5）在 .py 檔案的 setupUi() 方法中為「開始」和「停止」按鈕的 clicked 訊號綁定自訂的槽函數，以便在點擊按鈕時執行對應的操作。程式如下：

```
# 為"開始"按鈕綁定點擊訊號
self.pushButton.clicked.connect(self.start)
# 為"停止"按鈕綁定點擊訊號
self.pushButton_2.clicked.connect(self.stop)
```

（6）為 .py 檔案增加 __main__ 主方法。程式如下：

```
# 主方法
if __name__ == '__main__':
    import sys
    app = QtWidgets.QApplication(sys.argv)
    MainWindow = QtWidgets.QMainWindow()      # 創建表單物件
    ui = Ui_MainWindow()                      # 創建 PyQt5 設計的表單物件
    ui.setupUi(MainWindow)                    # 呼叫 PyQt5 表單的方法對表單物件進行
                                                初始化設定

    MainWindow.show()                         # 顯示表單
    sys.exit(app.exec_())                     # 程式關閉時退出處理程序
```

執行程式，點擊「開始」按鈕，紅球和藍球同時捲動，點擊「停止」按鈕，則紅球和藍球停止捲動，當前顯示的數字就是程式選中的號碼，如圖 18.3 所示。

圖 18.3 雙色球彩券選號器

18.3 QThread：執行緒類別

PyQt5 透過使用 QThread 類別實現執行緒，本節將對如何使用 QThread 類別實現執行緒，以及執行緒的生命週期介紹。

18.3.1 執行緒的實現

QThread 類別是 PyQt5 中的核心執行緒類別，要實現一個執行緒，需要創建 QThread 類別的子類別，並且實現其 run() 方法。

QThread 類別的常用方法及說明如表 18.1 所示。

表 18.1 QThread 類別的常用方法及說明

方法	說明
run()	執行緒的起點，在呼叫 start() 之後，新創建的執行緒將呼叫該方法
start()	啟動執行緒
wait()	阻塞執行緒
sleep()	以秒為單位休眠執行緒
msleep()	以毫秒為單位休眠執行緒

方法	說明
usleep()	以微秒為單位休眠執行緒
quit()	退出執行緒的事件循環並返回程式 0（成功），相當於 exit(0)
exit()	退出執行緒的事件循環，並返回程式，如果返回 0 則表示成功，任何非 0 值都表示錯誤
terminate()	強制終止執行緒，在 terminate() 之後應該使用 wait() 方法，以確保當執行緒終止時，等待中的執行緒完成的所有執行緒都將被喚醒；另外，不建議使用這種方法終止執行緒
setPriority()	設定執行緒優先順序，設定值如下。 ◆ QThread.IdlePriority：空閒優先順序； ◆ QThread.LowestPriority：最低優先順序； ◆ QThread.LowPriority：低優先順序；
setPriority()	◆ QThread.NormalPriority：系統預設優先順序； ◆ QThread.HighPriority：高優先順序； ◆ QThread.HighestPriority：最高優先順序； ◆ QThread.TimeCriticalPriority：盡可能頻繁地分配執行； ◆ QThread.InheritPriority：預設值，使用與創建執行緒相同的優先順序
isFinished()	是否完成
isRunning()	是否正在運行

QThread 類別的常用訊號及說明如表 18.2 所示。

表 18.2 QThread 類別的常用訊號及說明

訊號	說明
started	在呼叫 run() 方法之前，在相關執行緒開始執行時從該執行緒發射
finished	在相關執行緒完成執行之前從該執行緒發射

【實例 18.2】在執行緒中疊加數（程式碼範例：書附程式 \Code\18\02）

在 PyCharm 中新建一個 .py 檔案，使用 QThread 類別創建執行緒，在重新定義的 run() 方法中以每隔 1 秒的頻率疊加輸出數字，並且在數字為 10 時，退出執行緒；最後增加主執行方法。程式如下：

```
from PyQt5.QtCore import QThread                # 匯入執行緒模組
class Thread(QThread):                          # 創建執行緒類別
    def __init__(self):
        super(Thread,self).__init__()
    def run(self):                              # 重新定義 run() 方法
        num=0                                   # 定義一個變數，用來疊加輸出
        while True:                             # 定義無限迴圈
            num=num+1                           # 變數疊加
            print(num)                          # 輸出變數
            Thread.sleep(1)                     # 使執行緒休眠 1 秒
            if num==10:                         # 如果數字到 10
                Thread.quit()                   # 退出執行緒
if __name__=="__main__":                        # 增加主方法
    import sys                                  # 匯入模組
    from PyQt5.QtWidgets import QApplication
    app = QApplication(sys.argv)                # 創建應用物件
    thread =Thread()                            # 創建執行緒物件
    thread.start()                              # 啟動執行緒
    sys.exit(app.exec_())                       # 關閉時退出程式
```

執行程式，在 PyCharm 的主控台中每隔 1 秒輸出一個數字，數字為 10 時，退出程式，效果如圖 18.4 所示。

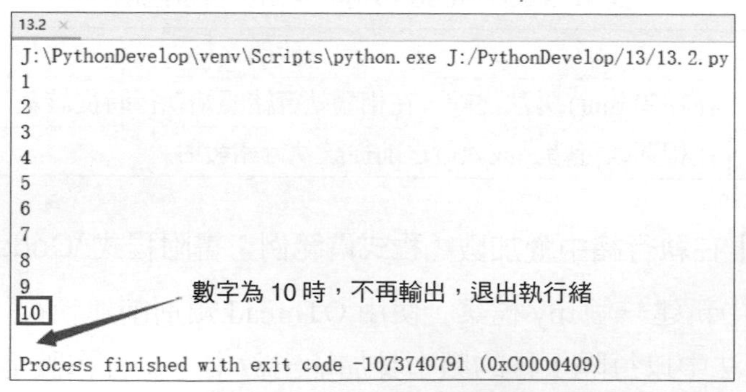

圖 18.4 在執行緒中疊加數

18.3.2 執行緒的生命週期

任何事物都有始有終，就像人的一生，就經歷了少年、壯年、老年……，這就是一個人的生命週期，如圖 18.5 所示。

圖 18.5 人的生命週期

同樣，執行緒也有自己的生命週期，其中包含 5 種狀態，分別為出生狀態、就緒狀態、執行狀態、暫停狀態（包括休眠、等待和阻塞等）和死亡狀態。出生狀態就是執行緒被創建時的狀態；當執行緒物件呼叫 start() 方法後，執行緒處於就緒狀態（又被稱為可執行狀態）；當執行緒得到系統資源後就進入了執行狀態。

一旦執行緒進入執行狀態，它會在就緒與執行狀態下轉換，同時也有可能進入暫停或死亡狀態。當處於執行狀態下的執行緒呼叫 sleep()、wait() 或發生阻塞時，會進入暫停狀態；當在休眠結束或阻塞解除時，執行緒會重新進入就緒狀態；當執行緒的 run() 方法執行完畢，或執行緒發生錯誤、異常時，執行緒進入死亡狀態。

圖 18.6 所示描述了執行緒生命週期中的各種狀態。

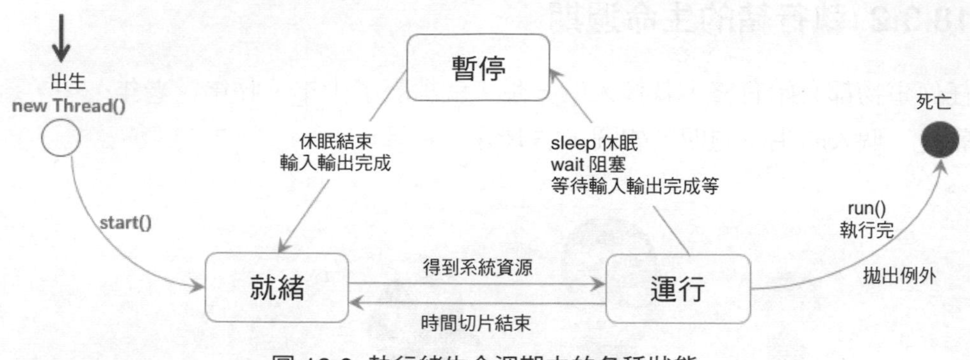

圖 18.6 執行緒生命週期中的各種狀態

18.3.3 執行緒的應用

本節將使用 PyQt5 中的 QThread 類別模擬龜兔賽跑的故事。

【實例 18.3】龜兔賽跑（程式碼範例：書附程式 \Code\18\03）

在 Qt Designer 設計器中創建一個視窗，在其中增加兩個 Label 控制項，分別用來標識兔子和烏龜的比賽記錄；增加兩個 TextEdit 控制項，分別用來即時顯示兔子和烏龜的比賽動態；增加一個 PushButton 控制項，用來執行開始比賽操作。視窗設計完成後保存為 .ui 檔案，並使用 PyUIC 工具將其轉為 .py 檔案。

在 .py 檔案中，分別透過繼承 QThread 類別定義兔子執行緒類別和烏龜執行緒類別，這兩個類別的實現想法一致，主要透過自訂訊號發射兔子和烏龜的比賽動態，區別是，兔子在 90 公尺處，會有「兔子在睡覺」的動態。然後在主視窗中創建定義的兩個執行緒類別物件，並使用 start() 方法啟動。完整程式如下：

```
from PyQt5 import QtCore,  QtWidgets
from PyQt5.QtCore import *                                    # 匯入執行緒相關模組
class Ui_MainWindow(object):
    def setupUi(self, MainWindow):
```

```
MainWindow.setObjectName("MainWindow")
MainWindow.resize(367, 267)
MainWindow.setWindowTitle(" 龜兔賽跑 ")                    # 設定視窗標題
self.centralwidget = QtWidgets.QWidget(MainWindow)
self.centralwidget.setObjectName("centralwidget")
# 創建兔子比賽標籤
self.label = QtWidgets.QLabel(self.centralwidget)
self.label.setGeometry(QtCore.QRect(40, 10, 91, 21))
self.label.setObjectName("label")
self.label.setText(" 兔子的比賽記錄 ")
# 顯示兔子的比賽記錄
self.textEdit = QtWidgets.QTextEdit(self.centralwidget)
self.textEdit.setGeometry(QtCore.QRect(10, 40, 161, 191))
self.textEdit.setObjectName("textEdit")
# 創建烏龜比賽標籤
self.label_2 = QtWidgets.QLabel(self.centralwidget)
self.label_2.setGeometry(QtCore.QRect(220, 10, 91, 21))
self.label_2.setObjectName("label_2")
self.label_2.setText(" 烏龜的比賽記錄 ")
# 顯示烏龜的比賽記錄
self.textEdit_2 = QtWidgets.QTextEdit(self.centralwidget)
self.textEdit_2.setGeometry(QtCore.QRect(190, 40, 161, 191))
self.textEdit_2.setObjectName("textEdit_2")
# 創建 " 開始比賽 " 按鈕
self.pushButton = QtWidgets.QPushButton(self.centralwidget)
self.pushButton.setGeometry(QtCore.QRect(140, 240, 75, 23))
self.pushButton.setObjectName("pushButton")
self.pushButton.setText(" 開始比賽 ")
MainWindow.setCentralWidget(self.centralwidget)
QtCore.QMetaObject.connectSlotsByName(MainWindow)
self.r=Rabbit()                                    # 創建兔子執行緒物件
self.r.sinOut.connect(self.rabbit)                 # 將執行緒訊號連接到槽函數
self.t = Tortoise() # 創建烏龜執行緒物件
self.t.sinOut.connect(self.tortoise)               # 將執行緒訊號連接到槽函數
```

```
        self.pushButton.clicked.connect(self.start)           # 開始兩個執行緒
    def start(self):
        self.r.start()                                        # 啟動兔子執行緒
        self.t.start()                                        # 啟動烏龜執行緒
    # 顯示兔子的跑步距離
    def rabbit(self,str):
        self.textEdit.setPlainText(self.textEdit.toPlainText() + str)
    # 顯示烏龜的跑步距離
    def tortoise(self, str):
        self.textEdit_2.setPlainText(self.textEdit_2.toPlainText() + str)
class Rabbit(QThread):                                  # 創建兔子執行緒類別
    sinOut=pyqtSignal(str)                              # 自訂訊號，用來發射兔子比賽動態
    def __init__(self):
        super(Rabbit,self).__init__()
    # 重新定義 run() 方法
    def run(self):
        for i in range(1,11):
            # 迴圈 10 次模擬賽跑的過程
            QThread.msleep(100)                        # 執行緒休眠 0.1 秒，模擬兔子在跑步
            self.sinOut.emit("\n  兔子跑了 " + str(i) + "0 公尺 ")# 顯示兔子的
                                                                     跑步距離
            if i == 9:
                self.sinOut.emit("\n  兔子在睡覺 ") # 當跑了 90 公尺時開始睡覺
                QThread.sleep(5)                     # 執行緒休眠 5 秒
            if i == 10:
                self.sinOut.emit("\n  兔子到達終點 ") # 顯示兔子到達了終點
class Tortoise(QThread):                           # 創建烏龜執行緒類別
    sinOut=pyqtSignal(str)                         # 自訂訊號，用來發射烏龜比賽動態
    def __init__(self):
        super(Tortoise,self).__init__()
    # 重新定義 run() 方法
    def run(self):
        for i in range(1,11):
            QThread.msleep(500)                    # 執行緒休眠 0.5 秒，模擬烏龜在跑步
```

```
            self.sinOut.emit("\n  烏龜跑了 " + str(i) + "0 公尺 ")
            if i == 10:
                self.sinOut.emit("\n  烏龜到達終點 ")
# 主方法
if __name__ == '__main__':
    import sys
    app = QtWidgets.QApplication(sys.argv)
    MainWindow = QtWidgets.QMainWindow()     # 創建表單物件
    ui = Ui_MainWindow()             # 創建 PyQt5 設計的表單物件
    ui.setupUi(MainWindow)           # 呼叫 PyQt5 表單的方法對表單物件進行初始化設定
    MainWindow.show()                # 顯示表單
sys.exit(app.exec_())                # 程式關閉時退出處理程序
```

技巧

由於兔子執行緒類別和烏龜執行緒類別是兩個單獨的類別，所以如果在其中直接操作主視窗中的控制項，是無法操作的，這裡借用了 pyqtSignal 自訂訊號，透過該訊號的 emit() 方法將兔子和烏龜的比賽動態發送給主視窗的相應槽函數，從而實現在主視窗中顯示兔子和烏龜比賽動態的功能。

執行程式，點擊「開始比賽」按鈕，當兔子跑到 90 公尺處時，開始睡覺；烏龜跑至終點時，兔子醒了，隨即跑至終點，執行結果如圖 18.7 和圖 18.8 所示。

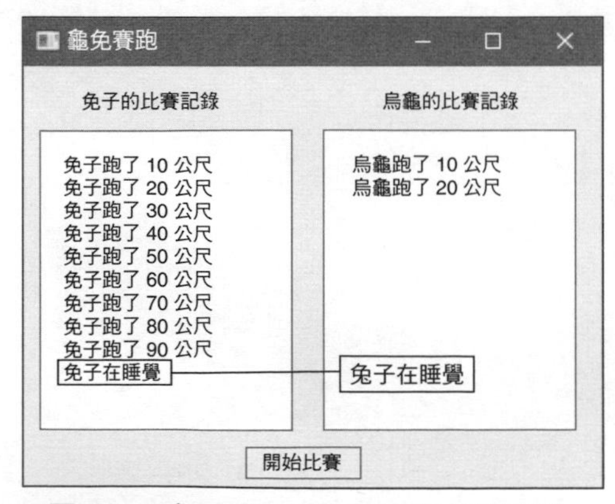

圖 18.7 兔子跑了 90 公尺後開始睡覺

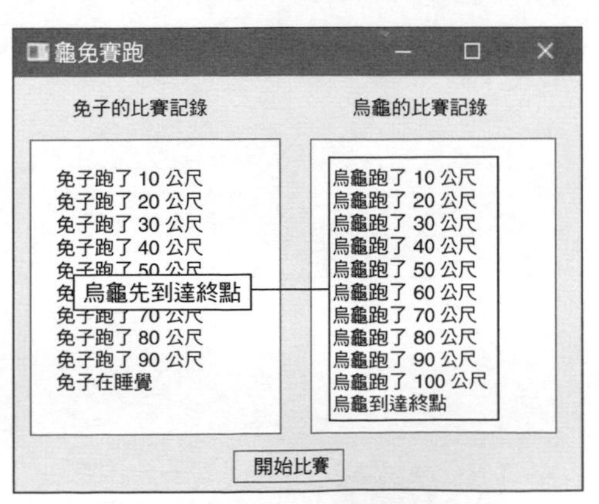

圖 18.8 烏龜比兔子先到達終點

18.4 小結

本章首先對執行緒的分類及概述做了簡單的介紹，然後詳細講解了在 Python 中進行執行緒程式設計的主要類別—QTimer 計時器類別和 QThread 執行緒類別，並對執行緒的具體實現進行了詳細講解。閱讀本章後，讀者應該熟悉使用 Python 進行執行緒程式設計的基礎知識，並能在實際開發中應用執行緒多工問題。

19

PyQt5 程式的打包發佈

PyQt5 程式的打包發佈，即將 .py 程式檔案打包成可以直接雙擊執行的 .exe 檔案，在 Python 中並沒有內建可以直接打包程式的模組，而是需要借助第三方模組實現。打包 Python 程式的第三方模組有很多，其中最常用的就是 Pyinstaller，本章將對如何使用 Pyinstaller 模組打包 PyQt5 程式進行詳細講解。

19.1 安裝 Pyinstaller 模組

使用 Pyinstaller 模組打包 Python 程式前，首先需要安裝該模組，安裝命令為 pip install Pyinstaller，具體步驟如下。

（1）以管理員身份打開系統的 CMD 命令視窗，輸入安裝命令，如圖 19.1 所示。

（2）按 Enter 鍵，開始進行安裝，安裝成功後的效果如圖 19.2 所示。

```
C:\WINDOWS\system32>pip install Pyinstaller
```

圖 19.1 在 CMD 命令視窗中輸入安裝命令

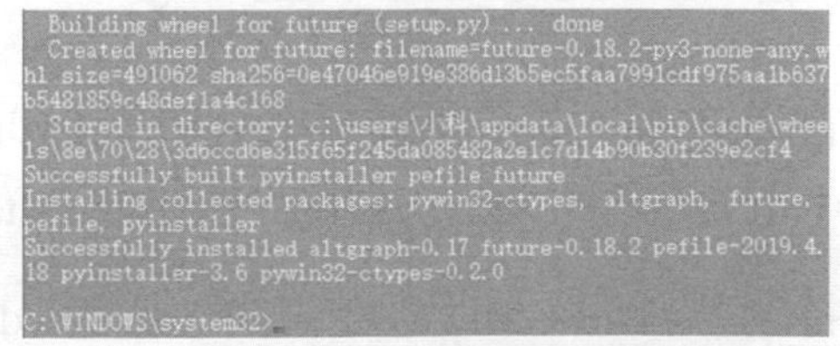

圖 19.2 Pyinstaller 模組安裝成功

在安裝 Pyinstaller 模組時，電腦需要上網，因為需要下載安裝套件。

常見錯誤

在安裝 Pyinstaller 模組時，有可能會出現圖 19.3 所示的提示。

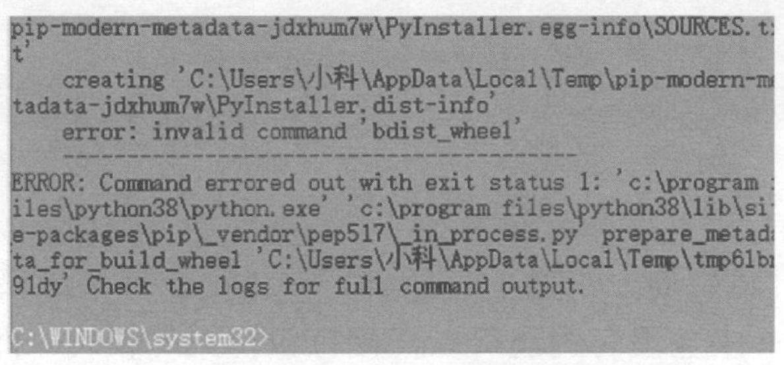

圖 19.3 安裝 Pyinstaller 模組時出現提示

出現以上錯誤，主要是由於缺少依賴模組造成的，使用 pip installer 命令安裝 pywin32 模組和 wheel 模組後，再使用 pip install Pyinstaller 安裝即可。安裝 pywin32 模組和 wheel 模組的命令如下：

```
pip install pywin32
pip install wheel
```

安裝完 Pyinstaller 後，就可以使用它對 .py 檔案進行打包了。打包分兩種情況，一種是打包普通 Python 程式，另外一種是打包使用了第三方模組的 Python 程式，下面分別進行講解。

19.2 打包普通 Python 程式

普通 Python 程式指的是完全使用 Python 內建模組或物件實現的程式，程式中不包括任何第三方模組。使用 Pyinstaller 打包普通 Python 程式的步驟如下。

打開系統的 CMD 命令視窗，使用 cd 命令切換到 .py 檔案所在路徑（如果 .py 檔案不在系統磁碟 C，需要先使用「磁碟代號 :」命令來切換磁碟代號），然後輸入「pyinstaller -F 檔案名稱 .py」命令進行打包，如圖 19.4 所示。

```
C:\Users\小科>J:

J:\>cd J:\PythonDevelop\14

J:\PythonDevelop\14>pyinstaller -F Demo.py
```

圖 19.4 使用 Pyinstaller 打包單一 .py 檔案

說明

圖 19.4 所示的 "J：" 用來將磁碟代號切換到 J 磁碟，"cd J:\PythonDevelop\14" 用來將路徑切換到 .py 檔案所在路徑，讀者需要根據自己的實際情況進行相應替換。

執行以上打包命令的過程如圖 19.5 所示。

打包成功的 .exe 可執行檔位於 .py 同級目錄下的 dist 資料夾中，如圖 19.6 所示，直接雙擊即可執行。

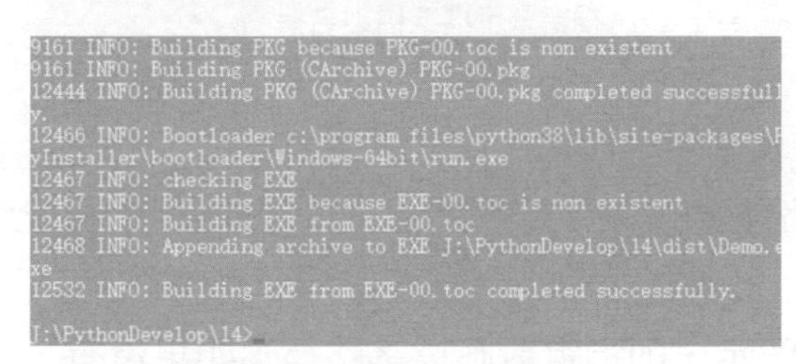

```
9161 INFO: Building PKG because PKG-00.toc is non existent
9161 INFO: Building PKG (CArchive) PKG-00.pkg
12444 INFO: Building PKG (CArchive) PKG-00.pkg completed successfull
y.
12466 INFO: Bootloader c:\program files\python38\lib\site-packages\P
yInstaller\bootloader\Windows-64bit\run.exe
12467 INFO: checking EXE
12467 INFO: Building EXE because EXE-00.toc is non existent
12467 INFO: Building EXE from EXE-00.toc
12468 INFO: Appending archive to EXE J:\PythonDevelop\14\dist\Demo.e
xe
12532 INFO: Building EXE from EXE-00.toc completed successfully.

J:\PythonDevelop\14>_
```

圖 19.5 執行打包過程

圖 19.6 打包成功的 .exe 檔案所在資料夾

常見錯誤

使用 Pyinstaller 模組打包 Python 程式時，如果在 Python 程式中引入了其他的模組，在按兩下執行打包後的 .exe 檔案時，會出現找不到相應模組的提示，例如，打包一個匯入了 PyQt5 模組的 Python 程式，則在執行時期會出現如圖 19.7 所示的提示。

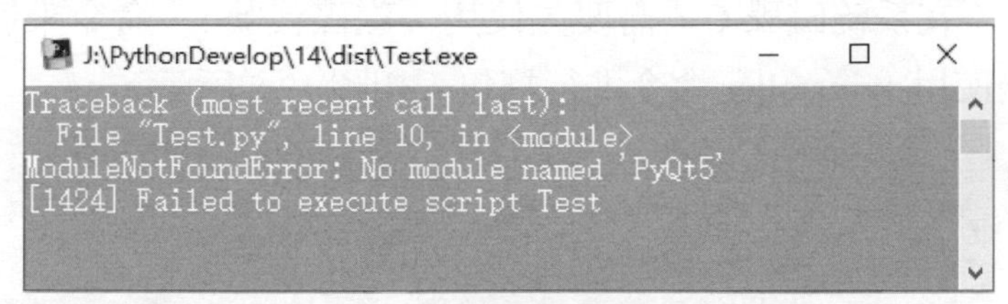

```
J:\PythonDevelop\14\dist\Test.exe
Traceback (most recent call last):
  File "Test.py", line 10, in <module>
ModuleNotFoundError: No module named 'PyQt5'
[1424] Failed to execute script Test
```

圖 19.7 打包使用了第 3 方模組的 Python 程式時，執行出現的提示

解決該問題，需要在 pyinstaller 打包命令中使用 --paths 指定第三方模組所在的路徑，19.3 節將以打包 PyQt5 程式為例，講解其詳細使用方法。

19.3 打包 PyQt5 程式

在 19.2 節中，使用「pyinstaller -F」命令可以打包沒有第三方模組的普通 Python 程式，但如果程式中用到了第三方模組，在執行打包後的 .exe 檔案時就會出現找不到對應模組的提示，怎麼解決這類問題呢？本節就以打包 PyQt5 程式為例進行詳細講解。

PyQt5 是一個第三方的模組，可以設計視窗程式，因此在使用 pyinstaller 命令打包其開發的程式時，需要使用 --path 指定 PyQt5 模組所在的路徑；另外，由於是視窗程式，所以在打包時需要使用 -w 指定打包的是視窗程式，還可以使用 --icon 指定視窗的圖示。具體語法如下：

```
pyinstaller --paths PyQt5 模組路徑 -F -w --icon= 視窗圖示檔案檔案名稱 .py
```

參數說明如下。

☑ --paths：指定第三方模組的安裝路徑。

☑ -w：表示視窗程式。

☑ --icon：可選項，如果設定了視窗圖示，則指定對應檔案路徑；如果沒有，則省略。

☑ 檔案名稱 .py：視窗程式的入口檔案。

舉例來說，使用上面的命令打包一個 PyQt5 程式（Test.py）的步驟如下。

（1）打開系統的 CMD 命令視窗，使用 cd 命令切換到 .py 檔案所在路徑（如果 .py 檔案不在系統磁碟 C，需要先使用「磁碟代號 :」命令來切換磁碟代號），然後使用 pyinstaller 命令進行打包，如圖 19.8 所示。

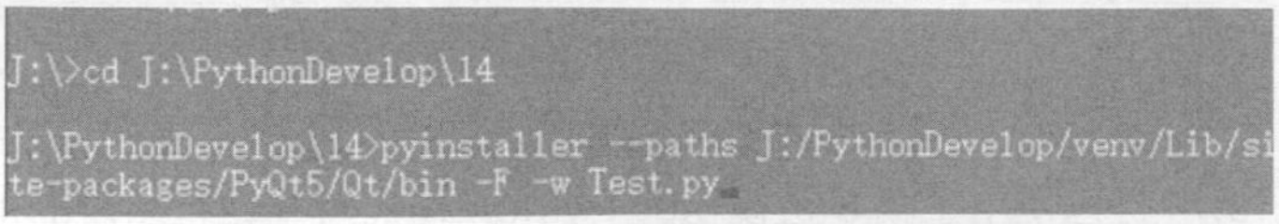

```
J:\>cd J:\PythonDevelop\14

J:\PythonDevelop\14>pyinstaller --paths J:/PythonDevelop/venv/Lib/si
te-packages/PyQt5/Qt/bin -F -w Test.py
```

圖 19.8 使用 pyinstaller 打包 PyQt5 程式

說明

如圖 19.8 所示的 "J:/PythonDevelop/venv/Lib/site-packages/PyQt5/Qt/bin" 是筆者的 PyQt5 模組安裝路徑，"Test.py" 是要打包的 PyQt5 程式檔案，讀者需要根據自己的實際情況進行相應替換。

（2）輸入以上命令後，按 Enter 鍵，即可自動開始打包 PyQt5 程式，打包完成後提示「*** completed successfully」，說明打包成功，如圖 19.9 所示。

```
8188 INFO: Building PYZ (ZlibArchive) J:\PythonDevelop\14\build\Test
\PYZ-00.pyz completed successfully.
8198 INFO: checking PKG
8292 INFO: Building because toc changed
8293 INFO: Building PKG (CArchive) PKG-00.pkg
11209 INFO: Building PKG (CArchive) PKG-00.pkg completed successfull
y.
11231 INFO: Bootloader c:\program files\python38\lib\site-packages\P
yInstaller\bootloader\Windows-64bit\runw.exe
11231 INFO: checking EXE
11259 INFO: Building because console changed
11259 INFO: Building EXE from EXE-00.toc
11262 INFO: Appending archive to EXE J:\PythonDevelop\14\dist\Test.e
xe
11296 INFO: Building EXE from EXE-00.toc completed successfully.

J:\PythonDevelop\14>
```

圖 19.9 打包 PyQt5 過程及成功提示

（3）打包成功的 .exe 可執行檔位於 .py 同級目錄下的 dist 資料夾中，直接雙擊即可打開 PyQt5 視窗程式，如圖 19.10 所示。

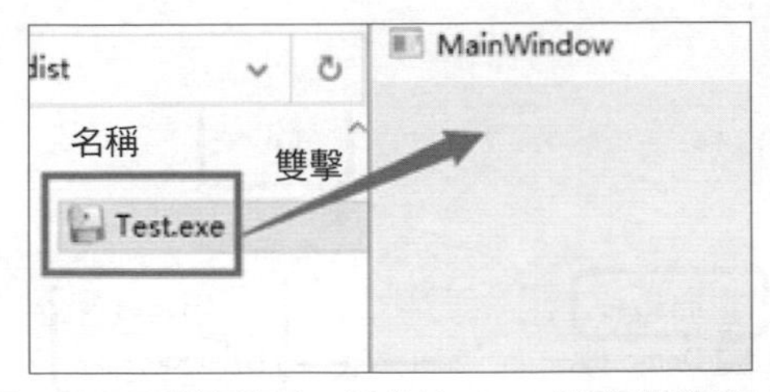

圖 19.10 雙擊打包完成的 .exe 檔案執行程式

常見錯誤

在按兩下打包完成的 .exe 檔案執行程式時，可能會出現圖 19.11 所示的警告對話方塊，這主要是由於本機的 PyQt5 模組未安裝在全域環境中造成的，解決該問題的方法是，打開系統的 CMD 命令視窗，使用「pip install PyQt5」命令將 PyQt5 模組安裝到系統的全域環境中，並將 PyQt5 的安裝路徑配置到系統的 Path 環境變數中，如圖 19.12 所示。

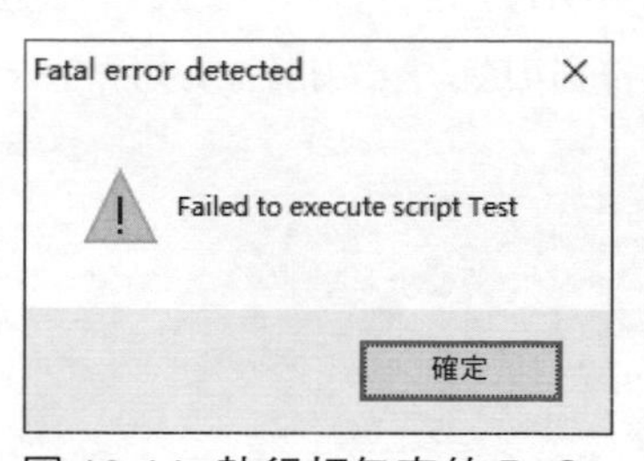

圖 19.11 執行打包完的 PyQt5 程式時的警告資訊

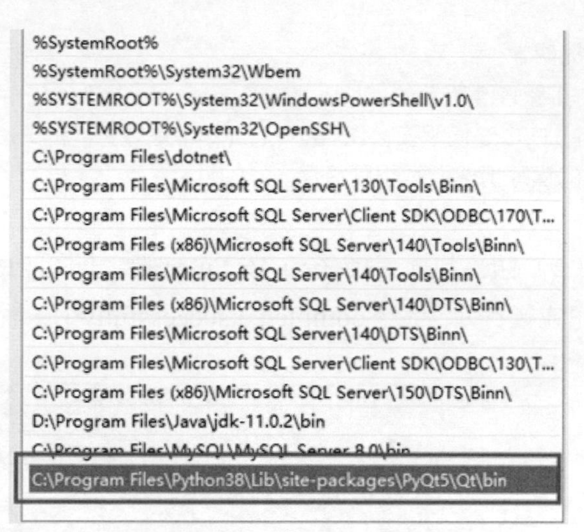

圖 19.12 全域環境安裝 PyQt5 模組並設定系統 Path 環境變數

19.4 打包資源檔

在打包 Python 程式時，如果程式中用到圖片或檔案等資源，打包完成後，需要對資源檔進行打包。打包資源檔的過程非常簡單，只需要將打包的 .py 檔案同級目錄下的資源檔或資料夾複製到 dist 資料夾中即可，如圖 19.13 所示。

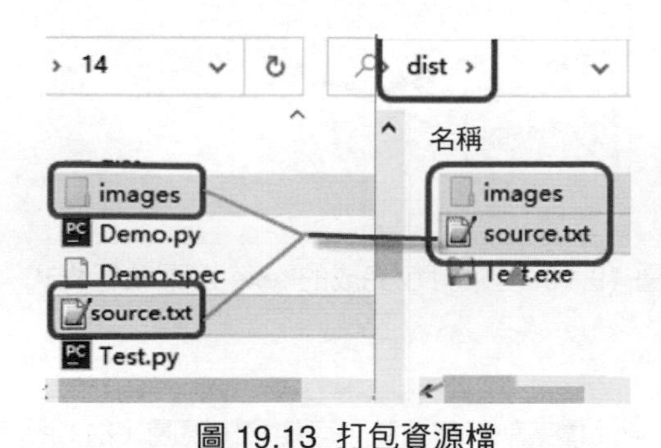

圖 19.13 打包資源檔

19.5 小結

本章首先對如何安裝 Pyinstaller 模組進行了簡單介紹，然後詳細講解了如何借助 Pyinstaller 模組打包普通的 Python 程式和 PyQt5 程式，最後講解了如何在打包 Python 程式的同時，對資源檔進行打包。閱讀本章後，讀者應該能夠熟練對一個已經開發完成的 Python 程式進行打包。

19.5 小結

[illegible]

第四篇

專案實戰

本篇透過一個中小型、完整的學生資訊管理系統，運用軟體工程的設計思想，讓讀者學習如何進行軟體專案的實踐開發。書中按照“需求分析→系統設計→資料庫設計→公共模組設計→實現專案＂的流程介紹，帶領讀者一步一步親身體驗開發專案的全過程。

20

學生資訊管理系統（PyQt5+MySQL+PyMySQL 模組實現）

隨著教育的不斷普及，各所學校的學生人數也越來越多，學生資訊管理一直被視為校園管理中的瓶頸，傳統的管理方式並不能適應時代的發展。其中，學生資訊管理主要包括學籍管理、科學管理、課外活動管理、學生成績管理、生活管理等內容。本章將以「學生基本資訊管理」為例，使用 Python+PyQt5+MySQL 開發一個學生資訊管理系統，主要對學生的基本資訊及所在班級、年級資訊進行管理。(編按：本章為簡體中文開發系統，原圖維持簡體中文介面)

20.1 需求分析

學生基本資訊管理系統是學生資訊管理工作中的一部分，傳統的人力管理模式既浪費校園人力，又使得管理效果不夠明顯。為了提高對學生管理的工作效率，電腦管理系統逐步走進了學生管理工作中。本章開發的學生資訊管理系統具有以下特點。

☑ 簡單、友善的操作表單，以方便管理員的日常管理工作；

☑ 整個系統的操作流程簡單，易於操作；

☑ 完備的學生基本資訊管理及班級年級管理功能；
☑ 全面的系統維護管理，方便系統日後維護工作；
☑ 強大的基礎資訊設定功能。

20.2 系統設計

本節主要包括系統功能結構、系統業務流程和系統預覽等內容。

20.2.1 系統功能結構

學生資訊管理系統的系統功能結構如圖 20.1 所示。

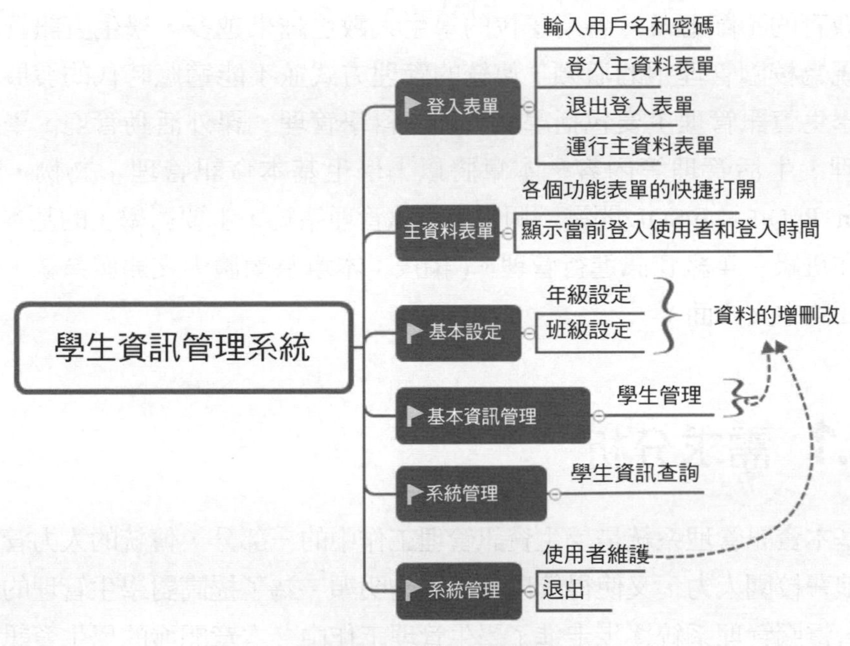

圖 20.1 系統功能結構

說明

圖中有 ▶ 圖示標注的，為本系統核心功能。

20.2.2 系統業務流程

學生資訊管理系統的系統業務流程如圖 20.2 所示。

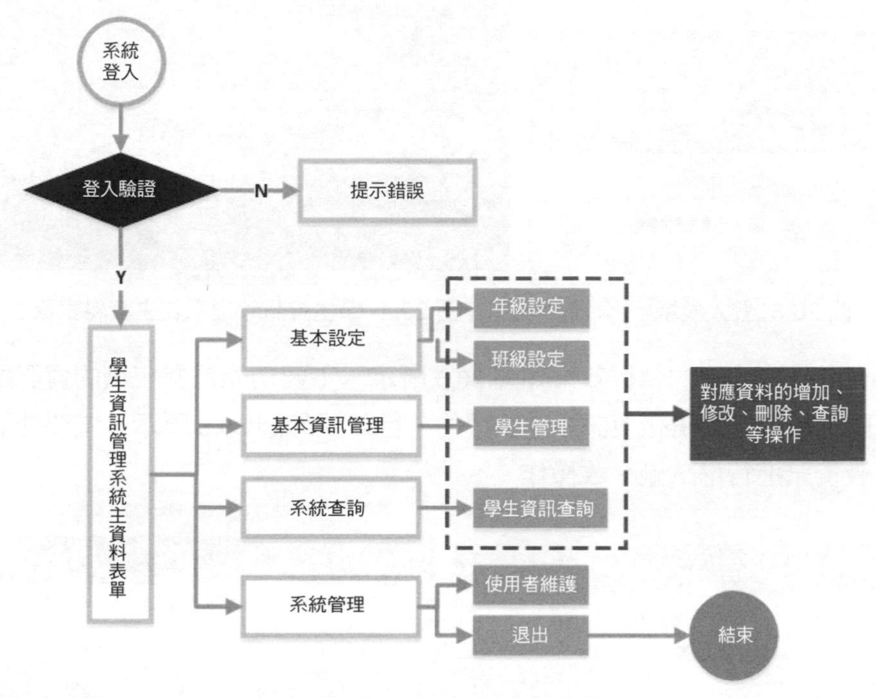

圖 20.2 系統業務流程

20.2.3 系統預覽

學生資訊管理系統由多個表單組成，下面對各個表單主要實現的功能及效果說明。

系統登入表單的執行效果如圖 20.3 所示，主要用於限制非法使用者進入系統內部。

系統主資料表單的執行效果如圖 20.4 所示，主要功能是呼叫執行本系統的所有功能。

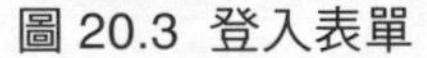
圖 20.3 登入表單

圖 20.4 學生資訊管理系統主資料表單

年級資訊設定表單的執行效果如圖 20.5 所示，主要功能是對年級的資訊進行增、刪、改操作；班級資訊設定表單的執行效果如圖 20.6 所示，主要功能是對班級資訊進行增、刪、改操作。

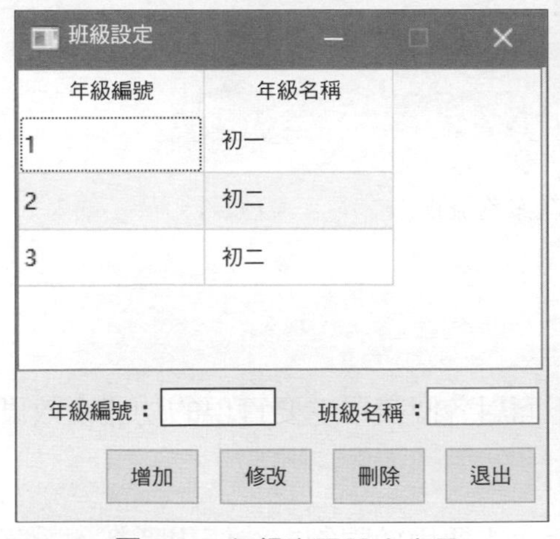

圖 20.5 年級資訊設定表單

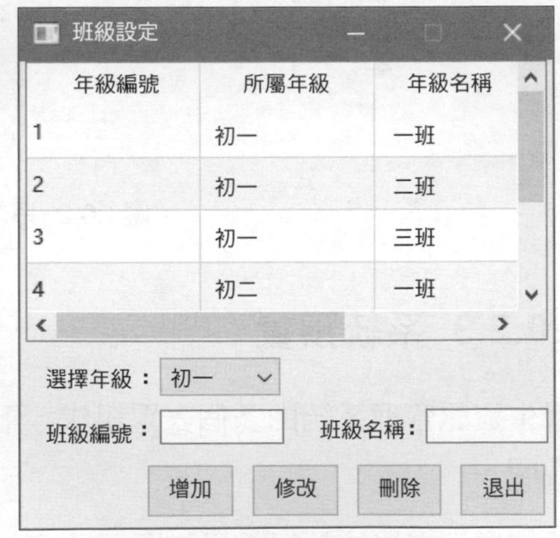

圖 20.6 班級資訊設定表單

學生資訊管理表單的執行效果如圖 20.7 所示，主要功能是對學生基本資訊進行增加、修改、刪除操作。

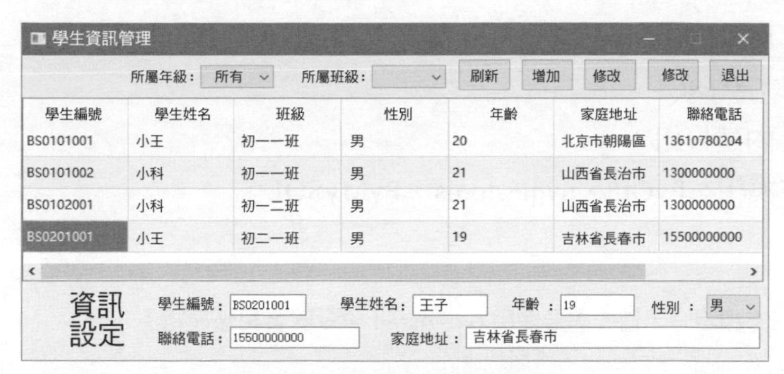

圖 20.7 學生資訊管理表單

學生資訊查詢表單的效果如圖 20.8 所示，主要功能是查詢學生的基本資訊。

使用者資訊維護表單的效果如圖 20.9 所示，主要功能是對系統的登入使用者及對應密碼進行增加、刪除和修改操作。

圖 20.8 學生資訊查詢表單

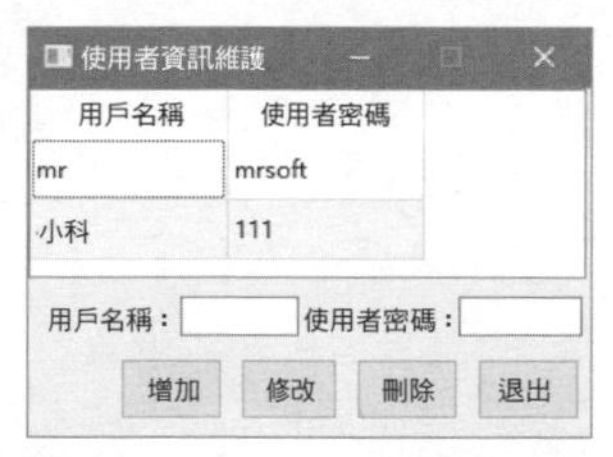

圖 20.9 使用者資訊維護表單

20.3 系統開發必備

本節包括系統開發環境和系統組織結構兩部分。

20.3.1 系統開發環境

本系統的軟體開發及執行環境具體如下。

☑ 作業系統：Windows 7、Windows 10 等。

☑ Python 版本：Python 3.8.3。

☑ 開發工具：PyCharm。

☑ 資料庫：MySQL。

☑ Python 內建模組：sys。

☑ 第三方模組：PyQt5、pyqt5-tools、PyMySQL。

在使用第三方模組時，首先需要使用 pip install 命令安裝相應模組。

20.3.2 系統組織結構

學生資訊管理系統的系統組織結構如圖 20.10 所示。

圖 20.10 系統組織結構

20.4 資料庫設計

學生資訊管理系統主要用於管理學校學生的基本資訊，因此除了基本的學生資訊表之外，還要設計年級資訊表、班級資訊表等。

20.4.1 資料庫結構設計

本系統採用 MySQL 作為資料庫，MySQL 資料庫作為一個開放原始碼、免費的資料庫系統，其以簡單、好用、資料存取速度快等特點贏得了開發者的喜愛。學生資訊管理系統的資料庫名稱為 db_student，共包含 4 張資料表和兩個檢視，其具體結構如圖 20.11 所示。

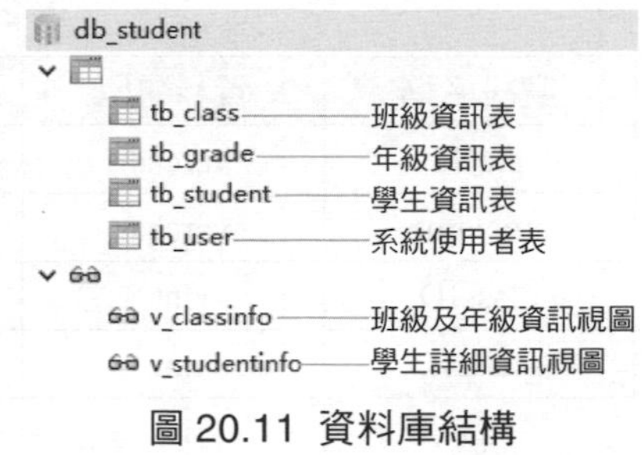

圖 20.11 資料庫結構

20.4.2 資料表結構設計

圖 20.11 中所包含的 4 張資料表的詳細結構如下。

☑ tb_class（班級資訊表）

班級資訊表主要用於保存班級資訊，其結構如表 20.1 所示。

表 20.1 tb_class 表

字段名稱	資料類型	長度	是否主鍵	描述
classID	int		是	班級編號
gradeID	int			年級編號
className	varchar	20		班級名稱

☑ tb_grade（年級資訊表）

年級資訊表用來保存年級資訊，其結構如表 20.2 所示。

表 20.2 tb_grade 表

字段名稱	資料類型	長度	是否主鍵	描述
gradeID	int		是	年級編號
gradeName	varchar	20		年級名稱

☑ tb_student（學生資訊表）

學生資訊表用來保存學生資訊，其結構如表 20.3 所示。

表 20.3 tb_ student 表

字段名稱	資料類型	長度	是否主鍵	描述
stuID	varchar	20	是	學生編號
stuName	varchar	20		學生姓名
classID	int			班級編號
gradeID	int			年級編號
age	int			年齡
sex	char	4		性別
phone	char	20		聯絡電話
address	varchar	100		家庭地址

☑ tb_user（系統使用者表）

系統使用者表主要用來保存系統的登入使用者相關資訊，tb_user 的結構如表 20.4 所示。

表 20.4 tb_user 表

字段名稱	資料類型	長度	是否主鍵	描述
userName	varchar	20	是	使用者姓名
userPwd	varchar	50		使用者密碼

20.4.3 檢視設計

為了使資料查詢更方便快捷，減少資料表連接查詢帶來的麻煩，本系統在資料庫中創建了 3 個檢視，下面分別介紹。

☑ v_classinfo（班級及年級資訊檢視）

v_classinfo 檢視主要為了查詢年級及對應班級的詳細資訊，創建程式如下：

```
DROP VIEW IF EXISTS 'v_classinfo';
CREATE VIEW 'v_classinfo'
AS
select 'tb_class'.'classID' AS 'classID',
'tb_grade'.'gradeID' AS 'gradeID',
'tb_grade'.'gradeName' AS 'gradeName',
'tb_class'.'className' AS 'className'
from ('tb_class' join 'tb_grade')
where ('tb_class'.'gradeID' = 'tb_grade'.'gradeID') ;
```

☑ v_studentinfo（學生詳細資訊檢視）

v_studentinfo 檢視主要為了查詢學生的詳細資訊，創建程式如下：

```
DROP VIEW IF EXISTS 'v_studentinfo';
CREATE VIEW 'v_studentinfo'
AS
select 'tb_student'.'stuID' AS 'stuID',
'tb_student'.'stuName' AS 'stuName',
'tb_student'.'age' AS 'age',
'tb_student'.'sex' AS 'sex',
'tb_student'.'phone' AS 'phone',
'tb_student'.'address' AS 'address',
'tb_class'.'className' AS 'className',
'tb_grade'.'gradeName' AS 'gradeName'
from (('tb_student' join 'tb_class') join 'tb_grade')
where (('tb_student'.'classID' = 'tb_class'.'classID') and ('tb_
student'.'gradeID' = 'tb_
grade'.'gradeID')) ;
```

20.5 公共模組設計

開發 Python 專案時，將常用的程式封裝為模組，可以大大提高程式的重用率，在本系統中創建了一個 service.py 公共模組，主要用來連接資料庫，並實現資料庫的增加、修改、刪除、模糊查詢和精確查詢等功能，在實現具體的表單模組功能時，只需要呼叫 service.py 公共模組中的對應方法即可。下面對 service.py 功能模組進行講解。

20.5.1 模組匯入及公開變數

由於需要對 MySQL 資料庫操作，所以在 service.py 公共模組中首先需要匯入 PyMySQL 模組。程式如下（程式位置：資源套件 \Code\20\studentMS\service\service.py）：

```
import pymysql                                    # 匯入操作 MySQL 資料庫的模組
```

說明

PyMySQL 是一個第三方模組，使用之前首先需要安裝，安裝命令為：pip install PyMySQL。

定義一個全域的變數 userName，用來記錄登入的用戶名。程式如下（程式位置：資源套件 \Code\20\studentMS\service\service.py）：

```
userName="" # 記錄用戶名
```

20.5.2 打開資料庫連接

定義一個 open() 方法，用來使用 PyMySQL 模組中的 connect() 方法連接指定的 MySQL 資料庫，並返回一個連線物件。程式如下（程式位置：資源套件 \Code\20\studentMS\service\service.py）：

```
# 打開資料庫連接
def open():
    db = pymysql.connect("localhost", "root", "root", "db_
student",charset="utf8")
    return db                                    # 返回連線物件
```

20.5.3 資料的增刪改

定義一個 exec() 方法，主要實現資料庫的增加、修改和刪除功能，該方法中有兩個參數，第一個參數表示要執行的 SQL 敘述；第二個參數是一個元組，表示 SQL 敘述中需要用到的參數。exec() 方法程式如下（程式位置：資源套件 \Code\20\studentMS\service\service.py）：

```
# 執行資料庫的增、刪、改操作
def exec(sql,values):
    db=open()                                    # 連接資料庫
    cursor = db.cursor()                         # 使用 cursor() 方法獲取操作游標
    try:
        cursor.execute(sql,values)               # 執行增刪改的 SQL 敘述
        db.commit()                              # 提交資料
        return 1                                 # 執行成功
    except:
        db.rollback()                            # 發生錯誤時回覆
        return 0                                 # 執行失敗
    finally:
        cursor.close()                           # 關閉游標
        db.close()                               # 關閉資料庫連接
```

20.5.4 資料的查詢方法

定義一個 query() 方法，用來實現帶有參數的精確查詢，該方法中有兩個參數，第一個參數為要執行的 SQL 查詢敘述；第二個參數為可變參數，表示

SQL 查詢敘述中需要用到的參數。query() 方法程式如下（程式位置：資源套件 \Code\20\studentMS\service\service.py）：

```
# 帶有參數的精確查詢
def query(sql,*keys):
    db=open()                          # 連接資料庫
    cursor = db.cursor()               # 使用 cursor() 方法獲取操作游標
    cursor.execute(sql,keys)           # 執行查詢 SQL 敘述
    result = cursor.fetchall()         # 記錄查詢結果
    cursor.close()                     # 關閉游標
    db.close()                         # 關閉資料庫連接
    return result                      # 返回查詢結果
```

定義一個 query2() 方法，用來實現沒有參數的模糊查詢，該方法中有一個參數，表示要執行的 SQL 查詢敘述，其中，SQL 查詢敘述中可以使用 like 關鍵字和萬用字元進行模糊查詢。query2() 方法程式如下（程式位置：資源套件 \Code\20\studentMS\service\service.py）：

```
# 沒有參數的模糊查詢
def query2(sql):
    db=open()                          # 連接資料庫
    cursor = db.cursor()               # 使用 cursor() 方法獲取操作游標
    cursor.execute(sql)                # 執行查詢 SQL 敘述
    result = cursor.fetchall()         # 記錄查詢結果
    cursor.close()                     # 關閉游標
    db.close()                         # 關閉資料庫連接
    return result                      # 返回查詢結果
```

20.6 登入模組設計

使用的資料表：tb_user

20.6.1 登入模組概述

登入模組主要對輸入的用戶名和密碼進行驗證，如果沒有輸入用戶名和密碼，或輸入錯誤，彈出提示框，不然進入學生資訊管理系統的主資料表單，登入模組執行效果如圖 20.12 所示。

圖 20.12 登入模組效果

說明

學生資訊管理系統在設計各個功能表單時，都是透過 Qt Designer 視覺化設計器進行設計的，設計完成後需要使用 PyUIC 工具將設計的 .ui 檔案轉換為 .py 檔案，本章將主要對 .py 檔案中的功能程式進行講解，UI 設計檔案請參見資來源套件中的對應檔案，後面遇到時將不再提示。

20.6.2 模組的匯入

登入模組是在 login.py 檔案中實現的，在該檔案中，首先匯入公共模組。程式如下（程式位置：資源套件 \Code\20\studentMS\login.py）：

```
import sys                                        # 匯入 sys 模組
import main
from service import service
```

說明

由於 service.py 模組在 service 資料夾中，所以使用 from...import…形式匯入。

20.6.3 登入功能的實現

定義一個 openMain() 方法，該方法中主要呼叫 service 模組中的 query() 方法查詢輸入的用戶名和密碼在 tb_user 資料表中是否存在，如果存在，記錄當前登入用戶名，並顯示主資料表單；如果不存在，則提示使用者輸入正確的用戶名和密碼。openMain() 方法程式如下（程式位置：資源套件 \Code\20\studentMS\login.py）：

```
# 打開主資料表單
def openMain(self):
    service.userName=self.editName.text()          # 全域變數，記錄用戶名
    self.userPwd=self.editPwd.text()               # 記錄使用者密碼
    if service.userName != "" and self.userPwd != "": # 判斷用戶名和密碼不為空
        # 根據用戶名和密碼查詢資料
        result=service.query("select * from tb_user where userName = %s and 
userPwd = %s",service. userName,self.userPwd)
        if len(result)>0:                         # 如果查詢結果大於 0，說明存在該使用
                                                  者，可以登入
            self.m = main.Ui_MainWindow()         # 創建主資料表單物件
            self.m.show()                         # 顯示主資料表單
            MainWindow.hide()                     # 隱藏當前的登入表單
        else:
            self.editName.setText("")             # 清空用戶名文字
            self.editPwd.setText("")              # 清空密碼文字標籤
            QMessageBox.warning(None, '警告', '請輸入正確的用戶名和密碼！', 
QMessageBox.Ok)
    else:
        QMessageBox.warning(None, '警告', '請輸入用戶名和密碼！', QMessageBox.
Ok)
```

定義 openMain() 方法後，將其分別綁定到「密碼」輸入框的 editingFinished 訊號和「登入」按鈕的 clicked 訊號，以便在輸入密碼後按 Enter 鍵，或點擊「登入」按鈕時，能夠執行登入操作。程式如下（程式位置：資源套件 \

Code\20\studentMS\login.py）：

```
# 輸入密碼後按 Enter 鍵執行登入操作
self.editPwd.editingFinished.connect(self.openMain)
# 點擊 " 登入 " 按鈕執行登入操作
self.btnLogin.clicked.connect(self.openMain)
```

20.6.4 退出登入表單

點擊「退出」按鈕，關閉當前的登入視窗，該功能主要是透過為「退出」按鈕的 clicked 訊號綁定內建 close() 函數實現的。程式如下（程式位置：資源套件 \Code\20\studentMS\login.py）：

```
self.btnExit.clicked.connect(MainWindow.close)        # 關閉登入表單
```

20.6.5 在 Python 中啟動登入表單

透過 .ui 設計檔案轉換的 .py 檔案是無法直接執行的，需要增加 __main__ 方法才可以執行，這裡在登入模組 login.py 的 __main__ 主方法中，透過 MainWindow 物件的 show() 方法來顯示登入表單。程式如下（程式位置：資源套件 \Code\20\studentMS\login.py）：

```
if __name__ == '__main__':                           # 主方法
    app = QtWidgets.QApplication(sys.argv)
    MainWindow = QtWidgets.QMainWindow()             # 創建表單物件
    ui = Ui_MainWindow()                             # 創建 PyQt5 設計的表單物件
    ui.setupUi(MainWindow)                           # 呼叫 PyQt5 表單的方法對表單物件進行
                                                       初始化設定
    MainWindow.show()                                # 顯示表單
    sys.exit(app.exec_())                            # 程式關閉時退出處理程序
```

20.7 主資料表單模組設計

20.7.1 主資料表單概述

主資料表單是學生資訊管理系統與使用者互動的重要視窗，因此要求一定要設計合理，該主資料表單主要包括一個功能表列，透過該功能表列中的選單項，使用者可以打開各個功能表單，也可以退出本系統；另外，為了介面美觀，本程式為主資料表單設定了背景圖片，並且背景圖片自動適應主資料表單的大小。學生資訊管理系統的主資料表單效果如圖 20.13 所示。

圖 20.13 學生資訊管理系統的主資料表單

20.7.2 模組匯入及表單初始化

主資料表單是在 main.py 中實現的，由於主資料表單中需要打開各個功能表單，因此需要匯入專案中創建的表單對應的模組，並且匯入公共服務模組

service。程式如下（程式位置：資源套件 \Code\20\ studentMS\main.py）：

```
from PyQt5.QtWidgets import *
from service import service
from baseinfo import student
from query import studentinfo
from settings import classes,grade
from system import user
```

使用 Qt Designer 設計的表單，在轉為 .py 檔案時，預設繼承 object 類別，但為了能夠在表單間互相呼叫，需要將其繼承類別修改為 QMainWindow，並且為它們增加 __init__ 方法，在該方法中可以對表單進行初始化，並且設定表單的顯示樣式。修改後的程式如下（程式位置：資源套件 \Code\20\ studentMS\main.py）：

```
class Ui_MainWindow(QMainWindow):
    # 建構方法
    def __init__(self):
        super(Ui_MainWindow, self).__init__()
        # 只顯示最小化和關閉按鈕
        self.setWindowFlags(QtCore.Qt.MSWindowsFixedSizeDialogHint)
        self.setupUi(self)                    # 初始化表單設定
```

說明

其他功能表單都需要按照上面程式修改繼承類別，並添加 __init__() 方法，後面遇到時將不再提示。

20.7.3 在主資料表單中打開其他功能表單

在學生資訊管理系統的主資料表單中，選擇對應選單下的選單項，可以打開對應的功能表單。圖 20.14 所示為主資料表單中「基礎設定」選單下的選單項。

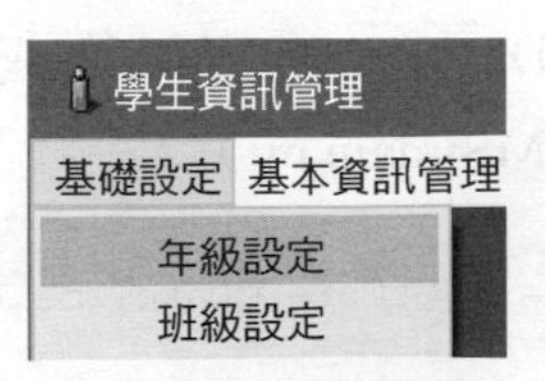

圖 20.14 "基礎設定"選單下的選單項

定義一個 openSet() 方法，用來在點擊「基礎設定」選單中的選單項時，打開對應的功能表單。程式如下（程式位置：資源套件 \Code\20\studentMS\main.py）：

```
# 基礎設定選單對應槽函數
def openSet(self,m):
    if m.text()==" 年級設定 ":
        self.m = grade.Ui_MainWindow()          # 創建年級設定表單物件
        self.m.show()                           # 顯示表單
    elif  m.text()==" 班級設定 ":
        self.m = classes.Ui_MainWindow()        # 創建班級設定表單物件
        self.m.show()                           # 顯示表單
```

為「基礎設定」選單的triggered訊號連結自訂的openSet()方法。程式如下（程式位置：資源套件 \Code\20\studentMS\main.py）：

```
# 為基礎設定選單中的 QAction 綁定 triggered 訊號
self.menu.triggered[QtWidgets.QAction].connect(self.openSet)
```

說明

「基本資訊管理」「系統查詢」「系統管理」選單的實現與「基本設置」選單類似，這裡不再贅述，詳細程式可以參見資源套件中的 main.py 檔案。

20.7.4 顯示當前登入使用者和登入時間

在主資料表單的狀態列中可以顯示當前的登入使用者、登入時間和版權資訊，其中，當前登入使用者可以透過公共模組 service 中的全域變數 userName 獲取，而登入時間可以使用 PyQt5 中的 QDateTime 類別的 currentDateTime() 方法獲取。程式如下（程式位置：資源套件 \Code\20\studentMS\main.py）：

```
datetime = QtCore.QDateTime.currentDateTime()            # 獲取當前日期時間
```

```
time = datetime.toString("yyyy-MM-dd HH:mm:ss")        # 對日期時間進行格式化
# 狀態列中顯示登入使用者、登入時間，以及版權資訊
self.statusbar.showMessage("當前登入使用者：" + service.userName + " | 登入時間：
" + time + "  | 版權所有：吉林省明日科技有限公司",0)
```

20.8 年級設定模組設計

使用的資料表：tb_grade、tb_class

20.8.1 年級設定模組概述

年級設定模組用來維護年級的基本資訊，包括對年級資訊的增加、修改和刪除等操作。在系統主資料表單的功能表列中選擇「基本設定」→「年級設定」選單，可以進入年級設定模組，年級設定模組效果如圖 20.15 所示。

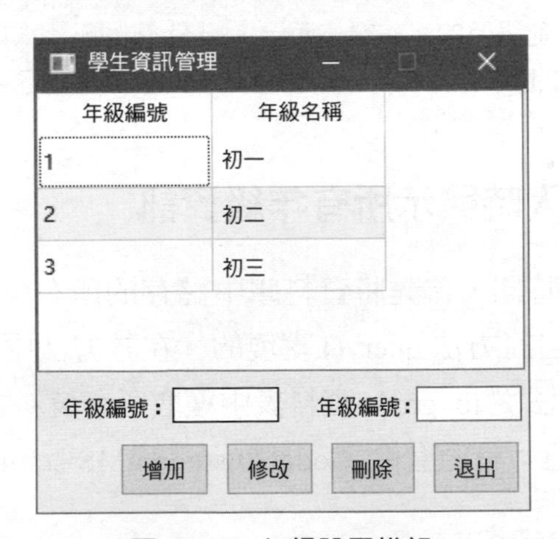

圖 20.15 年級設置模組

說明

班級設置模組和使用者資訊維護模組的實現原理與年級設置模組類似，後面將不再贅述，詳細實現程式可以參見資源套件中的原始程式檔案。

20.8.2 模組的匯入

年級設定模組在 grade.py 檔案中實現，在該檔案中，首先匯入公共模組。程式如下（程式位置：資源套件 \Code\20\studentMS\settings\grade.py）：

```
from PyQt5.QtWidgets import *
import sys
sys.path.append("../")                          # 設定模組的搜索路徑
from service import service
```

技巧

在上面的程式中，在匯入 service 公共模組之前，使用了程式 sys.path.append("../")，該程式的作用是將當前路徑的上一級添加到模組搜索路徑中，因為從圖 20.10 中的系統組織結構中可以看到，service.py 模組檔案在 service 資料夾中，而 grade.py 檔案在 settings 資料夾中，兩者不在同一級目錄下，所以，如果直接添加 service 模組，會出現找不到模組的情況，而使用 sys.path.append("../") 後，相當於將搜索路徑定位到當前路徑的上一級，而上一級有 service 資料夾，因此就可以使用「from…import…」的形式匯入 service 資料夾下的公共模組了。

20.8.3 表單載入時顯示所有年級資訊

年級設定模組執行時期，首先將資料庫中儲存的所有年級資訊顯示在表格中，這主要是透過自訂方法 query() 實現的。在該方法中，呼叫 service 公共模組中的 query() 方法從 tb_grade 資料表中獲取所有資料，並顯示在表格中。程式如下（程式位置：資源套件 \Code\20\studentMS\settings\grade.py）：

```
# 查詢年級資訊，並顯示在表格中
def query(self):
    self.tbGrade.setRowCount(0)                     # 清空表格中的所有行
    # 呼叫服務類別中的公共方法執行查詢敘述
    result = service.query("select * from tb_grade")
    row = len(result)                               # 取得記錄個數，用於設定表格的行數
```

```
self.tbGrade.setRowCount(row)                          # 設定表格行數
self.tbGrade.setColumnCount(2)                         # 設定表格列數
# 設定表格的標題名稱
self.tbGrade.setHorizontalHeaderLabels(['年級編號', '年級名稱'])
for i in range(row):                                   # 遍歷行
    for j in range(self.tbGrade.columnCount()):        # 遍歷列
        data = QTableWidgetItem(str(result[i][j]))     # 轉換後可插入表格
        self.tbGrade.setItem(i, j, data)               # 設定每個儲存格的資料
```

20.8.4 年級資訊的增加

在增加年級資訊時，首先需要判斷要增加的年級是否存在，這裡定義一個 getName() 方法，根據年級名稱在 tb_grade 資料表中查詢資料，並返回結果集中的數量，如果該數量大於 0，說明已經存在對應年級；不然說明資料表中沒有要增加的年級，這時使用者即可正常進行增加操作。getName() 方法程式如下（程式位置：資源套件 \Code\20\studentMS\settings\grade.py）：

```
def getName(self,name):
    result = service.query("select * from tb_grade where gradeName = %s",
name)
    return len(result)
```

自訂一個 add() 方法，用來實現增加年級資訊的功能，在該方法中，首先需要呼叫上面自訂的 getName() 方法判斷是否可以正常增加，如果可以，則呼叫 service 公共模組中的 exec() 方法執行增加年級資訊的 SQL 敘述，並刷新表格，以顯示最新增加的年級。add() 方法程式如下：（程式位置：資源套件 \Code\20\studentMS\settings\grade.py）

```
# 增加年級資訊
def add(self):
    gradeID = self.editID.text()                      # 記錄輸入的年級編號
    gradeName = self.editName.text()                  # 記錄輸入的年級名稱
    if gradeID != "" and gradeName != "":             # 判斷年級編號和年級名稱不為空
```

```
        if self.getName(gradeName)>0:
            self.editName.setText("")
            QMessageBox.information(None, '提示', '您要增加的年級已經存在，請重
新輸入！', QMessageBox.Ok)
        else:
            # 執行增加敘述
            result = service.exec("insert into tb_grade(gradeID,gradeName)
values (%s,%s)", (gradeID, gradeName))
            if result > 0:                        # 如果結果大於 0，說明增加成功
                self.query()                      # 在表格中顯示最新資料
                QMessageBox.information(None, '提示', '資訊增加成功！',
QMessageBox.Ok)
    else:
        QMessageBox.warning(None, '警告', '請輸入資料後，再執行相關操作！',
QMessageBox.Ok)
```

將自訂的 add() 方法與「增加」按鈕的 clicked 訊號連結，以便在點擊「增加」按鈕時，呼叫 add() 方法增加年級資訊。程式如下（程式位置：資源套件\Code\20\studentMS\settings\grade.py）：

```
self.btnAdd.clicked.connect(self.add)          # 綁定增加按鈕的點擊訊號
```

20.8.5 年級資訊的修改

在修改年級資訊時，首先需要確定要修改的年級，因此，定義一個 getItem() 方法，用來獲取表格中選中的年級編號。程式如下（程式位置：資源套件\Code\20\studentMS\settings\grade.py）：

```
# 獲取選中的表格內容
def getItem(self, item):
    if item.column() == 0:                        # 如果點擊的是第一列
        self.select = item.text()                 # 獲取點擊的儲存格文字
        self.editID.setText(self.select)          # 顯示在文字標籤中
```

將定義的 getItem() 方法與表格的項點擊訊號 itemClicked 連結。程式如下（程式位置：資源套件 \Code\20\studentMS\settings\grade.py）：

```
self.tbGrade.itemClicked.connect(self.getItem)      # 獲取選中的儲存格資料
```

定義一個 edit() 方法，首先判斷是否選擇了要修改的年級，如果沒有，彈出資訊提示，不然呼叫 service 公共模組中的 exec() 方法執行修改年級資訊的 SQL 敘述，並刷新表格，以顯示修改指定年級後的最新資料。edit() 方法程式如下（程式位置：資源套件 \Code\20\studentMS\settings\grade.py）：

```
# 修改年級資訊
def edit(self):
    try:
        if self.select != "":                          # 判斷是否選擇了要修改的資料
            gradeName = self.editName.text()           # 記錄修改的年級名稱
            if gradeName != "":                        # 判斷年級名稱不為空
                if self.getName(gradeName) > 0:
                    self.editName.setText("")
                    QMessageBox.information(None, '提示', '您要修改的年級已經存
在，請重新輸入！', QMessageBox.Ok)
                else:
                    result = service.exec("update tb_grade set gradeName= %s
where gradeID=%s", (gradeName, self.select))   # 執行修改操作
                    if result > 0:                     # 如果結果大於 0，說明修改成功
                        self.query()                   # 在表格中顯示最新資料
                        QMessageBox.information(None, '提示', '資訊修改成功！',
QMessageBox.Ok)
    except:
        QMessageBox.warning(None, '警告', '請先選擇要修改的資料！',
QMessageBox.Ok)
```

將自訂的 edit() 方法與「修改」按鈕的 clicked 訊號連結，以便在點擊「修改」按鈕時，呼叫 edit() 方法修改年級資訊。程式如下（程式位置：資源套件 \Code\20\studentMS\settings\grade.py）：

```
self.btnEdit.clicked.connect(self.edit)              # 綁定修改按鈕的點擊訊號
```

20.8.6 年級資訊的刪除

定義一個 delete() 方法，首先判斷是否選擇了要刪除的年級，如果沒有，彈出資訊提示，不然呼叫 service 公共模組中的 exec() 方法執行刪除年級資訊的 SQL 敘述，並刪除該年級所包含的所有班級，最後刷新表格，以顯示刪除指定年級後的最新資料。delete() 方法程式如下（程式位置：資源套件 \Code\20\studentMS\settings\grade.py）：

```
# 刪除年級資訊
def delete(self):
    try:
        if self.select != "":                         # 判斷是否選擇了要刪除的資料
          result = service.exec("delete from tb_grade where gradeID= %s",
(self.select,)) #
執行刪除年級操作
          if result > 0:                              # 如果結果大於 0，說明刪除成功
              self.query()                            # 在表格中顯示最新資料
          result = service.exec("delete from tb_class where gradeID= %s",
(self.select,))
                                                      # 刪除年級下的所有班級
          if result > 0:                              # 如果結果大於 0，說明刪除成功
              self.query()                            # 在表格中顯示最新資料
        QMessageBox.information(None, '提示', '資訊刪除成功！', QMessageBox.
Ok)
    except:
        QMessageBox.warning(None, '警告', '請先選擇要刪除的資料！',
QMessageBox.Ok)
```

將自訂的 delete() 方法與「刪除」按鈕的 clicked 訊號連結，以便在點擊「刪除」按鈕時，呼叫 delete() 方法刪除年級資訊。程式如下（程式位置：資源套件 \Code\20\studentMS\settings\grade.py）：

```
self.btnDel.clicked.connect(self.delete)          # 綁定刪除按鈕的點擊訊號
```

20.9 學生資訊管理模組設計

使用的資料表：tb_student、tb_grade、tb_class、v_classinfo、v_studentinfo

20.9.1 學生資訊管理模組概述

學生資訊管理模組用來管理學生的基本資訊，包括學生資訊的增加、修改、刪除、基本查詢等功能。在系統主資料表單的功能表列中選擇「基本資訊管理 / 學生管理」選單，可以進入該模組，其執行結果如圖 20.16 所示。

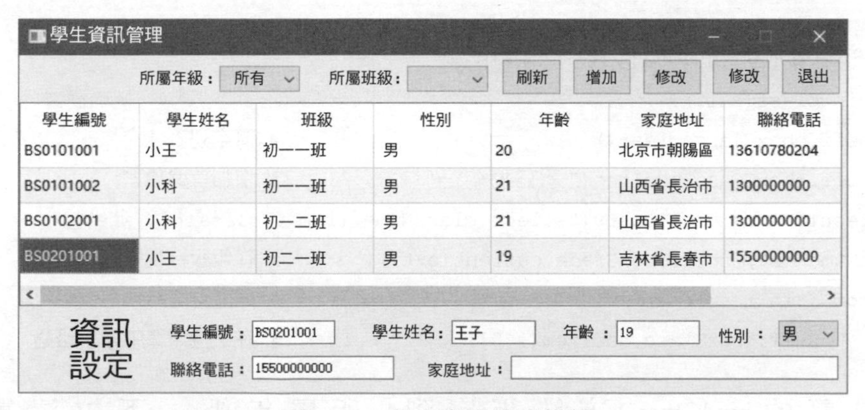

圖 20.16 學生資訊管理模組

20.9.2 根據年級顯示對應班級

自訂一個 bindGrade() 方法，主要使用 service 公共模組中的 query() 方法從 tb_grade 表中獲取所有年級的名稱，並顯示在「所屬年級」下拉清單中。bindGrade() 方法程式如下（程式位置：資源套件 \Code\20\studentMS\baseinfo\student.py）：

```
# 獲取所有年級，顯示在下拉清單中
def bindGrade(self):
    self.cboxGrade.addItem("所有")
    result = service.query("select gradeName from tb_grade")# 從年級表中查詢資料
    for i in result:                                       # 遍歷查詢結果
        self.cboxGrade.addItem(i[0])                       # 在下拉清單中顯示年級
```

自訂一個 bindClass() 方法，主要使用 service 公共模組中的 query() 方法從 v_classinfo 檢視中獲取指定年級所包含的所有班級的名稱，並顯示在「所屬班級」下拉清單中。bindClass() 方法程式如下（程式位置：資源套件 \Code\20\studentMS\baseinfo\student.py）：

```
# 根據年級獲取對應班級，顯示在下拉清單中
def bindClass(self):
    self.cboxClass.clear()                                 # 清空列表
    self.cboxClass.addItem("所有")                         # 增加首選項
    result = service.query("select className from v_classinfo where
gradeName=%s", self.cboxGrade.currentText())               # 從年級檢視中查詢資料
    for i in result:                                       # 遍歷查詢結果
        self.cboxClass.addItem(i[0])                       # 在下拉清單中顯示班級
```

將自訂的 bindClass() 方法綁定到「所屬年級」下拉清單的 currentIndexChanged 訊號，以便在選擇年級時，執行 bindClass() 方法。程式如下（程式位置：資源套件 \Code\20\studentMS\baseinfo\ student.py）：

```
self.cboxGrade.currentIndexChanged.connect(self.bindClass) # 根據年級綁定班級清單
```

20.9.3 學生資訊的查詢

載入學生資訊管理模組時，會顯示所有的學生資訊，而在選擇了年級和班級後，點擊「刷新」按鈕，可以顯示指定年級下的指定班級的所有學生資訊，該功能主要是透過自訂的 query() 方法實現的。在該方法中，主要呼叫 service 公共模組中的 query() 方法執行對應的 SQL 查詢敘述，並將查詢到的學生資訊顯示在表格中。student.py 檔案中的 query() 方法程式如下（程式位置：資源套件 \Code\20\studentMS\ baseinfo\student.py）：

```
# 查詢學生資訊，並顯示在表格中
def query(self):
    self.tbStudent.setRowCount(0)                          # 清空表格中的所有行
    gname = self.cboxGrade.currentText()                   # 記錄選擇的年級
    cname = self.cboxClass.currentText()                   # 記錄選擇的班級
    # 獲取所有學生資訊
    if gname == "所有":
        result = 
service.query("select stuID,stuName,CONCAT(gradeName,className),sex,age,addr
ess,phone from v_studentinfo")
    # 獲取指定年級學生資訊
    elif gname != "所有" and cname == "所有":
        result = service.query(
            "select stuID,stuName,CONCAT(gradeName,className),sex,age,addres
s,phone from v_studentinfo where gradeName=%s", gname)
    # 獲取指定年級指定班的學生資訊
    elif gname != "所有" and cname != "所有":
        result = service.query(
            "select stuID,stuName,CONCAT(gradeName,className),sex,age,addr
ess,phone from v_studentinfo where gradeName=%s and className=%s", gname,
cname)
    row = len(result)                                  # 取得記錄個數，用於設定表格的行數
    self.tbStudent.setRowCount(row)                              # 設定表格行數
    self.tbStudent.setColumnCount(7)                             # 設定表格列數
    # 設定表格的標題名稱
    self.tbStudent.setHorizontalHeaderLabels(['學生編號', '學生姓名', '班級
```

```
','性別','年齡','家庭地址','聯絡電話'])
    for i in range(row):                                    # 遍歷行
        for j in range(self.tbStudent.columnCount()):       # 遍歷列
            data = QTableWidgetItem(str(result[i][j]))      # 轉換後可插入表格
            self.tbStudent.setItem(i, j, data)              # 設定每個儲存格的資料
```

20.9.4 增加學生資訊

點擊「增加」按鈕，可以將使用者選擇和輸入的資訊增加到學生資訊表中，該功能主要是透過自訂的 add() 方法實現的。add() 方法實現的關鍵是，獲取所選年級和班級的 ID，然後執行 insert into 增加敘述，在 tb_student 資料表中增加新資料。add() 方法程式如下（程式位置：資源套件 \Code\20\studentMS\ baseinfo\student.py）：

```
# 增加學生資訊
def add(self):
    stuID = self.editID.text()                          # 記錄學生編號
    stuName = self.editName.text()                      # 記錄學生姓名
    age = self.editAge.text()                           # 記錄年齡
    sex = self.cboxSex.currentText()                    # 記錄性別
    phone = self.editPhone.text()                       # 記錄電話
    address = self.editAddress.text()                   # 記錄地址
    # 如果選擇了年級
    if self.cboxGrade.currentText() != "" and self.cboxGrade.currentText()
!= "所有":
        # 獲取年級對應的 ID
        result = service.query("select gradeID from tb_grade where
gradeName=%s", self. cboxGrade. currentText())
        if len(result) > 0:                             # 如果結果大於 0
            gradeID = result[0]                         # 記錄選擇的年級對應的 ID
            # 如果選擇了班級
            if self.cboxClass.currentText() != "" and self.cboxClass.
currentText() != "所有":
```

```
            # 獲取班級對應的 ID
            result = service.query("select classID from tb_class where 
gradeID=%s and className=%s", gradeID, self.cboxClass.currentText())
            if len(result) > 0:                    # 如果結果大於 0
                classID = result[0]                # 記錄選擇的班級對應的 ID
                if stuID != "" and stuName != "":  # 判斷學生編號和學生姓名
是否不為空
                    if self.getName(stuID) > 0:    # 判斷是否已經存在該記錄
                        self.editID.setText("")    # 清空學生編號文字標籤
                        QMessageBox.information(None, '提示', '您要增加的
學生編號已經存在，請重新輸入！', QMessageBox.Ok)
                    else:
                        # 執行增加敘述
                        result = service.exec("insert into tb_student 
(stuID,stuName,classID,gradeID, age,sex,phone,address) values 
(%s,%s,%s,%s,%s,%s,%s,%s)", (stuID, stuName, classID, gradeID, age, sex, 
phone, address))
                        if result > 0:             # 如果結果大於 0，說明增加成功
                            self.query()                  # 在表格中顯示最新資料
                            QMessageBox.information(None, '提示', '資訊
增加成功！', QMessage Box.Ok)
            else:
                QMessageBox.warning(None, '警告', '請輸入資料後，再執行相關操作！', 
QMessageBox.Ok)
        else:
            QMessageBox.warning(None, '警告', '請先增加年級！', QMessageBox.Ok)
```

20.9.5 根據選中編號顯示學生詳細資訊

當使用者在顯示學生資訊的表格中點擊某學生編號時，可以透過點擊的編號獲取該學生的詳細資訊，並顯示到對應的文字標籤和下拉清單中，該功能是透過自訂的 getItem() 方法實現的。程式如下（程式位置：資源套件\Code\20\studentMS\baseinfo\student.py）：

```
# 獲取選中的表格內容
def getItem(self, item):
    if item.column() == 0:                       # 如果點擊的是第一列
        self.select = item.text()                # 獲取點擊的儲存格文字
        self.editID.setText(self.select)         # 顯示在學生編號文字標籤中
        # 根據學生編號查詢學生資訊
        result = service.query("select * from v_studentinfo where 
stuID=%s",item.text())
        self.editName.setText(result[0][1])          # 顯示學生姓名
        self.editAge.setText(str(result[0][2]))      # 顯示年齡
        self.cboxSex.setCurrentText(result[0][3])          # 顯示性別
        self.editPhone.setText(result[0][4])               # 顯示電話
        self.editAddress.setText(result[0][5])             # 顯示地址
```

將定義的 getItem() 方法與表格的項點擊訊號 itemClicked 連結。程式如下（程式位置：資源套件 \Code\20\studentMS\baseinfo\student.py）：

```
self.tbStudent.itemClicked.connect(self.getItem)   # 獲取選中的儲存格資料
```

20.9.6 修改學生資訊

點擊「修改」按鈕，可以修改指定學生的資訊，該功能主要是透過自訂的 edit() 方法實現的。在 edit() 方法中，首先需要判斷是否選擇了要修改的學生編號，如果沒有，彈出資訊提示；不然執行 update 修改敘述，修改 tb_student 資料表中的指定記錄，並且刷新表格，以顯示修改指定學生資訊後的最新資料。edit() 方法程式如下（程式位置：資源套件 \Code\20\studentMS\baseinfo\student.py）：

```
# 修改學生資訊
def edit(self):
    try:
        if self.select != "":                              # 判斷是否選擇了要修改的資料
```

```
        stuID = self.select                          # 記錄要修改的學生編號
        age = self.editAge.text()                    # 記錄年齡
        sex = self.cboxSex.currentText()             # 記錄性別
        phone = self.editPhone.text()                # 記錄電話
        address = self.editAddress.text()            # 記錄地址
        # 執行修改操作
        result = service.exec("update tb_student set age=%s ,sex=
%s,phone= %s,address= %s where stuID=%s", (age, sex, phone, address, stuID))
        if result > 0:                           # 如果結果大於0，說明修改成功
            self.query()                         # 在表格中顯示最新資料
            QMessageBox.information(None, '提示', '資訊修改成功！',
QMessageBox.Ok)
    except:
        QMessageBox.warning(None, '警告', '請先選擇要修改的資料！',
QMessageBox.Ok)
```

20.9.7 刪除學生資訊

點擊「刪除」按鈕，可以刪除指定學生的資訊，該功能主要是透過自訂的 delete() 方法實現的。在 delete() 方法中，首先需要判斷是否選擇了要刪除的學生編號，如果沒有，彈出資訊提示；不然執行 delete 刪除敘述，刪除 tb_student 資料表中的指定記錄，並且刷新表格，以顯示刪除指定學生資訊後的最新資料。delete() 方法程式如下（程式位置：資源套件 \Code\20\studentMS\baseinfo\student.py）：

```
# 刪除學生資訊
def delete(self):
    try:
        if self.select != "":                    # 判斷是否選擇了要刪除的資料
            # 執行刪除操作
            result = service.exec("delete from tb_student where stuID= %s",
(self.select,))
            if result > 0:                       # 如果結果大於 0，說明刪除成功
                self.query()                     # 在表格中顯示最新資料
                QMessageBox.information(None, '提示', '資訊刪除成功！',
QMessageBox.Ok)
    except:
        QMessageBox.warning(None, '警告', '請先選擇要刪除的資料！',
QMessageBox.Ok)
```

20.10 學生資訊查詢模組設計

使用的資料表：v_studentinfo

20.10.1 學生資訊查詢模組概述

學生資訊查詢模組用來根據學生編號或學生姓名查詢學生的相關資訊。在系統主資料表單的功能表列中選擇「系統查詢」→學生資訊查詢」選單，可以進入該模組，其執行結果如圖 20.17 所示。

學生資訊查詢

選擇查詢列表：學生編號　輸入查詢關鍵字：　查詢　退出

學生編號	學生姓名	班級	性別	年齡	家庭地址	聯絡電話
BS0101001	小王	初一一班	男	20	北京市朝陽區	13610780204
BS0101002	小科	初一一班	男	21	山西省長治市	1300000000
BS0102001	小王	初一二班	男	21	山西省長治市	1300000000
BS0201001	小科	初二一班	男	19	吉林省長春市	15500000000

圖 20.17 學生資訊查詢模組

20.10.2 學生資訊查詢功能的實現

學生資訊的查詢功能主要是透過自訂的 query() 方法實現的，在查詢學生資訊時，有以下 3 種情況。

☑ 查詢所有學生資訊：呼叫公共模組 service 中的 query() 方法精確查詢；

☑ 根據學生編號查詢學生資訊：呼叫公共模組 service 中的 query2() 方法模糊查詢；

☑ 根據學生姓名查詢學生資訊：呼叫公共模組 service 中的 query2() 方法模糊查詢。

學生資訊查詢模組 studentinfo.py 中的 query() 方法程式如下（程式位置：資源套件 \Code\20\ studentMS\query\studentinfo.py）：

```
# 查詢學生資訊，並顯示在表格中
def query(self):
    self.tbStudent.setRowCount(0)                          # 清空表格中的所有行
    # 獲取所有學生資訊
    if self.editKey.text() == "":
        result = service.query(
            "select stuID,stuName,CONCAT(gradeName,className),sex,age,addres
s,phone from v_studentinfo")
    else:
        key = self.editKey.text()                          # 記錄查詢關鍵字
        # 根據學生編號查詢資訊
        if self.cboxCondition.currentText() == "學生編號":
            sql="select stuID,stuName,CONCAT(gradeName,className),sex,age,ad
dress,phone from v_studentinfo where stuID like '%" + key + "%'"
            result = service.query2(sql)
        # 根據學生姓名查詢資訊
        elif self.cboxCondition.currentText() == "學生姓名":
            sql = "select stuID,stuName,CONCAT(gradeName,className),sex,age,
address,phone from v_studentinfo where stuName like '%" + key + "%'"
            result = service.query2(sql)
    row = len(result)                                      # 取得記錄個數，用於設定表格
                                                             的行數
    self.tbStudent.setRowCount(row)                        # 設定表格行數
    self.tbStudent.setColumnCount(7)                       # 設定表格列數
    # 設定表格的標題名稱
    self.tbStudent.setHorizontalHeaderLabels(['學生編號', '學生姓名', '班級',
'性別', '年齡', '家庭地址', '聯絡電話'])
    for i in range(row):                                   # 遍歷行
        for j in range(self.tbStudent.columnCount()):          # 遍歷列
            data = QTableWidgetItem(str(result[i][j]))         # 轉換後可插入表格
            self.tbStudent.setItem(i, j, data)                 # 設定每個儲存格的資料
```

20.11 小結

本章按照一個完整專案的開發過程講解了學生資訊管理系統的實現，具體講解時，從前期的需求分析、系統設計，到資料庫設計以及公共模組設計，再到最終的各個功能模組設計，每一步都進行了詳細的講解。閱讀本章後，讀者能夠熟悉學生資訊管理的流程，並熟練掌握使用 Python 結合 MySQL 資料庫進行專案開發的相關技術。

Note

Note

Note